Joachim Kuch

seit 1925

FORD
IN DEUTSCHLAND

Joachim Kuch

seit 1925

FORD
IN DEUTSCHLAND

Mit Beiträgen von Stefan Beermann, Wolfgang Gebhardt, Matthias Gerst und Hans-Hermann Schmitz.

Motor
buch
Verlag

Einbandgestaltung Katja Draenert unter Verwendung von Motiven aus dem Archiv des Autors.

Alle Abbildungen stammen, soweit nicht anders vermerkt, aus dem Archiv der Ford-Werke AG, Köln.

ISBN 3-613-02345-8

Copyright © by Motorbuch Verlag,
Postfach 103743, 70032 Stuttgart.
Ein Unternehmen der Paul Pietsch-Verlage
GmbH + Co

1. Auflage 2003

Lektorat: Halwart Schrader
Innengestaltung: Viktor Stern
Reproduktion: digi bild reinhardt, 73037 Göppingen
Druck: Schwertberger, 86687 Kaisheim
Bindung: Conzella, 84347 Pfarrkirchen
Printed in Germany

Inhalt

Einführung
100 Jahre Ford-Schritt

Henry Ford gehörte nicht unbedingt zu den umgänglichsten Zeitgenossen. Er war bisweilen despotisch und jähzornig, neigte zu vorschnellen Entschlüssen, konnte ein Dickschädel sein und stur wie ein Maulesel. Und er war genial.

Henry Ford: Die ersten Versuche

Seine Geschichte ist x-mal erzählt worden, auch von ihm selbst: Wie er im Alter von zwölf Jahren im ländlichen Michigan erstmals einen Dampftraktor sah – 1875 war das – und sofort davon fasziniert war, er berichtete von seinem unersättlichen Interesse und seinem außergewöhnlichen Talent in allen mechanischen Dingen, die ihn dazu befähigten, vier Jahre später (im Alter von 16!) selbst am Regler eines Lokomobils zu stehen. Nach seiner Lehrzeit als Mechaniker übernahm ihn die Firma, die solche Lokomobile baute, und betraute ihn mit der Reparatur und Wartung solcher mobilen Dampfmaschinen. Schon zu dieser Zeit, berichtet er in seinen Erinnerungen, setzte er sich zum Ziel, mit einem Dampftraktor die Pferde zu ersetzen und so die schwere Farmarbeit zu erleichtern: »Das Leben auf den Farmen trieb mich dazu, neue und bessere Transportmittel zu erfinden.«. 1885 bekam der geniale Monteur erstmals die Gelegenheit, einen Deutzschen Gasmotor nach dem Otto-Prinzip zu zerlegen und zu reparieren. Er war nicht sonderlich beeindruckt. Zwei Jahre später hatte er nach dieser Vorlage einen eigenen Einzylinder gebaut. Die Ottomotoren waren zu dieser Zeit vor allem für den stationären Einsatz gedacht, ein pferdeloser Wagen war damals nicht mehr als ein kühner Gedanke. Doch die Idee ließ den mittlerweile verheirateten Henry Ford nicht mehr los. Sein Talent blieb nicht lange unerkannt, die Detroiter Elektrizitätsgesellschaft heuerte den jungen Mann, der nie eine höhere Schule besucht hatte, als Ingenieur und Maschinisten an. Sein Monatsgehalt betrug 45 Dollar, »mehr als mir meine Farm einbrachte«, wie er sich erinnerte.

1892 hatte Ford seinen ersten Wagen fertig, ein »Bauernwägelchen« mit zwei parallel stehenden Zylindern über der Hinterachse, der, so seine Schätzung, rund vier PS leistete. Die Kraftübertragung erfolgte per Lederriemen auf eine Zwischenwelle und von dort per Kette auf das Hinterrad. Im Frühjahr 1893 lief der Ford Nummer 1 – eine rechte Plage, wie sein Schöpfer selbst einräumte, weil es das einzige Benzinvehikel weit und breit war und alle Pferde scheu machte. Das allerdings ging auch anderen Pionieren so, so dass Uriah Smith aus Battle Creek, Michigan, einen Pferdekopf an der Spritzwand seiner pferdelosen Kutsche befestigte, um die entgegen kommenden Zossen nicht zu erschrecken. 1896 schließlich, nach gut 1600 zurückgelegten Kilometern, verkaufte Ford seinen Prototypen, um alsbald mit dem Bau eines zweiten zu beginnen. Die E-Werk-Bosse sahen die Experimente ihres ersten Ingenieurs nicht gerne. Elektrizität – schön und gut, aber Gasmotoren? Kam nicht in die Tüte. Zum damaligen Zeitpunkt war die Entscheidung pro Benzin und gegen Elektrofahrzeug noch längst nicht gefallen, so dass der Unmut irgendwie verständlich erschien. Henry Ford, Sohn irischer Einwanderer, blieb stur und hängte 1899 den Job bei den E-Werkern an den Nagel: er wollte Autos bauen – das allerdings im ganz großen Stil.

Kiste mit Rädern: Henry Fords erste Eigenkonstruktion, 1893.

Vom Farmer zum Konzernlenker: Henry Ford, (1863–1947).

Auf dem Weg zum T-Modell: Die ersten Automobile

Das neue Jahrhundert begann für Henry Ford mit einem herben Rückschlag, seine Detroit Motor Company machte im Januar 1901 Pleite: seine Wagen waren nicht bekannt genug, was dazu führte, dass er zwei Rennwagen baute, darunter den berühmten 999, den der Radrennfahrer Barney Oldfield mit vier Erfolg steuerte. Einige Zeit zuvor, im November 1901, hatte Ford in William Murphy einen neuen Geldgeber gefunden, sich mit diesem aber überworfen, als ihm ein gewisser Henry Leland an die Seite gestellt wurde. Im März 1902 hatte Ford die Nase voll und verließ das Unternehmen, der von Leland konstruierte Wagen kam dann unter der Markenbezeichnung »Cadillac« 1903 auf den Markt. Zu der Zeit hatte Ford in Alexander Y. Malcomson, einem Kohlenhändler, sowie fünf weiteren Personen, neue Finanziers gefunden, die das Startkapital in Höhe von 28.000 Dollar aufbrachten. So konnte Ford am 16. Juni 1903 die Ford Motor Company aus der Taufe heben.

Das Auto des Jahrhundert: Das T-Modell

Am 19.12.1999 fanden sich 126 Automobilexperten aus 32 Ländern in Las Vegas ein, um, am Vorabend des neuen Jahrtausends das Auto des Jahrhunderts zu wählen. Ihre Wahl fiel auf das T-Modell.

Die Geschichte des Autos des Jahrhunderts beginnt am 27. September 1908, als das T-Modell Nr. 1 in der Ford Co. Detroit/USA zusammengesetzt wurde. Henry Ford testete es persönlich auf einer Jagdtour. Der Test muss vorzüglich ausgefallen sein. Um die Universalität – »The Universal Car« – seiner Neuentwicklung besonders hervorzuheben, erfolgte die erste öffentliche Präsentation nicht etwa in den USA, sondern in Europa. Die nächsten acht Modelle schickte Ford im November 1908 zur »Olympia Motor Show« nach London und in den Pariser Salon!

Bis zum 31.12.1908 wurden bereits 114 T-Modelle verkauft und Ende Dezember 1909 hatten schon 14.700 Autos das Werk am Highland Park verlassen. Die Produktionszahlen erreichten ständig neue Rekorde. Bis zum 10.12.1914 waren eine Million T-Modelle gebaut worden. Neun Jahre später, im Rekordjahr 1923, liefen 2.201.188 Einheiten vom Band. Wie Heuschreckenschwärme schwärmten die Tin Lizzies über das Land. Am 24. Juli 1924 wurde das 10 millionste T-Modell geboren, das 15 millionste erblickte drei Jahre später am 26. Mai 1927 das »Licht der Welt«. Das Ford T Modell war von genialer Einfachheit, bot aber eine Vielzahl an Neuerungen. Dazu gehörte der abnehmbare Zylinderkopf, das Zündsystem (Magnete auf Schwungrad), die Thermosiphon-Kühlung, die stationären Induktionsspulen, die Verwendung eines Planetengetriebes (das gut und gerne als Vorläufer der Schaltautomatik bezeichnet werden kann) sowie die Linkslenkung. Das alles, kombiniert mit bislang unbekannter Robustheit, Zuverlässigkeit und Reparaturfreundlichkeit, führte zum gigantischen Siegeszug nicht nur des T-Modells, sondern des Automobils allgemein.

Getreu dem Grundsatz »was nicht vorhanden ist, kann auch nicht kaputt gehen« gab es weder Wasserpumpe noch eine Benzin- oder Ölpumpe. Scheibenwischer folgten erst 1925, und auch Bremslichter, Fahrtrichtungsanzeiger oder Stoßdämpfer gab es bis Produktionsende nicht ab Werk. Und das serienmäßig mitgelieferte

Werkzeug war sehr bescheiden. Aber die Qualität der Teile, auf die es ankam, war hervorragend. Zäher, bruchfester Vanadiumstahl machte den Wagen fast unverwüstlich. Getriebe, Kardanwelle und Hinterachse waren gekapselt und damit vor Schlamm und Dreck der Wege geschützt. Der erste abnehmbare Zylinderkopf im Motorenbau war revolutionär, denn die Kontrolle von Ventilen, Ventilsitzen und Kolben war nun eine Arbeit – auch für Ungeübte – von nur wenigen Stunden. Zumal die Betriebsanleitung empfahl, alle Vierteljahr die Kokskohle auf den Kolben abzukratzen und die Ventilsitze nachzuschleifen. Das dazu benötigte Werkzeug kostete einen Dollar.

Das Zubehörsortiment für den spärlich ausgestatteten Wagen war gigantisch. Kaum hatte ein Neuwagen das Werk oder den Händler verlassen, begann für die Zubehörindustrie das Verdienen. 5000 Zubehörteile soll es gegeben haben, und viele Firmen machten damit das große Geschäft. Der Versandhandel blühte. Bei Sears und Roebuck nahmen im Katalog die Zubehörteile für das T-Modell mehr Raum ein als die Herrenbekleidung, die Haushaltswaren und die Möbel.

Ein Servicebuch mit rund 250 Seiten und über 500 Abbildungen machte auch den geschickten Laien zu einem Fachmann für das T-Modell. Nach und nach entstand ein schlagkräftiges Service- und Verkaufsnetz. Befestigte Straßen endeten meist an den Stadtgrenzen, dann kamen Wege und Pfade, wo Pferdefuhrwerke oft ihre Schwierigkeiten hatten, ganz zu schweigen von den Gebirgsregionen. Seine Räder mit 80 Zentimetern Durchmesser verhalfen dem Ford zu einer Bodenfreiheit von gut 30 Zentimetern und einer enormen Geländegängigkeit.

Die Gesamtzahl der auf der Welt noch existierenden Ford T-Modelle wird auf gut 100.000 Exemplare geschätzt. In Deutschland dürften noch etwa 300 T-Modell existieren. Davon sind im »Ford Modell T Register Deutschland« bis dato 266 T-Modelle registriert. Ob sich darunter auch Wagen aus Berliner Montage befinden, ist noch ungeklärt. Einiges spricht dafür, dass die deutschen Zulassungsbehörden für die in Deutschland zugelassenen T Modelle eine Änderung an der Bremsanlage verlangt haben sollen. Die Recherchen laufen noch.

Schon jetzt aber steht fest: Das Auto des Jahrhunderts gehört auch im 21. Jahrhundert nicht zum Alten Eisen. Text: Hans-Hermann Schmitz

Sein Unternehmen begann zu einer Zeit, als das riesige Farmland USA in weiten Teilen über eine noch kaum entwickelte Infrastruktur verfügte: Von den knapp vier Millionen Meilen Überland-Straßen wiesen lediglich 400.000 Meilen eine feste Fahrbahndecke auf. Ein riesiger Markt winkte, im Jahr 1900 gab es in den USA 30 Millionen Pferde, aber nur 8000 Autos. Kein Wunder also, dass nicht nur Ford, sondern auch viele hundert Autobastler zur gleichen Zeit an anderen Orten des riesigen Kontinents ihr Glück im Fahrzeugbau versuchten. Doch nur Ford gelang es, in den folgenden Jahren ein beispielloses Industrie-Imperium aufzubauen. Die Gründe dafür sind im Nachhinein schnell aufgezählt: Ford wollte, anders als viele andere Hersteller jener Zeit, Autos für die breite Masse bauen. Das war ein völlig neuer Gedanke. Die anderen schielten auf jene 1,25 Mio Amerikaner, die nach einer GM-Untersuchung bereits um 1900 vermögend genug waren, um 1000 Dollar oder mehr für einen Wagen ausgeben zu können. Daher richteten sich alle anderen Autohersteller an die mittleren und oberen Einkommensgruppen. Ford aber dachte an die anderen Millionen, die Farmer im Mittleren Westen, abseits der Städte, die so genannten »Kleinen Leute«, die andere nicht für würdig erachteten, ein Automobil zu besitzen. Und genau das änderte Henry Ford, der Farmersohn.

Sein Aufwand war vergleichsweise gering: Seine Firma war zunächst nicht mehr als ein Montagebetrieb. Alle Teile, die er benötigte, kaufte er zu. Seine Motoren beispielsweise bezog er bei den Brüdern Dodge. Um den Absatz musste er sich keine Sorgen machen: Geliefert wurde nur gegen Vorkasse, die Nachfrage war so riesig, dass die Kunden nahezu jeden Preis akzeptierten. Vertrieb oder Service waren keine Kaufargumente, und die Automobilhersteller verschwendeten kaum Gehirnschmalz daran. Nicht so Ford.

Er wollte auch dem letzten Hinterwäldler die Möglichkeit bieten, einen Ford fahren zu können. Also investierte er in ein flächendeckendes Vertriebsnetz und, natürlich, in eine Großserienfertigung. Allerdings: Vor dem T-Modell waren die Ford-Wagen kaum günstiger als die der Konkurrenz, vor 1909 bediente Ford, wie alle anderen auch, die gut situierte Mittelschicht.

Bei aller Genialität: Ford war kein Einzelkämpfer. Er verstand es, Mitstreiter zu finden, die seine Vision teilten. S. Marquis, 20 Jahre lang einer seiner leitenden Mitarbeiter, charakterisierte ihn als Grenzgänger zwischen Genie und Wahnsinn. Zweifelsohne allerdings war er ein origineller Denker, der trotz aller Augenblicks-Entscheidungen (die angeblich vielfach aus dem Bauch heraus erfolgten) aus einer kleinen Mechaniker-Werkstätte innerhalb von zwei Jahrzehnten die größte Automobilfabrik der Welt aus dem Boden stampfte und Anfang der Zwanziger knapp zwei Millionen Fahrzeuge herstellte – mehr als alle anderen Automobilproduzenten zusammen: Ford erfand nicht nur das T-Modell, sondern auch die rationelle Großserienfertigung.

Um ein Auto zu bauen, das besser und billiger war als alles, was bislang dazu auf dem Markt war, musste er völlig neue Wege gehen. Im Rahmen der Gesamtorgani-

Fords Ansatz war völlig neu: Er wollte kein Auto für die Reichen bauen, sondern für die Masse der Bevölkerung. Werbung für das T-Modell, ca. 1910.

A-Klasse: Der erste Wagen der neu gegründeten Ford Motor Company war der Typ A, 1903, den es mit zwei oder vier Sitzen gab.

Der Meister und sein Werk: Henry Ford und das T-Modell, 1921. Längst schon funktionierte sein Betrieb wie am Schnürchen. Eigentlich, so scherzte er 1914, werde er gar nicht mehr gebraucht, sein Laden laufe auch ohne ihn perfekt.

Pilgerstätte: River Rouge hieß der riesige Firmenkomplex, der als Herzstück von Fords Imperium galt. Täglich fanden Führungen statt.

sation wurden die einzelnen Arbeitsschritte so stark vereinfacht, dass Mitte der zwanzigre Jahre T-Modelle buchstäblich im Minutentakt vom Band rollten. Die ausgeklügelte Produktionslogistik sorgte dafür, dass Just-in-time angeliefert wurde, große Lagerhallen gab es nicht, und die Materialvorräte waren auf maximal 30 Tage angelegt.

Vorbild für alle: River Rouge

Herzstück der Ford Motor Co. war die ab 1913 errichtete Automobilfabrik in Highland Park und die daran angeschlossenen Eisen- und Stahlwerke am River Rouge. Kilometerweit zogen sich dort die Dockan-

lagen, die den unermesslichen Materialbedarf des Molochs, der Kokereianlagen, Hochöfen, Gießereien und Werkstätten befriedigten. Gasdampfturbinen mit mehr als 100.000 PS Leistung versorgten Anfang der zwanziger Jahre bereits jenen gigantischen Industriekomplex, der von gut einer halben Million Güterwagen im Jahr gefüttert werden musste und einen schier unerschöpflichen Strom von Roheisen und Gummi, von Karosserien, Rädern, Reifen, Laternen und Kleinteilen verschlang, die auf den Fließbändern zu einem Auto zusammenwuchsen. Unweit von Highland Park entstanden die Eigenheim-Siedlungen für Arbeiter.

Wenn es nach Henry Ford ging, sollte jeder Arbeiter ein eigenes Häuschen besitzen. Samt Garage natürlich. Mitte der dreißiger Jahre besaßen 95 Prozent der Ford-Arbeiter einen eigenen Wagen, allein der Parkplatz in River Rouge war zwei Kilometer lang und fasste 25.000 Stellplätze.

Die kleinste Abteilung in Fords Konzern war die des Vertriebs: Sie hatte nichts anders zu tun, als eingehende Bestellungen zu registrieren, weiterzuleiten und den Versand des T-Modells zu überwachen. Geliefert wurde nur gegen Bares, Kredite waren unbekannt. Die Geschäfte liefen so gut, dass Ford sich bis 1923 jede Werbung sparen konnte.

Mitte der dreißiger Jahre beschäftigte der HighlandPark-River Rouge-Komplex 75.000 Mitarbeiter, darunter waren lediglich 800 Angestellte: Ford verabscheute alles, was nichts mit der Produktion im eigentlichen Sinne zu tun hatte, überhaupt alles, was seine wohl geordneten Arbeitsabläufe durcheinander bringen konnte. Rauchen und Trinken während der Arbeitszeit war streng verboten, wer sich nicht daran hielt, wurde sofort entlassen. Sauberkeit war höchstes Gebot, allein die Reinigungskolonnen waren 5000 Mann stark und verbrauchten, so eine Statistik aus dem Jahre 1936, monatlich 5000 Besen, 64.300 Liter Farbe und 69.000 Kilogramm Seife.

Auf der gut 80 Quadratkilometer großen Fläche, die Ford in Detroit besaß, standen eine eigene Flugzeugfabrik, ein Flugplatz, ein eigenes Hotel, das Museumsdorf Greenfield Village (in dem Autos verboten waren) und die Lincoln-Werke. Auch eine nicht genutzte Fabrik für die Produktion von Bremsen gehörte dazu – eine unverhüllte Drohung an Stammlieferanten Bendix, nicht an der Preisschraube zu drehen. Sonst nämlich würde Ford das in Eigenregie erledigen.

Dieser gigantische Komplex war Ziel zahlreicher Studienreisen von Automobilbauern und Konstrukteuren aus der ganzen Welt. Auch Dr. Ferry Porsche war gut zwei Jahre vor der Grundsteinlegung des Volkswagenwerks in Fallersleben auf Studienreise in River Rouge. Ebenso lernte auch Eiji Toyoda hier, Toyota nach Ford-Vorbild zu organisieren.

Noch vor dem Ersten Weltkrieg lief die Riesen-Maschinerie Ford von allein: »I have no job here – nothing to do«, zitierte das *Engineering Magazine* vom April 1914 den Firmengründer. Zu diesem Zeitpunkt arbeiteten für Ford bereits 15.000 Menschen. In seiner ersten Werkstatt, 1901, hatte Henry Ford, der nun angeblich nichts mehr zu tun hatte, drei Mitarbeiter gehabt.

Ursprünglich für die Weltausstellung 1934 in Chicago gebaut und zwei Jahre darauf zum River Rouge gebracht, diente die Rotunde fast 30 Jahre lang als Empfangsgebäude und Showroom. Sie brannte 1962 ab und wurde nicht wieder aufgebaut.

Henry Ford als Patriarch

Fabrik und Arbeitsorganisation waren das eine, sein soziales Engagement ein anderes. Ford selbst bezeichnete es einmal nicht als seine Aufgabe, Dollar zu scheffeln. Für seine Konkurrenten unbegreiflich, schien er seine Arbeiter mit eigenen Schulen und Krankenhäusern zu verwöhnen. Und dass er die höchsten Löhne zahlte, trug auch nicht dazu bei, ihn sonderlich beliebt zu machen. Dazu kamen weitere Maßnahmen, die ihm seine Konkurrenten verübelten, ihn aber in der Bevölkerung unheimlich populär machten. Ford weigerte sich, Lizenzgebühren für das Automobil zu zahlen. Verklagt hatte ihn die Electric Vehicle Co, die sich auf das Selden-Patent von 1879 berief und behauptete, das Automobil sei Seldens Erfindung (die sie 1896 gekauft hatten) und fiele unter den Patentschutz. Ford dachte nicht daran zu zahlen. Jeder Cent Lizenzgebühr verteuerte den Wagen und kostete damit auch den Endverbraucher Geld. Andere Hersteller zahlten und drohten den Ford-Käufern mit Regressforderungen, doch Henry blieb stur und ging durch alle Instanzen. Nach acht Jahren hatte er den von der Electric Vehicle angestrengten Prozess gewonnen, das nach seinem Erfinder genannte Selden-Patent war gefallen. Der Spuk endete 1911, jetzt endlich war die Automobilindustrie frei, und Henry Ford hatte sich einmal mehr als unerschrockener Kämpfer für Freiheit und Wohlstand der »Kleinen Leute« profiliert.

Ob nun Henry Ford aus uneigennützigen Motiven handelte oder ein menschenscheuer, introvertierter Egomane war, dem es nur um die ständige Steigerung der Produktionszahlen ging (und daher alles bekämpfte, was dem im Wege sein könnte), sei dahin gestellt. Fakt ist: Menschen betrachtete er als Produktionsfaktor. Und mit der Präzision eines Uhrmachers (Ford hatte im Alter von 13 Jahren seine erste Uhr repariert) sorgte er für ein möglichst reibungsloses Ineinandergreifen der Zahnräder seiner eng verzahnten Produktionsmaschinerie. Alles, was seine Arbeiter von ihrer Aufgabe ablenken konnte, versuchte er abzustellen. Arbeiter, die sich Sorgen machten, schlecht bezahlt waren, zu wenig Freizeit hatten, konnten sich nicht ganz auf ihre Arbeit konzentrieren. Also setzte Ford 1914 die Mindestlöhne herauf und die Wochenarbeitszeit herunter und senkte immer wieder die Preise für sein T-Modell, um den Absatz anzukurbeln. Er belohnte treue Familienväter, Nichtraucher und Nichttrinker in Form von Lohnzuschlägen. Er verabscheute die Gewerkschaften ebenso wie Banken und Aktionäre, die auf Profit schielten und seinem Unternehmen das Kapital entzogen – Kapital, das er liebend gerne in die Verfeinerung seiner Produktionsmethoden gesteckt hätte. 1916 erstattete er allen Käufern eines T-Modells vom Kaufpreis 50 Dollar zurück, eine Aktion, die ihn schlappe 20 Millionen Dollar kostete. Seine Teilhaber schäumten und zitierten ihn vor Gericht, sie sahen sich in ihrer Dividende geschmälert. Um die lästige Brut ein für allemal vom Hals zu haben und endlich wieder Herr im eigenen Hause zu sein, zahlte Ford 1919 seine Teilhaber aus. Entsprechende Barmittel hatte die Firma allerdings nicht, der Finanzbedarf lag bei 58 Millionen, in der Kasse waren aber lediglich 20 Millionen. Ford, tatkräftig unterstützt von seinem Sohn Edsel, machte Klarschiff. Er kündigte alle Lieferverträge, baute aus den Restteilen

Das T-Modell für den Farmer: Der Fordson (»Sohn des Ford«) wurde ab 1917 gebaut und war der erste in Großserie gebaute Schlepper. Ohne ihn, so die britische Regierung, hätte es im Ersten Weltkrieg auf der Insel eine Hungerkatastrophe gegeben.

komplette Wagen auf und strukturierte noch einmal seine Fabrik durch. In dieser Zeit des Großreinemachens standen sechs Wochen lang alle Räder still. Die auf Halde stehenden T-Modelle wurden den Händlern,. die sich durch die restriktiven Verträge mit Ford gebunden nicht wehren konnten, auf den Hof gestellt und waren bar zu zahlen. Eine ganze Reihe der Ford-Händler überstanden

diese Rosskur nicht, doch am Ende dieser Durststrecke, ein halbes Jahr später, hatte Ford alle Schulden beglichen und immer noch 27 Millionen Dollar in der Kasse: 87 Millionen in diesem kurzen Zeitraum flüssig zu machen, ohne dafür einen Bankkredit aufnehmen zu müssen – das war schon eine Meisterleistung.

All diese Maßnahmen verhalfen ihm zu ungeheurer Popularität, wie auch seine klare Ablehnung des Kriegseintritts der USA in den Ersten Weltkrieg. Er bekämpfte konsequent jegliche Aktivitäten in diese Richtung und sprach sich auch gegen die hohe englisch-französische Kriegsanleihe aus, die in den USA platziert werden sollte. Er charterte dann ein Schiff und begab sich 1917 auf die abenteuerliche Friedensmission, um die kriegführenden Parteien zum Einlenken zu bewegen. Wie bekannt: Ford scheiterte und musste zusehen, wie auch sein Lebenswerk Teil der Rüstungsanstrengungen wurde. Doch noch am Tag nach der Waffenstillstands-Vereinbarung stellte Ford wieder auf Friedensproduktion um, ohne erst den offiziellen Auftragsstorno abzuwarten.

Ford in den zwanziger Jahren

In jenen Jahren hieß es auch immer wieder »Henry Ford for President«, für eine politische Karriere mochte er sich dann doch nicht entscheiden. In jenem Jahrzehnt aber wandelte sich auch das Bild von Henry Ford in der Öffentlichkeit. Sie betrachtete ihn zunehmend weniger als Menschenfreund, sondern als Despoten und Sklaventreiber, als einen erbitterten Gewerkschaftsgegner, der den Arbeitern ihre legitimen Rechte vorenthielt. Zahlreiche Bücher erschienen, die sich mit dem Phänomen Ford beschäftigten, darunter auch einige bemerkenswert kritische Schriften, die sich mit den dunklen Seiten des Unternehmers, seinen Schrullen und Marotten, beschäftigten. Und Henry Ford tat herzlich wenig dazu, seinen Ruf zu verbessern. Er strengte zwei Prozesse an, um sich gegen Unterstellungen zu wehren, gab aber dort eine so unglückliche Figur ab, dass er in der Öffentlichkeit noch mehr als ungebildeter, unsozialer Hinterwäldler wirkte. Er kapselte sich zunehmend ab und umgab sich zusehends mit dubiosen Figuren und Hofschranzen, die in seinem Schatten ein Schreckensregiment aufzogen, das ihm angelastet wurde. Im nächsten Jahrzehnt sollte das noch verheerender werden.

Dem Friedensschluss folgte ein Nachfrageboom, die Produzenten erweiterten ihre Kapazitäten, und die Rohstoffpreise stiegen schneller als die Nachfrage: 1920 platzte die Seifenblase, hohe Preise und Überkapazitäten führten zur Krise. Auch Ford war davon betroffen und antwortete darauf zunächst mit seinem Allheilmittel, der Preissenkung. Im September 1920 sank der Preis für das T-Modell auf 440 Dollar und lag damit unter den Gestehungskosten. Drei Monate später standen bei Ford für sechs lange Wochen alle Räder still. 1921 zog die Konjunktur wieder an, die Rohstoffpreise waren gesunken und Ford war stark wie nie.

1923 war mit 2.201.188 Einheiten das beste Jahr für das T-Modell. Doch schon braute sich wieder Unheil zusammen: Mitte der 20er Jahre überstieg die Anzahl der gebraucht verkauften Fahrzeuge die der Neuwagenverkäufe. Und da ein erklecklicher Anteil der Gebrauchtmodelle von Ford stammte, der Neuwagen aber nicht anders aussah als der Gebrauchte, hatten die Ford-Händler bald ein echtes Problem. Außerdem minderten neue Finanzierungsformen wie Ratenkredite den Preisunterschied zur Konkurrenz: 200 Dollar hin oder her spielten nicht mehr die ganz große Rolle, was Henry Ford nicht recht nachvollziehen konnte. Schulden waren ihm ein Gräuel: »Banken sind wie Regenschirmverkäufer, die immer dann den Schirm wegziehen, wenn es regnet.« Die gesamte riesenhafte Maschinerie war nur darauf ausgelegt, einen einzelnen Typ zu produzieren. Sein Herstellungs-Konzept wurde ständig verfeinert. Der gigantische Erfolg des Einheits-Autos behinderte aber die Entwicklung eines Nachfolgers, drei Jahrzehnte später, bei Nordhoff und dem Volkswagen Käfer, sollte sich das wiederholen. So lange die Schlote rauchten und die Produktionsrekorde purzelten, fragte niemand nach der Zukunft. Dass sein Wagen irgendwann aber nicht mehr gefragt sein könnte, kam Ford nicht in den Sinn. Ein Auto war ein Auto war ein Auto: Nüchtern, pragmatisch, von calvinistischer Effizienz. Prunk und Status – das ging dem Farmersohn völlig ab. Und wenn der Absatz einmal stockte, senkte man eben die Preise, und dann kam alles wieder in Ordnung.

Tat es aber nicht, zumindest in den Zwanzigern nicht mehr. Die Konkurrenz hatte aufgeholt und die Ansprüche der Kunden waren gestiegen. Und in dem Maße, in dem die anderen Automobilhersteller die Arbeitsbedingungen und Löhne dem Ford-Niveau anpassten, sank auch die Attraktivität von Ford als Arbeitgeber. Andere Hersteller gängelten ihre Mitarbeiter in weit geringerem Maße als Ford das tat: Der in der Zeit des amerikanischen Bürgerkriegs geborene und vom ländlichen Westen geprägte Henry Ford verpasste den Wandel in der Gesellschaft. Am Ende der zwanziger Jahre war sein Unternehmen in ernsthaften Schwierigkeiten und hatte seine vorherrschende Stellung auf dem Markt eingebüßt: Der lange Produktionsstopp zur Umstellung auf das A-Modell hatte Chevrolet und Chrysler ganz nahe an den bisherigen Marktführer herangebracht.

Ford kommt nach Deutschland

Henry Ford begann viel früher als die meisten seiner Konkurrenten mit der Auslandsproduktion. In England begann die Herstellung von Fahrzeugen bereits 1911, Frankreich folgte 1913, Irland und Dänemark 1919, Spanien 1920, Italien und Belgien 1922. Die Ford-Werke AG geht zurück auf die »Ford Motor Company«, die am 18. August 1925 ins Handelsregister von Berlin eingetragen wurde, einen Tag, nachdem die Reichsregierung die Einfuhrsperre für ausländische Automobile aufhob, die 1920 erlassen worden war.

Zunächst ging es um die Einfuhr von 1000 Fordson-Traktoren, die Belegschaft zählte zum Jahresende bereits 37 Mitarbeiter. Natürlich wurde auch Fords Einheits-Modell in Deutschland verkauft, das aus Dänemark oder den Niederlanden eingeführt wurde. Im Herbst allerdings wurden neue Zolltarife eingeführt, die machten das T-Modell zu teuer. Am 2. Januar 1926 richtete Ford dann einen Montagebetrieb und ein Ersatzteillager in gemieteten Hallen am Berliner Westhafen ein, in jenen ersten Tagen waren es vor allem die Vertreter der britischen Ford-Tochter, die die Organisation aufbauten. Gut sechs Wochen später wurde bereits die »Ford Credit AG« gegründet, die sich mit Handel und Finanzierungen von Fahrzeugen aller Art beschäftigte.

Das erste in Deutschland montierte T-Modell verließ am 8. August 1926 die Werkshalle in Berlin-Plötzensee. Im Januar 1927 führte Ford die 40-Stunden-Woche für seine Arbeiter ein – ein revolutionärer Schritt, der die Ford-Werker aber nur kurzfristig erfreute: Da das T-Modell auslief und der Nachfolger vom Typ A auf sich warten ließ, wurde die Belegschaft rapide verkleinert: Die meisten Ford-Mitarbeiter hatten mehr Freizeit, als ihnen lieb sein konnte.

Erst im August 1928 lief schließlich die A-Produktion wieder an, bei voller Auslastung konnten arbeitstäglich 60 Fahrzeuge entstehen. Noch immer wurden die Ford-Mobile aus der Kiste montiert, der deutsche Anteil daran war denkbar gering.

1929 fiel schließlich die Entscheidung, in Köln ein eigenes Automobilwerk zu errichten. Und Ford plante

Ford wagte sich auch in die Lüfte: Als aber bei einem Flugzeugabsturz sein Lieblingspilot und Freund in einer »Blechgans« tödlich verunglückte, stellt er den Flugzeugbau wieder ein. Im Zweiten Weltkrieg allerdings baute seine Firma in Willow Run 8000 viermotorige Boeing-Bomber.

Nachdem Schutzzölle die Einfuhr kompletter T-Modelle praktisch unmöglich machten, ging Ford zur T-Montage in Deutschland über. Den Tipp dazu hatte ihm angeblich Graf Luckner gegeben, ein bekannter Kaper-Kapitän des Ersten Weltkriegs.

Großes: Fords Europa-Chef Percival Perry erklärte in einem Interview, dass das Werk auf eine Jahreskapazität von 250.000 Wagen auslegt werden sollte. Das, so rechneten die Mannen vom *Auto-Presse-Dienst* flugs nach, entspräche einer Tagesproduktion von 830 Wagen, gut dem Dreifachen der deutschen Gesamtproduktion jener Jahre. Zu jenem Zeitpunkt verkaufte Ford in Deutschland im Schnitt 27 Wagen täglich. In Berlin wurden damals 10.238 Wagen montiert, die Zahl der Mitarbeiter betrug 109.

Am 2. Oktober 1930 legte dann Henry Ford I in Köln den Grundstein für das neue Werk am Rhein, obwohl Kölns damaliger Oberbürgermeister Dr. Konrad Adenauer zunächst gar nicht so arg an einem Automobilwerk interessiert gewesen sein soll, weil er im Rheinland schon zu viele Automobilfirmen hatte kommen und gehen sehen. Im Zeichen der Wirtschaftskrise vergaß Adenauer allerdings ganz schnell seine Vorbehalte.

Ford in den dreißiger Jahren

Die Dreißiger begannen mit einem großen Knall: Die Weltwirtschaftskrise von Ende 1929 vernichtete Milliardenvermögen. Die Depression hatte das Amerika der frühen dreißiger Jahre fest im Griff. Natürlich traf das auch die Automobilhersteller, vor allem die Massenproduzenten General Motors, Chrysler und Ford. Zwischen 1929 und 1932 halbierte sich die Ford-Belegschaft nahezu, die Verkaufszahlen befanden sich im freien Fall. Zwar hob Henry Ford 1931 den Mindestlohn

Seine Experten versicherten ihm, dass das nicht ginge: Henry Ford 1932 mit dem V8-Motor. Sein Merkmal war der einteilige Zylinderblock.

auf sieben Dollar an, doch der erhoffte Effekt blieb aus, so dass zum Jahresende der Mindestlohn wieder auf sechs und 1932 sogar auf vier Dollar sank.

Im März 1932 brachte Ford seine letzte echte Eigenkonstruktion auf den Markt, den V8. Dieser nagelneue Motor schockierte die Konkurrenz. Eingebaut in den weiter entwickelten A-Typ, das B-Modell, gehörte dieser Typ zu den bemerkenswertesten Neuerscheinungen jener Tage. Doch obwohl Ford damit eine Alleinstellung auf dem Markt errang, weil kein anderer Massenhersteller einen so modernen V8 vorzuweisen hatte, war sein Unternehmen zur Mitte des Jahrzehnts nur die Nummer drei auf dem Markt, hinter GM und Chrysler. Dieses beiden Firmen hatten allerdings sechs beziehungsweise vier Marken, Ford dagegen hatte nur zwei: eben Ford und die Luxusmarke Lincoln. Erst 1939 folgte mit Mercury ein dritte Division, die das mittlere Preissegment abdecken sollte.

Neben diesen rein sachlichen Gründen gab es noch andere Gründe, die zum Niedergang beitrugen: Ford hatte ein mächtiges Imageproblem. Von der schlechten Presse war schon die Rede, doch dazu kamen weitere Fehler wie die ungenügende Werbung, die nur langsam vorgenommenen technischen Verbesserungen (an manchen alten Zöpfen hielt Ford nur fest, weil die Konkurrenz die modernere und bessere Lösung schon eingeführt hatte) und die Tatsache, dass er sich in den Zwanzigern mit ungeschickten Äußerungen (die ihm als Antisemitismus ausgelegt wurden) in einflussreichen Kreisen diskreditiert hatte. Außerdem trat auch mehr und mehr in Vordergrund, dass der alte Starrkopf die Änderungen im gewandelten Käuferverhalten nicht mehr nachvollziehen konnte. Und sein einziger Sohn, Edsel Ford, konnte sich dem alten Herrn gegenüber nie durchsetzen.

Ford in Deutschland: die dreißiger Jahre

Nach nur sechsmonatiger Bauzeit ging im Mai 1931 der Gebäudekomplex am Rheinufer in Köln-Niehl in Betrieb, der erste dort gebaute Wagen war ein Fordson-Lastwagen mit A-Technik. Die Kapazität des neuen Ford-Werks fiel deutlich geringer aus als zunächst angekündigt, pro Werktag konnten 180 Fahrzeuge und 75 Motorensätze montiert werden. Kaum drei Wochen nach der feierlichen Eröffnung zwang die Weltwirtschaftskrise schon wieder zur Schließung des Werkes, die rund 600 Arbeiter wurden vorübergehend beurlaubt, was die national eingestellte Presse sehr erboste: Vorübergehende Betriebsschließungen hätten laut geltendem Recht vier Wochen vorher angemeldet werden müssen, also bereits eine Woche vor der feierlichen Eröffnung. So aber wurden die Arbeiter in unbezahlten

Urlaub geschickt und erhielten noch nicht einmal Arbeitslosenunterstützung.

In jener Zeit wurde die Diskussion besonders lebhaft, wie deutsch denn nun eigentlich ein Ford-Wagen sei. Ford ließ vernehmen, dass der »deutsche Anteil« bereits 67 Prozent betrage. Beim Berliner Finanzamt wurde daher der Antrag gestellt, das deutsche Werk als Veredelungsbetrieb anzuerkennen, was sich steuerlich ausgesprochen günstig ausgewirkt hätte. Zugleich aber teilte Ford mit, was auch weiterhin eingeführt werden sollte: Motor, Vorderachse, Kardan, Differenzial, Lenkung, Karosseriebleche, Radnaben, Scheinwerfer – die Liste nahm kein Ende, so dass der Antrag abgelehnt wurde: In Köln war zunächst nicht mehr als ein Montagewerk mit Teilfabrikation geschaffen worden, das rund 600 Arbeiter beschäftigte und 493 Werkzeugmaschinen umfasste. Der Löwenanteil der Komponenten kam aber immer noch aus den USA und England an den Rhein.

Dieser heute eher kurios anmutende Streit hatte damals durchaus ernste Hintergründe: Jedes zugekaufte Teil kostete teure Devisen und letztlich Arbeitsplätze. Für Ford wiederum besonders ärgerlich: Wenn der »deutsche« Anteil an einem Wagen nicht mindestens 75 Prozent betraf, gab es keine Behördenaufträge.

Die Sache mit dem »Deutschen Erzeugnis« klärte sich in der ersten Hälfte der 30er Jahre, auch wenn die Konstruktionen immer noch englischen (»Typ Y, Modell Köln«) beziehungsweise amerikanischen Ursprungs waren. In dem Maße, in dem die deutschen Ford-Werke mehr Eigenständigkeit entwickelten, wuchs auch der Erfolg: V8, Eifel oder Taunus gehörten zu den hübschesten und erfolgreichsten Modellen auf dem deutschen Markt, die mit großem Erfolg auch exportiert wurden. Überdies führte Ford 1936 sein Teiletausch-Verfahren ein. In der zweiten Hälfte des Jahrzehnts legte Ford stetig zu – »trotz Schwierigkeiten in der Materialversorgung«, wie das Unternehmen mitteilte. Der Zuwachs-

Fließbandfertigung des A-Modells im Stammwerk Köln-Niehl, 1931. Die Arbeiter am Fließband verdienten zwei Reichsmark pro Stunde.

Grundsteinlegung in Köln-Niehl am 2. Oktober 1930. In der Gründungsurkunde heißt es »Brücken schlagen von Land zu Land«.

Nach nur sechsmonatiger Bauzeit nahm Ford in diesem Gebäudekomplex am Rheinufer am 4. Mai 1931 die Fahrzeugproduktion in Betrieb.

Links: Ein Volkswagen von Ford: Anfang der dreißiger Jahre erhielten die ersten Ford-Typen das Prädikat »Deutsches Erzeugnis«. Davon spricht auch diese Anzeige aus dem *Illustrierten Beobachter* vom Frühjahr 1934.

Rechts: Die Öffentlichkeitsarbeit hatte bei den Ford-Werken von Anfang an einen hohen Stellenwert. Ähnlich aufwändige Hauszeitschriften leistete sich damals kein anderer Hersteller. Diese *Hausmitteilung* stammt vom Januar 1938 und zeigt den V8 Spezial auf dem Titel.

raten waren beachtlich und lagen zum Teil erheblich über der allgemeinen Marktentwicklung. Erstmals wurde 1938 – mit 36.582 gebauten Fahrzeugen das bislang erfolgreichste Jahr in der deutschen Ford-Geschichte – auch eine Dividende ausgeschüttet, das Werk erreichte die Grenze seiner Leistungsfähigkeit. Alle drei Minuten rollte ein neuer Ford aus den Werkshallen, Ford avancierte zum zweitgrößten deutschen Lastwagenhersteller und hielt in der Lastklasse zwischen zwei und drei Tonnen einen Marktanteil von fast 50 Prozent. Die

Zuwachsraten in der Lastwagenproduktion lagen zum Ende des Jahrzehnts bei 30 und mehr Prozent – der Krieg warf seine Schatten voraus.

Ford: die Kriegsjahre

Bei Kriegsbeginn war Ford dann an allen Fronten zu finden. Getreu dem Motto von Henry Ford (»Wir betrachten uns nicht als ein nationales Unternehmen, sondern ausschließlich als multinationale Organisation«) waren die Fordfabriken weltweit maßgeblich in die Rüstungsanstrengungen des jeweiligen Landes eingespannt, ob das dem Alten nun passte oder nicht.

Die letzten Lebensjahre des Patriarchs waren düster. Zum Schluss im Rollstuhl sitzend, entglitt ihm zusehends sein Imperium. In seinem Namen herrschten einige wenige Vertraute, am wichtigsten war Harry Bennett mit seiner privaten Gangstertruppe, der im River-Rouge-Komplex ein nahezu unbeschränktes Schreckensregime aufgebaut hatte. Und diese offenkundige Tatsache wurde alsbald zu einem Problem der nationalen Sicherheit: Ford war viel stärker in die amerikanische Rüstungsproduktion des Zweiten Weltkriegs eingespannt als 25 Jahre zuvor. Ford baute in einem neuen Werk in Willow Run/Michigan über 8000 B-24-Bomber, in River Rouge Sternmotoren und über 250.000 Jeeps; und im Lincoln-Werk entstanden die 500-PS-Motoren für die Sherman-Panzer. In diesen schwierigen Tagen durfte in einer der wichtigsten Rüstungsschmieden der USA nichts schief gehen.

Die Regierung drängte Edsels Ältesten, den 28-jährigen Leutnant Henry Ford II, auf den Stuhl des Ford-Präsidenten, Henry Ford I wurde faktisch entmachtet. Nach anderen Quellen war es Eleonora, Edsels Witwe und die Mutter von Henry Ford II, die den Alten zum Aufgeben zwang: Sie drohte, nach seinem Tode ihr gesamtes Aktienpaket (was damals 90 Millionen Dollar wert gewesen war) an die Börse zu bringen. Und Henry Ford I hasste Aktionäre mindestens ebenso sehr wie Buchhalter und Banker. Wie dem auch sei: Die Epoche des Firmengründers war zu Ende. In Deutschland baute Ford in erster Linie Lastwagen und Halbkettenfahrzeuge für die Wehrmacht, im Gegensatz zu nahezu allen anderen Großbetrieben wurden die Ford-Werke aber nicht großflächig bombardiert. Die größten Kriegsschäden gingen auf Konto der deutschen Artillerie, die sich auf der anderen Seite des Rheinufers verschanzt hatte und beim Einmarsch der Amerikaner das Feuer eröffnete. Dennoch war die Ford-Werke AG – nicht zuletzt dank Hilfe der britischen Ford – als erster Autohersteller nach dem Krieg wieder in der Lage, Fahrzeuge zu bauen.

Ford: die fünfziger Jahre

In den ersten Tagen nach der Machtübernahme wagte sich Henry Ford II nur bewaffnet ins Büro: Er wusste nicht, wie Harry Bennett auf seinen Rauswurf (eine der ersten Amthandlungen, die er vorgenommen hatte,

nachdem er im September 1945 auf den Stuhl gehievt worden war) reagieren würde. Auch in Sachen Produktion und Betriebsorganisation standen die Dinge schlecht. Wohl hatte Ford für die Großserien-Produktion von Flugzeugen ein Modulsystem entwickelt, das im Prinzip heute noch angewandt wird, doch war das Unternehmen hoch verschuldet, Henry Ford I hatte eine unüberwindliche Abneigung gegen Buchhaltung und Finanzplanung gehabt. Entsprechend desolat war auch die Lage, das Unternehmen fuhr pro Monat Verluste im Millionenbereich ein. Es gehört zu den großen Leistungen von Henry Ford II, dies unverzüglich klar erkannt zu haben. Er engagierte im Februar 1946 die »Whiz Kids«, die Wunderkinder, ein Gruppe von zehn hochkarätigen, hoch intelligenten Betriebswirtschaftlern

Am laufenden Band: Fairlane-Montage, 1958. Die fünfziger Jahre waren golden für die amerikanischen Automobilproduzenten. Die Firmen konnten gar nicht schnell genug liefern.

Der Nachfolger: Henry Ford II (1917-1987). Der junge Leutnant übernahm 1945 die Leitung des hoch verschuldeten Konzerns. Er schaffte die Trendwende.

Die Marke Mercury

Mercury war die dritte Marke innerhalb des Ford-Konzerns und wurde am Vorabend des Zweiten Weltkriegs aus der Taufe gehoben. Zwischen Massenhersteller Ford und Luxus-Anbieter Lincoln angesiedelt, versuchte Edsel Ford damit, den Buick, Dodge und Studebaker Paroli zu bieten. Die Basis der ersten Entwicklungen bildeten die 39er Ford-Modelle, versehen mit einem größeren Radstand und einem anderen Design. Für Vortrieb sorgte der bekannte Ford-V8 mit 3,9 Liter Hubraum und 95 PS. Der Mercury war zunächst ein großer Erfolg, die Entwicklung verlief analog zu der der Ford-Modelle.: Als Ford die 49er Modelle ankündigte, mit neuer Optik, neuem Fahrwerk und vorderer Einzelradaufhängung waren das Neuerungen, die auch die nobleren Mercury-Limousinen aufwiesen.

Mitte der fünfziger Jahre wurde nahezu das ganze US-Angebot auch in Europa offeriert, zu Preisen zwischen 18.025 und 24.075 Mark (1956). In diesem Jahr entwickelten die Mercurys ein eigenständigeres Design, jedoch stammten die Motoren entweder von den größeren Ford oder vom Lincoln. Die neuen Typen, die Namen wie Monterey oder Montclair trugen, schlugen sich in der amerikanischen Mittelklasse zufriedenstellend und waren am Markt etwa wie die Oldsmobile oder die preiswerteren Buick von GM positioniert. In Deutschland traten sie außerhalb der US-Army indessen kaum in Erscheinung.

Das galt auch für das Falcon-Parallelmodell Mercury Comet, das mit seinen rund 14.000 Mark etwa doppelt so teuer wie der deutsche 20 M geriet. Und mit der Standard-Motorisierung erreichte er auch nie dessen Höchstgeschwindigkeit von 160 km/h. Interessant waren indes die nur wenig teureren Modelle mit dem größeren Sechszylinder (3,3-Liter und bis 120 SAE-PS) oder dem starken 4,8-Liter-V8 (ab 1965), den es gegen Mehrpreis von jeweils wenigen hundert Mark in verschiedenen Leistungsstufen von 175 bis 271 SAE-PS gab. Der Zweitürer in der Standardausführung kostete mit so einem Motor etwa 16.000 Mark und überflügelte sogar einen Mercedes 300 SE in der Beschleunigung.

Nach 1965 glichen die Mercurys wieder eher den Ford-Modellen, unterschieden sich aber generell durch eine reichhaltigere Ausstattung und ein noch wohnlicheres Interieur. Eine stilistische Besonderheit leisteten sich die Mercs von 1963 bis 1966, als die großen Modelle eine unten nach innen gezogene Heckscheibe aufwiesen, welche im gleichen Winkel geneigt war wie die Frontscheibe. In Europa hatten solche Heckfenster die englischen Ford Consul und die französischen Citroen Ami 6. Mercury hatte weder einen Mustang noch einen Thunderbird im

Dream-Car Design at a sweet-dream price— the '57 Mercury. New in every way— styling, features, power, size! Floating Ride— as gentle as moonlight on velvet. Keyboard Control— outdates all other push-button drives. With up to 290 hp. in the Turnpike Cruiser V-8 engine. The biggest size and value increase in the industry!

NO OTHER CAR SHARES THIS LOOK—and this is beauty that makes sense! Unique Jet-Flo bumpers give high and low protection. Quadri-Beam head lamps set a new pattern for safer night driving. New slim-line roof gives better vision, more headroom! See all that's new at your Mercury dealer's!

THE BIG MERCURY for '57 with DREAM-CAR DESIGN

MERCURY DIVISION • FORD MOTOR COMPANY

Programm und sportlicher orientierte Kunden mussten entweder einen Ford kaufen oder sich mit den auf sportlich getrimmten Comet und Cyclone anfreunden. Doch alle diejenigen, denen das zu bieder war, kamen ab 1967 auf ihre Kosten. Mercurys große Katze mit dem geheimnisvollen Namen »Cougar« stand in den Verkaufsräumen der Händler. Ein geringfügig längerer Radstand als der Mustang beherbergte ein rassiges Sportcoupé, das sich mit den Oldsmobile 4-4-2 oder den Buick Wildcat messen sollte. Aggressive Ausstattungspakete wie z.B. die »Eliminator«-Package sollten diesen Anspruch unterstreichen. Gemeinsam war allen Cougar die verdeckten Scheinwerfer hinter dem schwarzen Grill. Dieser Cougar steht für den Neubeginn der Marke, Mercury spielt heute innerhalb der Ford-Familie mit Wagen wie dem Mercury Cougar (der in Deutschland als Ford verkauft wurde) den sportiven Part.

Text: Matthias Gerst

Marktführerschaft zu erringen, fehlte es aber nach wie vor an Marken: GM hatte insgesamt fünf Marken unter seinem Dach, Ford nur drei. Und wenn Ford mit Mercury in der oberen Mittelklasse antrat, bot GM Pontiac, Oldsmobile und Buick auf. Eine neue Marke musste her, forderten die Marketing-Spezialisten wie auch Ernest Breech. So kam es zu den E-Cars, einer Kombination bekannter Aufbauten und Motoren aus dem Ford- und Mercury-Programm mit einer unverwechselbaren Frontgestaltung. Die im September 1957 vorgestellte vierte Ford-Marke trat mit fünf Karosserien, vier Ausstattungslinien, drei Radständen und zwei Motoren an. Insgesamt 13 Modelle umfasste das Angebot, und auf dem eigentümlichen Kühlergrill prangte stolz der Name der neuen Marke: »Edsel«. Sie gilt bis heute als der größte Reinfall in der Geschichte des Automobilbaus und dürfte Ford zwischen einer viertel und einer halben Milliarde Dollar gekostet haben.

Ford in Deutschland: der Neubeginn
Am Tag der deutschen Kapitulation lief die Produktion von Lastwagen. Austauschmotoren und Teilen wieder

Immer für Schlagzeilen gut: Ein jugendlicher Henry Ford ziert die Titelseite des *Der Spiegel* vom Februar 1956. Henry Ford II, so sein Biograph, fühlte sich in Kreisen des europäischen Jet-Sets sehr wohl.

Ohne Sorgen in die Ferien: Anzeige aus der *Ford Revue* vom Juli 1957. Das Unternehmen legte sehr viel Wert auf einen guten Kundendienst.

und Produktionsspezialisten, die zuvor bei der Regierung gearbeitet hatten. Die Männer um Ernest Breech waren allesamt in ihren Dreißigern, zu ihnen gehörte Charles Tex Thornton, der seinerzeit jüngste Oberst der US-Luftwaffe und die beiden Universitäts-Dozenten Ed Lundy und Robert McNamara, die beide in der Ford-Hierarchie ganz nach oben klettern sollten.

Ein frischer Wind wehte durch die weiten Hallen. Ford und seine Wunderknaben brachten Schwung in das kränkelnde Unternehmen, um so mehr, als der alte Henry Ford 1947 gestorben war. Unter der neuen Leitung kletterten die Absatzzahlen nach oben (1949 überstiegen die Ford-Verkäufe erstmals seit 1930 wieder die Grenze von einer Million Fahrzeuge), brachten neue, modern und gut aussehende Nachkriegsmodelle mit zeitgemäßer Technik (Einzelradaufhängung vorn statt Starrachse) auf den Markt, stellten 1950 zehn Lincoln-Modelle in die Garagen des Weißen Hauses (und in den nächsten 18 Jahren fuhren die US-Präsidenten bevorzugt im offenen Achtsitzer-Lincoln beziehungsweise Continental, was einen ungeheuren Prestigeerfolg bedeutete) und schafften mit dem Thunderbird von 1954 den Sprung in den Sportwagenmarkt. Knapp 500 Dollar billiger als die Corvette und unvergleichlich solider gebaut, war der fesche Zweisitzer auf Anhieb ein Bestseller, und Robert McNamara, inzwischen Generaldirektor bei Ford, toppte dieses Ergebnis noch, in dem er 1958 das Thunderbird-Viersitzer-Cabriolet auf Kiel legen ließ: Kein Sportwagen mehr, aber ein Goldesel.

Mitte des Jahrzehnts hatte Ford die Krise überwunden, mit 1,2 Millionen Fahrzeugen war das Unternehmen die unbestrittene Nummer zwei auf dem US-Markt. Um die

Ohne Sorgen in die großen Ferien!

an. An Personenwagen war zunächst nicht zu denken, gemäß alliierter Absprache war deren Fertigung Sache der Engländer, die dies im Volkswagenwerk Fallersleben erledigten. Henry Ford II übrigens wurde das Volkswagenwerk zum Kauf angeboten, er lehnte ab, weil es ihm zu nahe an der Zonengrenze lag. Dort wurden in den ersten Jahren auch Fahrerhäuser für Ford produziert, die Karosseriebau-Kapazität reichte in Köln nicht aus, da das 1938 in Berlin-Johannistal erworbene Ambi-Budd-Presswerk nicht mehr zur Verfügung stand.

Mit der Währungsreform vom Juni 1948 begann auch bei Ford der wirtschaftliche Aufstieg, um so mehr, als am 1. Oktober die Produktion des Vorkriegstaunus wieder aufgenommen werden konnte: Ein Teil der Presswerk-

zeuge hatte aus der sowjetischen Besatzungszone zurückgeholt werden können.

Im Januar 1950 begann Ford erneut mit dem Export, im August wurde mit den Arbeiten an der Ford-Siedlung in der Amsterdamer Straße begonnen. Gut anderthalb Jahre später kam im Januar 1952 mit dem Taunus 12 M die erste eigene Nachkriegskonstruktion auf die Straße. Auch in diesem Fall hatte der weltweite Ford-Verbund tatkräftig Schützenhilfe geleistet, diesmal war Ford Frankreich ebenso hilfreich wie die Unterstützung des amerikanischen Mutterhauses. Als 1956 die renommierte Karosseriefabrik Hebmüller zum Verkauf stand – der Betrieb war 1949 niedergebrannt –, griff Ford zu. Daraus entwickelte sich das Werk Wülfrath. Inzwischen

Konkurrierte außerhalb Deutschlands mit den deutschen Taunus-Modellen: Der britische Ford Anglia, den der Escort ablöste, war zum Beispiel in Österreich zu haben. Heute kennt man diesen Wagen eher aus dem Kino, Zauberlehrling Harry Potter ist damit unterwegs.

arbeiteten bei den Ford-Werken mehr als 10.000 Menschen. Und die hatten reichlich zu tun: 1958 hatten sie erstmals mit 128.000 Fahrzeugen eine sechsstellige Produktionszahl erreicht, rund die Hälfte davon für den Export.

Ford: die sechziger Jahre

Die sechziger Jahre standen ganz im Zeichen der Importwagen. Auf den zunehmenden Druck der Importfahrzeuge reagierten die Großen Drei mit eigenen Angeboten, am erfolgreichsten agierte Ford mit dem 4,60 Meter langen Falcon. Diese kreuzbrave Sechszylinder-Limousine war von kaum zu überbietender Schmucklosigkeit und so nüchtern und pragmatisch wie Robert McNamara, einer der »Whiz Kids«, der inzwischen zur Nummer 2 in der Ford-Hierarchie aufgestiegen war. Als er von Kennedy in die Regierung berufen wurde, folgte ihm der charismatische Lee Iacocca, der Sohn italienischer Einwanderer. Er sollte in den nächsten beiden Jahrzehnten, zusammen mit Henry Ford II, das Gesicht des Unternehmens prägen. Iacocca, der 1946 bei Ford angefangen und im Vertrieb Karriere gemacht hatte, war 36 Jahre alt, als ihn Henry Ford in die Firmenzentrale nach Detroit holte und zum Generaldirektor für die Ford-Division berief. Er setzte neue Akzente und machte Ford, das als sehr konservatives Unternehmen galt, auch für eine jüngere Zielgruppe attraktiv. Ein erster Schritt in diese Richtung war die Erweiterung der kreuzbraven Falcon-Modellpalette um heiße V8-Versionen, zur Legende aber wurde er durch den auf dem Falcon basierenden Mustang vom April 1964. Betont sportlich, aber mit 2368 Dollar im Grundmodell extrem günstig, läutete Ford damit eine neue Ära ein: die der Ponycars. Iacocca war der Meinung, dass jeder Käufer das Recht auf einen individuellen Wagen habe – keine ganz neue Idee, aber bislang noch nicht in der Konsequenz umgesetzt. Den Mustang gab es als Hardtop und als Cabriolet (das Schrägheck-Modell kam später), mit fünf Motoren, sechs Getrieben, drei Fahrwerksoptionen, drei Bremsanlagen, diversen Radgrößen und einer Un-

menge weiterer Angebote, mit denen sich der Preis nahezu beliebig in die Höhe schrauben ließ.

Der brillante Marketingstratege Iacocca avancierte 1965 zum Vizepräsidenten und stieg Ende 1970 zum Präsidenten auf, verantwortlich für das operative Tagesgeschäft des Konzerns, der zu jener Zeit rund 430.000 Mitarbeiter hatte und 2,5 Millionen Personenwagen sowie 750.000 Trucks produzierte.

Die frühen 70er waren eine gute Zeit für Amerikas Autobauer, gut 6,5 Millionen Fahrzeuge rollten jährlich vom Band, mehr als doppelt so viel wie die japanischen oder gar deutschen Hersteller aufbieten konnten. Und mit Kleinwagen wie dem Pinto (präsentiert zum Modelljahr 1971, Zweiliter-Vierzylinder aus deutscher Produktion), fühlte sich Ford auch bestens gerüstet für die Herausforderungen der Zukunft. Es sollte anders kommen, und auch das Verkaufsgenie eines Iacocca konnte daran nichts ändern.

Ford in Deutschland: die sechziger Jahre

Das neue Jahrzehnt begann mit der Linie der Vernunft – und einem akuten Arbeitskräftemangel: Ford begann daher mit der Anwerbung von türkischen »Gastarbeitern«. Und die wurden auch dringend gebraucht, denn dank der sensationell erfolgreichen »Badewanne« belegte Ford zeitweise Rang drei der deutschen Zu-

Lee Iacoccas großer Wurf: Mit dem Mustang schuf Ford die völlig neue Fahrzeuggattung der »Pony cars«. Im Bild ein Mustang der ersten Serie.

Oben links: Der Ford Consul Capri war eines der wenigen britischen Ford-Modelle, welche in Deutschland zu kaufen waren. Rund 500 Exemplare des Linkslenkers dürften wohl hier verkauft worden sein; der Wagen wurde in seinem Heimatland zwischen 1960 und 1964 angeboten. Die Verarbeitungsqualität soll abenteuerlich gewesen sein.
Foto: Andy Schwietzer

Schon damals mit verzinktem Wagenboden: Ford Falcon Futura Convertible 1963 in Luxus-Ausstattung.

Die Minitrucks der F-Serie wurden 1948 eingeführt und verhalfen dem Unternehmen zum Durchbruch auf diesem Sektor. Noch heute ist die F-Familie führend auf dem Pick-Up-Markt. Im Bild ein F 100 des Modelljahres 1965.

Ford: die siebziger Jahre

Inzwischen nämlich hatte der amerikanische Kongress das Gesetz zur Reinhaltung der Luft verabschiedet, das für die Zeit nach 1975 die Einhaltung bestimmter Abgasgrenzwerte vorschrieb. Die Katalysatortechnik wiederum erforderte die Verwendung bleifreien Sprits und damit Änderungen an den Motoren. 1971 verbot die amerikanische Umweltschutzbehörde den Neuwagenbetrieb mit verbleiten Kraftstoffen. Dadurch mussten die horrend hohen Verdichtungsverhältnisse (teilweise über 11,0:1) auf ein Maß zurückgenommen werden, das den Motoren erlaubte, den niederoktanigen Saft ohne Probleme zu verdauen. Außerdem musste ab dem Modelljahr 1972 die Leistungsangabe auf SAE-netto-PS umgestellt werden, um realistischere Angaben zu bekommen. So hatte der 1970er Ford Thunderbird auf dem Papier satte 365 SAE-brutto-PS, welche sich 1972 auf noch 265 SAE-netto-PS reduzierten. Amerikas Käufer reagierten auf diesen papiernen Kräfteverfall mit Zurückhaltung, was die Automobilindustrie ihrerseits wieder mit einem Ausbau des Fahrzeugangebots zu kompensieren hoffte. Überdies wurden immer strengere Anforderungen an die Fahrzeugsicherheit gestellt – kein Wunder bei diesen Zahlen: Bei den 20,4 Millionen Unfällen des Jahres 1969 starben in den USA über 56.000 Menschen. Und auch Ford bekleckerte sich in Sachen Insassensicherheit nicht mit Ruhm: Der kompakte Pinto war eine unsichere, lausig verarbeitete Blechkiste, deren konstruktive Mängel angeblich 59 Menschen das Leben kosteten (und Anwälte und Gerichte bis weit in die 80er Jahre hinein beschäftigen sollte). Diese ohnehin schon schwierige Situation wurde durch die Ölkrise noch verschärft. Gefragt waren die sparsamen Importwagen, Detroits durstige Sechs- und Achtzylinder gehörten von heute auf morgen zum alten Eisen. Alle redeten plötzlich vom Verbrauch, landesweit wurde ein 55-Meilen-Limit verordnet.

lassungsstatistik. Die Lieferzeiten wurden immer länger, und jetzt war es der Platz, der fehlte. Trotz aller Bemühungen war es nicht möglich, im Ruhrgebiet ein entsprechendes Areal zu erwerben, so dass nahe der belgischen Kleinstadt Genk ein neues Werk entstand. Zwei Jahre später kam im belgischen Lommel ein neues Testgelände dazu, und die Zusammenarbeit mit den britischen Kollegen vertiefte sich.

Mit einem Produktionsrekord von 505.823 Einheiten kam Ford 1965 auf das bis dahin erfolgreichste Jahr seiner Geschichte, zwei neue Werke entstanden und ein 100 Millionen Mark teures Forschungszentrum in Köln-Merkenich folgte zum Ende des Jahrzehnts. Das allerdings gehörte zu den wenigen positiven Schlagzeilen, die Ford in der zweiten Hälfte der sechziger Jahre produzierte: Ford schien den Anschluss zu verpassen, der erfolglose P7 war Deutschlands Antwort auf den Edsel und sorgte für hohe Verluste. Und auch für die amerikanische Konzernmutter wurden die Zeiten stürmischer.

Im Stil der Zeit: Pinto-Werbung im typischen Stil der Seventies.

Der neue Ford Escort RS 2000.
Das Leistungsvermögen eines 2-Liters.
Die Vernunft eines Escort.

Die große 2-Liter-OHC-Maschine mit Querstrom-Zylinderkopf ergibt im kompakten Escort das beachtliche Leistungsgewicht

von 8,4 kg/PS. Was zusammen mit der aerodynamischen Front- und Heckgestaltung zu überlegenen Fahrleistungen und niedrigen Verbrauchswerten führt: 8,9 sec von 0 auf 100 km/h – 8,7 l auf 100 km nach DIN.

110 PS aus 2 Litern Hubraum, das spricht für einen gesunden

Gebrauchsmotor ohne jede Empfindlichkeit im Alltagseinsatz. Die Karosserie ist tiefer gelegt. Das Fahrwerk entsprechend verstärkt. Für die absolute Alltagstauglichkeit des RS 2000 spricht auch unsere Ford Vernunft-Garantie: 1 Jahr ohne Kilometer-Begrenzung.

Der RS 2000 hat 5½-Zoll-Sportfelgen mit Stahlgurtreifen 175/70 HR 13, Kopfstützen, Sportlenkrad, Drehzahlmesser, Automatikgurte, Verbundglas-Frontscheibe und heizbare Heckscheibe.

Ford

Das Zeichen der Vernunft.

Die Lage der Automobilindustrie wurde immer schlechter, obwohl die Verkaufszahlen die 10-Millionen-Grenze erreichten. Doch dieser Bestwert anno 1973 ging in erster Linie auf das Konto der Importe, die als Zweit- und Drittwagen liefen. Und das traf auf gut ein Drittel der rund 70 Millionen Pkw zu, die in den USA registriert waren.

Die Versuche mit eigenen Kleinwagen zu kontern, scheiterten. So erschien Ende 1969 der Maverick, der es endlich ermöglichen sollte, die immer stärker werdenden japanischen Importfabrikate in die Schranken zu weisen. Er hatte einen 2,8-Liter Reihensechszylindermotor unter seiner Haube und gehörte zur neuen Fahrzeugkategorie der »Subcompacts«. Schon der auslaufende Falcon wurde trotz seiner Länge von 4,68 Metern als Compact bezeichnet, und der Maverick, dessen Name Ende der 90er-Jahre für einen kompakten Geländewagen wieder aufleben sollte, war mit seinen 4,56 Metern immer noch so groß wie ein Ford Consul/Granada von 1972. Erst mit dem Pinto, der als 71er-Modell das Licht der Autowelt erblickte, gelang es, ein wirklich kompaktes Fahrzeug zu entwickeln, das mit 4,14 Metern Länge nur wenig größer war als der »Hundeknochen-Escort«, aber nur zwei Türen hatte. In technischer Hinsicht waren die 70er Jahre ansonsten ein Jahrzehnt der Stagnation, es gab wenig bemerkenswerte Neuerscheinungen mit der Ford-Pflaume. Unter der automobilen Hausmannskost jener Jahre sticht nur der Fiesta hervor, den sich Iacocca als Verdienst anrechnete, der erste Ford-Kleinwagen mit Frontantrieb.

1978 schrieb die amerikanische Regierung unter Jimmy Carter eine schrittweise Reduzierung des Kraftstoffverbrauchs vor. Es begann das Zeitalter der Flottenver-

bräuche, die Iran-Krise und die zweite Ölkrise: Die Importwagen erreichten Ende der Siebziger einen Marktanteil von 30 Prozent, gleichzeitig sanken die Neuzulassungen um 27 Prozent. Und die Kreditzinsen erreichten mit 15 Prozent ungeahnte Höhen: In Amerikas Automobilindustrie standen die Zeichen auf Sturm, nur gut, dass das Geschäft bei der deutschen Ford-Tochter wieder florierte: Nachdem Robert A. Lutz 1974 den Chefsessel der Ford-Werke übernommen hatte, den Karosserieschwulst reduziert und die Garantiefristen auf ein Jahr/20.000 Kilometer verdoppelt hatte, liefen die Geschäfte bestens: Die Ford-Werke AG konnte für 1976 eine hundertprozentige Dividende in die USA überweisen. Und dort hatte Ford ganz schön zu kämpfen.

Damit nicht genug: In Detroits Führungsetage war ein offener Machtkampf zwischen Henry Ford II und seinem Präsidenten Lee Iacocca ausgebrochen. Das Verhältnis zwischen beiden verschlechterte sich ständig, Iacocca wurde 1974 während einer Management-Sitzung klar, dass er »für einen richtigen Halunken arbeitete« mit »einer Schwäche für Wein, Weib und Gesang.«

Doch Playboy oder nicht: Er war ein Ford, und so kam es, dass Lee im Oktober 1978 seinen Hut nehmen musste. Die Führungsspitze bei Ford bildete nun ein dreiköpfiges Gremium und Henry Ford hatte jetzt das uneingeschränkte Sagen. Er schied aus gesundheitlichen Gründen gut anderthalb Jahr später aus, der Vorsitz ging an Philip Caldwell. Die Interessen der Familie nahm nun Henrys jüngerer Bruder William Clay Ford wahr, er erlangte aber nie die Stellung, die Henry Ford innegehabt hatte. Doch obwohl den Mitgliedern der Familie Ford nur 12 Prozent der Aktien gehörten, verfügten sie über 40 Prozent der Stimmrechte: Auch in Zukunft ging nichts ohne oder auch gegen den Willen der Familie.

Henry Ford II starb übrigens 1987, er musste noch erleben, wie sein alter Widersacher Iacocca öffentlich mit

In den 70er Jahren, dem Jahrzehnt der Ölkrise, fiel es schwer, gute Argumente für einen leistungsstarken Kompakten zu finden. Der Vernunftaspekt wurde auch im Slogan »Das Zeichen der Vernunft« betont. Später ließ das Unternehmen wissen »Die tun was«, und heute kann man »Besser ankommen«.

Aus dem Familienalbum: Taunus 12M P4 von 1964, aufgenommen zehn Jahre später, als er gegen einen neuen Taunus eingetauscht wurde. Einen alten Ford wurde man zu dieser Zeit kaum auf dem freien Markt los, zu schlecht war das Markenimage. Foto: Kuch

ihm abrechnete: Nach Iacoccas Wechsel zu Chrysler (er bewahrte die Marke vor dem Untergang) schrieb er den Bestseller *Eine amerikanische Karriere*, in dem er nicht gerade zimperlich mit Henry Ford umsprang.

Ford: die achtziger Jahre

Die zweite Ölkrise traf Ford besonders hart, zwischen 1979 und 1981 wurden rund 25 Prozent aller Angestellten entlassen und die Anzahl der Arbeiter von 190.000 auf 115.000 reduziert. Ford machte Milliarden-Verluste, nur gut, dass es bei den überseeischen Töchtern in Deutschland und Großbritannien besser lief und von dort Kapital zurückfloss.

Zu den wichtigsten Neuerscheinungen der 80er Jahre zählte Fords Weltauto Escort, der zum Modelljahr 1981 eingeführt wurde, und die darüber angesiedelten Ford Taurus/Mercury Sable, die zum Modelljahr 1986 auf den Markt kamen. Mit einem sensationellen cW-Wert gesegnet, entwickelten sich diese beiden Typen rasch zu Bestsellern auf den Markt und gehörten Anfang der Neunziger zu den bestverkauften Modellen in den USA. Auf dem Sektor der Geländewagen landete Ford mit dem Explorer einen Hit (dessen Beliebtheit durch die Rückrufe nach Reifenplatzern nur kurzfristig litt), und auf dem Gebiet der Minitrucks sicherte die 1997 erneuerte F-Serie dem Unternehmen die Marktführerschaft.

Auf dem Weg ins nächste Jahrtausend

In den vergangenen beiden Jahrzehnten durchlebte der amerikanische Konzern eine rasante Berg- und Talfahrt, zu den wenigen Konstanten gehörten die dauernden Wechsel an der Führungsspitze. Petersen, Poling, Nasser – die Vorstände wechselten in rascher Folge, dass mitunter kaum mehr der Name im Gedächtnis haften blieb. Zugegeben: Diese Jahrzehnte gehörten nicht zu den besten für die Automobilbranche. 1980 arbeiteten zum

Beispiel noch 450.000 Arbeiter an den Fließbändern von GM, Amerikas Nummer eins, 15 Jahre später waren es nur noch 210.000. Und trotz aller Fortschritte in Sachen Produktivität fuhr GM Milliardenverluste ein. Auch bei Ford lief's nicht richtig rund, die Aktionäre durften sich erst 1987 wieder über schwarze Zahlen freuen, ein Trend, der 1997 in einem Rekordgewinn gipfelte.

Im zunehmend schwierigeren Umfeld begann aber auch Ford zu kränkeln, was schließlich den seit 1999 amtierenden Ford-Chef Jac Nasser den Kopf kostete: Zum 1. Oktober 2001 übernahm William Clay Ford junior, Henrys Urenkel, die Leitung beim US-Autobauer. Damit saß erstmals seit 21 Jahren wieder ein Ford am Steuer des Konzerns, der das neue Jahrtausend wenig verheißungsvoll begonnen hatte. Der Milliardenverlust in jenem Jahr war so gravierend, dass erstmals seit 1991 die Dividende gesenkt werden musste; die Aktien verloren zeitweise über 30 Prozent ihres Wertes. Unter Leitung des neuen CEO (Chief Executive Officer) William Clay Ford jr. wurde ein umfassendes Restrukturierungsprogramm eingeleitet, das die Schließung mehrerer nordamerikanischen Werke vorsah und die Einsparung von gut 8000 Stellen in der Verwaltung. Und genau in diesem Punkt dürfte William Clay der Billigung seines Urgroßvaters gewiss sein: Schließlich hatte auch Henry Ford I eine ausgesprochene Abneigung gegen jegliche Art der Verwaltung.

Entwurf für das Ford-Kunststoffteile-Werk Berlin: Zur Einweihung des im Juni 1980 begonnenen Werks gab sich Henry Ford II die Ehre.

kein Unternehmen nurmehr national: Die technischen Entwicklungen bei Ford of Europe werden zunehmend wichtiger innerhalb des Gesamtkonzerns. So findet ein reger Austausch von Technologien oder Baugruppen statt. Besonders eng ist inzwischen die Zusammenarbeit mit Ford-Partner Mazda. Im Bereich der Oberklasse hat Ford längst nicht mehr nur Lincoln aufzubieten, im neuen Jahrtausend gehören auch Volvo, Jaguar, Land Rover und Aston Martin (die »Premier Automotive Group«) zum Konzern. Und auch wenn gerade diese Luxus-Division mit der Absicht von Henry Ford I, nämlich Autos fürs Volk zu bauen, kaum zu vereinbaren ist: Nicht zuletzt deswegen ist sein Unternehmen gut gerüstet für das nächste Jahrhundert.

Focus-Schmiede: Bis zu 2000 Einheiten rollten pro Tag von den Bändern des Ford-Werkes Saarlouis. Die 1970 gegründete Produktionsstätte gilt als eine der produktivsten weltweit.

Internationaler Vertrieb: Der Export war von Anfang an ein sehr starkes Standbein für die deutsche Ford-Werke AG, wie dieses Tableau von 1998 beweist.

Ford of Europe

Bereits 1967 hatte Henry Ford II in London die Gründung von Ford of Europe durchgesetzt, um die Zusammenarbeit der britischen wie auch der deutschen Ford-Töchter zu verbessern und Synergieeffekte zu schaffen: Teure Doppelentwicklungen sollten damit der Vergangenheit angehören. Natürlich wurde diese Entwicklung von der Motorpresse des jeweiligen Landes kritisch begleitet. Insbesondere die deutschen Motormagazine fürchteten einen Bedeutungsverlust der Ford-Werke. Schließlich standen sich Amerikaner und Briten schon sprachlich viel näher als Amerikaner und Deutsche. Heute ist das längst schon Geschichte. In einer globalen Welt (und bei einer Weltfirma wie Ford sowieso) agiert

Ford-Werke AG produziert zweimillionsten Mondeo

Mondeo

Zwei Millionen Mondeo ergeben aneinandergereiht eine Strecke von 91.120 km – mehr als der zweifache Umfang der Erde am Äquator

Der Mondeo wird in folgenden Ländern verkauft

Europa gesamt	Brunei	Kamerun	Paraguay	Tansania
Rußland	Chile	Karibik	Peru	Thailand
Ägypten	China	Kenia	Singapur	Tunesien
Argentinien	Hongkong	Marokko	Südafrika	Türkei
Australien	Israel	Mauritius	Südkorea	Uganda
Brasilien	Japan	Neuseeland	Taiwan	Uruguay

Eigene Produktion in Nordamerika

Als Schwestermodelle Mercury Mystique oder Ford Contour (zählen nicht zu den zwei Millionen)

In den Anfangstagen offerierte Ford/Deutschland auch Wagen der Luxusmarke Lincoln. Der Lincoln V8 stand auf der Berliner Automobilausstellung im Februar 1933. V8-Wagen boten in jener Zeit nur Luxuswagenhersteller wie Horch, NAG oder Stoewer an.

Rechts: Absoluter Exote unter den Lincoln: Der Continental Mark II von 1956 trat die Nachfolge des nur bis 1948 gebauten ersten Conti an. 3000 Exemplare mit der charakteristischen Reserveradausbuchtung auf dem Kofferdeckel verließen bis 1958 die Werkshallen.

Der »kleine« Lincoln« wurde 1936 eingeführt, die Frontpartie wurde nach Maßgabe von Edsel Ford gestaltet. Sein Stromlinien-Design sollte wegweisend für das Ford-Styling der nächsten Jahre werden.

Die Marke Lincoln

In Deutschland bisher fast unbekannt blieben die Wagen von Fords Luxus-Marke Lincoln, die vor allem die amerikanische Oberschicht begeistern sollte. Von Henry Leland 1920 gegründet (Leland hatte pikanterweise bereits 1903 die Marke Cadillac gegründet, die zu GM gehörte), aber schon knapp zwei Jahre später an die Nummer Eins des US-Marktes, Henry Ford, verkauft, avancierte die neue Marke schon bald zum Aushängeschild des Konzerns. Nach den eher konservativen und gediegenen Achtzylindern der zwanziger Jahre wurden für die dreißiger Jahre schwere und elegante Zwölfzylinder entwickelt, die als Gegenstücke zu Cadillac und Packard gedacht waren, jedoch nie deren Verkaufszahlen erreichten. Lincoln-Wagen wurden Anfang der dreißiger Jahre auch in Deutschland angeboten: Als Achtzylinder mit 140 PS (25 Steuer-PS) sowie als Zwölfzylinder mit 28/160 PS markierten sie die Spitze auch in Deutschland und kosteten 7000 Reichsmark. Die Absatzzahlen waren nicht der Rede wert, obwohl die Wagen »in den verschiedensten Karosserietypen lieferbar« waren, wie der Hersteller im Februar 1933 wissen ließ. Nicht in den Export gelangt der 1936 erschienene » kleine« V12 namens Zephyr, der dann den Grundstock für alle Lincolns bis 1948 legte. Die großen Zwölfer strich man 1940 ersatzlos.
Nach dem Zweiten Weltkrieg kamen die Zephyr in aufgewärmter Form wieder in die Verkaufsräume; das 46er-Modell wartete erstmals mit hydraulischen Fensterhebern und einem ebensolchen Verdeck auf. Damit war Lincoln den anderen Herstellern einige Jahre voraus. Dem Luxus-Ford wiesen schon Preis und Verbrauch auf dem deutschen Markt ein Schattendasein zu, und so wurden nur wenige Fahrzeuge importiert. Die ersten Nachkriegsmodelle

hatten den seit 1949 verwendeten Nachfolgemotor des legendären V12 unter der Haube, aber modern war der »neue« V8 absolut nicht. Immer noch als Seitenventiler konstruiert, hatte der lediglich 152 SAE-PS starke 5,5-Liter-Motor mit dem schweren Auto einiges zu schleppen. Trotzdem konnte er schneller bewegt werden als etwa ein Mercedes 300, der mit seinen geschwungenen Kotflügeln

vergleichsweise antiquert aussah, nur 115 PS vorweisen konnte und gleich viel wog. Ein Automatikgetriebe, welches noch vom Erzkonkurrenten GM stammte (Hydramatic) war der letzte Schrei an Luxus.
Die ab 1952 ziemlich schnörkellosen und klar gezeichneten Ford-Produkte unterschieden sich nur durch die Größe und die Verwendung unterschiedlichen Chromzierrats, ansonsten waren sie alle nach dem gleichen Muster gestrickt. Geräumige Sedans (Limousinen) und die in den USA sehr populären Coupés und natürlich die exklusiven Cabrios durften in keiner Modellpalette fehlen. Bei Lincoln verzichtete man von je her wie beim Erzkonkurrenten Cadillac darauf, Kombis oder andere Nutzfahrzeuge anzubieten. Dies wäre mit dem Luxusklasse-Image nicht zu vereinbaren gewesen.
Mitte der fünfziger Jahre kam bei den Coupés in der gesamten Branche eine neue Variante hinzu, das viertürige Hardtop-Coupé, welches sogar beim letzten großen Mercedes Adenauer-Modell »300 d« kopiert wurde. Bei dieser Karosserie fehlte nämlich der Mittelpfosten (B-Säule) und die Seitenscheiben waren ganz her-

unterzukurbeln, so dass das Fahrzeug trotz des festen Blechdaches annähernd ein Cabrio-Feeling vermittelte.

Als eigentlichen Nachfolger des noch von Edsel Ford entwickelten Lincoln Continental (Parallelmodell des Zephyr auf dessen Basis) führte Ford Ende 1955 als 1956er-Modell zusätzlich zu den normalen Lincoln mit dem Lincoln Continental Mk. II eine weitere Modellreihe ein.

Dieses außergewöhnliche Coupé wurde sogar in Deutschland angeboten. Sein Preis lag bei unvorstellbaren 66.650 Mark. Dafür gab es ein schmuckes Einfamilienhaus im Grünen oder zwei Mercedes 300 SL Roadster oder drei Mercedes 300c Adenauer. Und selbst die normalen Lincoln kosteten DM 27.675,– (Capri) bzw. DM 30.380,– (Premiere). Verständlich, dass diese Wagen einzelne Exoten auf deutschen Straßen blieben.

Die normalen Lincoln passten sich mit jährlich wechselnden Modellen dem sich schnell ändernden automobilen Geschmack der Amerikaner an. Sie wurden stärker, luxuriöser (Luftfederung) und wuchsen bis auf eine Länge von 5,82 Metern. Damit waren sie auch für US-Verhältnisse zu lang geraten, in Deutschland brauchten sie zwei Parkplätze. Ende des Modelljahres 1960 war Fords Nobelmarke praktisch am Ende, erhielt aber 1961 Auftrieb durch die neue Continental-Reihe. Für fette Schlagzeilen sorgte aber erst wieder der Mark III von 1968. Treibende Kraft dahinter war Lee Iacocca, der damit einen amerikanischen Rolls Royce schaffen wollte, aus Kostengründen aber auf Technik und Stylingmerkmale des viertürigen Ford Thunderbird zurück griff. Die Verwandlung glückte, der Mark III war das rentabelste Auto im Ford Konzern und trug maßgeblich dazu bei, dass Iacocca zur Nummer zwei in der Ford-Hierarchie aufsteigen konnte. Der 340-SAE-PS starke Mark III kostete 1969 immerhin 39.960 Mark, soviel wie das Mercedes-Topmodell 300 SEL 6.3 Liter.

Genau wie alle anderen US-Hersteller litt auch Lincoln unter der Energiekrise von 1973, weshalb an einem Downsizing-Programm gearbeitet wurde, welches jedoch erst ab 1977 in Form des wesentlich kleineren Lincoln Versailles Früchte tragen sollte. Bis dahin blieben die nur mild facegelifteten Modelle, die sich in jedem neuen Modelljahr nur durch minimale Änderungen unterscheiden ließen, im Programm. Nur tröpfchenweise verschiffte man diese Fahrzeuge nach Deutschland, da wenig Kunden so schwere und hubraumstarke Modelle haben

wollten, die zudem noch viel Kraftstoff brauchten und auch bei Steuer und Versicherung nicht zu den Sonderangeboten zählten. Der neue Versailles mit seinem für deutsche Verhältnisse immer noch großen 5,8-Liter-V8 war 1979 mit einem Preisschild über DM 44.400,- sogar noch 3500 Mark teurer als der Continental. Der im gleichen Jahr als Sondermodell »Diamond Jubilee« lancierte Continental Coupé kostete satte 66.400 Mark und war damit über 20.000 Mark teurer als das reguläre Coupé.

Die ab 1979 vollständig erneuerten Lincolns einschließlich des Mark VI, den es erstmals sogar als viertürige Limousine gab, waren mit fünfeinhalb Metern zwar nicht kürzer als ihre Vorgänger, doch das Fahrgestell wies einen etwa 25 Zentimeter kürzeren Radstand auf, was zu großen Karosserieüberhängen führte und sich optisch nicht besonders vorteilhaft auswirkte.

Nach 1993 kamen praktisch keine Neufahrzeuge mehr (und diese nur per Ausnahmegenehmigung) in Deutschlands Verkehr. Lediglich einige Offiziere der in Europa stationierten US-Streitkräfte fuhren noch Lincoln, die über einige wenige Ford-Händler zu beziehen waren. Von den danach präsentierten Lincoln nahmen europäische Kunden praktisch keine Notiz mehr, mit einer Ausnahme: Lincoln kam im April 1998 mit einem völlig neuen Fahrzeug auf den Markt, dem Lincoln LS.

Basierend auf der Plattform des Jaguar S-Type entstand eine für Lincoln sehr sportliche mittelgroße Limousine, die ursprünglich auch – so die ersten Überlegungen von PAG-Chef Reitzle – in Deutschland beziehungsweise Europa angeboten werden sollte. Dazu kam es aber nicht, Lincoln-Modelle werden auch künftig in Europa keine weitere Verbreitung finden. Doch das taten Lincoln-Modelle bekanntlich ja noch nie.

Text: Matthias Gerst

Die US-Ford in Deutschland
American Graffiti

Ford Custom als zweitürige Limousine Modell 1949. Durch die US-Streitkräfte in ansehnlichen Stückzahlen nach Deutschland gebracht: Der erste Ponton-Ford überhaupt.

Ford Crestline Sunliner Cabriolet Modell 1954. Der erste mit dem neuen ohv-V8-Motor: Das Topmodell des Jahrgangs 1954 kostete in Deutschland knapp über DM 17.000,–.

Ford und der Export nach Deutschland – das ist eine lange Geschichte. Bereits 1904 gelangten die ersten Ford-Modelle nach Europa und die ersten deutschsprachigen Anzeigen und Prospekte erschienen im Jahre 1912. Die 1925 installierte deutsche Ford-Filiale beschäftigte sich zunächst mit dem Vertrieb von britischen Fordson-Traktoren, doch gelangten alsbald auch US-Modelle in das deutsche Importprogramm: Auf der Internationalen Automobilausstellung in Berlin beispielsweise im Februar 1933 zierte auch ein Lincoln-Achtzylinder den Messestand.

Nach dem Zweiten Weltkrieg waren amerikanische Ford-Modelle bereits 1946 in Europa wieder erhältlich, zunächst in der Schweiz. Diese wurde nach dem Krieg zuerst wieder beliefert.

Doch auch im zerbombten Deutschland (wie auch in Japan) prägten in den ersten Nachkriegsjahren die vergleichsweise schweren und durstigen Autos das Straßenbild, die amerikanischen Besatzungsbehörden importierten sie für ihre Truppen. Deren Verkauf fand praktisch unter Ausschluss der Öffentlichkeit statt, deutsche Bürger konnten sich lediglich an den Scheiben die Nase platt drücken.

Erst nach der Gründung der Bundesrepublik und der Währungsreform konnten auch deutsche Autofahrer wieder in den Genuss der luxuriösen Straßenkreuzer kommen, sofern sie über das nötige Kleingeld (und Bezugsscheine für den Kraftstoff) verfügten. Die Benzinrationierung wurde übrigens erst im Jahre 1950 aufgehoben.

Ford in Köln dachte nicht daran, die Vorkriegs-V8 wieder aufzulegen und entschied sich stattdessen, für potente Kunden einfach die US-Modelle einzuführen. Wartung und Pflege übernahmen große regionale Ford-Werkstätten, so entstand ein halbwegs dichtes Händlernetz. Eine aktive Vermarktung seitens der Ford-Werke AG fand nicht statt, wohl aber wurden Sammelprospekte in deutscher Sprache gedruckt. Theoretisch war demnach auch für deutsche Kunden nahezu das gesamte Personenwagen-Sortiment verfügbar, wenn auch nicht in jeder Karosserievariante oder mit jeder Option.

In der offiziellen Preisliste von 1951 wurden drei Modelle des US-Mutterhauses in Deutschland angeboten: ein Achtzylinder-Ford mit 3,9 Liter (den es auch als 3,7-l-Sechszylinder und 95 SAE-PS gab), ein Mercury V8 (4,2 Liter) und ein Lincoln V8 (5,5 Liter), allesamt ausschließlich als viertürige Limousine (»Sedan«) lieferbar. Technisch und stilistisch sehr eng mit den etwas kleineren Ford-Brüdern verwandt, bot der Mercury nicht wirklich mehr für sein Geld, was der Marke immer ein Schattendasein bescherte. Die Preise lagen zwischen 15.700 und 28.100 Mark. Zum Vergleich: Ein BMW 501 kostete damals 15.150 Mark. Bei Ford erhielt man für sein Geld einen ausgereiften und spurtstarken V8 mit etwa 90 DIN-PS, während der BMW nur 65 PS aufzuweisen hatte. Und die ultramoderne Pontonform, die in Deutschland bislang nur Borgward mit seinen Modellen Lloyd, Goliath und Hansa verwirklicht hatte, gab es gratis mit dazu. Schon 1953 sank der Preis für den auf 110 SAE-PS erstarkten Ford auf DM 14.650,–.

Neben den Achtzylinder-Modellen waren auch die Sechszylinder-Typen verfügbar. Der alte Reihensechszylinder von 1941, war 1952 durch eine komplette Neu-

konstruktion mit ohv-Technik ersetzt worden, parallel zum neuen großen Lincoln-V8. Aus nunmehr noch 3,5 Litern schöpfte er die gleiche Leistung wie der alte aus 3,9 Litern. Nach 1954 stieg die Leistungsausbeute stetig an, bis zuletzt 145 SAE-PS in den Papieren standen.

Die große Neuheit des US-Jahrgangs 1955 sollte sich natürlich auch auf die in Deutschland angebotenen Modelle auswirken: Ford ersetzte Henry Fords Flathead-V8 (seitlich stehende Ventile, flacher Zylinderkopf) aus dem Jahre 1932 durch eine modernere Maschine mit ohv-Köpfen und zentraler Nockenwelle. Nach diesem Strickmuster waren praktisch alle amerikanischen V8 bis in die 80er-Jahre hinein aufgebaut. Aus nunmehr 3,9 Litern Hubraum schöpfte der neue Motor zehn Prozent mehr Leistung. Im Mercury war er bereits ein Jahr zuvor einsetzt worden, bei unverändertem Hubraum von 4,2 Liter stieg die Leistung von 125 SAE-PS auf 161 SAE-PS. 1955 auf 4,5 Liter vergrößert und bis zu 182 SAE-PS stark, fiel 1956 mit einer 4,8-Liter-Maschine die magische 200 PS-Grenze. In einer weiteren Ausbaustufe kam der V8 auf 5,1 Liter und 212 PS. Letzterer war auch im 56er Ford Thunderbird als Standardtriebwerk zu finden. Ein Jahr leistete der 5,1 Liter 245 SAE-PS, um 1959 als 5,5-Liter mit bis zu 265 SAE-PS zu glänzen, dem dann der noch größere 5,8-Liter mit satten 300 SAE-PS die Show stahl.

Das amerikanische Wettrüsten ging in Deutschland weit gehend unbeachtet vonstatten. Wohl erschienen in einschlägigen Fachmagazinen entsprechende Meldungen, und sogar der eine oder andere amerikanische Fahrbericht war zu lesen, doch gehörten US-Straßenkreuzer längst schon zu den Exoten im deutschen Straßenbild. Dabei war, zumindest theoretisch, die Vielfalt nie größer. Wurde 1949 nur die schlichte Limousine in Deutschland offeriert, gab es 1954 als »Mainline« schon eine zwei- bzw. viertürige Limousine und einen Kombi, in den USA Station Wagon genannt, wobei der Sechszylinder zu Preisen von DM 14.065,–/14.365,– und 17.345,– gehandelt wurde. Und der stärkere V8 kostete lediglich 500 Mark Aufpreis.

Die besser ausgestatteten, viertürigen »Customline«-Ausführungen schlugen mit einem Mehrpreis von DM

The best-selling "do-it-alls" are FORDS

8-PASSENGER COUNTRY SQUIRE — America's most distinguished station wagon—combines all-steel body with the traditional beauty of wood-like trim. Like all Ford wagons, it's available with 225-h.p. engine.

8-PASSENGER COUNTRY SEDAN — The stowaway seat in this 4-door model folds flat into the floor in seconds. With rear seat out and tail gate down, you have nearly nine feet of level load space!

6-PASSENGER COUNTRY SEDAN — Here's a 4-door beauty that converts from work to play in just three seconds. As in all Fords, the interior of this wagon harmonizes tastefully with the exterior.

THE PARKLANE — With wall-to-wall carpeting throughout, here is the most regal of Ford's 2-door, 6-passenger wagons. Converts in seconds. Vinyl cover conceals luggage behind seat.

CUSTOM RANCH WAGON — Like all Fords, this 2-door dandy brings you Lifeguard Design—unanimously voted the Motor Trend Award as the top car advance of the year. Seats six with ease.

RANCH WAGON — Here's the lowest-priced Ford wagon! Yet it brings you all of Ford's traditional power, styling and economy. Ford, remember, won the Mobilgas Economy Award in its class.

Ford goes first in Station Wagons You can pay more but you can't buy better

1175,– zu Buche und die Topausführung Crestline V8 kostete als Limousine 16.710 Mark, als Cabrio »Sunliner« DM 18.760,–. Das normale Crestline V8 Coupé war mit DM 17.910,– angeschrieben und die Version mit durchsichtigem Plexiglasdach mit dem klangvollen Namen »Sun Valley« war ebenso teuer wie das Cabrio Sunliner. Schon ein Jahr später bestand das Ford-Angebot für Deutschland aus nicht weniger als 14 verschiedenen Modellen, die als Sechszylinder alle zwischen etwa 14.000 und 17.000 Mark kosteten, der V8 wiederum 500 Mark mehr. Die Top-Modelle hießen jetzt nicht mehr Crestline, sondern Fairline. Für 1956 wurden die Preise durchweg um etwa gut 300 Mark gesenkt, was sich auf den Absatz anscheinend positiv auswirkte.

1957 gab es im Ford-Programm vier Modell-Linien, beginnend mit dem Custom als preiswertestes Standardmodell, dann Custom 300, Fairlane und als Topmodell der Fairlane 500. Serienmäßig war der 3,7-Liter Sechszylinder, der 4,8-Liter V8 kostete DM 500 Aufpreis, für den 5,1-Liter mit seinen 245 SAE-PS verlangte Ford lediglich 720 Mark mehr als für den Sechser. Das

Die besten Alleskönner stammen von Ford: Diese Sammelanzeige für die Kombi-Modelle von Ford, 1956, zeigt im Grunde genommen nur ein Modell – wenn auch in sechs verschiedenen Ausführungen.

Ford Fairlane 500 Skyliner Retractable Cabrio Modell 1957, das erste US-Modell mit klappbarem Blechdach. Drei aufeinanderfolgende Modelljahre lang wurde mit jeweils anderem Gesicht ein solches Cabrio angeboten.

Morgens um sechs ist die Welt noch in Ordnung: Wunderschöne Annonce aus dem *New Yorker* für den Thunderbird. Optional schon damals zu haben waren elektrische Fensterheber, Servolenkung und Overdrive.

Mehr Spaß als irgendwas: Doppelseite aus dem *New Yorker*, 1958. Prominent im Vordergrund steht das Edsel-Cabriolet.

The Thunderbird is now available in 5 colors!

6 a.m. THUNDERBIRD time

Doctor, Lawyer, Merchant, Chief—no matter who you are—you'll find yourself getting up early when your garage is home to a Thunderbird. For here is a truly delightful package of sheer pleasure—all the way from its "let's go" look to the "let's go" performance of its Thunderbird Special Y-block V-8.

What's more—that comfortable seat is nearly *five* feet wide and it's power-operated. The steering wheel is still another comfort feature

—adjust it in or out, *as you like it*. As for weather—your Thunderbird can have an easily demountable hard top *and*/or a snug fabric top. Windows roll up . . . power-operated if you like. Power steering, power brakes, Overdrive and Speed-Trigger Fordomatic are also available. These are important details, but the main thing is the low and mighty car itself! Why don't you obey that urge and try one today. Your Ford Dealer is the man to see.

This is the Thunderbird Special Y-block V-8 4-barrel carburetor, 8.5 to 1 compression ratio, 198-h.p. with Fordomatic . . . try it!

An exciting original by FORD

Spezialmodell Fairlane 500 Retractable Hardtop kostete 19.435 Mark, hatte Platz für sechs Personen und besaß ein klappbares Blechdach wie heute der Mercedes SLK. Dieses Modell war leider nur zwischen 1957 und 1959 im Programm.

Die steigenden Verkaufszahlen machten Ford optimistisch und so ließen die Kölner Ford-Strategen für die ganze 57er Ford-/Mercury-Palette eine so genannte Allgemeine Betriebserlaubnis (ABE) erstellen, um Zeit raubende und für den Kunden kostenintensive Einzelzulassungen zu vermeiden. Die Absatzerwartungen erfüllten sich aber nicht und so wurde diese ABE nach 1960 nicht mehr erneuert. Erst 1995 gab es dann wieder eine offizielle ABE für einen US-Ford, den Probe der zweiten Generation.

Für Furore weltweit sorgte Ford indes mit dem Thunderbird. Nachdem GM mit der Corvette 1953 das erste serienmäßige Kunststoffauto vorgestellt hatte, musste natürlich auch Ford mit einem Sportwagen nachziehen. Nur ein Jahr später stellte Ford mit großem Tamtam seinen »Donnervogel« der gespannten Öffentlichkeit vor. Anders als die zuerst nur sechszylindrige Corvette, gab es den Thunderbird ausschließlich mit potenten V8-Motoren, was ihn schneller und damit begehrenswerter machte. In rascher Folge wurden die Motoren immer größer und der filigrane Zweisitzer mutierte für das Modelljahr 1958 in einen erwachsenen Viersitzer mit besonders aggressivem Styling und bis zu 300 SAE-PS

more new ideas, more YOU ideas — in THE FORD FAMILY OF FINE CARS

Continental Mark III Convertible

Thunderbird 4-passenger Convertible

Ford Fairlane 500 Sunliner

Ford Fairlane 500 Skyliner

Mercury Park Lane Convertible

Edsel Pacer Convertible

Our convertibles have more fun than anybody

And so will you when you drive them. Why? (Because we made it our business to find out what you wanted in a convertible. Then, we found a way to make it for you. We call these new ideas *You Ideas*. They start with *your* needs, *your* tastes, *your* car budget.

You wanted a convertible with a steel top. It's here, the only one of its kind in the world.

You wanted a four-seater Thunderbird. We made it for you. And how about a rear window that rolls down at the touch of a button? You can have that, too, in the Continental Mark III.

We hope everything you ever wanted in a convertible is right here. Pick the one designed just for you and let your dealer demonstrate it today. Ford Motor Co., American Road, Dearborn, Mich.

FORD THUNDERBIRD EDSEL MERCURY LINCOLN CONTINENTAL MARK III

Leistung. Ab 1957 mit der modischen Panorama-Windschutzscheibe ausgerüstet, kostete der Thunderbird immerhin 21.930 Mark, eine stolze Summe, die bis 1959 noch auf über 25.000 Mark ansteigen sollte.

Kurzzeitig bot Ford auch den Edsel in Deutschland an, ohne dass davon hier zu Lande jemand Notiz davon genommen hätte. Ganz anders dagegen der Falcon. Den so genannten Compact-Cars – neben dem Falcon bot GM den Corvair und Chrysler den Vaillant an – galt eine vergleichsweise ausführliche Berichterstattung in den deutschen Medien.

Der für US-Verhältnisse sehr kompakte und trotzdem geräumige Falcon brillierte mit einer ausgezeichneten Rundsicht und klarem Styling. Die Verspieltheit der 50er-Jahre wich einem geradezu sachlichen Design. Ein sehr bescheidener Sechszylinder mit gerade mal 2,4 Liter Hubraum und einer Leistung von 90 SAE-PS mobilisierte die Neuerscheinung. Mit einer Länge von etwa 4,60 Metern übertraf er die Badewanne um nur 15 Zentimeter. So war er quasi der Vorläufer der deutschen Ford-V6-Modelle ab 1964, die ziemlich genau so groß gerieten wie der Falcon.

Ab 1962 besetzte Ford USA nun auch endlich die mittlere Fahrzeugkategorie mit einem neuen Modell namens Fairlane. Dieser Name diente zwar seit 1955 den großen Ford als Bezeichnung für die mittlere Ausstattungsvariante, doch nun wurde er der neuen Ford-Mittelklasse zugeordnet. Exakt zwischen Falcon und Galaxie positioniert, war der »neue« nach dem selben Strickmuster gebaut wie alle Ford bisher: Heckantrieb über eine blattgefederte Starrachse und die bekannten Sechs- und Achtzylinder aus dem Ford-Baukasten unter der Haube. Preislich lag die Grundausstattung nur etwa 500 Mark über einem vergleichbaren Falcon-Modell, doch waren die Fairlanes mit genau fünf Metern Länge einiges größer als die Falcons, hielten aber genügend Distanz zu den noch größeren »Standard Size«-Modellen, der Galaxie-Serie (5,30 Meter).

Technischer Standard war immer noch die Vierradtrommelbremse und die Einkreisbremse. Offenbar wurde sie, zumindest in den USA, selbst mit dem Siebenliter-Big Block und seinen bis zu 425 SAE-PS (etwa 340 DIN-PS) fertig. Deutsche Tester stellten rasches Fading und baldiges Schiefziehen fest. Außerdem sollen die Motoren nicht vollgasfest gewesen sein.

Der Thunderbird war schon für 1961 völlig neu gestaltet worden, und wenn seine Aufschrift nicht gewesen wäre, hätten viele ihn nicht wieder erkannt. Schlank, flach und rassig war sein Auftreten, der 390er-Motor (6,3-Liter) mit 300 SAE-PS ließ es an Muskeln nicht fehlen. Mit einer Höchstgeschwindigkeit von etwa 190 km/h und einer Beschleunigung von ca. 10 Sekunden in der Paradedisziplin von Null auf Hundert reihte er sich durchaus bei den zeitgenössischen Sportwagen ein.

Neben dem Coupé und dem obligatorischen Cabrio gab es ab 1962 dann erstmals wieder eine zweisitzige Variante, die »Sport Roadster« hieß. Seine stilistische Nähe zu Rennsportwagen aus Europa sollte das in den Kofferdeckel übergehende Abdeckblech unterstreichen.

In Deutschland kostete dieses Auto satte 33.260 Mark, soviel wie ein Mercedes 300 SE Cabriolet.

In seiner Grundform hielt dieser T-Bird immerhin bis zum Modelljahr 1966 durch, bei damaligen US-Fahrzeugen eine eher ungewöhnliche Konstanz. Die Änderungen beschränkten sich auf Blechkosmetik und immer stärkere Motoren mit bis zu 345 SAE-PS. Preislich lag der Thunderbird 1965 mit 28.000 Mark auf dem Niveau eines BMW 3200 CS, der zwar in der Höchstgeschwindigkeit, nicht aber bei der Beschleunigung mithalten konnte. Als erster US-Ford konnte der letzte dieser T-Birds schon mit vorderen Scheibenbremsen geordert werden.

Das erste amerikanische Ford-Modell, das auch in Europa für viel Aufsehen sorgte, war der Mustang. Mit ihm schufen die Ford-Mannen ein Fahrzeug, das sofort zum Publikumsliebling wurde und längst schon Klassikerstatus erreichte.

Das einzige vergleichbare deutsche Modell, der Mercedes 230 SL, war in einer ganz anderen Preisklasse angesiedelt. Der Mustang kostete in der Grundausstattung als Cabrio (wahlweise 105 oder 120 SAE-PS) etwas

Der letzte Zweisitzer: Die Bezeichnung »Sportwagen« verdiente der T-Bird nur bis 1957, danach mutierte er zum schwülstigen Viersitzer.

Flach, kantig und schnell, eine völlige Abkehr vom Donnervogel der Jahres 1958 bis 1960. Diese Karosserieform sollte für sechs Modelljahre nur unwesentlich verändert werden.

Mercury Comet 1961 als zweitürige Limousine (»Sedan«).
Der teurere Bruder des neuen Ford Falcon sah richtig erwachsen aus.

Ford Galaxie 500 Modell 1962 als viertüriges Hardtop und das Kombi-Pendant namens Country Squire Station Wagen.
Die Linie der Vernunft hatte sich ab dem 60er-Modell durchgesetzt. Glatte, klare Flächen und gute Übersichtlichkeit dominierten das Design. Doch auch so anachronistisch anmutende Details wie das Holzimitat des Station Wagon wurden weiterhin gepflegt.

über 17.000 Mark, wohingegen für den 230 SL über 22.000 Mark gefordert wurden.

Mit den verschiedenen Motoren aus dem großen Ford-Triebwerke-Regal konnte allen Kundenwünschen entsprochen werden. Die eher lahmen 105 SAE-PS lockten natürlich niemanden hinter dem Ofen vor. Eine Fangemeinde erschloss sich der Mustang aber mit den teilweise bärenstarken V8-Maschinen, deren heißeste im ersten Modelljahr schon 271 SAE-PS an das Schwungrad wuchtete. Zwei Jahre später gab es sogar den 390er-Motor aus dem Thunderbird mit immerhin 320 SAE-PS. Bis 1968 blieb Ford der ursprünglichen Form des Mustang treu, dann wurde er nach der Devise »bigger is better« leicht vergrößert, doch so behutsam, dass die so erfolgreiche Form bis 1970 nicht verwässert wurde.

Weniger aufregend dagegen das, was sich bei den »normalen« Ford tat. Ab 1967 wurden als Extra auch für die »Brot-und-Butter-Autos« Scheibenbremsen eingeführt. Immer größer, immer stärker, immer durstiger – wirtschaftliche Überlegungen spielten keine Rolle. Die Fairlanes und Galaxies hatten Motoren von vier bis sieben Liter Hubraum. In der Leistung hieß dies 150 bis

425 SAE-PS. Ford leistete sich den Luxus, nach- und teilweise nebeneinander vier verschiedene Siebenliter-V8-Maschinen zu fertigen, und Lincoln hatte einen noch größeren 7,6 Liter im Programm.

Die Weiterentwicklungen im Styling bescherten den Ford-Modellen in der zweiten Hälfte der sechziger Jahre übereinander angeordnete Doppelscheinwerfer mit größerem Kühlergrill, eine Unmenge an Chrom und anderem Zierrat sowie die reichliche Verwendung von Kunstleder als Dachbezug, was einerseits die Optik eines geschlossenen Cabrios verleihen und andererseits eine Zweifarbenlackierung darstellen sollte.

Das Topmodell für 1965 trug den wohlklingenden Zusatz »LTD«, was »Limited« bedeutet, aber nicht bedeutet, dass es diese Wagen nur in limitierter Stückzahl gäbe. Ab 1968 bezeichnete das Kürzel LTD sogar eine eigene Serie, die bis in die Neunziger hinein im Programm blieb.

Gleichzeitig bekamen alle Custom/Galaxie/LTD eine neue Karosserie, die erstmals bei Ford mit abdeckbaren Scheinwerfern ausgerüstet war. Diese beiden Klappen pro Scheinwerferpaar waren auf ihrer Vorderseite wie der restliche Kühlergrill gerastert, so dass die Scheinwerfer tagsüber praktisch unsichtbar waren.

1968 erweiterte Ford seine Fairlane-Modellpalette um die beiden Varianten »Torino« und »Torino GT«. Ihr Name sollte wohl an die auch in den USA renommierte italienische Autometropole sowie die weltbekannten Designstudios und Karosserieschneider erinnern und dem Wagen ein wenig von deren Flair mitgeben. Die Bezeichnung Torino war den luxuriöseren Fairlane-Modellen vorbehalten, die sportlichen Varianten erhielten den Zusatz GT. In Deutschland kostete der Torino GT als Coupé 17.280 Mark, kaum 1000 Mark mehr als das reguläre Fairlane 500 Coupé und etwa so viel wie ein Mustang Coupé.

Ende der 60er Jahre wurden die amerikanischen Autos für die deutschen Käufer zunehmend uninteressant. Die erste große Rezession von 1967, ein steigendes Angebot von französischen und italienischen Importen sowie gesetzliche Änderungen machten den Erwerb eines Straßenkreuzers zunehmend uninteressant. Außerdem wurden US-Autos immer teurer: Die Verkaufszahlen in Deutschland verschlechterten sich stetig. In den Jahren 1965 und 1966 lag das Niveau bei etwas über 600 Einheiten pro Jahr, was kaum die aufwendigen Zulassungs-Musterberichte rechtfertigte, die jedes Jahr für alle Varianten erstellt werden mussten. Ein Jahr später zeigte die Kurve weit nach unten, in den Rezessionsjahren 1967 und 1968 konnten nur noch zwischen 300 und 400 Verkäufe getätigt werden. Der Tiefpunkt kam 1969, als noch ganze 123 US-Fords in Deutschland zugelassen wurden. Zwar ging es in den drei folgenden Jahren wieder etwas bergauf, doch mehr als 500 Wagen konnten hierzulande in einem Jahr nicht mehr losgeschlagen werden. Dazu gesellte sich eine ausgesprochen unerfreuliche Preisentwicklung, verursacht durch die Einführung der Mehrwertsteuer zum Ende des Jahrzehnts. Das Ford Galaxie XL Cabrio kostete 1968 noch 19.910 Mark. Ein Jahr später waren für das selbe Modell bereits 22.311

Mark anzulegen und 1970 verlangte Ford üppige 23.800 Mark für das riesige Cabrio, das danach aus dem Programm gestrichen wurde. Als LTD Cabriolet bot man das technisch gleiche Auto mit den üblichen jährlichen Facelifts noch bis 1972 für den gleichen Preis an. Zum Vergleich: Der 280 SL (Pagode) kostete damals 24.300 Mark.

Dazu kamen weitere Schwierigkeiten, die Zeit der schweren, im Überfluss motorisierten Straßenkreuzer neigte sich dem Ende entgegen, um so mehr angesichts der ersten Energiekrise von 1973, in deren Verlauf die Amerikaner erstmals seit Mitte 1945 wieder um Sprit anstehen mussten und sogar mancher Zapfhahn versiegte. In Deutschland verspürte man da erst recht keine Lust, einen verbrauchsfreudigen Amerikaner zu fahren, geschweige denn, einen neuen zu bestellen. Daran änderten auch so genannte Subcompact-Cars wie der Ford Pinto nichts, der zum Modelljahr 1971 erschien und kaum länger als ein Escort war: Wenn schon Ami, dann ein echter Straßenkreuzer, schienen sich die Kunden zu sagen, doch Verbräuche von 20 bis 30 Liter im Stadtverkehr waren bei den größeren V8-Modellen durchaus normal. So sackten die Verkäufe wieder auf weniger als 200 Fahrzeuge jährlich ab.

Dies blieb so, bis nach der zweiten Energiekrise von 1978 unerwartet viele Leute sich für die durch den starken Kursrutsch des Dollars (1979 musste für einen Dollar

nur noch 1,77 DM bezahlt werden) so günstig wie noch nie angebotenen Amerikaner zu interessieren begannen. Außerdem waren die immer noch mit beeindruckenden Hubräumen operierenden US-Mobile deutlich sparsamer geworden.

Der erste Typ, der eine radikale Schrumpfkur über sich ergehen lassen musste, war der Ford Mustang. Als Mustang II für das Modelljahr 1974 vorbereitet, hatte er mit dem bereits zur Legende gewordenen Ur-Mustang nur noch den Namen gemein. Mit gerade mal 4,40 Metern hatte er heftige 52 Zentimeter abgespeckt. Auch das Gewicht ging merklich nach unten, immerhin über 200 Kilo weniger brachte der Neue auf die Waage. Als Antriebsquelle diente vor allem der 2,8-Liter-V6 aus dem Maverick und der 2,3-Liter-Vierzylinder aus dem Ford Pinto. Letzterer war 89 PS stark, der größere Motor

brachte es immerhin auf 106 PS. Trotz des kantigen Stylings und der dicken Sicherheits-Stoßstangen wurde der Mustang II in den USA zum Publikumsliebling. Mit einem Verbrauch von immer noch um die 14 Liter war aber auch er nicht mehr auf der Höhe der Zeit. Die zweite Energiekrise verlangte nach weiteren Verbesserungen. Auch der inzwischen auf 5,71 Meter angewachsene LTD wurde 1977/78 schrittweise durch den wesentlich kleineren LTD II abgelöst, der zudem noch in weniger Varianten erhältlich war. Kleinere V8-Motoren sollten einen weiteren Einspareffekt bringen, die Umstellung auf ungeregelte Katalysatoren ab 1978 machte alle US-Autos umweltfreundlicher. Die LTD II gab es von 1977 bis 1991 in drei aufeinander folgenden Serien, doch nur Einzelstücke gelangten nach Deutschland. Sein Nachfolger ist seit dem Modelljahr 1992 ein Fahrzeug, das konsequent auf den alten Geschmack der US-Kundschaft, insbesondere der Polizei ausgerichtet ist: der

U.S. FORD 1969

Links: Der Nachfolger: Thunderbird, 1967: Dieses Modelljahr markierte die endgültige Abkehr vom Sport-Konzept der frühen Jahre. Damit überließ Ford seinen Rivalen GM und der Corvette kampflos das Feld. Den T-Bird gab es auch als Viertürer.

Je mehr Cabriolets in Verruf gerieten, desto beliebter wurden herausnehmbare Dachhälften. Auch der T-Bird des Jahres 1973 war damit zu bekommen.

Mercury Marquis Brougham 1975.
Als Amerika noch glücklich war: Letzter Vertreter einer bald aussterbenden Gattung von US-Dickschiffen. Mit seinen »Spats« und dem plüschigen Interieur waren diese Autos strikt auf die konservative Kundschaft ausgerichtet. Mit Doppelvergaser leistete der riesige 7,6-Liter-V8 gerade mal 158 PS bei 3800 Umdrehungen.

Bis 1983 entstanden für den europäischen Markt Sammelprospekte, in denen das amerikanische Export-Programm verzeichnet war. Die Auswahl war zwar nicht so groß wie auf dem US-Markt, aber immer noch beeindruckend. Im 69er Prospekt verzeichnet: Mustang T5 in allen drei Karosserievariationen, Galaxie 500, XL, Fairlane, Torino, Cougar, Thunderbird und Lincoln Continental.

Ford Maverick 1977 als zweitüriger Sedan mit Dachfarben wie beim 58er Opel Rekord: Als Ford-Compact erblickte der Maverick bereits 1969 das Licht der Welt und wurde bis zum Schluss kaum verändert.

Vergleichende Werbung in den USA: Die Männer bei Rolls-Royce werden ziemlich saure Mienen gezogen haben. Motorische Basis war der 5,0-Liter-V8 im 1980er LTD mit ganzen 130 PS.

Endlich wieder ein sportliches Cabrio: Den Mustang gab es ab 1983 auch ohne Blechmütze.

Einfuhr der attraktivsten Modelle und mussten, um überleben zu können, mehrere Marken gleichzeitig anbieten. So standen bei diesen »Fähnchen-Händlern« denn auch Chevys, Cadillacs und Mustangs einträchtig nebeneinander auf dem Hof.

Wegen des meist fehlenden Service konnten diese Anbieter ganz anders kalkulieren und die offiziellen Verkaufsorganisationen von Ford und GM im Preis um zweistellige Prozentzahlen unterbieten. So ließen sich beim Kauf eines Mustang Mach I von 1973 durch »Privatimport« immerhin DM 6.200,– sparen, und der Kunde erhielt für nur 16.930 Mark einen 270 PS starken Mustang, der beim authorisierten Ford-Händler 23.176 Mark gekostet hätte.

1979 wurden in Deutschland inklusive der Grau-Importe, über 2300 US-Ford neu zugelassen, ein Zahl, die an die besten Zeiten der 50er-Jahre anknüpfte. Doch das sollte ein Strohfeuer bleiben. Bereits 1980 sank die Zahl der neu zugelassenen amerikanischen Ford auf etwa die Hälfte ab, um ein Jahr später auf 344 Einheiten durchzusacken, und 1982 waren es gar nur noch 123 Stück, exakt so viel wie im bisher schlechtesten Verkaufsjahr 1969.

Einzelne Händler wie die Stuttgarter Schwabengarage hielten den Amerikanern dennoch weiterhin die Treue, schon wegen des immer noch gut laufenden Geschäfts mit den in Deutschland stationierten GIs. Offizielle Preislisten existierten ab 1984 nicht mehr, ein deutscher Kunde musste sich sein Wunschmodell erst aussuchen, bevor ihm der genaue Preis berechnet werden konnte.

Die folgenden Jahre brachten wenig Besserung, lediglich die Mustangs konnten noch in halbwegs lohnenden Stückzahlen abgesetzt werden. Alle anderen Modelle dümpelten auf dem deutschen Markt dahin.

Neben den wenigen Personenwagen fanden auch kleine Trucks und Geländewagen den weiten Weg von Dearborn nach Deutschland. Der frühe Bronco von 1966 war sozusagen ihr Vorreiter gewesen und inzwischen erschienen auch einzelne Vans (als Lieferwagen oder bis zu neunsitzigen Kombis) mit ihren gemütlich blubbernden V8-Motoren auf den Straßen. Dazu gesellten sich die ständig vergrößerten Bronco-Allradler.

Crown Victoria und sein Vetter bei Mercury mit dem hochherrschaftlichen Namen »Grand Marquis«. Beide stellen mit Starrachse und Hinterradantrieb sowie massivem Fahrgestellrahmen die letzten Vertreter ihrer Art dar. Großvolumige V8-Motoren mit 4,6-Liter Hubraum und obenliegender Nockenwelle sorgen mit ihren 190 PS (1995) für adäquaten Vortrieb und das luxuriöse Interieur bietet mit reichlich Holz und Leder ein angenehmes Ambiente. Die auf Wunsch erhältliche Luftfederung an der Hinterachse ermöglicht einen Niveauausgleich bei hoher Beladung.

Ab etwa Mitte der 80er-Jahre verzichtete Ford/Deutschland gänzlich auf eine Vermarktung der US-Modelle. Lediglich den wenigen großen Ford-Händlern mit ihren Verkaufsnetzen, die sich den US-Import auf ihre Fahnen geschrieben hatten, ließ man noch ein klein wenig Unterstützung zukommen, die aber bald nicht mehr der Rede wert war. So trugen eine Handvoll Händler das Risiko der Importe und der ständig wechselnden Währungsparitäten selbst. Außerdem etablierten sich einige unabhängige US-Händler. Fast alle verschwanden ein paar Jahre später wieder von der Bildfläche, kein Wunder: Schließlich handelte es sich um einen sehr kleinen Markt. Die meisten konzentrierten sich daher auf die

FORD MUSTANG TURBO

(C) Custom Club Wagon

(D)

(E) Standard Club Wagon

Diese hatten zwar in der Off-Road-Szene einen guten Ruf, mussten jedoch auf dem Markt gegen die bei jedem markenfreien US-Händler präsenten Chevrolet Blazer kämpfen, die mancherorts sogar für unter 20.000 Märker zu haben waren. Nur wenige große Ford-Händler boten daher die Broncos an.

Ende der 80er-Jahre brachte Ford eine verkleinerte Version des Bronco, den Bronco II, heraus. Dieser begnügte sich mit einem V6-Motor anstelle des hubraumstarken V8 und war ebenso kompakt wie wendig, für unsere Verhältnisse aber immer noch ein stattliches Auto. Auch er konnte über spezielle Ford-Händler bezogen werden.

Anfang der 90er-Jahre erschwerten zunehmend härter werdende Zulassungsvorschriften die Einfuhr von US-

Fahrzeugen, besonders, als diesseits des Atlantiks die Abgaslimits schärfer wurden, als bisher in den USA samt Kalifornien. Ford hatte am meisten darunter zu leiden, und man konnte Anfang 1993 kurzzeitig mit Recht vom

Oben links: Ford Mustang III Cobra Turbo 1979 als Fastback-Coupé: »Cobra« sollte an die unvergessenen Shelby-Cobras der späten 60er-Jahre erinnern und der Turbolader signalisierte Sportlichkeit. In der Tat verwendete Ford erstmalig bei einem eigenen Modell dieses Aufladesystem.

Oben rechts: Ford Custom Club Wagon 1980: Enorme Vielfalt in Motoren, Achsübersetzungen, Ausstattungsvarianten und Sitzanordnungen machten das Schiebetüren-Raumwunder in den USA populär. Bei uns wurden sie nicht offiziell importiert.

Die vierte Mustang-Generation von 1994 war die letzte mit dem alten 5,0-l-Windsor-V8, dessen Wurzeln bis zu den ersten Mustangs des Jahres 1964 zurück reichten. Ab 1996 wurde er nicht mehr verwendet.

Großvater und Urenkel: Im Lauf der Jahrzehnte entfernte sich der Thunderbird immer weiter von seinen Wurzeln: Der T-Bird des Jahres 1995 war ein komfortables, aber leider auch ziemlich uniformes Luxus-Coupé, das in verschwindend kleiner Stückzahl auch exportiert wurde.

völligen Zusammenbruch des US-Ford-Pkw-Marktes in Deutschland sprechen.

Dennoch sollten weitere Modelle wie die Großraumlimousine Windstar oder der Explorer mit seinem 4x4-Antrieb auch in Mitteleuropa Fuß fassen, denn schon bald regten sich die Kölner Ford-Mannen und traten wieder als Generalimporteur der Modelle Probe II und Explorer auf den Plan, für die erst eine deutsche Allgemeine Betriebserlaubnis und später sogar eine EG-Betriebserlaubnis erstellt wurde. Seit 1989 hatten freie Händler den Probe I importiert. Der Erfolg der ersten Serie hatte Ford Mut gemacht.

Die normalen Limosuinen und Kombimodelle aber wurden in Deutschland nur noch vereinzelt importiert. Eine Ausnahme bildete lediglich der unverwüstliche Mustang.

Zurück zu den Wurzeln: Der Thunderbird im aktuellen Retro-Styling ist ein zweitüriges, zweisitziges Cabriolet mit optional erhältlichem Hardtop.

Diese Sportwagen-Ikone rückten mit jedem Modellwechsel der europäischen Autoelite näher. Sportliches
Aussehen, ein gutes Fahrwerk und die völlige Abkehr
von den einstigen »weichen« Mustang II und III schafften neue Kaufanreize. Und auf den bei der Detroit

Motor Show im Januar 2003 gezeigten neuen Mustang
im Retro-Styling freuen sich die Fans schon heute: Die
Chancen, dass dieser Wagen nach Europa kommt, stehen sehr gut.

Text: Matthias Gerst

Die nächste Generation: Die
in Detroit gezeigte Mustang-
Studie des Jahres 2003
nimmt die fünfte Mustang-
Generation vorweg.

Ford T-Modell (1925–1927)
Das Evangelium nach Henry

Ford T-Speedster, 1912: Diese offenen Aufbauformen waren in der Frühzeit des Automobils weit verbreitet.

Der Mann war ein Prophet: »Ich will ein Auto bauen für die große Menge. Es soll groß genug sein für die Familie, aber klein genug für den Einzelnen zum Fahren und zum Unterhalten. Es soll konstruiert werden aus den besten Materialien, hergestellt durch die besten Arbeiter, nach dem einfachsten Design, welches moderne Ingenieurkunst vermag. Der Preis wird so gering sein, dass jeder mit einem durchschnittlichen Einkommen in der Lage sein wird, es zu kaufen und mit seiner Familie glückliche Stunden der Freude in Gottes großer Natur verbringen kann.« So verkündete Henry Ford im Jahre 1907, ein Jahr bevor das erste T Modell gebaut wurde. Fast zwei Jahrzehnte nach diesem Bekenntnis machte sich das T-Modell dann auf, trotz seines geradezu biblischen Alters, auch Deutschland für Ford zu bekehren.

Als Gründungstermin der »Ford Motor Company Aktiengesellschaft« in Berlin gilt der 18. August 1925, die Geschichte beginnt in einem gemieteten Büro Unter den Linden. Zunächst nur als Vertriebsbüro und Importzentrale für 1000 Fordson-Traktoren geplant, fielen am 7. Oktober 1925 die allgemeinen Importbeschränkungen für Autos; über Aachen und Lübeck wurden dann 100 T-Modelle aus den Werken Ford Amsterdam und Ford Kopenhagen im Wert von fünf Millionen Reichsmark eingeführt. Für jeden Wagen fielen pro 100 Kilogramm stolze 250 Reichsmark Zollgebühr an, was den Endverkaufspreis des T-Modells erheblich verteuerte. Angeblich war es Graf Luckner, der »Seeteufel«, der seinem Freund Henry Ford riet, die Wagen im zerlegten Zustand zu importieren. Unter diesen Umständen fielen die Autos unter die so genannten Milchkannen-

Paragraf, der für Kleinteile galt und nur einen Bruchteil der Abgaben erforderte. Um die Einzelteile zusammenzubauen, musste eine Montagefabrik errichtet werden. Fords Wahl fiel auf Berlin, im Westhafen entstanden die ersten Montagesätze T-Modelle. Die eigentliche Produktionszeit, in diesem Fall Montagezeit, begann am 8. April 1926.

Sämtliche Teile stammten aus den USA, deutsche Zulieferer kamen praktisch nicht zum Zuge. Die Arbeiter mussten nur noch die Baukästen zusammensetzen. Und das war auch von weniger qualifizierten Kräften auszuführen: Schließlich rührte der Ruhm des T-Modells nicht zuletzt auch vom einfachen Aufbau und der idiotensicheren Montage her. Das alles änderte aber nichts daran, dass die »Blechliesel« ihren Zenit längst überschritten hatte. Die US-Produktionszahlen von 1923 waren im im Vergleich zum Kalenderjahr 1924 um über 200.000 Einheiten zurückgegangen. Besonders Chevrolet bot in der selben Preisklasse mehr Komfort, Luxus, Styling und Ausrüstung. Wenn auch die Ford-Qualität über alle Zweifel erhaben war, der Verbraucher interessierte sich mehr und mehr für die moderneren Wagen. Henry mag halsstarrig gewesen sein, aber er war kein Narr, auch er bemerkte die schwindende Akzeptanz. Bisher hatte Ford dafür fehlende Geschäftstüchtigkeit seiner Händler verantwortlich gemacht, nun wurde er einsichtiger. Er forderte seine Ingenieure auf, ein neues Modell zu entwerfen. Ein neues Modell - keinen neuen Wagen!

Fords T-Modell war die vierte Neukonstruktion seit der Firmengründung 1903. Er hatte ein Spurbreite von 1270 Millimetern, ein Radstand von 2540 Millimetern und einen wassergekühlten Vierzylinder unter der Haube. Die erreichbare Geschwindigkeit lag, je nach Beschaffenheit des Untergrunds, zwischen 70 und 80 Stundenkilometern. Dank einer ingeniösen Radaufhängung mit einer »gefederten Dreiecksverstärkung« der Achsen wurde er in nicht wenigen Publikationen als das »sicherste Automobil der Welt« bezeichnet: Umkippen oder Schleudern könne ein T nicht. Was machte es da, dass man, um festzustellen, ob noch Öl in der Ölwanne war, unter den Wagen robben und zwei Ablasshähne bedienen musste. Oder dass der Ölstand gemessen wurde (der Tank fasste übrigens 35 Liter), indem man den Sitz abhob und mit einem Stock auslotete, es nur zwei Gänge gab und ein Tachometer als überflüssiger Luxus galt? Ein T-Modell war ein Nutzgegenstand, und ein günstiger dazu: Bereits 1912 erschien in Berlin im »Weltspiegel« die erste Werbung, die vier angebotenen Typen sind von 3.500 bis 5.100 Mark + Nebenkosten zu haben. Das war

Modelle, Varianten, Preise

Modelle: Limousine offen
Bauzeit: 1926-1927
Motoren: 2884 ccm / 20 PS bei 1600/min
Ausstattung: Vierzylinder-Blockmotor, 2-Gang-Planetengetriebe, Hebel für Vorzündung und Gas an der Lenksäule, Magnetzündung, 35-Liter-Tank. Windschutz, Verdeck, 2 Scheinwerfer, Hupe, Werkzeug.
Varianten: Doppel-Phaeton, Zweisitzer (Runabout), Landaulet (Sechssitzer)
Preise: ab RM 4200,–

Chronik:

1908	September: 1. Modell ist fertig (28.9.). Vierzylinder-Blockmotor, ca. 2,8 l, 25 PS bei 1.600 U/min, Magnetzündung, Planetengetriebe, Fußschaltung 2 Vorwärts-, 1 Rückwärtsgang, Linkslenkung, Zündzeitpunktverstellung und Gasregulierung durch zwei Hebel an Lenksäule, Handbremse auf Hinterräder, Fußbremse auf Getriebe. Dreipunktaufhängung von Motor, Vorder- und Hinterachse, dadurch extreme Kippsicherheit und Geländegängigkeit, Bodenfreiheit ca. 30 cm. Querblattfederung vorn/hinten, Gewicht je nach Ausführung 625-950 kg.
1909	Juni: In 22 Tagen gewinnt ein T Modell das Rennen quer durchs Land, von New York nach Seattle. Modelle: Touring (mit zwei Türen) 850 $, Tourabout (ohne Türen), Runabout (Zweisitzer, ohne Türen) 825 $, Roadster (Zweisitzer + Notsitz = Schwiegermuttersitz, ohne Türen), Town Car (hinten geschlossen mit Türen, vorn offen ohne Tür, mit Frontscheibe) 1.000 $, Coupé (geschlossener Zweisitzer) 959 $.
1910	Das T-Modell erhält vordere Türen.
1912	Geänderte Lenkuntersetzung. Neues Modell: Delivery Car (Lieferwagen) 700 $.
1913	Beginn der Fließbandfertigung mit Montage der Magnetzündung. Einheitslackierung Nachtblau löst die bunten Wagen ab.
1914	Juli: Umstellung auf schwarze Einheitslackierung.
1915	Holz-Spritzwand durch Blechteil ersetzt, rundlicher Übergang zur Motorhaube. Elektrische Scheinwerfer ersetzten Azetylen-Gaslicht und Petroleum-Lampen. Ende der Messing-Ära. Neues Modell: Sedan, zweitürig 740 $.)
1916	Neues Modell: Coupelet (= Coupe mit Klappverdeck) 590 $.
1917	Kühlergrill schwarz lackiert; Kotflügel gerundet. Verdichtung 3,98 (vorher: 4,5); elektrisches Horn. TT Chassis (für Lastwagen) 600 $.
1919	Auf Wunsch: elektr. Anlasser mit Batterie, dann aber ohne Seitenlampen.
1921	Neues Modell: Lastwagen.
1922	Neues Modell: Sedan (Fordor = mit vier Türen) 645 $.
1923	Neues Modell: Sedan (Tudor = mit zwei Türen) 595 $.
1925	Wechsel von Hochdruck- auf Ballonreifen, 21-Zoll-Räder. Durch breitere Reifen vergrößerter Wendekreis-Durchmesser. Geänderte Lenkuntersetzung. Hand-Scheibenwischer.
1926	Elektrischer Anlasser serienmäßig, Scheinwerfer batteriebetrieben. Geschlossene Wagen (Sedan) sind wieder farbig (dunkle Farbtöne). Preise: Touring 290 $, Runabout 260 $, Coupé 520 $, Tudor 495 $, Fordor 580 $.
1927	Alle Wagen sind farbig. Schwarz ist Sonderwunsch! Mai: Am 31.5. entsteht das letzte T-Modell, Nr. 15.007.033
1941	August: Am 4.8. wird mit Nr. 15.176.888 die Motorproduktion eingestellt.
2002	Zum 100. Jubiläum werden 6 T-Modelle aus neu produzierten Teilen gebaut

nicht billig in einer Zeit, wo der Durchschnittsverdienst eines Arbeiters im Monat bei 120 Mark lag. Die Ankündigung in der Reklame: »Einige Vertreterbezirke noch frei« lässt erahnen, dass Ford schon damals den europäischern Markt fest im Visier hatte. Und bei »5 Jahre Garantie für jeden Wagen« standen die Chancen auch nicht schlecht. Tatsächlich hatte Henry Ford schon 1914 den Gedanken, ein Werk in Deutschland zu bauen. Dazu kam es aber nicht. Es blieb Importeuren wie Bauer in Stuttgart vorbehalten, das »Leichte Ford Automobil«

in drei Karosserieformen zu vermarkten. Der Zweisitzer (Modell Runabout) kostete 2900 Mark, der Viersitzer (Doppel-Phaeton) 3200 Mark und das sechssitzige Landaulet 4300 Mark. Die General-Direktion für Europa befand sich übrigens in Frankreich.

Doch, wie gesagt, ein Dutzend Jahre später erfüllte sich Henry Fords Vision auch in Deutschland. Innerhalb der ersten Woche stieg der Tagesausstoß von drei auf zehn Einheiten. Percival Perry, der wichtigste Mann von Ford in Europa (als »Propagandachef« titulierte ihn die deutsche Presse damals) versprach, den Ausstoß des dänischen Montagewerks bald um ein Vielfaches zu übertreffen. Dort wurden täglich 250 Modell T montiert, diese Zahl erreichten die Berliner nie auch nur ansatzweise.

Dabei handelte es sich bereits um das »verbesserte T-Modell«, das Ford mit großem Aufwand Ende August 1925 avisiert hatte: Beileibe kein »neuer Ford«, sondern ein verbessertes Modell, wie Edsel Ford seinen Händlern immer wieder versicherte.

»Erhältlich in jeder lieferbaren Farbe, vorausgesetzt sie ist schwarz«: T-Modell Tudor, 1923. Ford-Modelle gehörten zu jener Zeit zu den absoluten Raritäten auf deutschen Straßen, die exorbitant hohen Einfuhrzölle machten den Erwerb ausländischer Wagen nahezu unmöglich.

Ford T-Modell, Typ Tudor, wie er 1926 in Berlin montiert wurde. Motor und Chassisnummer (14.055.536) stimmen hier überein, was sehr selten der Fall ist. Der Wagen befindet sich im Besitz des Modell-T-Typreferenten Dr. H.H. Schmitz, Pattensen. Foto: Schmitz

In den letzten beiden Modelljahren wurde das T-Modell erheblich überarbeitet, auf den ersten Blick gut zu erkennen sind die Draht- statt der Holzspeichenräder.

Unverkennbar immer noch die gute alte Blechliesel, hatte Ford hier mehr Modellpflege betrieben als in all den Jahren zuvor. Die Änderungen umfassten praktisch den gesamten Wagen, einen verstärkten Rahmen, eine Ganzstahlkarosserie und, im Falle der Touring- und Runabout-Typen, erstmals auch eine Tür an der Fahrerseite. Der Innenraum war luxuriöser, hatte Teppichboden, tiefe und bequeme Polster; Front- und Seitenfenster konnten geöffnet werden und ein Schnapprollo am Rückfenster sorgte für mehr Intimität. Mit einem größeren Lenkrad hatte man den Wagen besser im Griff. Anlasser, Ballonreifen und größere Bremstrommeln an den Hinterrädern verbesserten Komfort und Sicherheit. Mit einer Sonnenblende (Vordach!) und einem serienmäßigen Scheibenwischer (Handbedienung) war der Wagen wechselnden Wetterbedingungen angepasst. Drahtspeichenräder und Stoßstangen (vorn und hinten) gab's auf Wunsch. Der Benzintank saß über dem Motor an der Spritzwand, dadurch wurde eine bessere Benzinzufuhr gewährleistet. Dazu kam eine neue Farbpalette für die geschlossenen Wagen sowie, je nach Ausführung, Drahtspeichenräder und Ballonreifen als Standardausrüstung der T-Modelle 1926/27.

Doch auch dieser Schlussspurt konnte das T-Modell nicht mehr retten, denn die zahlreichen Verbesserungen vermochten doch nichts daran zu ändern, dass ein T-Modell mit veralteter Technik im neuen Gewand erstanden war, solide zwar bis zur letzten Schraube, aber trotzdem irgendwie überholt.

Nachdem dann Henry Ford spät, fast allzuspät, widerwillig die Produktionseinstellung anordnete, waren auch die deutschen Ford-Werker zur Untätigkeit verdammt: Am 31.8. 1927 waren alle Teile aufgebraucht, die Ford-Montage kam zum Erliegen, gut drei Viertel der 1000 deutschen Ford-Werker gingen stempeln. Erst knapp ein halbes Jahr später gab es wieder etwas zu tun: Dann nämlich setzte sich mit dem A-Modell Fords Siegeszug in Deutschland fort.

In 23 Monaten hatten Ford-Händler in Deutschland insgesamt 12.702 T Modelle verkauft, darunter 6949 aus Berliner Produktion (3771 Pkw und 3178 Lkw). 5753 wurden importiert. Doch egal wie viele es denn letztlich gewesen sind: Jedes einzelne war ein vollendeter Verkünder von Henry Fords Evangelium.

Ford Modell A/AF (1927–1932)
Der Nachfolger

Eine Nation hielt den Atem an: Seit das T-Modell aus dem Rennen war, standen die Räder des größten Werks der amerikanischen Automobilindustrie still. Von 70.000 Autos im Monat auf null, von 1,8 Millionen Exemplaren jährlich auf nichts.

Neun lange Monate Stagnation, immer wieder musste auf Henry Fords Geheiß hin dieses und jenes Detail am neuen Ford noch geändert werden. Der Patriarch war nie zufrieden. Und die entlassenen Ford-Arbeiter hofften und bangten, und die ganze Nation mit ihnen. Die Produktionsumstellung erforderte gigantische Investitionen. 4500 neue Maschinen mussten angeschafft werden, rund 15.000 alte wurden geändert, gut zehn der insgesamt 15 Millionen Dollar wurden dafür angelegt. Nur langsam drangen Informationen an die Öffentlichkeit. Die Erwartung steigerte sich zur Hysterie, je länger der neue Ford auf sich warten ließ.

In der Nacht auf den 1.Dezember 1927, dem lange erwarteten Stichtag, begann die Völkerwanderung zu den Ford-Verkaufsstationen. Bei der New Yorker Zentrale am Broadway waren morgens um neun dann 15.000 Neugierige versammelt, die einen Blick auf den T-Nachfolger werfen wollten. Innerhalb von fünf Tagen drückten sich eine Million Besucher durch das Verkaufslokal, Ford schaltete in jeder Tageszeitung im Lande drei ganzseitige Anzeigen, um auch im hintersten Winkel die Nachricht von der Ankunft des T-Nachfolgers zu verbreiten: Der neue Ford war erschienen. Und in England wurden Sonderzüge eingesetzt, um die Massen nach London zu befördern, die den Ford A unbedingt sehen wollten. In den Tagen seiner Premiere, so wird kolportiert, gab es in den Staaten nur ein Thema: Wie ist der neue Ford? Hat sich das Warten gelohnt?

Nein. Hatte es nicht. Oh nein, schlecht war der neue Ford beileibe nicht, aber auch nicht so revolutionär, um diese Hysterie zu rechtfertigen. Gewiss, der neue Ford markierte einen deutlichen Fortschritt gegenüber dem antiquierten T-Modell, und deswegen erhielt er auch die Verkaufsbezeichnung A, er stand am Anfang einer neuen Zeitrechnung. Und er überzeugte zunächst durch Leistung.

Mit neuem 3,3-Liter-Vierzylinder mit L-Kopf und 40 PS war er doppelt so stark wie der T. Endlich hatte der Ford-Wagen eine vernünftige Dreigang-Mittelschaltung statt dem Gangwechsel auf Pedaldruck wie beim T. Verzögert wurde über eine Vierradbremse, was damals wahrhaftig nicht selbstverständlich war. Ein normales, bedientreundliches Gaspedal war ebenfalls an Bord. Die Querblattfederung des T-Modells wurde zwar übernommen, jetzt aber kombiniert mit den Hydraulik-

Stoßdämpfern aus dem Lincoln. Dazu kamen Drahtspeichenräder und Ballonreifen, eine bessere Elektrik, ein Mehr an Radstand und Spurweite, kurzum: Ford war in der Neuzeit angekommen und hatte einen Wagen gebaut, der zumindest nicht schlechter war als die Vierzylinder der Konkurrenz.

Dank der gigantischen Gewinne der Vorjahre konnte Ford es sich leisten, die Kosten für die Produktionsumstellung vollständig abzuschreiben und diese nicht in die Preise für den neuen Wagen einzukalkulieren.

Der Ford war als Touring-Grundmodell mit 385 Dollar

Im langen Schatten des T-Modells: der Typ A. Sein Erscheinen war die Sensation des Jahres.

Das A-Modell wurde auch in Deutschland montiert, die letzten bereits in Köln.

Sehr selten: Eines der wenigen noch existierenden A-Modelle des Jahres 1927, das Sportcoupé mit der Typ-Nummer 50 A.
Darunter ein ebenso seltener Dreitürer aus dem Jahre 1931, Typbezeichnung 55 B.
Die Schlüsselnummern sind keine Erfindungen der Neuzeit. Henry Ford I hat den verschiedenen Aufbau-Varianten die entsprechenden Nummern zugeteilt.
Beide Fotos stellte Thomas Klein, der Spezialist für das A-Modell innerhalb der Alt-Ford-Freunde AFF, zur Verfügung.
Fotos: Klein.

Modelle, Varianten, Preise	
Modelle:	Limousine zwei/viertürig, offener Tourenwagen viertürig, Coupé, Coupé mit Klappdach, offener Zweisitzer.
Bauzeit:	1928-1932
Motoren:	2023 ccm / 28 PS bei 2200/min 3285 ccm / 40 PS bei 2200/min
Ausstattung:	Elektr. Anlasser, elektr. Beleuchtung, Bremslicht, 5 Drahtspeichenräder, Scheibenwischer, Tacho, Benzinuhr, Amperemeter, Ölmesser, Zündschloss, Rückspiegel. Zweisitzer: Ganzstahl-Karosserie, hinterer Klappsitz (a.W.)
Varianten:	Tudor-Sedan, Sedan, Phaeton, Coupé, Sport-Coupé, Zweisitzer.
Preise:	von RM 3675,– (Zweisitzer) bis RM 4800,– (Fordor Sedan)

Chronik:

1927	Oktober: Serienanlauf erfolgt am 27.10. Vierzylinder-Viertakt-Reihenmotor, seitlich stehende Ventile, seitliche Nockenwelle, Tauchschmierung. Schneckenrollenlenkung. Mit Blech verkleidetes Holzchassis. Hintere Bremsgestänge und -backen werden als Hand- wie auch Fußbremse genutzt, die Handbremse wirkt auf beide Starrachsen. 21-Zoll-Räder. Dezember: Vorstellung des T-Nachfolgemodells in den USA.
1928	Januar: Die ersten A-Modelle werden im Rahmen einer Wanderausstellung in verschiedenen deutschen Ballungszentren vorgestellt. Trennung von Hand- und Fußbremse durch separate Gestänge. Alle Modelle erhalten Türgriffe. Rotes Lenkrad. Sommer: Bremshebel wandert von links zur Wagenmitte. August: Produktionsbeginn in Berlin. November: Reifen jetzt 4.75 x 19, vorher 4.50 x 21.
1930	Stahl statt Nickel, modifizierter Kühlergrill, modifizierte Dachpartie.
1931	Kühler teillackiert, Wegfall der waagerechten Zierrippen auf dem Armaturenbrett. April: Ende der Ford-Fertigung in Berlin. Juni: Produktionsanlauf in Köln. Oktober: Produktionseinstellung in den USA.
1932	April: Ausverkauf der letzten Neuwagen-Restbestände, Produktionseinstellung A-Modell in Köln.

nur 25 $ teurer als ein Modell T mit Anlasser und rund 100 Dollar günstiger als ein Chevrolet.

Im September 1928 liefen die amerikanischen Werke wieder unter Hochdruck, doch die Zeiten des Einheits-Modells, das in gigantischen Stückzahlen vom Band lief, waren vorüber: Chevrolet hatte die Zeit gut genutzt und während des neunmonatigen Produktionsstillstands mit seinem feinen Vierzylinder viele Ford-Fahrer auf seine Seite gezogen. Um seinen Vorsprung zu halten, begann GM einen Konkurrenzkampf, der nicht, wie in den Jahrzehnten zuvor, nur über den Preis ausgetragen wurde. Von nun an brachte Chevrolet durch ständige Produktinnovationen und laufende Modellpflege den großen Rivalen in Verlegenheit.

In Deutschland wurde der neue Ford in einer bis dahin beispiellosen Werbekampagne Ende Januar 1928 vorgestellt. Ganzseitige Inserate in allen großen Tageszeitungen und Radio-Sendungen (»Rundfunk-Vortrag« hieß das damals) waren amerikanische Werbemethoden, die hier zu Lande noch völlig unbekannt waren. Angekündigt waren sechs Varianten; die Einführung erfolgte sukzessive im Februar, längst standen nicht genug Autos zur Verfügung, so dass die wenigen Vorführwagen nur reihum in den wichtigsten Großräumen gezeigt werden konnten. Die ersten hier verkauften Modelle stammten aus dem Ausland wie etwa Dänemark. Die Ford-Montage am Westhafen lief erst Ende August wieder an. 1929 wurden in den Berliner Hallen arbeitstäglich 60 Einheiten gefertigt, insgesamt wurden in diesem Jahr 10.670 Ford A verkauft. Im Frühjahr 1930 wurden bereits zwei Schichten gefahren und 90 Einheiten gebaut, damit war die Kapazitätsgrenze er-

reicht, und Berlin bot keinerlei Erweiterungsmöglichkeiten mehr. Am 15. April 1931 rollte der letzte Wagen in Berlin vom Band, der 41.000 Ford in Deutschland.

Neben dem A-Modell mit 13/40 PS (die erste Zahl gab die Zahl der so genannten Steuer-PS an, nach der sich die Abgaben bemaßen, die zweite die tatsächliche Leistung) gab es zum gleichen Preis auch eine kleinere Vierzylinder-Variante mit 2023 Kubikzentimetern Hubraum. Dieses Modell AF 8/28 leistete 28 PS bei 2200/min und war Fords Zugeständnis an die europäischen Export-Märkte.

Die Höchstgeschwindigkeit lag laut Werksangaben bei 85 km/h gegenüber den 100 Stundenkilometern, die der Dreiliter-Ford angeblich erreichte – immer noch genug in Anbetracht der ziemlich ungenügenden Bremsleistung der A-Typen. In Ausstattung und Farbgebung (zunächst dunkelblau, hellblau, lichtbraun, dunkelgrau, lichtgraue Linierung) gab es keine Unterschiede, auch die Gewichtsangaben (ca. 1110 kg Tudor, ca. 1075 kg Phaeton) blieben gleich. Der Benzinverbrauch lag bei rund 14 Litern, das Beschleunigungs- und das Leistungsvermögen des 8/28 war natürlich nicht so gut wie beim 13/40er, dessen »Hubraum die Getriebeautomatik« ersetzte, wie Fritz B. Busch einmal schrieb. Der letzte A rollte angeblich im Herbst 1931 in den USA vom Band, Restbestände standen dort noch bis zum April 1932 auf Halde.

Ford B/BF/Rheinland (1932–1936)
Wer A sagt, muss auch B sagen

Der A-Nachfolger des Jahres 1932 unterschied sich vom Vormodell nicht nur durch den verlängerten Radstand, sondern auch durch den Achtzylinder, den Ford eigentlich schon früher hatte bringen wollen. Daneben gab es allerdings auch einen Ford B-Typ mit Vierzylinder-Motor, eine Sparversion vor allem für Achtzylinder-Skeptiker und die Exportmärkte. Nach 1934 wurde der Vierzylinder in den USA überhaupt nicht mehr angeboten, im Export hielt er sich deutlich länger.

In Technik und Karosserie mit dem A-Modell weit gehend identisch, wies der B eine deutlich höhere Leistung auf. Aus dem bisherigen 8/28 wurde der 8/40 mit 40 Brems-PS bei 3000/min, der 3,3 Liter kam auf 50 PS. Eine Ölpumpe versorgte Kurbelwellenhaupt-, Pleuel- und Nockenwellenlager, alle übrigen Teile des Motors wurden vermittels Schleuderschmierung versorgt. Die Kraftstoff-Aufbereitung war Aufgabe eines Zenith-Vergasers, die Zündregulierung erfolgte nun (anders noch als beim A, wo es dafür einen kleinen Hebel am Lenkrad gab) automatisch. Drei Vorwärts- und ein Rückwärtsgang übertrugen das Drehmoment auf die hinteren Achtzehn-Zöller.

Die Vier- wie auch die Achtzylinder verwendeten das gleiche Chassis, ein so genanntes Tiefrahmen-Fahrgestell mit halbelliptischer Querblattfederung. Die hintere Feder lag jetzt hinter der Hinterachse, was Vorteile in Sachen Schwerpunktlage und Kurvenverhalten versprach. Die Dämpfung war Sache der hydraulischen Stoßdämpfer. Die Kraftübertragung erfolgte per Schubrohr. Der von 38 auf 50 Liter angewachsene Benzintank war nun im Heck und nicht mehr im Motorraum untergebracht. Eine besonders bemerkenswerte Neuheit bestand im Schloss an der Lenksäule, das Zündung und Lenkung gleichermaßen blockierte. Der Motor hing in drei Gummilagern im Rahmen. Eine »splittersichere Windschutzscheibe« (der A-Typ war der erste Wagen in dieser Klasse gewesen, der diese Neuheit gehabt hatte), war ebenfalls Bestandteil dieser mit »erlesenem Geschmack« und mit »allen Schikanen« ausgerüsteten Wagen (O-Ton Ford).

Die Weltwirtschaftskrise ließ den Automobilabsatz auch in Deutschland einbrechen, Fords PKW-Fertigung ruhte (nicht zuletzt auch wegen der Verlegung von Berlin nach Köln) bis zum 2. Juni 1931, dann liefen die ersten A-Modelle vom Band. In jenem Krisenjahr verkaufte Ford nicht mehr als 7045 Einheiten aller Modellreihen. 1932, in jenem Jahr, als der B auf Band gelegt wurde, sank der Absatz auf 3114 Einheiten: Schlechter hätte sein Start kaum ausfallen können.

Aufgrund dieser Umstände blieb der Ford B/BF weit gehend unbekannt – so unbekannt, dass Ford ihn im Februar 1933 zur Internationalen Berliner Automobil-

Den mit dem V8 baugleichen Vierzylinder-B-Typ gab es in zwei Leistungsstufen, als 13/50 PS oder 8/40 PS. Im Bild zu sehen ist die so genannte Cabrio-Limousine, bei dieser Variante bleiben Tür- und Fensterrahmen stehen.

Modelle, Varianten, Preise

Modelle:	Limousine zwei/viertürig, offener Tourenwagen viertürig, Coupé, Coupé mit Klappdach, offener Zweisitzer
Bauzeit:	1932-1936
Motoren:	2023 ccm / 40 PS bei 3000/min 3236 ccm / 50 PS bei 2800/min
Ausstattung:	Elektr. Anlasser, elektr. Beleuchtung, Bremslicht, 5 Drahtspeichenräder, Scheibenwischer, Tacho, Benzinuhr, Amperemeter, Ölmesser, Zündschloss, Rückspiegel.
Varianten:	Tudor, Fordor, Victoria, Coupé, Luxus-Coupé, Sportcoupé, Roadster, Cabriolet 2-Sitzer, Cabrio-Limousine, Phaeton, Cabriolet (4/5-Sitzer)
Preise:	ab RM 4290,–

Chronik:

1934	Ablösung des B-Modells durch Typ »Rheinland«. Weit gehend unveränderte Technik, aber völlig neue Aufbauten. 17-Zoll-Räder, vorher 18-Zoll.
1935	Zum Jahresende Produktionseinstellung des B-Modells. Ersatzt durch den Eifel-Typ.

Die Karosseriefabrik Deutsch in Köln-Braunsfeld gehörte von Anfang an zu den wichtigsten Anbietern von Cabriolets auf Ford-Basis. Auch dieses B-Cabriolet von 1932 trägt einen entsprechenden Aufbau.

Einsteigen bitte: Nachdem Ford die begehrte Plakette »Deutsches Erzeugnis« erhalten hatte, gab es auch schön patriotisch klingende Namen. So wurde aus dem Modell B der »Rheinland«.

ausstellung noch einmal als Neuheit groß herausstellte. Jenes Jahr brachte einen Aufschwung für die deutsche Motor-Industrie. Die braunen Machthaber machten die Motorisierung zur Chefsache. Der Streichung der Automobilsteuer, eine Art Gesetz gegen unlauteren Wettbewerb, eine einheitliche Reichsstraßen-Verkehrsordnung und das auf Kiel gelegte Reichsautostraßenprogramm brachten die Konjunktur wieder in Fahrt, während der B und BF schon wieder ausrangiert wurden. Diese Modellreihe wurde im wesentlichen nur 1932/33 produziert, die eingedeutschte B-Version namens Rheinland nahm ab 1934 deren Platz in der Modellpalette ein.

Ford Rheinland (1934–1936)

Da werden Werber zur Poeten: In geradezu lyrischen Worten feierte Ford den Nachfolger des Ford B, der nun auf den Namen »Rheinland« hörte. Technisch hatte sich nichts getan, der Rheinland war originale B-Ware, also

eher ein Ackergaul, kein Rennpferd. Der Vierzylinder war nur noch mit 3,3 Litern und 50 PS lieferbar, wer einen 20-PS-Ford wollte, konnte jetzt ja zum neuen 4/21er Ford (»Typ Y« bzw. »Modell Köln«) greifen. Im Vergleich zum Typ B fiel sofort die andere Karosserie auf, die sich nun (wie auch der ganze Wagen) seit August 1933 mit dem Siegel »deutsches Erzeugnis« schmücken durfte – was nicht zuletzt der patriotische Namen unterstreichen sollte.

Im Originaltext jener Zeit las sich das so:
»Der 13/50 PS FORD Typ »Rheinland«, dessen unverwüstliche Leistungsfähigkeit anerkannt wird, ist der Wagen für denjenigen, der einen Motor mit großer Kraftreserve liebt. Bei einem Hubvolumen von 3,24 Ltr. macht der Motor 2800 Umdrehungen. Seine Kurbelwelle ist mit Gegengewichten vollkommen ausbalanciert, wodurch weicher Lauf und geringe Lagerbeanspruchung erzielt wird. Hinzu kommt, daß der Motor schwingungsdämpfend auf Gummi in drei Punkten gelagert ist. Die Kraftübertragung erfolgt durch eine schwingungsfreie Kardanwelle über ein am Motor angeflanschtes synchronisiertes Dreigang-Getriebe, das im zweiten und dritten Gang geräuschlos ist. Ein versteiftes Schubrohr dient zur Aufnahme der Brems- und Schubkräfte, wodurch die Federn entlastet werden. Der Vergaser mit automatischer Startvorrichtung ermöglicht sofortiges Anspringen des Motors und sofortiges Anfahren bei tiefsten Außentemperaturen!«

Der Übergang vom Ford B-Typ zum Ford 13/50 erfolgte allmählich, die Verkaufsbezeichnung »Rheinland« setzte sich erst 1934 durch. Zu diesem Zeitpunkt aber war in den USA bereits ein neues Bezeichnungsschema gültig, dem zur Folge dieser Typ als Serie 40-4 bezeichnet wurde; der Zusatz 4 bezeichnete die Motorversion, der Achtzylinder lief unter der Bezeichnung 40-8. Davon unbeeindruckt, wurde der Rheinland noch bis 1936 produziert, seine Produktion endete zu Gunsten des klar moderneren Modells C/Eifel.

Ford Köln (Typ 19 Y, 1933–1936)
Kölner Volkswagen

Der Ford, der jeder Brieftasche passte – so stellten die Kölner ihren neuen Kleinwagen aus eigener Produktion vor, der auf der Berliner Automobil-Ausstellung im Februar 1933 seinen ersten großen Auftritt in der Reichshauptstadt hatte. Ein halbes Jahr darauf, im August, verkündete Ford stolz, dass es sich nun um ein »Deutsches Erzeugnis« handele, dessen Teile aus deutscher Produktion stammten.

Deutsches Erzeugnis? Die Konstruktion jedenfalls war durch und durch britisch und in Dagenham als Typ Y entwickelt worden. Dieser reichlich unambitionierte Volkswagen, der in seiner Optik Anklänge an zeitgenössische Designströmungen aufwies (der Graham von 1932 war in jener Beziehung das große Vorbild gewesen) war der erste in Europa konzipierte Ford-Wagen.

Der Aufbau war so simpel und unaufwendig wie bei jedem anderen Kleinwagen seiner Zeit: Zwei über der Hinterachse gekröpfte Rahmenprofile, Starrachsen vorn und hinten, Querblattfederung – viel einfacher ging es nun wirklich nicht. Unter der entlang des Mittelfalzes zweigeteilt zu öffnenden Motorhaube saß ein typischer, seitengesteuerter Vierzylinder-Ford-Motor aus Grauguss, mit Alu-Kolben, stehenden Ventilen, mechanisch betätigter Einscheiben-Trockenkupplung und dem ebenso für Ford typischen Schubrohrantrieb. Der Einliter-Motor hing in drei Gummilagern im Rahmen, war aber wegen der hohen Kotflügel vergleichsweise schlecht zugänglich, was Wartungsarbeiten nicht gerade erleichterte. Geschaltet wurde über eine Dreigang-Handschaltung und mittig angebrachten, langen Schalthebel. Kurbelfenster waren Standard, ebenso eine Windschutzscheibe aus Sicherheitsglas.

Die Höchstgeschwindigkeit betrug rund 90 km/h, dabei genehmigte sich der Viersitzer »bei mittlerer Reisegeschwindigkeit« etwa sieben Liter auf 100 Kilometer. Das Armaturenbrett war vergleichsweise reichhaltig bestückt, nichts fehlte, was man vernünftigerweise in dieser Preisklasse erwarten durfte. Als überdurchschnittlich gut galt damals der Sitzkomfort.

Die ersten Ford 4/21 wurden im Juli 1932 aus England importiert, die Montage im Werk Niehl begann am 2. Januar 1933. Motoren, Getriebe und Hinterachse

Ford 4/21 PS, wie er 1933 in Berlin ausgestellt wurde. Die von Drauz gebaute Cabriolimousine basierte auf einer englischen Konstruktion und wurde als Modell »Köln« verkauft.

Gruppenbild: Der Köln war eine britische Konstruktion und der erste außerhalb der USA konstruierte Ford-Wagen überhaupt. Der sparsame Kleinwagen kostete rund 2500 Reichmark.

stammten allerdings noch aus Dagenham, ab Mai erfolgte die Produktion auch in Köln – eine wesentliche Voraussetzung, um im August die begehrte Plakette »Deutsches Erzeugnis« zu erhalten. Denn die gab es erst, wenn der Motor und 75 Prozent aller Teile aus deutschen Landen stammten und der Anteil der »Deutschen Wertarbeit« (hieß tatsächlich so) am fertigen Produkt mindestens 75 Prozent erreichte. Erste Fahrberichte dieses deutschen Produkts fielen nicht so schmeichelhaft aus, die Fahrleistungen waren nicht so gut wie erwartet. Dafür war die Steuer mit 126 Reichsmark sehr günstig, der zweitürige Innenlenker (Tudor) kostete nicht mehr als 2550 Reichsmark. Dafür wiederum bot der Typ 19 Köln einen fairen Gegenwert.

Erste Modellpflegemaßnahmen folgten für 1934, als der »Köln« modifizierte Kotflügel erhielt, seiner Trittbretter beraubt wurde, die Begrenzungsleuchten auf den vorderen Kotflügeln abstreifte und sich die Zahl der Entlüftungsschlitze auf der Haube von neun auf sechs verringerte. Nur kurzfristig gab es die Cabrio-Limousine auch als Sparversion mit Holzkarosserie und Kunstleder-Bezug, die aber nach 1935 nicht mehr in den Produktionslisten geführt wurde. In jenem Jahr folgten noch einige weitere kleine Änderungen, die Ford damals von einer »konstruktiven Weiterentwicklung«, einer »neuen Serie« und einer »ausgereiften technischen Leistung« sprechen ließen. Entsprechende Details nannte das Unternehmen allerdings nicht. Wesentliche Fortschritte jedenfalls ließen sich nicht entdecken, ganz anders dagegen auf dem Ersatzteile-Sektor: Nachdem Ford nun eine komplette Motoren-Fertigung in Betrieb hatte, ging das Unternehmen dazu über, ab Januar 1936 komplette Austauschmotoren für »Köln« und »Rhein-

land« anzubieten: Einmal mehr war Ford in der Rolle des Vorreiters.

All zu viele Köln-Fahrer dürften davon allerdings keinen Gebrauch gemacht zu haben: Der 11.121 mal produzierte Kleinwagen erfreute durch eine hohe Zuverlässigkeit und war, so erinnert sich Werner Oswald, gelegentlich bis »Anfang der fünfziger Jahre noch im normalen Straßenverkehr« zu sehen.

Modelle, Varianten, Preise	
Modelle:	Limousine zwei- und viertürig, Kleinlieferwagen
Bauzeit:	1932–1936
Motoren:	921 ccm / 21 PS bei 3500/min
Ausstattung:	Elektr. Anlasser, elektr. Beleuchtung, Bremslicht, 5 Drahtspeichenräder, Scheibenwischer, Tacho, Benzinuhr, Amperemeter, Zündschloss, zwei offene Ablagen, Windschutzscheibe (herausstellbar) aus Sicherheitsglas, verchromte Stoßfänger, Werkzeugsatz.
Varianten:	Tudor, Fordor, Cabrio-Limousine zweitürig
Preise:	ab RM 2550,– (Tudor)

Chronik	
1932	Juli: Die ersten Ford 4/21 werden aus England importiert. Britische Konstruktion, Modell Y.
1933	Januar: Montagebeginn im Werk Köln-Niehl; Motoren, Getriebe und Hinterachse stammen aus britischer Produktion
	Februar: Auf der Berliner Automobilausstellung in verschiedenen Varianten präsentiert.
	Mai: Die britischen Teile werden nach und nach durch deutsche Teile ersetzt.
	August: Der Köln wird als »Deutsches Erzeugnis« anerkannt, was im Behördengeschäft eine Rolle spielt.
1934	Modellpflege, modifizierte Kotflügel, Wegfall der Trittbretter, der Begrenzungsleuchten auf den vorderen Kotflügeln, nur noch sechs Lüftungsschlitze auf der Haube. Einführung der Cabrio-Limousine mit Holzkarosserie und Kunstleder-Bezug
1935	Detailmodifikationen.
1936	Januar: Komplette Austauschmotoren erhältlich.
	Juli: Produktionseinstellung

Ford Eifel (Typ 20 C, 1935–1939)
Im Frühtau zu Berge

Ford Eifel – das klang so vertraut und solide – und war doch nichts anderes als eine Weiterentwicklung des Köln-Typs. Wiederum eine britische Konstruktion und dort als »Ford 10 HP« verkauft, führten die Ford-Werke diesen Typ Mitte 1935 ein. Trotzdem kam der Neue ganz anders daher als seine Ahnen, die längere Motorhaube und die bauchigen Kotflügel wiesen Anklänge an zeitgenössisches Stromlinien-Design auf und zeigten Muskeln wie ein Großer: Kleinwagen sahen anders aus. Seine Konstruktion bot keinerlei Überraschungen, vom seitengesteuerten Vierzylinder-Motor bis hin zum Dreigang-Getriebe war alles so, wie man es von einem Ford erwarten durfte. Mit 4000 Millimetern Außenlänge war der Eifel zwar gut 370 Millimeter größer als der »Köln«, den er ablösen sollte, behielt aber dessen Radstandsmaß von 2286 Millimetern bei: Wesentlich bessere Platzverhältnisse bot der Eifel im Fond zumindest nicht und das Volumen des zunächst nur von innen zugänglichen Kofferraums war immer noch knapp bemessen. Drinnen gefielen das angenehme Raumgefühl vorn – die breitere Karosserie und die etwas nach vorn verlegte Motorposition sorgten für mehr Ellenbogenfreiheit und Fußraum – sowie die gute Sitzposition hinter dem steilen Lenkrad. Die Sitze selbst waren, wie schon beim Vorgänger auch, sehr bequem. Das Armaturenbrett barg ebenfalls keine Überraschungen für den Ford-gewohnten Fahrer: ein alltägliches Ambiente mit Kilometerzähler, Benzinanzeige, Ampere-

meter und Handschuhkasten. Der Schalter für das Fernlicht befand sich im Fußraum.

Köln und Eifel gemeinsam war das Fahrwerk mit den kräftigen U-Profilen aus Pressstahl (»Tiefrahmen«), die

Unverkennbar britisch: Die frühen Eifel-Modelle waren ihren britischen Brüdern wie aus dem Blech geschnitten. Der Zuspruch in Deutschland war eher mäßig. Nach 1936 kamen deutsche Aufbauten, die deutlich mehr Anklang fanden

Der »Eifel« bildete eine beliebte Basis für Aufbautenhersteller dar. Eifel-Spezialist Wolfram Düster, Krefeld, weiß von zehn verschiedenen Kabriokarosserien. Dieses zweisitzige Cabrio stammt von Gläser, Dresden.

Modelle, Varianten, Preise

Modelle:	Limousine, Cabrio-Limousine, Sport-Roadster, Cabriolet
Bauzeit:	1935–1939
Motoren:	1157 ccm / 34 PS bei 4250/min
Ausstattung:	Innen-Rückspiegel, Ampere-Meter, Geschwindigkeitsmesser, Tachometer, Benzinanzeige, alle Scheiben Sicherheitsglas.
Varianten:	Limousine, Cabrio-Limousine, Sport-Roadster, Cabriolet
Preise:	RM 2800,– (Limousine, 1936) bis RM 3800,– (Cabriolet, 1936)

Chronik:

1935	Juni: Serienanlauf Ford Eifel. Weiterentwicklung des Ford 10 HP, britische Optik mit geteilter Motorhaube.
1937	Modellpflege, neue Karosserie mit Alligator-Motorhaube. , Haube von seitlichen Klammern gehalten.
1938	Februar: Cabriolimousine jetzt mit Ganzstahlkarosserie. Cabrio: Kofferraum von außen zugänglich. Sportzweisitzer (Roadster): Windschutzscheibe umklappbar, Seitenscheiben serienmäßig mitgeliefert, Ersatzrad tiefer im Kofferraum. Sommer: Seitenteile der Alligatorhaube nun Teil der Karosserie (vorher: Teil der Haube), Drehverschluss zur Haubenverriegelung (»Schwalbe«). Tankstutzen verlegt.
1939	Produktionseinstellung, letzter Preis Limousine: RM 2590,–.

Erfolg durch Vielfalt: Ab 1936 bot Ford neben der Limousine und der Cabrio-Limousine auch ein Kastenwagen-Modell mit einer nach rechts öffnenden Hecktür an.

Gelungen: Der Eifel-Roadster mit Karmann-Karosserie und den zeittypischen Lochfelgen. Im Prospekt wurde die Variante als »5/34 PS Ford-Eifel Sportwagen« bezeichnet – im Gegensatz zum ...

... »Ford-Eifel Kabriolett 2-sitzig«, das von Deutsch stammte. Feste Seitenscheiben, hintere Radabdeckungen und eine Front im V8-Stil waren Merkmale dieser harmonischen Schöpfung.

das Rückgrat bildeten, auf die die von Ambi-Budd gelieferte Karosserie gesetzt wurde. Wie schon der Typ 19 Y, so musste sich auch der Typ 20 C noch mit diesem Fahrwerk bescheiden, das in seinen Grundzügen auf das T-Modell zurück ging, also Starrachsen, vorn mit Dreieckstrebe und Schubkugel, Querblattfedern vor beziehungsweise hinter den Achsen (um die Federbasis zu vergrößern), sowie hydraulische, doppelt wirkende Stoßdämpfer: Ein gutes Fahrwerk sah anders aus. Die weich abgestimmte Fuhre schaukelte sich bei kurzen Bodenwellen auf und schwankte wie ein Wüstenschiff. Das änderte sich erste mit der Modellpflege 1937, als härte Stoßdämpfer installiert wurden, die die Nickschwingungen etwas dämpften.

Als Antriebsaggregat stand nur der Reihen-Vierzylinder aus dem »Köln« mit 1157 Kubikzentimeter Steuer-Hubraum zur Verfügung, der hier 34 PS bei 4250 Umdrehungen leistete – genug für eine Spitze von rund 100 km/h. Bei »mittlerer Reisegeschwindigkeit« flossen gut acht Liter durch den 26er Fallstromvergaser Marke Solex, der 30-Liter-Tank saß im Heck. Die Kraftübertragung erfolgte per Dreigang-Handschaltung, nach zeitgenössischem Urteil passte die Abstufung allerdings nicht ganz, so dass ein Viergang-Getriebe auf der Wunschliste stand. Der »Eifel« (sein Name sollte »auf das Heimatgebiet des Fahrzeugs hinweisen und gleichzeitig zum Ausdruck zu

bringen, dass der Wagen nicht zuletzt ein guter Bergsteiger ist«) war serienmäßig zunächst in drei Modellen lieferbar: als Limousine, als Cabrio-Limousine und als Sport-Roadster. Die Höchstgeschwindigkeit dieses Wagens lag bei 100 km/h.

1937 erhielt der Eifel eine umfangreiche Modellpflege. Die Front wurde im Stil des V8 gehalten, die Kopffreiheit vergrößert und das Heck ein wenig verlängert, was vielleicht nicht so elegant aussah, aber deutlich mehr Kofferraumvolumen ergab sowie mit Scheiben- anstelle der Speichenräder versehen. Die Verfeinerungen am Fahrwerk brachten eine geänderte Stoßdämpferabstimmung, so dass sich der Wagen »sehr manierlich im Gegensatz zum vorjährigen Modell benahm, das auf dieser Straße überhaupt nicht mehr zu bändigen war«, lobten die *AAZ*-Tester. Bis zu seiner Ablösung durch den Taunus produzierte Ford vom Eifel 61.496 Einheiten, rund 25 Prozent davon gingen in den Export – auch in gebirgige Gegenden wie etwa Österreich und den Balkan...

Ford Taunus (1939–1942)
Erster Anlauf

Der Buckel-Taunus gilt mit Fug und Recht als erste deutsche Ford-Konstruktion, was verschlüsselt auch aus der Typbezeichnung hervor geht: Er lief als G 93 A, wobei das G für Germany, die 9 für das Konstruktionsjahr (also 1939), die 3 für den Hubraum von 1,2 Litern und das A für die Karosserieform Pkw stand.

Die technischen Unterschiede zum Vorgänger waren eher gering und beschränkten sich im wesentlichen auf einen längeren Radstand, eine breitere Spur und den Einsatz der schon aus dem V8 bekannten Hydraulikbremsen. Die Karosserie selbst mit ihren markanten Rundungen bestand aus Stahlblech. Die breiten Türen verfügten über Kurbelfenster, die hinteren Seitenscheiben waren ausstellbar.

Der Buckel-Taunus im Styling der amerikanischen Achtzylinder des Jahres 1938 gehörte zu den interessantesten Neuerscheinungen der Vorkriegszeit. Beim Motor handelte es sich um den wassergekühlten Eifel-Vierzylinder in Reihenanordnung. Der Ventiltrieb erfolgte von der Nockenwelle über Stoßstangen auf die stehenden Ventile. Da diese nicht einstellbar waren, mussten sie auf einer speziellen Maschine entsprechend geschliffen werden. 63,5 mm Bohrung und 92,5 mm Hub ergaben einen Hubraum von 1172 cm³, die Motorleistung betrug 34 PS bei 4250/min. Für den Einsatz im Taunus hatten die Konstrukteure die Kurbelwelle modifiziert und stärker dimensionierte Lager verwendet, für die Gemischversorgung war ein Solex-Fallstromvergaser zuständig. Die Kraftübertragung erfolgte über eine Einscheiben-Trockenkupplung von Fichtel & Sachs, der Schalthebel befand sich in der Wagenmitte. Die oberen beiden der drei Gänge waren synchronisiert.

Natürlich entsprach seine Ausrüstung und Konstruktion den neuesten, seit Oktober 1938 geltenden Zulassungsvorschriften, welche für Neuwagen die Ausrüstung mit elektrischen (also selbsttätigen) Scheibenwischern, zwei Rückleuchten, rechtsseitigem Tankstutzen, blauer Fernlicht-Kontrolllampe am Armaturenbrett und einem Kraftstofftank forderten, dessen Volumen eine Reichweite von mindesten 350 km garantieren musste.

Im Juni 1939 kam der Taunus auf den Markt, zu einer Zeit, als schon abzusehen war, dass im Falle eines Krieges die Privatwagen der Wehrmacht zur Verfügung gestellt werden mussten. Im September war es dann so weit. Am 1. September rationierten die Behörden das Benzin, am 3. requirierte die Wehrmacht alle Viersitzer-Cabriolets und am 11. September wurden alle Reifenbestände beschlagnahmt. An eine reguläre Pkw-Produktion war nicht mehr zu denken, die Regierung verbot die Aus-

lieferung aller bereits produzierten Neuwagen an die Kunden. Ford hatte nach 1940 gemäß dem Schellplan zur Vereinheitlichung und Rationalisierung im Fahrzeugbau ausschließlich Lastwagen und, in geringer Stückzahl, den Einheits-Pkw der Wehrmacht zu bauen. Die viel versprechende Taunus-Karriere (1939 wurden 4008 Wagen gebaut, 1940 noch 2942) endete im Februar 1942 nach 7092 produzierten Wagen, um dann zehn Jahre später seine Fortsetzung zu nehmen. In dieser Zahl enthalten sind auch 800 Taunus-Kastenwagen, die bei Karmann entstanden. Dort entstand übrigens auch ein Cabriolet-Prototyp.

Der Buckel-Taunus trat 1939 die Nachfolge des Eifel an. Technisch mit dem Eifel eng verwandt, machte er erst nach dem Krieg Karriere.

Modelle, Varianten, Preise

Modelle:	Limousine zweitürig
Bauzeit:	1939–1942
Motor:	1172 ccm / 34 PS bei 4250/min
Ausstattung:	Tagesuhr, Öldruck-Kontroll- und Ladekontrolllampe, Tankuhr, Kühlwasserthermometer, Innen-Rückspiegel. Spezial: Chrom, Armlehnen hinten und an rechter Tür, Fahrer-Sonnenblende, Türtaschen, abschl. Tankdeckel, Motor- und Kofferraumleuchte, alle Scheiben Sicherheitsglas. Deluxe: ungeteilte Frontscheibe, modifizierter Kühlergrill. Hup-Betätigung durch Signalring am Lenkrad.
Varianten:	Taunus Standard, Spezial, Deluxe
Preise:	RM 2870,–

Chronik

1939	Juni: Premiere für den Eifel-Nachfolger Taunus. Deutsche Konstruktion, nur leichte Vorgaben aus den USA. Nur eine Motorvariante. 4008 Einheiten gebaut.
1940	2942 Wagen gebaut, außerdem drei Prototypen mit 1,5-Liter-Motor (aufgebohrtes 1,2-Liter-Triebwerk).
1941	Gesamtproduktion 104 Wagen sowie vier Taunus 1,5 Liter.
1942	Februar: Nach Montage der letzten 41 Wagen läuft die Taunus-Fertigung aus.

Ford V8 (1933–1941)
Alle Achtung!

KAUFEN SIE HEUTE

DEN WAGEN VON MORGEN

Vier- und Achtzylinder-Wagen waren von außen praktisch nicht zu unterscheiden, sieht man einmal vom V8-Emblem zwischen den Scheinwerfern und auf den Radkappen ab. Im Bild zu sehen ist die Luxusausführung der viertürigen »Innensteuerlimousine V8 14/65 PS« von 1932.

zu den Auslauf-Modellen. 1926 belief sich der Vierzylinder-Anteil in den USA (ohne Ford) auf 40 %, aber 55 % der Wagen hatten sechs Zylinder. Vier Jahre später belief sich der Anteil auf 3 %, der der Sechszylinder auf 70 %, der Rest hatte acht, zwölf oder 16 Zylinder.

Ford 14/65 PS V8 (Serie 18, 1932–1933)

Wieder hielt Ford die Bänder an, wieder herrschte ein halbes Jahr Funkstille. Diesmal aber verlief die Entwicklung ganz anders, kein banges Atemholen der Nation, kein erwartungsfreudiges Publikum. Wenn sich Menschenschlangen bildeten, dann vor Suppenküchen: Der Börsenkrach und die Weltwirtschaftskrise hatten das Land im Würgegriff. Wohl war Ford 1929 und 1930 noch die unangefochtene Nummer eins auf dem Markt, doch der Absatz brach ein. Das Massensterben unter den Automobilfabriken hatte begonnen, und dass Ford zu den Überlebenden gehörte, war jenem Achtzylinder zu verdanken, der am 9. März 1932 zu einem konkurrenzlos günstigen Preis auf den Markt gelangte. Zwanzig Jahre lang bildete dieses millionenfach gebaute Triebwerk das Herzstück vieler Ford-Konstruktionen und verhalf gerade auch in Deutschland der Marke zu einem ausgezeichneten Ruf.

Die technische Basis bildete wiederum der weiter entwickelte A-Typ, Vier- und Achtzylinder waren von außen praktisch nur am Verbindungssteg zwischen den Scheinwerfern (den ein V8-Emblen zierte) und den Rad-

Henry Ford hasste Sechszylinder. Dem ersten B-Modell von 1904 folgte der Sechszylinder Modell K, der sich absolut nicht bewährte. Doch trotz seiner Abneigung gegen Motoren, die »mehr Zündkerzen als eine Kuh Zitzen« hatten (Henry Ford war unzweifelhaft der Sohn eines Farmers!) sah er sich gezwungen, gerade das zu machen. Und um die Konkurrenz ein für allemal zu schlagen, sollte dem T-Modell gleich ein Achtzylinder zum Dumpingpreis folgen. Die Händlerschaft aber konnte nicht so lange warten, also erschien der T-Nachfolger zunächst nur mit Vierzylinder-Motor. Chevrolet konterte darauf mit einem seit gut zwei Jahren serienreifen Sechszylinder, der mehr oder minder zum Preis eines Vierzylinders angeboten wurde: Vierzylinder, und damit auch der gerade Modell A, avancierten nun

kappen, ebenfalls mit V8-Signet, voneinander zu unterscheiden.

Fords V8 war nicht der erste auf dem Markt, aber der beste. Jeder andere Hersteller zu jener Zeit beispielsweise begnügte sich damit, einen V-Motor aus zwei Teilen zusammen zu setzen. Henry Ford hielt das für unnötig, er wollte einen einteiligen Motorblock mit gemeinsamer Ölwanne. Seine Gießereiexperten hielten das für schlechterdings unmöglich – so lange, bis Ford sich schließlich selbst in die Gießerei stellte und seinen Werkleuten bewies, dass es doch ging.

Der gusseiserne 90-Grad-V8 mit L-Kopf entwickelte zunächst 65 PS bei 3400 Umdrehungen, sein Hubraum betrug 3560 Kubikzentimeter. Diese erste V8-Generation (Typ 18 in den USA, in Deutschland als Ford 14/65 PS vermarktet), litt unter zahlreichen Kinderkrankheiten: Um möglichst schnell Boden gegenüber Chevrolet gut machen zu können, brachte Ford den V8 unausgereift auf den Markt. Hoher Ölverbrauch, Risse im Zylinderkopf, im Rahmen losvibrierende Maschinen, zerbröselnde Kolben – der Typ 18 war eine echte Anti-Werbung und sicher nicht die Antwort auf die

Herausforderung von Chevrolet. In Deutschland waren die Verkaufszahlen bescheiden, insgesamt sollen laut Werner Oswald 636 Wagen gebaut worden sein. Die Ford-Werke hatten in diesem Jahr gerade begonnen, ihr Vertriebsnetz auf 500 Stationen auszubauen und eine Erschließung der östlichen Nachbarmärkte wie der Tschechoslowakei beschlossen – es dürfte nicht viele Händler gegeben haben, die, wenn überhaupt, mehr als einen V8 verkauft haben.

Testberichte aus jener Zeit sind rar und nach heutigen Maßstäben bemerkenswert unkritisch: Die Tester waren, so scheint es, froh um jeden Wagen, den sie vorstellen durften. Dem V8 wurde demzufolge eine »unübertreffliche Geschmeidigkeit« attestiert, die »in ihrem gesamten Drehzahlbereich keinerlei Anzeichen von Vibrationen« aufweise.

Ford 14/75 PS V8 (Serie 40-8, 1933–1934)

Das Restyling von 1933 (Edsel Ford zeichnete dafür verantwortlich) brachte dem V8 eine komplett neue Karosserie, einen längeren Radstand, ein modifiziertes Chassis und 17-Zoll-Räder. Erkenntlich an den neuen Stoßfängern mit der leichten Spitze in der Mitte, gehörte die nunmehrige Serie 40 zu den am meisten bewunderten Wagen der USA. Immerhin gab's viel Auto für relativ wenig Geld, und schnell (Spitze knapp 140 km/h) waren diese Achtzylinder auch noch: John Dillinger, Amerikas Staatsfeind Nr.1, war begeisterter V8-Fahrer und schrieb einen persönlichen Brief an Henry Ford (»Hallo, alter Knabe«), in dem er seinen Lieblings-Fluchtwagen lobte.

Die technischen Verbesserungen bescherten dem Wagen dank eines anderen Vergasers und Modifikationen am Ansaugtrakt einen Leistungszuwachs auf 75 PS. Der

Bis Mitte der Dreißiger waren die Ford-V8 praktisch identisch mit den jeweiligen US-Modellen. Hier ein wunderschöner amerikanischer Fordor Standard, Modell 700, Baujahr 1934. Unterschiede zwischen deutschen und amerikanischen Fahrzeugen bestehen bei den Fahrgestellnummern. Die Fahrgestellnummer war nur als Motor-Nummer ausgewiesen und begann bei amerikanischen Modellen immer mit einer 18, bei den deutschen Modellen mit einer 40. Bei den deutschen V8 waren auch die Türen anders angeschlagen. Foto: Kerner

Ford V8 mit Deutsch-Karosserie: Die Anklänge an zeitgenössisches US-Styling sind unverkennbar.

1934er Jahrgang kam nur mit unwesentlichen Änderungen (Kühlergrill, Armaturenbrett) aus, im Dezember legte Ford bereits den Nachfolger auf Kiel: die Serie 48. In Deutschland wiederum dürfte der 75 PS starke Achtzylinder die bei weitem seltenste Variante geblieben sein, nach Oswald entstanden gerade 29 Stück dieses Zwischentyps, wobei es sich nicht mehr ermitteln lässt, ob es sich dabei um Exemplare des US-Jahrgangs 1933 oder – was wahrscheinlich ist – 1934 handelte.

Ford 14/90 PS V8 (Serie 48, 1935–1936)

Mitte der 30er Jahre war die Weltwirtschaftskrise endgültig überwunden. Die Ford-Werke AG hatte 1934 mit 10.297 Einheiten so viele Autos verkauft wie noch nie, und die Neuheiten des Jahres 1935, der 1,2 Liter »Eifel« wie auch die neuen V8-Typen verstärkten diesen Aufschwung. Dazu kamen erste Erfolge des Straßenbau-Programms, 1935 waren bereits 2700 Autobahn-Kilometer im Bau oder hatten eine Baufreigabe: Die Chancen, das gestiegene Leistungsvermögen auch ausnutzen zu können, standen nicht schlecht. Merkmale der Serie 48-V8 waren die nun vorn angeschlagenen Türen und die 16-Zoll-Räder, zu den technischen Änderungen gehörten eine neue Kurbelwelle und eine verbesserte Entlüftung des Kurbelgehäuses.

Bis zu diesem Zeitpunkt hatten die Kölner die V8 mehr oder weniger so gebaut, wie sie aus der Kiste kamen. Inzwischen aber genügte das nicht mehr. Ford benötigte – schon aus politischen Gründen – das Gütesiegel »deutsches Erzeugnis«, wie es schon der »Rheinland« oder auch der Ford »Köln« aufwiesen. Das einzige, was dazu noch fehlte, war ein »deutscher« V8. Und der lief ab 1935 endlich auch in Köln vom Band. Zwar nach Blaupausen aus den USA, aber mit einigen kleinen, aber feinen Veränderungen, so dass »selbst die amerikanischen Konstrukteure« dem deutschen Ford-Motor »ihre Bewunderung nicht versagen konnten«, wie die Pressestelle 1936 stolz mitteilte: Folgerichtig trug Ende 1935 auch der V8 die begehrte »deutsche« Plakette.

Und weil sie gerade dabei waren, nahmen sich die Kölner auch das Fahrwerk vor. Die Konstrukteure verlegten die Querblattfedern vor beziehungsweise hinter die Achsen, um dadurch eine vergrößerte Federbasis

Ein Modell 760 A Cabrio 2+2 von 1937. Die deutschen V8 übernahmen dieses Lincoln-Zephyr-Design nur teilweise und wiesen frei stehende Scheinwerfer auf. Weitere Unterschiede bestanden in der Bremsanlage: Die Feststellbremse (Handbremse) musste bei deutschen Fahrzeugen immer unabhängig von der Betriebsbremse wirken, die Fußbremse hatte also ein eigenes Gestänge. Das war, anders als bei den US-Modellen, bei allen deutschen Wagen so.
Foto: Kerner

und ein besseres Ansprechverhalten zu erzielen. Das Kurvenverhalten war allerdings schon damals nicht mehr auf der Höhe der Zeit, die Wankneidung in schnell gefahrenen Kurven war beträchtlich, und dass ein Starrachsen-Fahrwerk mit Querblattfederung gut für ausgefahrene Karrenwege taugte und über mittelalterliches Kopfsteinpflaster eher hüpfte als manierlich rollte, war auch keine ganz neue Erkenntnis. Die Ford-Konstrukteure mühten sich nach Kräften, eine saubere Abstimmung zu erzielen, auch wenn sie nicht den Fahrkomfort moderner Schwingachsen-Konstruktionen erreichen konnten. Zu dem Maßnahmenpaket gehörte der weiter vorn im Rahmen platzierte Motor wie auch die vor verlegte Kabine, was eine gleichmäßige Achslast-Verteilung zur Folge hatte, den Schwerpunkt senkte und auf diese Weise ein geschmeidigeres Abrollen erlaubte. Die Linienführung des Originals wurde beibehalten, die Motorleistung aber auf 90 PS gesteigert.

In den USA lief der 1936er Jahrgang als Typ 68 ab Oktober 1935. Im Vergleich zum Vorjahres-Modell hatte er einen anderen Kühlergrill und Stahlfelgen anstelle der bis dahin üblichen Drahtspeichenräder. Die deutschen V8 vollzogen diese Änderung nicht nach. Sie waren – je nach Karosserie – auch mit außenliegendem Kofferabteil erhältlich. Die zweitürige Limousine kostete 5085 Reichsmark, kein anderer deutscher Achtzylinder konnte diesen Preis unterbieten. Andererseits: Der durchschnittliche Ford-Angestellte hatte einen Monatsverdienst von 320 Reichsmark, und einer jener Straßenarbeiter, die die Autobahnen bauten, auf denen diese Wagen fahren sollten, fand kaum die Hälfte in seiner Lohntüte.

Ford V8 (Serie 78/81/92, 1937–1941)

Im Modelljahr 1937 (in den USA als Modell 78 bezeichnet) erhielt das Ford-Flaggschiff eine neue Karosserie im Stromlinien-Design. Das Karosseriestyling orientierte sich am 1936er Lincoln und galt als eines der schönsten jener Epoche. Bei den US-Wagen waren die Scheinwerfer in die Kotflügel integriert worden, der Kühlergrill vergrößert und spitz zulaufend nach hinten, Richtung Windschutzscheibe gezogen worden. In jenem Jahr setz-

Modelle, Varianten, Preise

Modelle: Limousine zwei/viertürig, Cabriolet zwei/viertürig, Kombi
Bauzeit: 1932-1941
Motoren: 3620 ccm / 65 PS bei 3400/min
2227 ccm / 60 PS bei 3500/min ab 3/40
Ausstattung: 5 Stahlspeichenräder, verchromte Reifenhülle für Reserverad, verchromte Stoßstangen, Fahrtrichtungsanzeiger, Benzinuhr, Amperemeter, Tachometer, indirekte Armaturenbeleuchtung, Rückspiegel splittersichere Windschutzscheibe, Rollgardine für Rückwandfenster, vom Führersitz aus zu betätigen, Stop/Schlusslicht, Scheibenwischer: Luxus: Mohair, Cord oder Lederbezüge, Winker verchromt, Chrom am Windschutzscheibenrahmen, Armstützen hinten, Seitenfenster Sicherheitsglas, Scheibenwischerarm verchromt, lackierte Räder. Roadster/Cabrio: Notsitze hinten. Cabrio 4/5-Sitzer: Lederpolster, Patentverdeck (Sturmstangen außen).
Varianten: Tudor Standard/Luxus, Fordor Luxus, Victoria, Luxus-Coupé, Roadster Luxus, Cabriolet 2-Sitzer, Cabrio-Limousine, Phaeton Luxus, Cabriolet (4/5-Sitzer).
Preise: ab RM 4980,- bis RM 6175,-

Chronik:

1932 März: Produktionsanlauf in den USA. Chassis und Technik entsprechend Ford Typ B. 90-Grad-V-Motor, gemeinsames Kurbelgehäuse. Vmax 125 km/h, 1. Gang bis 50 km/h, 2. Gang bis 90 km/h, 3. Gang bis 125 km/h; Dauergeschwindigkeit 120 km/h.
Juni: Produktionsbeginn Ford V8 in Deutschland: Ford 14/65 PS V8 (US-Bezeichnung: Serie 18).

1933 Februar: Vorstellung auf der IAA in Berlin 1933.
März: Modellpflege in den USA, Bezeichnung jetzt 40-8. Neue Karosserie, längerer Radstand, modifiziertes Chassis, 17-Zoll-Räder. Motor-Modifikationen, 75 PS. Produktionsauslauf in Deutschland, 635 Ex. gebaut. Dezember: US-Produktionsbeginn Serie 48. Vorn angeschlagene Türen, 16-Zoll-Räder.

1934 März: Produktionsanlauf Ford V8 (Rheinland), Typ 40. Dezember: Produktionsende in Deutschland, 29 Ex. gebaut.

1935 März: Produktionsbeginn Typ 48 in Deutschland. August: Produktionsbeginn V8-Motor in Deutschland. Leistung 90 PS.

1936 Modellbezeichnung nun Ford V8, Varianten: Limousine zwei/viertürig, Cabriolet (vierfenstrig), Sport-Kabriolett (Zweifenster).
Oktober: Produktionsende V8-Typ 48 nach 5208 Einheiten. Produktionsbeginn Ford V8 Standard.

1937 Karosserie-Restyling (US-Serie 78), Ganzstahl-Karosserien. Deutsche Ford-Typen unterscheiden sich nun optisch von den USA-Ausführungen.

1938 Februar: Alle Modelle verbessertes Kühlsystem, modifizierte Sitze, Starterknopf jetzt am Armaturenbrett, Scheinwerfer-Kontrollleuchte, Luftausströmer an Armaturenbrett-Oberkante. Radioantenne serienmäßig, Scheibenwischer unten. Nur Viertürer: Fondfenster ausstellbar. Einführung Serie 81: Spezial-Limousinen: Fließheck, Reserverad ausklappbar im Heck untergebracht, hintere Radabdeckungen.
Präsentation V8 Kombi. Siebensitzer, Holzaufbau. Nutzlast 520 kg.
September: Produktionseinstellung V8 Standard nach 3122 Ex. Modellpflege (Kühlergrill).

1939 Optisch unverändert, Serie 92 hat aber hydraulische Vierradbremsen und Lenkradschaltung. Überwiegend als Spezial-Limousinen gebaut.
Dezember: Produktionseinstellung, 3170 Ex..

1940 März: Der Typ 92A mit 2,2-Liter-V8 und 60 PS wird Deutschland gezeigt (Produktionsbeginn Januar). Kein Verkauf an Zivilpersonen.

1941 Juli: Produktionseinstellung Personenwagen Typ 92A, 442 Einheiten produziert. V8-Motoren für Wehrmachts-Lastwagen werden weiterhin gebaut.

te Ford ausschließlich Ganzstahl-Karosserien ein und verabschiedete sich von der Gemischbauweise.

Auch die Ford-Werke adaptierten das Lincoln-Styling, beließen es aber bei den frei stehenden Scheinwerfern der Serie 48. Dieser Stilmix kam in Deutschland außerordentlich gut an, um so mehr in der 1938 eingeführten Spezial-Variante mit Fließheck, die in den USA als Teil der Serie 81 auf den Markt gekommen war. Die Motorhaube ließ sich nun nach vorne aufklappen (und nicht mehr seitlich), und der Kraftstofftank mit 50 Litern Volumen wich einem 70-Liter-Exemplar.

Die Limousinen-Karosserien bezog Ford bei Ambi-Budd, einem amerikanischen Unternehmen mit Sitz in Berlin mit hochmodernen Presswerkzeugen, die Cabriolets stammten von Drauz, Deutsch oder Gläser. Die Aufbauten der Spezial-Limousinen lieferte wiederum Ambi-Budd, im Gegensatz zu den amerikanischen Modellen befanden sich bei diesen Viertürern die Scharniere des zweiten Türenpaars vorn (an der B-Säule) und nicht, wie bislang üblich, an der C-Säule. Bei den deutschen Ford-V8-Modellen kam es nach 1937 zu keinen größeren stilistischen Änderungen mehr, abgesehen von der leicht modifizierten Kühlergrill-Maske und den unterhalb der Windschutzscheibe verlegten Wischer-Achsen des Jahrgangs 1938. Doch auch wenn die jährlichen amerikanischen Styling-Änderungen nicht mehr nachvollzogen wurden, übernahm man sinnvolle technische Verbesserungen wie die längst überfällige Hinwendung zu hydraulisch betätigten Vierradbremsen anstelle des antiquierten Gestänge-Mechanismus (in den USA ab Oktober 1938, dann auch Lenkradanstelle der Mittelschaltung. Typbezeichnung: Serie 92).
In kleiner Stückzahl dürfte auch noch der kleine Achtzylinder mit 2227 Kubikzentimetern Hubraum und 60 PS verkauft worden sein, der in den USA als Serie 60 zum Modelljahr 1937 eingeführt worden war und vor allem für die europäischen Märkte Frankreich und England bestimmt war. In Deutschland wurde dieser Typ auf der Wiener Automobilausstellung im Frühjahr 1940 als Neuheit vorgestellt; dieser Typ 92A kann aber wegen der Kriegsereignisse kaum in nennenswerten Stückzahlen verkauft worden sein. Insgesamt weist die offizielle Produktionsstatistik der Ford-Werke AG zwischen 1932 und 1941 insgesamt 17.902 produzierte V8 aus, einschließlich jener Cabriolets, die in Rheine bei Karmann gebaut worden waren – mehr Achtzylinder hatte kein deutscher Produzent vorzuweisen.

Fords V8 Typ 48 Spezial erschien im Frühjahr 1938. Neben der normalen Limousine gab es auch noch eine verlängerte Pullman-Variante mit Drauz-Karosserie. Sie beförderte acht Personen.

Ford Ka (seit 1996)
B-Jugend

Auf Fiesta-Basis: Der Ford Ka von 1996 war der erste Ford im New-Edge-Design.

Beliebter Zweitwagen: der in Spanien gebaute Ka mit den charakteristischen, dreiteiligen Kunststoff-Stoßfängern. Die Dreiteilung sparte im Falle eines Unfalles Reparaturkosten.

Irgendwann kickt jeder bei den Großen – und das ist auch ganz gut so, denn seinen Platz in der Jugend-Mannschaft dürfen dann andere einnehmen. So ist es beim Fußball, und so auch im Automobilbau: Einem ungeschriebenen Gesetz zur Folge wird jeder neue Wagen größer als der Vorgänger. Und das schafft Platz für den Nachwuchs – wie etwa den Ford Ka, der im September 1996 auf dem Pariser Salon seine Premiere feierte.

Unterhalb des Fiesta im so genannten Sub-B-Segment angesiedelt, wollte die Knutschkugel (der eigentümliche Name sollte Lebensfreude signalisieren) jüngere und vor allem weibliche Käufer erobern, die zuvor etwa zu Renaults Twingo gegriffen hatten. Zugleich verwirklichte Ford hier erstmals die neue Stylingrichtung, die in den nächsten Jahren charakteristisch für das Unternehmen werden sollte und alle Neuentwicklungen beeinflusste: das »New Edge Design«, das Zusammenspiel aus gewölbten Flächen und langen Linien.

Fords Nachwuchsstürmer basierte technisch auf dem Fiesta. Vom Ur-Modell erbte er die Statur, von der zweiten Fiesta-Generation den Radstand. Der Kurze bot vor allem vorne gut Platz, hinten dagegen machte er die Räume eng. Innen setzte sich das New-Edge-Design konsequent fort, besonders originell geriet das drehbare Handschuhfach.

Der 1,3 Liter große Endura-E-Motor aus dem Fiesta-Programm, den es mit 50 oder 60 PS gab, sorgte für den Drang nach vorne. Die Führung der Vorderachse oblag McPherson-Federbeinen, unterstützt von einem Querstabilisator. An der Hinterhand war dies Aufgabe einer Verbundlenker-Konstruktion mit spurkorrigierender Achslagerung. Im Test verblüffte der Winzling durch sein agiles Handling (angeblich hatte Formel-1-Pilot Heinz-Harald Frenzen an der Abstimmung mitgewirkt), eine präzise Schaltung und die komfortable Federung. Geteilter Meinung waren die Tester über die Qualitäten

des Gestühls, über die Bremsen, die etwas mehr Biss vertragen konnten und die zähen, aber nicht wirklich sparsamen Motoren.

Der ab November 1996 lieferbare Nachwuchsstürmer brachte die etablierten Mitspieler in arge Bedrängnis, insbesondere der Ford Fiesta musste um seinen Stammplatz bangen: Fords Trainer waren davon ausgegangen, dass rund 25 % der Fiesta-Kunden auf einen Ka umsteigen würden. Dass er den etablierten Fiesta allerdings so schwindelig spielen würde, damit rechnete niemand, und schon munkelte die Branche, Ford habe mit dem Ka ein formidables Eigentor geschossen, weil 40 % potentieller Fiesta-Kunden wechselten. Richard Perry-Jones, bei Ford damals zuständig für die Entwicklung der kleinen und mittleren Autos, sah das anders: »Der Ka ist ein Edelstein in unserer Palette«, der »geduldig gepflegt« werden wolle. Und das tat Ford auch, kein anderes Fahrzeug des Programms durfte so in Ruhe reifen. Erst zum Modelljahr 2003 folgte eine erste größere Modellpflege, dann nämlich erhielt der in Spanien gebaute Mini neue Motoren und Verstärkung für die Mannschaft. Die jungen Wilden spielten nun zu dritt.

Ford Streetka

Der Streetka, das erste offene Modell von Ford im Kleinwagensegment, ging im Frühjahr 2003 in Serie. Als Designstudie von Ghia entstanden, avancierte der Streetka zum Star des Turiner Automobilsalons 2000. Die Nachfrage nach dem zweisitzigen Roadster war so groß, dass Ford sich entschloss, ihn in Serie gehen zu lassen, als Teil einer »produktorientierten europäischen

Jede Menge Sondermodelle: In keiner anderen Modellreihe wurden Sondermodelle so gezielt als Marketing-Instrumente genutzt. Die Sondermodelle wiesen auch eine pfiffigeren Innenraumgestaltung auf.

Technik: Ford. Design: Pininfarina. Spaßfaktor: gigantisch. Der Streetka gehörte zu den Highlights des Turiner Salons 2000.

Ab Frühjahr 2003 lieferbar, ist der Streetka zu Preisen ab 16.500 Euro im Handel. Damit haben die Ford-Händler endlich wieder ein Cabriolet im Angebot. Einen offenen Zweisitzer dagegen hatten sie noch nie ...

Transformations-Strategie«, in der künftig auch »emotionale Nischenfahrzeuge« eine wichtige Rolle spielen sollten. Keines der europäischen Ford-Werke war auf den Bau einer solchen Kleinserie eingerichtet; Ford betraute daher Italiens Edel-Schneider Pininfarina S.p.A. mit der Kleinserien-Produktion. Aus dem Fiesta-Regal stammte der hier eingesetzte 1,6-Liter-Duratec-8V-Motor mit 70 kW (95 PS).

Ford Sportka

Die Kombination aus Ka und Streetka hieß Sportka und stand als Studie auf dem Pariser Salon im Oktober 2002. Er wirkte flacher und glatter als der Ka, ein Verdienst der neu gestalteten Front- und Heckpartie. Vom Streetka übernommen wurde das Fahrwerk wie auch der 70 kW (95 PS) starke 1,6 Liter Duratec. Neben den 16-Zoll-Leichtmetallrädern und entsprechend dimensionierten Niederquerschnittreifen erhielt der Sportka auch die breitere Spur des Streetka. Die Serienproduktion läuft in der zweiten Jahreshälfte 2003 an.

Die Kombination aus Ka und Streetka heißt Sportka und kommt zur zweiten Jahreshälfte 2003 ins Programm.

Modelle, Varianten, Preise	
Modelle:	Limousine dreitürig, Roadster zweitürig
Bauzeit:	Seit 1996
Motoren:	1297 ccm / 37 kW (50 PS) bei 4500/min bis 10/99
	1297 ccm / 44 kW (60 PS) bei 5000/min bis 10/02
	1297 ccm / 51 kW (70 PS) bei 5000/min ab 10/02
	1297 ccm / 44 kW (60 PS) bei 5000/min ab 10/02
	1596 ccm / 70 kW (95 PS) bei 5500/min ab 3/03
Ausstattung:	50 PS: Fahrerairbag, Radio/Cassette, geteilte umklappb. Rücksitzlehne, getönte Scheiben, Wegfahrsperre. 60 PS: Servo, Reifen 165/65 R 13
Varianten:	Ka/StreetKa/SportKa
Preise:	DM 16.750,-/18.150,-

Chronik

1994	März: Präsentation auf dem Genfer Automobilsalon als Concept Car.
1996	September: Vorstellung Ford Ka. Basis Fiesta II; nur als Zweitürer lieferbar, 1,3-l-Endura-E-Motor in zwei Leistungsstufen. Unterhalb des Fiesta angesiedelt, in Spanien gebaut.
	November: Sondermodell »1st Edition Ka«: 3000 Ex., per Optionsschein für bestimmte Kunden erhältlich. 60 PS, 2 x Airbag, Klima, LM-Räder, Komfort- und Audiopaket, Lederlenkrad, spezielle Fußmatten, Schriftzüge; DM 22.750,-
1997	Januar: Vierkanal-ABS a.W., DM 560,-.
	März: Sondermodell Edition Lufthansa: 60 PS, Klima, Audio. Leder, LM-Räder, ABS, EFH, ZV. DM 23.500,-
	Mai: Sondermodell Edition Pro 7: Panther-Schwarz Metallic, Leder schwarz, Klima, Audiosystem mit CD.
	Juli: Sondermodell »Ka1« DM 16.000,-/17.000,-; Beifahrer-Airbag serienmäßig, ohne Radio .
	Oktober: Alle Modelle: Beifahrer-Airbag Serie.
1998	Januar: Ka-Color-Line: Sonderl., Servo, Audiosystem.
	Februar: Sonderm. Blueline 1: Metallic-Blau, Audiosystem mit CD, Sitzpaket, LM-Räder, Lederknauf, blaue Zierteile innen. Blueline 2: wie 1, plus Klima, ZV, EFH. Jeweils 3000 Ex. Sonderm. Kool: LM-Räder, Klima, EFH, ZV.
	April: Sondermodell K2: 3000 Ex. 60 PS; Klima, Sitzpaket, Audiosystem, LM-Räder, verchromte Auspuffblende. Gelbe Lackierung. Gutschein für Inline-Skater und Schutzausrüstung. DM 21.000,-
	Oktober: Sondermodell Tropika: Elektr. Schiebe-/Hubdach, Audio, Fahrersitz höhenverst., Ablagenetz, Lederlenkrad, -schaltknauf, Instrumententafel mit Silber-Appl.
	November: Sondermodell Edition K2 Snow: auf 4000 Ex. limitiert, inkl. K2-Snowboard. 44 kW/60 PS, Klima, höhenverst. Fahrersitz, Audiosystem, LM-Räder, verchromte Auspuffblende, blaue Metallic-Lackierung. Dachspoiler, Radabdeckungen, Schaltknauf und Handbremsgriff in Wagenfarbe. DM 22.800,-
1999	Februar: Stoßfänger in Wagenfarbe (a.W.) Becherhalter in Seitentüren, 3. Bremsleuchte Serie.
	März: Sondermodell Collection: Stoßfänger in Wagenfarbe Karibik-Blau, Lederlenkrad/-schaltknauf, ZV, EFH, Audiosystem, Fahrersitz höhenverstellbar, Fußmatten. Collection II: wie oben, aber Polarsilber, LM-Räder.
	April: Sondermodell Ka D2-CallYa: Klima, Leder, Komfortpaket, Sitzpaket, Audio, Handy, Dachspoiler, LM. Juli: Ka 60 PS als Ausstattungslinie Color.
	Oktober: Servolenkung Serie, neue Polster- und Bodenteppiche. Wegfall 37 kW/50 PS-Motor.
2000	Februar: Seitenairbags; Sonderm. Futura: Klima, Audio, LM. April: Alle Modelle: Elektr. Faltschiebedach lieferbar, Aufpreis DM 1500,-. In Modell Futura statt Klimaanlage zu ordern, dann Aufpreis DM 220,-.
	August: Sondermodell Royal: 60 PS, Leder, Klima, Alu-Trittleiste. ZV, EFH, Stoßfänger in Wagenfarbe, LM-Räder, Chrom-Kühlergrill, Audiosystem. DM 24.150,-
2001	März: Sondermodell Futura²: Klima, LM, in Wagenfarbe lackierte Außenspiegel u. Stoßfänger, Audioanlage, Velours. DM 20.536,-. Sondermodell Ka-ribik: elektr. Faltschiebedach, Audiosystem. DM 19.509,-
	August: Sondermodelle Capri; Finesse (Audiosystem, EFH, ZV, LM), Futura (Klima, Audio, LM, Lederschaltknauf, Stoßfänger farbig).
2002	Oktober: Neuer 1,3-l-Duratec-8V ersetzt bisherigen Endura-E-Motor in zwei Leistungsvarianten: 44 kW (60 PS) oder 51 kW (70 PS). Außerdem: Neue Instrumententafel mit integriertem Analog/LCD-Display für Tachometer, Wassertemperaturanzeige und Tankanzeige, Scheibenwischer-Wisch-Wasch-Funktion, neue Radzierblenden, Royal: neue LM-Räder.
2003	März: Vorstellung der StreetKa-Serienversion. Zweisitziger Roadster, gebaut bei Pininfarina. Ab Euro 16.500,-.

Ford Fiesta (1976–1989)
Mamas Liebling

Röntgenblick: Durchsichtszeichnung der ersten Fiesta-Generation, des ersten echten Kleinwagens aus dem Hause Ford. Trotz der Vorbehalte in der Konzernspitze wurde der Fronttriebler verwirklicht – und ein gigantischer Erfolg.

Henry Ford der Zweite mochte große Autos. Richtig große, mit gurgelnden Achtzylindern und 18 Litern Super auf 100 Kilometer. Und deswegen investierte er nahezu zwei Milliarden Dollar in die teuerste Neuentwicklung der Firmengeschichte: den Kleinwagen Fiesta.

Freiwillig tat er das nicht. Verschärfte Umweltgesetze und steigende Benzinpreise zwangen auch in den USA zum Umdenken, außerdem drohte die Einführung eines Flotten-Durchschnittsverbrauchs: Die Verbräuche aller Modelle eines Unternehmens wurden addiert und die Summe durch die Anzahl der Typen geteilt. Lag der so ermittelte Durchschnittswert über dem gesetzlichen Limit, gab es Strafe. Sparsame Modelle waren also das Gebot der Stunde. Und die europäischen Ford-Töchter benötigten einen solchen Wagen sowieso. Dennoch mussten sich Harold »Hal« Sperlich und Lee Iacocca, die obersten Produktplaner, den Mund fusselig reden, bis Mister Ford 1972 schließlich ein Einsehen hatte. Fords Skepsis war berechtigt: Der Fiesta hatte innerhalb des Konzerns kein Vorbild. Das letzte Mal, als Ford seine Mannschaft quasi vor einem weißen Blatt Papier beginnen ließ, hieß das Projekt Edsel. Es gilt bis heute als der größte Reinfall der Automobilgeschichte.

Trotz dieser Hypothek (und obwohl weder Karosserie noch Vorderachse, weder Bodengruppe noch Antriebsstrang von einem anderen Ford Kosten sparend über-

nommen werden konnten) überzeugte der Kleine rasch auch den Kleinwagen-Skeptiker Henry Ford. Der machte nicht nur die endgültige Namenswahl zur Chefsache (im Entwicklungsstadium lief der Wagen unter der Bezeichnung Bobcat), sondern bewilligte auch den Bau einer neuen Fabrik im Niedriglohnland Spanien. Das Werk in Valencia entstand nach dem Vorbild von Saarlouis und sollte auch die Märkte im Süden Europas versorgen.

Auf rund sechs Quadratmetern Grundfläche entstand dort ein kompakter, 730 Kilogramm schwerer Schrägheck-Dreitürer mit einem nur mäßigen Cw-Wert von 0,42. Die kantig geformte Schale saß auf einer neuen

Kennzeichen S: Vor Einführung des XR2 hielt der Fiesta Super S die Sportlerfahne hoch. Die sportlichen Stahlfelgen waren mit Pirelli-P3-Reifen der Dimension 155 SR 12 bestückt; unter der Haube arbeitete der 1,1-Liter-Motor aus dem Escort.

Wundercar: der XR2 in der Optik der zwischen 1977 und 1980 vermarkteten US-Version. Auch die US-Fiesta entstanden in Saarlouis und hatten, ebenso wie der XR, einen 1,6-Liter-Motor unter der Haube.

Nüchterner Beginn: der Fiesta Van mit hinterer Blechbeplankung. Leergewicht 825 Kilogramm mit Fahrer, Nutzlast 310 Kilogramm.

Studienstück: Fiesta-Cabriolet »tropic«, 1980. Ein Serienbau unterblieb.

Bodengruppe. Die angetriebene Vorderachse stützte sich über McPherson-Federbeine ab, hinten kam eine röhrenförmige Starrachse, geführt an Längslenkern und Panhardstab, Schraubenfedern und Stoßdämpfern zum Einsatz. Es gab zweifelsohne komplexere Lösungen, aber nur wenige wirkungsvollere. Kein Ford jener Jahre lag besser: »Muss man mitten in der Kurve vom Gas – der

Fiesta bleibt unbeeindruckt und bremst sich ab. Ein angenehmes, ein fahrsicheres Auto«, lobte die *ADAC-Motorwelt* – ein gutmütiger Untersteurer, nicht zuletzt auch, weil statt einer gefühllosen Kugelumlauflenkung eine feinfühligere Zahnstangenlenkung zum Einsatz kam.

Die 3,56 Meter lange Einkaufstasche entpuppte sich als rasendes Raumwunder. Jede Ecke war clever ausgenutzt, was den Platzverhältnissen im Innenraum das Prädikat »vorbildlich« (*DM*) einbrachte. Die Illustrierte *Quick* legte sogar noch nach: »Die Innenmaße stimmen wie selten«. Grund zur Klage hatten lediglich professionelle Spediteure. Hinter der gerade geschnittenen Heckkanzel lauerte ein lediglich 215 Liter großer Gepäckraum. Das bescheidene Ladevolumen ließ sich allerdings durch Umklappen der Rücksitzlehne erweitern, dadurch entstand eine glatte, durchgehende Ladefläche, die sich auch für den Transport von Waschmaschinen nutzen ließ. Maximal durften 350 Kilo zugeladen werden. Später bot Ford den Fiesta gleich ohne Rücksitze als Kleinlieferwagen »Express« an. Bis in Dachhöhe beladen, standen dann 1015 Liter Gepäckraum zur Verfügung.

Zum Saisonbeginn scharrten drei Triebwerke im Stall, das stärkste hatte in der S-Version 53 Pferdchen am Zügel. Aus Platzgründen handelte es sich dabei um Quermotoren, robuste Stoßstangen-Triebwerke im Stil der im Escort verwendeten »Kent-Motoren«. Der einfache, aber sehr zuverlässige Escort-Verwandte hing sau-

Im Disco-Look: die Fiesta-Werbung der späten 70er. Zahlreiche Sondermodelle gaben dem Fiesta-Absatz immer neue Impulse, so auch der »Festival«, der so beliebt war, dass er später wieder aufgelegt wurde.

Modelle, Varianten, Preise

Modelle: Schrägheck-Limousine dreitürig, Stadtlieferwagen
Bauzeit: 1976–1989
Motoren:
957 ccm / 29 kW (40 PS) bei 5500/min bis 8/83
957 ccm / 33 kW (45 PS) bei 6000/min bis 1/82
957 ccm / 33 kW (45 PS) bei 5750/min ab 4/87
1117 ccm / 39 kW (53 PS) bei 5700/min bis 8/83
1117 ccm / 37 kW (50 PS) bei 5000/min ab 9/83
1117 ccm U-Kat / 36 kW (49 PS) bei 5000/min ab 11/86
1297 ccm / 49 kW (66 PS) bei 5600/min bis 9/83
1297 ccm / 51 kW (69 PS) bei 6000/min von 8/84–1/86
1392 ccm / 55 kW (75 PS) bei 5600/min von 2/86–3/87
1392 ccm / 54 kW (73 PS) bei 5500/min ab 3/87
1392 ccm G-Kat / 52 kW (71 PS) bei 5500/min ab 3/87
1597 ccm / 62 kW (84 PS) bei 5500/min 11/81–9/83
1597 ccm / 71 kW (96 PS) bei 5750/min 3/84–10/86
1597 ccm / 70 kW (95 PS) bei 5500/min ab 11/86
1608 ccm D / 40 kW (54 PS) bei 4800/min ab 3/84

Ausstattung: 4-Zoll-Stahlfelgen, Kopfstützen vorn, Verbundglas-Windschutzscheibe, heizbare Heckscheibe, umklappbare Rücksitzlehne. L: verchromte Stoßstangen mit schwarzer Einlage, Seitenzierleiste, Teppichboden, Beifahrer-Sitzlehne verstellbar, Gepäckraum-Abdeckung. Ghia: LM-Räder, H4, 4-Speichen-Lenkrad, Drehzahlmesser, Rückfahrscheinwerfer, Heckscheibenwischer, Tageskilometer-Zähler, Armlehne vorn, Teppichbezug auf Hutablage, Liegesitze vorn. S: Stoßstangen mattschwarz, Schriftzüge, Stahl-Sportfelgen 4,5 J x 12, Stabilisator hinten, straffere Federung. 53 PS.
Varianten: Fiesta/L/Ghia/Super S/XR2
Preise: Von DM 8440,– bis DM 8715,–

Chronik:

1976
Juli: Der Ford Fiesta erscheint mit drei Motorvarianten in den Ausstattungsversionen Basis, L, S und Ghia. Völlige Neukonstruktion, Frontantrieb. Rechteckige Scheinwerfer, mit darunter liegenden Blinkern.

1977
April: Höhenverstellbare Kopfstützen für alle Modelle. Bremskraftverstärker für S und Ghia. H4-Scheinwerfer für Ghia.
September: Fiesta Express, Kleinlieferwagen. 2 bzw. 1-Sitzer, Holzboden im Laderaum mit 10 cm hoher Bordwand hinter den Vordersitzen, Laderaum-Seitenverkleidung, keine hinteren Seitenfenster. DM 10.035,– (1980). Auf Wunsch alle Modelle: innenverstellb. Außenspiegel, H4-Licht, Scheinwerfer-Waschanlage.

1978
September: Sonderserie »Avus II«. L-Modell serienmäßig mit Heckwischer.
November: Rostschutz an den Türen verbessert.

1979
Januar: Jubiläumsmodell »Millionär«.
März: Alle Modelle: Sicherheitsgurte hinten und Rückfahrscheinwerfer. Ghia: Nebelschlussleuchte.

1980
Januar: Einführung Fiesta GL: 4,5-Zoll-Räder, abschließb. Heckklappe, Heckscheibenwisch-/waschanlage, verchromte Tür-/Fensterzierrahmen, gepolstertes Instrumentenbrett, Handschuhkasten beleuchtet mit Deckel, Ablage auf Fahrerseite, Scheibenwischer-Intervallschaltung, Mittelkonsole mit Zeituhr. Kombinierbar mit allen Motoren, füllt Lücke zwischen L und Ghia. DM 11.085,–. Tagesproduktion an den vier Standorten Köln, Saarlouis, Dagenham und Valencia ca. 2250 Wagen.
Februar: Sonderserie Fiesta X.
März: Sondermodell »Del Sol«: Glasdach, H4-Scheinwerfer, Bremskraftverstärker. DM 10.673,–.
Juli: Sondermodell »Super S«: LM, Front-/Heckspoiler, Kotflügelverbr., Kühlergrill in Wagenfarbe. DM 13.570,–.
Oktober: Sonderserie Fiesta »Festival«: Seitendekor, Räder 4,5 J x 13 Stahlfelgen m. Zierringen. Heckscheibenwisch-/waschanlage, spezielle Sitzbezüge, Teppichboden wie L-Modell, Metalleffekt-Zierleiste, Armaturenbr., Ghia-Lenkrad, Gepäckraumabd. DM 9.999,–.

1981
März: Zwei Millionen Fiesta gebaut.
April: Sondermodell Fiesta »Bravo«: Sonderdekor, andere Polsterstoffe und Teppichboden. Rückenlehne Beifahrersitz verstellb., Kartentaschen an Türverkleidung. Makeup-Spiegel rechts, Mittelkonsole mit Zeituhr, Heckklappe mit Drehschloss, Vierspeichen-Lenkrad, S-Schaltknopf, Heckscheiben Wisch-/Wascher. DM 10.715,–.
Mai: Alle Modelle serienmäßig mit Bremskraftverstärker, H4-Scheinwerfer und abschließbarem Tankverschluss.
September: Kräftigere Stoßstangen mit seitlichen Kunststoffecken, serienmäßig elektrische Scheibenwascherpumpe sowie beleuchtete Schalter. Bessere Innenausstattung für Grund- und L-Modell. GL-Modell entfällt. S-Modelle serienmäßig mit Reifen 155/70 SR 13. Auspuffanlage verschleißfester.

1982
November: Einführung Fiesta XR2 mit 6-Zoll-LM-Rädern 185/60 HR 13. Rundscheinwerfer und in die vorderen Stoßstange integrierte Blinker; Motor 1597 ccm (62 kW/84 PS). 0-100 km/h 9,9 s, Vmax 170 km/h. Innenbelüft. Scheibenbr. vorn, Sportsitze, Zweispeichen-Sportlenkrad, Kotflügelverbreiterung, Front-/Heckspoiler. Farben Diamantweiß, Sonnenrot, Schwarz. DM 15 700,–.

1983
Januar: 1,0-Liter-Motor mit 33 kW/45 PS aus dem Angebot gestrichen.
März: Premiere Fiesta Ladies Cup.
April: bessere Ausstattung für Grundmodell und L (Gepäckraumabdeckung bzw. Mittelkonsole mit Zeituhr), S und XR2 mit verstellbaren Beifahrer-Außenspiegel.
Dezember: Sonderserie Fiesta »Festival II«: Seitendekor, 5 J x 13 Stahlfelgen m. roten Zierringen, Reifen 155/70 SR 13. spezielle Sitzbezüge, Ghia-Lenkrad, Mittelkons. mit Uhr, Kartent., Gepäckraumabd. mit Teppich. DM 11.210,–.
September: Neu gestaltete Frontpartie und geänderte Heckklappe. Geändertes Fahrwerk mit verbreiterter Spur vorne und neuen Aufhängungs- und Anlenkpunkten; vergrößerter Bremskraftverstärker, Scheiben- und Trommelbremsen. Bei den stärkeren Motoren serienmäßig, beim 1,1-l-Motor, a. W. Fünfgang-Getriebe. Armaturenbrett geändert. Rücksitzlehne ab L-Modell geteilt und einzeln umklappbar. Länge 3,65 m. Modelle jetzt: Grundmodell, L, S, Ghia, XR 2i. Fünf Motoren zur Wahl.
Dezember: Fiesta Diesel als Grund- und L-Modell vorgestellt; serienmäßig mit Fünfgang-Getriebe, 4,5-Zoll-Räder, 155/70 SR 13. Gewicht 835 kg. Ab DM 14.450,–; 0-100 km/h 17,3 s, Vmax 148 km/h.

1984
Februar: Drei Millionen Fiesta gebaut;
März: Vorstellung Fiesta XR2 mit Doppelvergaser-CVH-Motor (71 kW/96 PS) aus XR3. Reifen 185/60 HR 13, Schürzen, Front- und Heckspoiler. Innenbelüftete Scheibenbremsen. 40-l-Tank.
März: Einführung Fiesta Diesel.
Mai: Sondermodell Fiesta »Holiday«: Verstellb. Kopfstützen, Bremskraftverstärker, abschließb. Tankdeckel, zwei Rückfahrscheinwerfer. DM 11.490,–.
August: Einführung 1,3-l-CVH-Motor (51 kW/69 PS). Fiesta 1300: Stabilisator an der Hinterachse, Reifen 155/70 SR 13.
November: Einführung Fiesta S: Sportfelgen, Reifen 165/65 SR 15 statt 155/70 SR 13. Neues Armaturenbrett, geschlossenes Handschuhfach, Ghia-Instrumentierung, Digitaluhr. Wahlweise mit 1,1 Liter (37 kW/50 PS) oder 1,3 Liter (51 kW/69 PS). Ab DM 13.540,–.

1985
März: XR2 Ladies Cup: Basis XR2 71 kW/96 PS, Matter-Überrollkäfig, Bilstein-Fahrwerk, Reifen 6x13, ASS-Rennsitz, Renngurte Fahrerseite, Rennauspuffanlage 100 Phon, Haubenhalter vorn/hinten, Domstrebe. Acht Läufe, 25 Fahrzeuge. DM 18.400,–.
Oktober: Einführung Sondermodell »Festival«: volle Radabdeckung, Reifen 155/70 SR 13, Seitenzierleisten, spezielle Sitzbezüge, Ghia-Kopfstützen, Teppichboden, Türverkleidung mit Stoff, geteilt umklappb. Rücksitzlehnen. DM 13.055,–.

1986
Februar: Tankvolumen einheitlich 40 Liter. Einführung des 1,4-Liter-CVH-Motors (75 PS), ersetzt 1,3 l. Verbesserte Innenausstattung. Neues Felgendesign. Basismodell nun Fiesta »C«; Modell »L« entfällt.
November: Fiesta 1,1 U-Kat (49 PS) eingef. Zunächst als Holiday und C (Fünfgang-Getriebe) lieferbar. Aufpreis DM 600,–; ab DM 13.210,–. Fiesta XR2 jetzt 70 kW/ 95 PS.

1987
März: Modell »Super« ersetzt S-Modell; Neugliederung der Modellreihe: Holiday, Festival, Ghia und XR2. Der »C« entfällt. Schadstoffarmer 1,4-l-Motor (54 kW/73 PS) ersetzt den bisherigen 1,4 Liter (75 PS, Ghia, Festival, Super). Neuer 1,4-l-G-Kat (zentrale Benzineinspritzung; 52 kW/71 PS)) für Holiday und Festival eingeführt. Ab DM 13.070,–. Fiesta 1.0 mit Basis-Motorisierung (33 kW/40 PS) wieder lieferbar.
April: Fiesta »Festival« mit Armaturenbrett des Ghia mit Analoguhr. In Wagenfarbe lackierte Stoßstangen, verbesserte Ausstattung für alle Modelle.
September: Festival mit 2. Außenspiegel, Ghia 2. Außenspiegel, get. Scheiben, Seitenblinker Serie. CTX-Automatikgetriebe mit 1,1-l-Motor (36 kW/49 PS, U-Kat) 0-100 km/h 18,9 s, Vmax 138 km/h. Ausstattungen Holiday (DM 14.810,–) und Festival (DM 15.765,–). Auslieferung ab November.

1988
Januar: Modell Festival: Breite Seitenschutzleisten mit Chromeinlage, metallic-grau lackierte Stoßfänger, Reifen 155/70 SR 13, verstellb. Kopfstützen, Mittelkonsole.
April: Modell Fashion ersetzt Holiday. 5-Gang Serie, CTX a.W. Neue Farben, Streifendekor, Seitenschutzleisten, Radkappen. Alle Motoren, ab DM 14.115,–.

Zum Modelljahr 1983 erhielt der Fiesta eine andere Optik, ein modifiziertes Fahrwerk und eine bessere Ausstattung.

Knapp fünf Millionen bis zur Ablösung: Der nur als Dreitürer lieferbare Fiesta (hier der L, 1984) wurde zum echten Millionenseller. 1987 straffte Ford die Modellpalette, gab dem Fiesta neue schadstoffarme Motoren und, vor allem, das stufenlose CTX-Getriebe mit auf den Weg.

ber am Gas, beschleunigte ordentlich bis zur Spitze von 128 km/h (Basis) und fiel auch im oberen Drehzahlbereich nicht unangenehm auf: »Was seine technische Qualitäten anbelangt, so braucht er einen Vergleich mit der teilweise anspruchsvollen Konkurrenz nicht zu fürchten.«

Wie bei Ford seit 1974 guter Brauch, gehörte eine vernünftige Serienausstattung bereits zur Basisversion, wobei, wie meist der Fall, die jeweils luxuriösere Variante aus dem Baukasten auch stets die beliebtere darstellte. Um die hohen Anlaufkosten zu amortisieren, lief der Fiesta in den drei europäischen Werken Dagenham, Valencia und Saarlouis vom Band. Dort wurden zwischen 1977 und 1980 auch über 250.000 Fiesta für den US-Markt gebaut – obwohl doch Henry Ford Kleinwagen gar nicht leiden konnte.

Ford Fiesta (1983–1989)

Fords Frauenliebling blieb über ein Dutzend Jahre im Programm. Zahlreiche Sondermodelle, Sportversionen wie der XR2 und umfangreiche Modellpflegemaßnahmen passten ihn den Erfordernissen der Zeit an. Der gravierendste Facelift stand 1982 ins Haus, ab September bestimmte eine weit herunter gezogene Motorhaube seine Optik. Stoßfänger sowie Kühlergrill wurden überarbeitet und die ohnehin nicht ärmliche Ausstattung erweitert. Mit komplett neuem Innenraum, verstärkten Standard-Motorisierungen und neu abgestimmtem Fahrwerk fuhr der Fiesta den nächsten Rekordmarken entgegen. Allerdings waren nun die Tester ihres einstigen Lieblings – viermal Auto der Vernunft, Goldenes Lenkrad, Sportwagen des Jahres und andere Auszeichnungen – müde geworden. Opel Corsa, Peugeot 205, Renault 5 und VW Polo hießen jetzt die Favoriten. Der Fiesta stand bestenfalls noch für Mittelmaß, ungenügende Motorleistungen und schlechten Federungskomfort: »Ungeachtet seiner Beliebtheit«, schrieb *auto motor und sport*, »beweist der Fiesta kaum herausragende Qualitäten.«

Ford Fiesta (1989–1996)
Was Frauen wollen

Nicht nur Mel Gibson, auch die Firma Ford wusste genau, was Frauen wollen – spätestens nach ihren ungewöhnlich aufwändigen Marktforschungen. Das Unternehmen befragte 5500 Menschen, ließ 259 Vielfahrer hinter das Steuer der ersten Prototypen, lud 30 Fahrerinnen zu ausgiebigen Probefahrten auf dem Testgelände in Lommel und war sich dann sicher, den idealen Nachfolger des 4,8 Millionen Mal gebauten Ur-Fiesta gefunden zu haben.

Und warum nun der ganze Aufwand? »Die Fiesta-Kunden«, erklärte Daniel Goeudevert, der Vorstandsvorsitzende der Ford-Werke AG, bei der Fiesta-Pressevorstellung 1989 in Saint Tropez, »wollten mehr Platz und mehr Kofferraum.« Und sie bekamen beides. Mit 3,74 Meter übertraf er seinen Vorgänger im Radstand um fünfzehn, in der Länge um zehn und in der Breite um zwei Zentimeter. Das Kofferraumvolumen wuchs von 215 auf 250 Liter VDA, die große Heckklappe zusammen mit der nur 57 Zentimeter hohen Ladekante erleichterten den Zugang zu einem Kofferraum, der nun auch die berühmte Cola-Kiste schluckte. Überdies schoben die Fahrwerkstechniker die Räder dorthin, wo sie eigentlich auch hingehörten, wenn man ein Maximum an Innenraum gewinnen will: Schön auseinander und weit nach außen. Das wiederum nutzten die Designer, um der nunmehr gewachsenen Außenhülle zwei zusätzliche Öffnungen ins Blech zu schneiden und damit, noch eine Premiere in dieser Klasse, erstmals einen vollwertigen Viertürer anbieten zu können. »Kein Zweifel, im Raumangebot gehört der neue Fiesta zu den Großen seiner Klasse«, urteilte *auto motor und sport* im ersten Test. Ein Ende hatte nun auch die Nörgelei wegen des in die Jahre gekommenen Fahrwerks. Die neue, kompakte Verbundlenkerachse sorgte für die »komfortabelste Abstimmung seiner Klasse« und »sehr sichere und neutrale Fahreigenschaften« (*auto bild*). Das, zusammen mit den sechs neuen Motoren (die zwar gar nicht so neu, aber so gründlich überarbeitet waren, dass sie dann doch wieder neu waren), machte Goeudeverts Stolz verständlich. Und geradezu ins Schwärmen (»ich weiß nicht, ob es das in der Automobilgeschichte je gegeben hat«) geriet der polyglotte Ford-Chef angesichts des neuen Preisgefüges: Trotz der zusätzlichen Goodies und der zahlreichen technischen und strukturellen Verbesserungen war der neue Fiesta 1.1 C nicht teurer als etwa der alte Fashion. Je nach Ausstattung lag der neue Fiesta sogar um bis zu 1270 Mark niedriger. Um das zu erreichen, investierte man insgesamt 1,7 Milliarden Mark.

Robust und alltagstauglich – Goeudevert-Gibson hatte bei der Produkteinführung versprochen, sich beim

Fiesta auf die »wirklichen Wünsche und Bedürfnisse« zu konzentrieren, und dazu gehörten auch die Langzeit-Qualitäten eines Autos.

Wie sich in den folgenden Jahren zeigen sollte, hatte Ford auch in diesem Punkt den Mund nicht zu voll

Der neue Fiesta kam zum April 1989 auf den Markt. Er hatte in jeder Dimension zugelegt und wirkte nun deutlich erwachsener: Er hatte das größte Raumangebot seiner Klasse.

XR2i und S waren nur als Dreitürer lieferbar, einen geregelten Katalysator dagegen hatte nur der XR mit dem 1,6-Liter-CVH-Einspritzmotor.

Im März 1991 kam der Calypso auf Basis des Fiesta S mit dem großen elektrischen Faltverdeck.

An die Stelle des bisherigen Kleinlieferwagens Express trat mit dem Courier ein Lieferwagen mit gut zugänglichem Laderaum. Im Bild Courier Kombi/Kasten, 1992.

Modelle:	Kombilimousine drei-/fünftürig, Lieferwagen dreitürig.
Bauzeit:	1989-1996
Motoren:	1119 ccm / 40 kW (55 PS) bei 5200/min bis 12/88
	1119 ccm G-Kat / 37 kW (50 PS) bei 5200/min
	1299 ccm G-Kat / 44 kW (60 PS) bei 5000/min ab 5/91
	1392 ccm / 54 kW (73 PS) bei 5500/min bis 12/88
	1392 ccm G-Kat / 52 kW (71 PS) bei 5500/min ab 1/89
	1392 ccm G-Kat / 54 kW (73 PS) bei 5500/min ab 1/94
	1597 ccm G-Kat / 76 kW (104 PS) bei 6000/min ab 4/89
	1597 ccm G-Kat / 66 kW (90 PS) bei 5250/min ab 1/94
	1796 ccm G-Kat / 77 kW (105 PS) bei 5500/min ab 1/92
	1796 ccm G-Kat / 96 kW (130 PS) bei 6250/min ab 1/92
	1753 ccm D / 44 kW (60 PS) bei 4800/min ab 4/89
Ausstattung:	C: Heckscheiben-Wisch/Wascher, zwei von innen verstellb. Außenspiegel, Nebelschlussleuchte, höhenverstellbare Gurte. CLX: Rückbanklehne asymmetrisch teilbar, getönte Scheiben, Drehzahlmesser, Kofferraumbeleuchtung. S: Sportsitze, Reifen 165/65 R 13, weiße Radabdeckungen, schwarzer Heckspoiler. XR2i: Sportfahrwerk, Sportsitze, Sportlenkrad, Digitaluhr, Mittelkonsole, Fern-/Nebelscheinwerfer in Stoßfänger, Seitenblinker, Reifen 185/60 HR 13.
Varianten:	Fiesta C/CLX/S/XR2i/Classic/Courier
Preise:	von DM 14.760,– bis DM 22.565,–

Chronik

1989	April: Einführung neuer Fiesta in Ausstattungsversionen »C«, »CLX«, »S« und »XR2i«; C und CLX auch als Fünftürer (Aufpreis: DM 840,–). Fünf Motoren, davon zwei Einspritzer mit Dreiwege-Katalysator, zwei schadstoffarme Saugmotoren und ein (rauer) Diesel. A. W. mit ABS (nicht für CTX-Getriebe) und ZV.
	August: Fiesta XR 2i (für Deutschland in Valencia gebaut) lieferbar: Sportfahrwerk, Kotflügelverbreiterungen, integrierte Fern-/Nebelscheinwerfer, Heckspoiler, Reifen 185/60, getönte Scheiben, Zusatzblinker, Sportlenkrad, -sitze, Mittelkonsole. Motor 1.6-l-CVH-Einspritzer (G-Kat, 76 kW/104 PS). DM 22.565,–. Sport, C und CLX a. W. mit CTX-Automatik (modifiziert, höherer Fahrkomfort durch reduziertes Anfahrruckeln)
	September: Scheinwerfer-Höhenverstellung serienmäßig, 42-Liter-Tank.
	Oktober: Diesel-Sondermodell »Economy«: Basis Fiesta C; Fünfgang-Getriebe, geteilt umklappbare Rücksitzbank, beleuchteter Kofferraum, abblendb. Rückspiegel, Scheibenwischer-Intervallschaltung, Digitaluhr, Zigarettenanzünder. Schwarze Seitenschutzleiste, Radabdeckungen, Sitzbezüge. DM 16.120,–.
1990	Januar: Alle schadstoffarmen Motoren ohne Kat entfallen, nur noch G-Kat-Triebwerke im Angebot. Ausnahme: 1,1-Liter-CTX-Modelle.
	April: 500.000 Fiesta produziert. Sondermodell »Champ«: Panoramadach, Metallic-Lack, getönte Scheiben, Seitenschutzleisten, ZV, EFH, Radio/Cassette, Veloursbezüge. 1,1-l-G-Kat, ab DM 18.840,–.
	November: Ausstattungsverbesserungen, Fiesta C: Reifen 155/70, Radabdeckungen, Seitenschutzleisten, Stoffeinsatz in Türinnenseite. CLX: stufenloser Sicherheitsgurt-Höhenverstellung, Verkleidung an B- und C-Säule. S: getönte Scheiben, rote Einlage in Stoßfänger und Seitenschutzleiste. Diesel-Motor mit Oxidationskat. 1.000.000 Ford Fiesta produziert.
1991	März: Vorstellung Fiesta »Calypso«: elektrisches Faltdach, getönte Scheiben, Sportlenkrad, Sportsitze, Reifen 165/65 R 13. DM 19.740,–.
	Mai: Einführung 1,3-l-G-Kat mit 44 kW/60 PS für Fiesta C/CLX, ab DM 17.430,–. Vorstellung Fiesta Courier auf dem Salon in Barcelona.
	Juli: Sondermodell »Sound«: Radio/Cassette, spez. Sitzbezüge, Reifen 165/65, Sportlenkrad, Mittelkonsole. Ab DM 18.280,–.
	September: Modifizierte Sitze, verbesserte Seitenführung.
	Oktober: Einführung Fiesta Courier: Kastenwagen oder 5-Sitzer-Kombi, 1,3-l-G-Kat 44 kw/60 PS und 1,8-l-D mit 44 kW/60 PS. Doppelflügelhecktür, Radstand 2700 mm, Nutzlast von 525 bis 560 kg. Kombi hinten zwei seitliche Schiebefenster. Ab DM 17.580,– (Benziner, Kasten, zzgl. Mwst.).
1992	Modelle 1,1i C/CLX: a. W. mit Viergang-Getriebe.
	März: Neuer 1,8-l-16V-Motor (»Zeta«) ersetzt 1,4i/1,6i. 105 PS im Fiesta S (0-100 km/h 9,5s, V_{max} 182 km/h), 130 PS (0-100 km/h 8,5s, V_{max} 200 km/h) im XR2i. Ausstattungsverbesserung. Beide Modelle: Fahrwerk um 10 mm abgesenkt, straffere Federung, modif. Bremsen. Verbesserte Dämmung. Fiesta S: Stoßstangen und Außenspiegel in Wagenfarbe, modifiziertes Fahrwerk, Mittelkonsole; jetzt auch als Fünftürer. XR2i: Heckspoiler und Außenspiegel in Wagenfarbe, Lederlenkrad, neue Sportsitze. Modifizierte Zahnstangenlenkung. CTX-Automatik für Fiesta 1.3i.
	August: Modellpflege, Low-HIC-Lenkrad Serie, Sicherheitslenkrad mit gepolstertem Kranz, Prallplatte, Warnsummer für nicht ausgeschaltetes Licht. 5-Gang Serie auch bei 1,1 Liter (50 PS).
1993	September: Sondermodell »Fun«: Metallic-Lack, Stoßfänger und Griffe in Wagenfarbe, Sitzbezüge, Mittelkonsole. Motoren 1,1/1,3; ab DM 18.540,–
	April: Sondermodell »Pacific«: Sportfahrwerk, LM-Räder, Pacific-Blau, lackierte Stoßfänger, Sitzbezüge, Mittelkonsole.
	Juni: Sondermodell »Finess«, Radabdeckung, Ablageschale in den Türen, Sitzbezüge. DM 17.540,– Sondermodell Rubin: Metallic-Lack, getönte Scheiben, Drehzahlmesser, Glasdach. Als Drei- und Fünftürer mit 50 und 60 PS, auch Diesel. Ab DM 19.540,–.
	November: Alle Modelle: weiße Blinkergläser. Ausstattungsverbesserung: CLX: Sonnendach. S: Reifen 185/55, neue Radabdeckungen, Radio, ZV, EFH, Kofferraum-Fernentriegelung.
	Juli: Sondermodell Fiesta »Champ«: Sitzbezüge, Radio/Cassette, Panorama-Glasdach, EFH vorn, Lederlenkrad, ZV, getönte Scheiben. Motoren 1,1i HCS (50 PS) und 1,3i HCS (60 PS), ab DM 22.400,– Sondermodell »Sound II«: Innenraumdekor, Radio/Cassette, Sportlenkrad. Motoren wie Champ; ab DM 18.540,–
1994	Januar: Fahrer-Airbag, Seitenaufprallschutz, Gurtstopper, verstärkte Karosseriestruktur. Gurtanker direkt an den Sitzen. A.W. Beifahrer-Airbag (+ DM 600,–), Servolenkung (Serie in Futura). Neuordnung der Modellreihe. Basis (ohne Bezeichnung), Fun, Family, Calypso, Futura. Neue Motoren: 1,4-l-G-Kat (54 kW/73 PS); 1,6-l-16V-G-Kat (66 kW/90 PS).
	April: Sondermodell »Chianti«: Servo, Sportlenkrad/-sitze, Metallic, LM-Räder. DM 21.940,–
	Mai: Sondermodell »Blues«: Servo, Sportlenkrad, get. Scheiben, Radio, geteilte Rücksitzbank. DM 19.940,–
	Oktober: Sondermodell »Trend«: Seitenschutzleisten, Radabdeckungen, Velours, Sportlenkrad.
1995	März: Sondermodelle »Fancy« und »Magic«
1996	Januar: Auch nach Serienanlauf des Nachfolgers wird der bisherige Trend als Modell »Classic« weitergebaut. Motoren 50/60 PS sowie 60 PS Diesel.
	August: Produktionseinstellung Fiesta Classic.

Nur die C- und CLX-Modelle waren erstmals auch als Fünftürer lieferbar: Armaturenbrett und Innenausstattung beim CLX waren, je nach Außenfarbe (15 standen zur Auswahl) in drei Farbvarianten verfügbar. Beim Basismodell dagegen gab's zum schiefergrauen Interieur keine Alternative. Im Bild der Calypso, 1992. Der pfiffige Kleine kostete knapp 20.000 Mark.

genommen: Der Fiesta gehörte zu den TÜV-Lieblingen und kam in den meisten Gebrauchtwagen-Kaufberatungen glänzend weg. Interessenten sollten am besten nach einem 1,3-Liter mit Servolenkung Ausschau halten, heiß begehrt auch die Fünftürer mit 1,4i-Motor und 71/73 PS. Weniger gefragt dagegen: die sportlichen S und XR2-Modelle, die wegen hoher Unterhaltskosten und verschleißfreudiger Bremsanlagen auffielen, was nichts daran änderte, dass Fords Fiesta »greifbare und zählbare Vorteile für die große Mehrheit der Kunden« bot: »Wir haben beim neuen Fiesta einfach alles neu und alles besser gemacht.« Wer mochte da schon widersprechen.

Ford Fiesta (1995–2002)
Das doppelte Flottchen

Das Klonen, das originalgetreue Reproduzieren, ist in der Humangenetik höchst umstritten. In der Automobilindustrie dagegen regt sich darüber niemand auf. Höchstens wundert man sich – so etwa treue Mazda-Kunden, denen im März 1996 als Ablösung der von Colani gestylten Knutschkugel Mazda 121 ein kaum maskierter Ford Fiesta angeboten wurde.

In der Tat unterschieden sich die zur IAA 1995 gezeigte Fiesta-Neuauflage und ihr Zwilling Mazda 121 nur in wenigen Details. Der 121 trug einen anderen Kühlergrill, andere Radkappen, Seitenschutzleisten und eine Zierleiste am Heck – das war alles. Unter der Haube stekktenn die bekannten Ford-Motoren, die Ausstattung differierte nur geringfügig. Gebaut wurde der Mazda auf den Bändern von Ford in Dagenham, die deutschen Fiesta liefen in Köln vom Band.

Wer also einen neuen Mazda kaufte, erwarb einen Ford Fiesta, und selbst der war, so unkten Spötter, nicht mehr taufrisch: Obwohl die Konstrukteure nahezu alle der 3800 Fiesta-Teile neu entwickelt oder überarbeitet hatten, waren Bodengruppe und Achsabstand unverändert geblieben. Wer nun aber behauptete, das neue Blech umhülle sattsam bekannte Fiesta-Technik, hatte wohl Richard Parry-Jones, dem Leiter des Ford Vehicle-Centers, nicht richtig zugehört: »Wir haben mit neuen technischen Lösungen ein Auto geschaffen, das komfortabler und sicherer ist als sein Vorgänger und hervorragendes Fahrvergnügen vermittelt.« Nun war das zwar keine unbedingt originelle Aussage – welches neue Auto wäre nicht besser als sein Vorgänger? – doch sie änderte nichts daran, dass der Mann Recht hatte: Ein völlig neu entwickelter Vollaluminiummotor, zwei tief greifend modifizierte Motoren aus dem bisherigen Fiesta-Programm, ein neues Getriebe, ein modernes hydraulisches Kupplungssystem, ein überarbeitetes Fahrwerk und ein neues Blechkleid – so lautete, in Kurzform, die Geschichte des neuen Fiesta.

Technisches Highlight waren zweifelsohne die neuen Fiesta-Aggregate, allen voran der mit Yamaha-Hilfe entwickelte 1,25-Liter-16V-Leichtmetallmotor (55 kW/75 PS). Er gehörte zur neuen Ford-Zetec-SE-Motorenreihe, die auf Hubräume bis 1,7 Liter ausgelegt war und in punkto Laufkultur, Wirtschaftlichkeit und Lebensdauer Maßstäbe setzen sollte. Die drehfreudige und geschmeidige Kraftquelle machte im Alltag richtig Spaß, bloß schade, dass der agile Vierventiler gerne einen über den Durst hob. Als weitere Benziner standen der modifizierte 1,3-Liter-Motor (»Endura E«) mit Multipoint-Einspritzung in zwei Leistungsstufen mit 37 kW/50 PS und 44 kW/60 PS zur Verfügung. Der modifizierte

Diesel firmierte nun als »Endura-DE«, Ford versprach in beiden Fällen deutliche Fortschritte in Sachen Emissionsausstoß, Geräusch- und Vibrationsentwicklung. Ebenfalls dem Komfort dienten die Änderungen am Fahrwerk, allen voran die nun auf Fahrschemel gesetzte Vorderachse. Dieser Kniff entkoppelte das Fahrwerk von

Das neue Gesicht prägte der markentypische Ovalgrill. In der Ghia-Version bestand die ovale Blende aus klarem Kunststoff, der je nach Lichteinfall und Perspektive verchromt wirkte.

Hier werden alle Damen schwach: Mit kultivierten Manieren und Chic überzeugte die Fiesta-Neuauflage nicht nur kühl rechnende Hausfrauen.

Der Fiesta war der erste Ford mit neuem Zetec-Motor. Aus 1,25 Liter Hubraum schöpfte der Vierventiler 75 PS. Block und Kopf des DOHC-Aggregats bestanden aus einer Alu-Silizium-Legierung. Auch die Courier-Varianten (hier: Kombi) kamen in diesen Genuss.

Zum Modelljahr 2000 wurde die Fiesta-Familie aufgefrischt. Die Änderungen an Motorhaube, Kotflügeln und Stoßfängern betonten das "New Edge Design" von Focus und Ka. Die Technik war unverändert. Im Bild der Fiesta Sport als Nachfolger von XR 2 und Fiesta S.

der Karosserie und reduzierte die Übertragung von Schwingungen: »Der neue Fiesta ist viel komfortabler als sein Vorgänger und für einen Kleinwagen ungewohnt leise« (*auto/Straßenverkehr*). Die Neukonstruktion mit Querstabilisator sorgte im Zusammenspiel mit der optimierten Hinterachse für ein narrensicheres Fahrverhalten. Was immer man auch dem Vorgänger in Geradeauslauf, Stabilität bei Bremsmanövern oder Lenkverhalten hatte ankreiden wollen: Der Fiesta präsentierte sich gerade in dieser Beziehung als voll auf der Höhe der Zeit. Dazu kamen das neue, serienmäßige Fünfganggetriebe (das schon im Escort durch Leichtgängigkeit und niedrige Geräuschentwicklung erfreute) und ein neues Scheibenbremssystem. Für alle Versionen gab es gegen Aufpreis ein Vierkanal-ABS samt elektronischer Antischlupfregelung. Fahrer-Airbag sowie Gurtstraffer, -stopper und elektronische Wegfahrsperre waren in allen Versionen serienmäßig, den Beifahrer-Airbag montierte Ford dagegen nur auf Wunsch: »Die jüngste Überarbeitung hat aus dem Fiesta keinen völlig

Modelle, Varianten, Preise

Modelle: Schrägheck-Limousine drei-/fünftürig, Kleinlieferwagen dreitürig
Bauzeit: 1996-2002
Motoren: 1299 ccm / 37 kW (50 PS bei 5000/min
1299 ccm / 44 kW (60 PS) bei 5000/min
1242 ccm / 55 kW (75 PS) bei 5200/min
1388 ccm / 66 kW (90 PS) bei bis 8/99
1596 ccm / 76 kW (103 PS) bei 6000/min ab 2/00
1753 ccm D / 44 kW (60 PS) bei 4800/min
1753 ccm DI / 55 kW (75 PS) bei 4000/min ab 2/00
Ausstattung: Focus: Kühlergrill in Wagenfarbe, Heckscheiben-Wisch/Waschanlage, beheizb. Heckscheibe, umklappb. Rücksitzlehne. Flair: getönte Scheiben, Pollenfilter mit Umluftschaltung, Servolenkung und geteilt umklappbare Rücksitzbank. Fun: spezielle Fahrwerksabstimmung, integrierter Dachspoiler, Sportsitze, weiße Instrumentenskala, Drehzahlmesser, Radio/Cassette. Ghia: Servo, EFH, ZV mit Fernb., Cockpit im Holzdekor, Kopfstützen hinten, in Wagenfarbe lackierte Stoßfänger und Außenspiegel. Kühlergrill-Maske aus Acryl.
Varianten: Focus/Flair/Fun/Ghia/Courier
Preise: von DM 18.550,– (Fiesta Focus 3-t) bis DM 27.950,– (Ghia CTX 5-t)

Chronik:

1995 September: IAA-Premiere für die Fiesta-Neuauflage. Parallelmodell wird als Mazda 121 angeboten. Vier Ausstattungslinien, fünf Motoren; ABS und ASR optional für alle Modelle.

1996 Januar: Markteinführung, bisheriges Fiesta-Modell als »Classic« (1,1-l; 1,3-l; 1,8-l-D) weitergebaut.

1997 Januar: Ein-Preis-Strategie (Drei- und Fünftürer werden zum gleichen Preis angeboten). Verbesserte Serienausstattung: Beifahrer-Airbag Serie, ABS a.W. auch ohne ASR.
Februar: Sondermodell »Style«: Basis Flair, Stoßfänger in Wagenfarbe, neigungsverstellb. Fahrersitz, Zierleisten, Radabdeckungen. 50 oder 60 PS, jeweils DM 20.990,–. Sondermodell »GT«: Basis Fun, Servolenkung, lackierte Stoßfänger, Nebelscheinwerfer, LM-Räder. DM 22.990,– (75 PS) bzw. 23.990,– (90 PS). Ghia: Klima, verbessertes Audiosystem.

1998 September: Sondermodelle »Style Sport« (Radio, RS-Räder, 185er Reifen, Dachspoiler, Nebelscheinwerfer, Sportsitze, weiße Instrumente), »Style Family« (ABS, ASR, Kopfstützen hinten, ZV, Radio, Panoramadach, Metallic), »Style Kool« (Klima, Radio, LM-Räder, Metallic). Ab DM 23.100,–.

1999 August: Modellpflege, New-Edge-Design; Kühlergrill-Unterseite in Wagenfarbe, verbesserte Sicherheitsausstattung: Seitenairbags, ABS, dritte Bremsleuchte. Neu Sitzbezüge, verbesserte Sitze. Schriftzug links an der Heckklappe (neue Schriftgestaltung), vorher rechts.
Dezember: Fiesta Courier. Neue Front im aktuellen Familiengesicht, Fahrer-Airbag, Gurtstraffer vorne, Seiten-Aufprallschutz. Zwei dreitürige Modellvarianten. Van: Ladevolumen 2,8 cbm, Nutzlast 600 kg. Courier Combi: Viersitzer, Seitenverglasung, Nutzlast 530 kg. Motoren: 1,3 l / 1,8 l Diesel.
Sondermodell »Futura«: Klimaanlage oder elektr. Faltschiebedach, Audiosystem, Räder 5,5 J x 14 LM

2000 Januar: Einführung 1,8-Liter DI-Turbodiesel (55 kW/75 PS) in Fiesta-Dreitürer, Futura/Ghia (Fünftürer) sowie Fiesta Courier. 0-100 km/h 14,3 S, Vmax 168 km/h, Varianten: Trend, Futura, Ghia, Sport.

2001 Januar: Sondermodell »Florida«: elektr. Schiebe-/Hubdach, höhenverstb. Fahrersitz, Servo, ABS get. Scheiben, 4 Airbags, in Wagenfarbe lackierte Stoßfänger. Drei-/Fünftürer, 50, 60 PS, 75 PS Diesel (»Endura DI«), ab DM 21.074,–.
April: Sondermodell »Futura²«: Klima oder Faltdach, Audioanlage, LM-Räder, Lederschaltknauf, höhenverst. Fahrersitz, lackierte Außenspiegel, Velours. Ab DM 23.763,–.
September: Die Präsentation des neuen Fiesta hat zur Folge, dass die Nachfrage nach dem alten Modell explosionsartig ansteigt und mehrere Sonderschichten gefahren werden müssen.

neuen, aber einen spürbar gereiften Kleinwagen gemacht, der es nun mit den Besten seiner Klasse aufnehmen kann«, lobte *auto motor und sport* – kein Wunder also, dass gerade diese Kleinwagen-Reihe geklont wurde.

Ford Fiesta (seit 2002)
Aus Freude am Fahren

Erfolg macht selbstbewusst – der beste Beweis dafür war der neue Fiesta, der auf der Frankfurter Automobilausstellung im September 2001 seine Weltpremiere feierte. Inzwischen genügte es nämlich nicht mehr, einen vernünftigen, soliden Kleinwagen zu bauen, der wendig, praktisch, wirtschaftlich und hübsch anzuschauen war: Auch eine Einkaufstasche auf Rädern musste inzwischen Fahrspaß bieten. Und gerade den bot der neue Fiesta reichlich.

Dass Ford und Fahrfreude keinen Widerspruch bildeten, war spätestens seit dem Focus allen klar, der Fiesta setzte dabei noch einen drauf: Fahrwerk, Bremsen und Lenkung gehörten zu den herausragenden Stärken des breitbrüstigen Kölners. Adjektive wie »kurvengierig«, »spielerisches Handling«, »spontan und direkt« fanden sich in nahezu jedem Fahrbericht: Für sportliche Umtriebe zeigte sich der straff, aber nicht unkomfortabel abgestimmte Fiesta bestens gerüstet. Wohl hatte sich im Grundsatz gegenüber dem gerade abgelösten Modell (das sich nach wie vor größter Beliebtheit erfreute und in Sonderschichten produziert wurde) nichts geändert, doch waren sowohl die Verbundlenkerhinterachse wie auch die Vorderradaufhängung auf einem separaten Fahrschemel ebenso neu wie die Lenkung. Sie waren »gezielt auf die Reduzierung von Reibungsverlusten ausgelegt«, eine Technik, die bereits bei Ford Focus und Mondeo eingesetzt wurde: »Im Ergebnis kombiniert der neue Fiesta sportliche Fahreigenschaften mit dem Komfort höherer Fahrzeugsegmente«, verkündete die Pressemappe, und die Tester pflichteten bei.

Auch ein weiteres Kernziel im Lastenheft durften die Fiesta-Entwickler um Martin Leach, Vice President Produktentwicklung bei Ford of Europe, getrost abhaken: Trotz kompakter Außenabmessungen bot er einen großen Innenraum. So offerierte der Fiesta den Fondpassagieren die größte Beinfreiheit in seiner Klasse, dazu reichlich Kopffreiheit und außerdem ein Kofferraumvolumen, das rund 35 Liter über dem des Vormodells lag. Der Radstand wuchs um 41 Millimeter, was größtenteils der Beinfreiheit im Fond zu Gute kam. Zum insgesamt gewachsenen Raumangebot trug auch die Tatsache bei, dass der neue Fiesta im Vergleich zum Vorgänger breiter (+ 6 mm) und höher (+ 98 mm) geworden war. Größten Wert legten die Entwickler auf eine durchdachte Gestaltung des Cockpits. Um die Übersichtlichkeit zu verbessern, saßen die höhenverstellbaren Vordersitze um 45 Millimeter höher als zuvor; auch der Schaltknauf des Fiesta lag um 95 Millimeter höher als beim bisherigen Modell.

Trotz aller Fortschritte wirkte das Fiesta-Interieur ein

wenig billig. Wenn sich der Fiesta im direkten Vergleich dem VW Polo geschlagen geben musste, dann lag es an den verwendeten Materialien und dem insgesamt ein wenig zu plastikhaft wirkenden Interieur. Ein paar zusätzliche Ablagemöglichkeiten hätten auch nicht geschadet, und die Sitzflächen der straff gepolsterten Vordersitze hätten ein wenig länger ausfallen dürfen.

Natürlich hatte auch der innerhalb von 23 Monaten zur Serienreife gebrachte Fiesta die neuesten Errungenschaften auf dem Gebiet der Fahrzeug- und Insas-

Auf Basis des neuen Fiesta sollten fünf Varianten entstehen, der Serienanlauf erfolgte in Stufen. Zunächst erschien der Fünftürer, gefolgt vom Hochdach-Fiesta namens Fusion. Als bislang letzte Variante erschien der Dreitürer.

Stellt seine Benutzer vor keine Rätsel: Fiesta-Cockpit, 2002.

Modelle, Varianten, Preise

Modelle:	Schrägheck-Limousine drei-/fünftürig
Bauzeit:	Seit 2002
Motoren:	1297 ccm / 43 kW (58 PS) bei 5000/min
	1297 ccm / 50 kW (68 PS) bei 5000/min
	1388 ccm / 58 kW (80 PS) bei 5700/min
	1596 ccm / 74 kW (100 PS) bei 6000/min
	1399 ccm TD / 50 kW (68 PS) bei 4000/min
Ausstattung:	ABS, IPS, Lederlenkrad, Drehzahlmesser, Lenksäule höhenverst., Servo, getönte Scheiben, assym. Teilbare Rücksitzlehne. Ambiente: Fahrersitz höhenverst., EFH vorn, ZV. Trend: Außenspiegel elektr. einstell-/beheizb., Nebelscheinwefer, Stoßfänger in Wagenfarbe, ZV mit Fernbed. Ghia: Klima, Lederschaltknauf, Gepäckraumgriff in Wagenfarbe, Kartenleselampe.
Varianten:	Basis, Ambiente, Trend, Ghia
Preise:	von Euro 10.965,– bis Euro 13.590,–

Chronik

2001	September: Vorstellung Fiesta. Eine Karosserie, vier Ausstattungen, fünf Motorisierungen. Produktionsstandort Köln, ca. eine Milliarde Mark in neue Produktionstechnik investiert. Zunächst ausschließlich als Fünftürer, selbsttragende Ganzstahlkarosserie mit computeroptimiertem Crashverhalten. Völlige Neukonstruktion. Oktober: Sondermodell »1st Edition«: Sonderlack, LM-Räder angekündigt .
2002	Mai: Markteinführung des Fiesta-Fünftürers. August: Einführung des Fiesta Dreitürers, ab Euro
2003	Januar: Senkung der Fiesta-Listenpreise um ca. Euro 500,–

sensicherheit an Bord. Dazu gehörten eine gezielt verstärkte Karosseriestruktur – im Vergleich zum Vorgänger erhöhte sich die Biegefestigkeit um 100, die Verwindungssteifigkeit um 40 Prozent – und das bekannte »Intelligent Protection System« (IPS). IPS war eine Ford-Spezialität und sowohl beim Mondeo als auch beim Focus mit an Bord.

Der neue Fiesta war mit fünf Motorisierungen lieferbar, die Kraftstoffeinsparungen bis zu zehn Prozent versprachen. In Zeiten des Diesel-Booms besonders gefragt war der eigens für Kleinwagen zusammen mit PSA entwickelte 1,4-l-Duratorq TDCi. Dieser Alu-Turbodiesel mit Common-Rail-Technologie leistete 50 kW/68 PS und protzte mit einem Drehmoment von 169 Nm. Dazu kamen ein 1,3-l-Duratec mit 43 kW/58 PS oder 50 kW/68 PS sowie ein neu entwickelter Duratec-16V-Ottomotor, der mit 1,4 Liter Hubraum 58 kW/80 PS sowie als 1,6-Liter-Motor 74 kW/100 PS abgab.

Zunächst war der Fiesta mit dem Kart-Verhalten ausschließlich als Fünftürer lieferbar. Zur Jahresmitte folgten der Dreitürer, im Herbst der Minivan »Fusion«. Ein Pluspunkt des Fiesta war schon immer seine Wirtschaftlichkeit, logisch, dass Ford auch auf diesen Punkt besonderen Wert legte: Den neuen Fiesta gab es schon ab 11.000 Euro. So machte er nicht nur Freude beim Fahren, sondern auch beim Sparen.

Die Ford-Techniker spendierten dem Fiesta nicht nur ein neues Blechkleid, sondern auch eine völlig neue Plattform.

Ford Escort (1968–1975)
Treuer Diener

Eine Eskorte, so lehrt das Lexikon, ist eine Begleitung. So gesehen, lag Ford mit der Modellbezeichnung für seine dritte Produktlinie goldrichtig: Für viele Familien wurde der Escort zum braven, zuverlässigen Begleiter für alle Tage, und viele Sportfahrer schätzten ihn wegen seiner sportlichen Talente.

Pünktlichkeit ist für einen erstklassigen Begleitservice unabdingbar, doch der neue Ford ließ sich reichlich Zeit. Im Dezember 1967 präsentiert und im Februar 1968 auf dem Salon in Brüssel offiziell vorgestellt, stand Fords Jüngster deutschen Käufern erst im September zur Verfügung. Die langen Lieferzeiten sorgten für Unmut und eine gehörige Portion Skepsis noch vor Verkaufsbeginn. Kein Grund zur Besorgnis, beruhigte Ford die Gemüter, die Lieferschwierigkeiten seien eine Folge dreier wochenlanger Streiks in Großbritannien und Belgien. Erst Anfang 1970 war Ford/Köln voll lieferfähig, hatte aber bis dahin knapp 60.000 Bestellungen verloren. Das, und nur das sei für die Start-Schwierigkeiten ver-antwortlich gewesen, ließ Verkaufschef Barthelmeh wissen, mit dem Escort selbst sei alles in Ordnung.

Erst als Viertürer wurde der Escort zur Familienkutsche. Diese Escort-Variante feierte auf der IAA 1969 Premiere. Im Bild der GT-Viertürer.

Escort Turnier, 1971. Als Opel mit dem Kadett C auf den Markt kam, enthielten die Verkaufsunterlagen auch Hinweise auf die Konkurrenz. Danach sprachen Benzinverbrauch, Verarbeitung, Fahrkomfort und die Verwendung von Zollgewinden gegen den Escort.

Ein beliebtes Renngerät: Ford Escort GT, hier 1969 bei den 1000 km am Nürburgring.

Der mit dem Hundeknochen: Mit dem konventionell aufgebauten Escort betrat Ford Neuland. Der Zuspruch in Deutschland blieb mäßig.

McPherson-Vorderachse und die modifizierte Zahnstangenlenkung.

Abgesehen von einer trampelnden Hinterachse in schnellen Kurven war der Escort – zumindest auf guten Straßen – ein stets angenehmer, wenn auch etwas ungehobelter Begleiter. Auf schlechten Wegen dagegen benahm er sich wie ein Rüpel, was an der sportlich-straffen Fahrwerks-Abstimmung lag. Zum Modelljahr 1970 besserte Ford an Federung und Dämpfung nach, für 1971 gab es an der Starrachse zusätzliche Längslenker, danach wurde die Kritik leiser. Sie verstummte zwar nicht ganz, doch zumindest hatte der Escort in Straßenlage und Lenkverhalten den Anschluss an die Konkurrenz geschafft. Und in Sachen Handling machte ihm sowieso keiner etwas vor.

Was die Optik betraf, hielt sich der Escort dezent im Hintergrund. Die einzige modische Extravaganz, die er sich leistete, bestand im koketten Hüftschwung vor den Hinterrädern. Markantestes Detail war der Kühlergrill, der – je nach Ausstattung – runde oder rechteckige Scheinwerfer umschloss. Insgesamt gefällig, aber wenig aufregend, modisch – und daher auch schnell aus der Mode. »Verspielt« nannten ihn die Marketingstrategen von Volkswagen, als sie die Konkurrenz betrachteten, gegen den ihr neuer Golf antreten sollte.

Hinter dem Hundeknochen-Kühlergrill versteckten sich die bekannten Vierzylinder-Reihenmotoren (»Kent-Motoren«) aus dem britischen Anglia-Programm: Unverwüstliche, aber laute Stoßstangen-Motoren mit fünffach gelagerter Kurbelwelle und einer per Zahnriemen angetriebenen Nockenwelle. Zwei 1100er und drei 1300er-Aggregate standen zur Verfügung, das Leistungsspektrum reichte von 40 bis 72 PS. Als Grundmodell kostete der Escort 5394,60 Mark, und viel mehr als vier Räder und einen Motor gab es dafür nicht. Was die Ausstattung anging, so gab sich der Escort zugeknöpft wie ein stummer Butler. Alles, was nicht unbedingt sein musste, stand auf der Aufpreisliste: Ausstellfenster vorn, Beifahrer-Haltegriffe, Rückfahrscheinwerfer? Schnickschnack. Teppichboden statt Gummimatten, Scheibenwascher und Zierleistenchrom, Verbundglas-Windschutzscheibe? Nonsens. Wer darauf Wert legte, konnte aus dem 29 Varianten umfassenden Lieferprogramm seinen Wunsch-Escort finden. In

In Ordnung? In Großbritannien auf jeden Fall, dort rollte bereits im April 1968 der 100.000ste Escort vom Band. Er trat die Nachfolge des Ford Anglia an, jenes verhuschten 50er-Jahre-Zweitürers mit der eigentümlichen Heckscheibe und der Qualitätsanmutung einer Blechschachtel. Und mehr sollte eigentlich auch der Escort gar nicht bieten. Eine viertürige Version war ursprünglich nicht geplant, und der Name Anglia sollte auch bleiben. Zum Glück konnten sich in diesen beiden Punkten die deutschen Manager durchsetzen, ohne an der Grundkonzeption etwas zu ändern, weder am Fahrwerkslayout – McPherson-Federbeine vorn, Starrachse an Längsblattfedern hinten – noch an der vier Meter langen Karosserie. Im Detail dagegen gab es weniger Gemeinsamkeiten, in gut 200 Punkten unterschieden sich die deutschen von den englischen Bodyguards. Im direkten Vergleich fielen das kleinere Lenkrad, die anderen Sitze und die breiteren Räder auf. Zu den weniger offensichtlichen Änderungen gehörte der Querstabilisator an der

Modelle, Varianten, Preise

Modelle: Limousine zwei-, viertürig; Kombi zweitürig
Bauzeit: 1968-1974
Motoren: 1098 ccm / 32 kW (44 PS) bei 6000/min ab 9/70
1098 ccm / 35 kW (48 PS) bei 5500/min ab 9/70
1098 ccm / 29 kW (40 PS) bei 5300/min
1098 ccm / 33 kW (45 PS) bei 5300/min
1298 ccm / 35 kW (48 PS) bei 5000/min
1298 ccm / 38 kW (52 PS) bei 5000/min
1298 ccm / 47 kW (64 PS) bei 5800/min
1298 ccm / 40 kW (54 PS) bei 5500/min ab 9/70
1298 ccm / 42 kW (57 PS) bei 5500/min ab 9/70
1298 ccm / 53 kW (72 PS) bei 5500/min ab 9/70
1993 ccm / 74 kW (100 PS) bei 5700/min ab 6/73

Ausstattung: Rundscheinwerfer, Trommelbremsen, Dreispeichen-Lenkrad, zwei Rundinstrumente, Lüfterdüsen auf Armaturenbrett. XL: Rechteck-Scheinwerfer, Sitze Stoff/Kunstleder, Stoßstangenhörner, Chromzierleisten, Bodenteppich, Holzmaserung am Armaturenbrett. GT: 64-PS-Motor, mattschwarzer Grill, Kunstledersitze, Zusatzinstrumente, Scheibenbremsen vorn.

Varianten: Escort/ L / XL / GT/ GXL/Sport, Escort Turnier/L/XL, Escort RS 2000

Preise: von DM 5394,60 (Escort 1100/40 PS) bis 6593,40 (Escort 1300 GT/64 PS).

Chronik:

1967 Dezember: Vorpräsentation des Escort in London als Nachfolger des Anglia.

1968 Februar: Europa-Premiere auf dem Salon in Brüssel. Fünf Motoren, von 40 bis 64 PS (GT). Für einige Exportländer 940 ccm-Motor mit 34 bzw. 36 PS. Nur als Zweitürer, zwei Karosserien, drei Ausstattungslinien. Auslieferung vorerst nur in England und Länder wie Schweiz, Österreich usw.
September: Auslieferung in der Bundesrepublik, Motoren wie oben. Dt. Modelle mit Torsionsstabilisator vorn und breitere Reifen (6.00-12 auf Felge 4.00 X 12 statt 5.50-12 auf der schmalen Felge 3.50 x 12, bei GT Gürtelreifen 155 SR 12 auf Felge 4.50 x 12 (bei den anderen Versionen auf Wunsch, Kombi serienmäßig Felge 4.50 x 12).

1969 Februar: Hinterachse jetzt aus dt. Produktion, andere Antriebsuntersetzung.
März: Vorstellung Escort 1300 GT Gruppe 2: ca. 130 PS bei 8000/min., Verdichtung 11,51, zwei Weber-Doppelvergaser, wahlweise Vier- oder Fünfganggetriebe. Gewicht ca. 750 kg, Felgen Minilite, 7 Zoll vorn und hinten, Reifen 13 Zoll (Dunlop), Bilstein-Stoßdämpfer, V_{max} 195 km/h. Vorstellung Escort Twin Cam (Gruppe 2): 1600 ccm-dohc-Motor, ca. 165 PS bei 6500/min., Verdichtung 10,51, V_{max} bis 220 km/h.
April: Escort Turnier XL: Laderaum mit Bodenteppich, Laderaumleuchte, Instrumentenbrett holzgemasert, Schaltknüppel verchromt. Preise: 1,1 Liter 40/45 PS DM 6249,30; Aufpreis für 1,3-l-Motor (48/52 PS) einschließlich Scheibenbremsen DM 255,30.
September: Zur IAA Vorstellung Escort als Viertürer, hintere Türen mit Kindersicherung. Alle Modelle: Seitliche Ausstellfenster vorn, Türschloss auch rechts, Druckknopf-Verriegelung. Motorhaubenverriegelungshebel Innenraum unter dem Armaturenbrett links, Tankeinfüllstutzen schließt bündig mit der Karosserie ab. Neue Federungs- und Stoßdämpferabstimmung. Ausstattungsverbesserung GT und XL; GT mit zweistufigem Scheibenwischer und Mittelkonsole auf dem Kardantunnel.

1970 Mai: Getriebemodifikationen.
September:stärkere Motoren (44 bis 72 PS); Wegfall

1300 N/48 PS. Alle Modelle: Längslenker an der hinteren Starrachse. Federungs- und Stoßdämpferabstimmung geändert. Neue Farben, Innenausstattung auf Polsterfarbton abgestimmt, durchgehende Ablage unter dem Armaturenbrett. Grundmodell mit Armaturenbrett, lackiertem Grill, Holzmaserblende auf Armaturenbrett; Einführung Escort L (Bodenteppich, hintere Haltegriffe, Kartentasche auf Fahrerseite, Gepäckraumleuchte, zweistufigem Scheibenwischer, abblendb. Innenspiegel, Wisch/Wasch-Anlage, Stoßstangenhörner, Rückfahrscheinwerfer). Escort XL mit Holzmaserblenden an den Türen, Makeup-Spiegel, Ausstellfenster hinten, zweistufigem Scheibenwischer. Rechteckige Scheinwerfer, Zierleisten an Heck und Seitenfenstern, Steinschlagleiste am Türschweller. Escort GT: Schwarz lackierter Grill und Heckabschluss, breite Zierleiste am Türschweller.

1971 August: Einführung Escort Sport (72 PS, GT-Fahrwerk. Reifen 165 SR 13, Drehzahlmesser, mattschwarzer Grill, schwarze Heckblende, runde Scheinwerfer, geteilte vordere Stoßstange, verbreiterte Kotflügel). DM 6995,–.
Oktober: In den britischen Fordwerken läuft am 18.10. der einmillionste Escort vom Band.

1972 August: Alle Modelle: Kühlergrill und Armaturenbrett schwarz. Grundmodell optisch wie Escort L (Zierleisten, Radzierkappen). Escort L: Hintere Ausstellfenster. XL: schwarzes Heckblech, Rechteckscheinwerfer, XL und Sport mit Armaturenbrett des GT mit Drehzahlmesser. Sport: Stahlgürtelreifen 165 SR 13. Heizbare Heckscheibe (in Verbindung mit Drehstromlichtmaschine) gegen Aufpreis.
Dezember: Escort GT (viertürig) eingestellt.

1973 Januar: Ausstattungsverbesserungen. Grundausstattung mit 1100 S/48 PS-Motor, Bremskraftverstärker, kombinierte Wischer/Wascherbetätigung mit Fußpumpe, Haltegriffe am Dachrahmen, abblendbarer Innenspiegel. A. W. 1100 N/44 PS-Motor. Escort L: Scheibenbremsen vorn, Stoßstangenhörner, Spiegel in rechter Sonnenblende. XL und GT: Drehstromlichtmaschine und heizbare Heckscheibe.
Juni: Escort RS 2000, Lieferung über Rallye-Sport-Händler. Ohc-Vierzylinder aus dem Consul-Programm, 100 PS bei 5700/min, Verdichtung 9,2, Superkraftstoff, max. Drehmoment 14,9 mkg bei 3750 U/min, Spitze 175 km/h, Beschleunigung von 0-100 9,3 sec.. , Solex-Registervergaser mit Startautomatik, Drehstromlichtmaschine 490 Watt. Gesamtgewicht 915 kg. Gürtelreifen 165 SR 13, Feigen 51/2 Zoll, auf Wunsch 6 Zoll Alu-Felgen. Lederlenkrad, Schalensitze mit Kopfstütze, heizbare Heckscheibe, H4-Halogenlicht, Verbundglasfrontscheibe, Bodenteppich, Dreipunktgurte vorn (auf Wunsch Automatikgurte und hintere Ausstellfenster). Sonderlackierung, DM 10.400,–. RS 2000 anfangs in England produziert, dann in Saarlouis, um Lieferzeiten abzubauen. Erste Serie mit flachen Ölwannen aus Leichtmetall, hergestellt im Sandguss.
September: Alle Modelle Dreipunktgurte vorn, Aufpreis DM 75,–.

1974 Januar: Escort GXL löst GT ab: Halogenscheinwerfer, Kunstlederdach, breitere Radausschnitte vorn, 5 Zoll-Sportfelgen mit Chromzierringen, Stahlgürtelreifen 165 SR 13. Motor 1300 ccm/72 PS. Innen Holzfurnier an Armaturenbrett, Tür- und Seitenverkleidungen, Veloursbodenteppiche, Sitze mit Stoffbezug. Unter dem Armaturenbrett Handschuhkasten statt Ablagefach, Armaturen wie beim bisherigen GT, ebenso Sportlenkrad und heizbare Heckscheibe. DM 10.170,–. Sondermodell Strada.
Zur Jahresmitte läuft der zweimillionste Escort vom Band. Zum Jahresende Garantie-Erweiterung auf 1 Jahr oder 20.000 km.

1975 Januar: Der neue Escort II erscheint.

jedem Fall mitgeliefert wurde die direkte Lenkung, die exakte Schaltung und die überdurchschnittlich gute Heizung, leider ebenso das hohe, unübersichtliche Heck, der knapp geschnittene Innenraum, und die mäßige Verarbeitung.

In England wurde der Escort auf Anhieb zu einem Bestseller, in Deutschland dagegen nicht: Bis zu seiner Ablösung Ende 1974 wurden keine 300.00 Wagen zugelassen, ohne dass es zu wesentlichen Modelländerungen gekommen wäre. Auch in dieser Beziehung erwies sich der Escort als zuverlässiger Begleiter.

Der RS 2000 des Modelljahres 1973 hatte den Zweiliter-ohc-Motor des Consul unter der Haube. Seine 100 PS hatten mit dem Fliegengewicht keine Schwierigkeiten. 0-100 km/h in 9,8 Sekunden, Spitze 180 km/h. Der RS wurde nur über die RS-Händler vertrieben.

Ford Escort (1975–1980)
Alter Wein, neue Schläuche

Rund 80 Prozent aller Käufer entschieden sich für den 1,3-Liter-Escort mit 54 PS. Die eckigen Scheinwerfer gab es ab der GL-Ausstattung, das Vinyldach bei den Ghia.

Der Turnier war ausschließlich als karg ausgestatteter Zweitürer zu haben: Nacktes Blech im Laderaum, schwarze Stoßstangen ohne Gummieinlagen im Grundmodell, etwas mehr Ausstattung im L, aber immer noch keine Spur von Lifestyle-Kombi. Gegenüber der Limousine kostete der Turnier 725 Mark mehr.

Motor vorn, angetriebene Starrachse hinten, die Technik aus dem Vorgänger – Ford tat, so schien es, bei der zweiten Escort-Generation kaum mehr, als alten Wein in neue Schläuche zu gießen. Andererseits benötigt ein guter Tropfen eine gewisse Reifezeit, wenn er denn munden soll, und schlecht geschmeckt hatte schon der alte Jahrgang nicht: Immerhin hatte er weltweit über zweieinhalb Millionen Freunde gefunden. Nur die Deutschen hatten den britischen Tropfen verschmäht, doch nun konnten die Kölner Winzer beweisen, ob sie den besseren Escort zu bauen vermochten.

Das allerdings glückte nur zum Teil – kein Wunder, denn die verwendeten Rebsorten waren die gleichen. Schließlich basierte der neue Escort technisch auf dem alten. Damit bewiesen die Ford-Werke zwar wenig technischen Pioniergeist, dafür aber gesunden Pragmatismus: Der neue Escort sollte wieder zum Schnäppchenpreis angeboten werden. Und der Rückgriff auf bewährte Komponenten ist nun einmal günstiger als eine komplette Neuentwicklung. Daher blieb es bei den weiterhin in England produzierten, längs eingebauten Vierzylinder-Reihenmotoren mit seitlicher Nockenwelle – etwas raue und trinkfreudige Gesellen. Tiefer gehende Eingriffe hatte eigentlich nur das Blechkleid erfahren. Es wirkte größer und moderner, zeigte sich zeitgemäß

übersichtlich und hatte einen großen, gut nutzbaren Kofferraum. Der Radstand entsprach bis auf wenige Millimeter dem des Vorgängers, daher mussten sich Escort-erfahrene Hinterbänkler nicht groß umstellen: Auch im neuen Ford saßen sie in zweiter Reihe.

Für Schluckauf sorgte allerdings die mangelnde Ausreifung: Trotz der Verwendung bekannter, konventioneller Komponenten war die Verarbeitung der in Saarlouis gebauten Escort nicht so gut wie erwartet. Die ersten Exemplare litten unter zahlreichen Kinderkrankheiten, vor allem machte der Motor Ärger: So lange die Escort-Vergaser ohne Magnet-Abschaltventil auskommen mussten, neigte der Motor zum »Nachdieseln« – trotz ausgeschalteter Zündung lief der Motor weiter –, er drückte Öl durch die Zylinderkopfdichtung, machte durch klappernde Auspuffanlage, Schäden an der Lichtmaschine, schief ziehende Bremsen, eine flatternde Lenkung und undichte Scheinwerfer auf sich aufmerksam. Im ersten Jahr waren diese Autos eine einzige Baustelle, doch 1976 war das Thema durch: Der Escort war nun so zuverlässig wie erwartet.

Fahrverhalten und -komfort waren sogar deutlich besser geworden, obwohl sich der Fahrwerksaufwand in arg überschaubaren Grenzen hielt. Schließlich gehörten Starrachse und Blattfeder-Pakete Mitte der 70er nicht mehr unbedingt zum letzten Stand der Technik. Etwas mehr Feinschliff an Federung und Dämpfung hätten dem blechernen Biedermann allerdings nicht geschadet. Entsprechend kühl fiel auch das Echo in der deutschen Presselandschaft aus. Dass Ford gute Autos zu bauen verstand, gaben die Tester nur ungern zu. Gewiss, die Ausstattung galt zwar als überdurchschnittlich gut und die Funktionalität als tadellos, dennoch: »Biedere und

brave Transportmittel ohne jeden fahrerischen Reiz«. Die Kölner sahen das naturgemäß ganz anders: »Ford Escort. Ein sympathisches Auto« konterten sie ungerührt.

RS 2000

Die Spitzenlage des neuen Jahrgangs hieß RS 2000 und wurde zusammen mit dem für Großbritannien bestimmten RS 1800 im März 1975 auf dem Genfer Salon vorgestellt. Seine Deutschland-Premiere erfolgte zur IAA im September. Im Gegensatz zum Vormodell war die zweite Auflage des Spitzensportlers auf den ersten Blick von seinen zivileren Brüdern an seiner neuen Nase zu unterscheiden. Die neue Frontpartie, die den Wagen um gut 16 Zentimeter länger machte,

Ein Hauch von Luxus: der Escort Ghia. Serienmäßig mit 5-Zoll-Felgen und allerlei Chrom. Unter der Haube werkelte der 1,3 Liter mit 70 PS, der sich laut DIN mit 9,5 Liter Super auf 100 km begnügte. Später gab kam ein serienmäßiges Vinyldach hinzu.

bestand aus Polyurethan der Firma Bayer und war bei den Reifenbäckern von Phoenix in Form gebracht worden. Das so genannte Bayflex-Formteil verringerte den Luftwiderstandsbeiwert um 16 Prozent und den Auftrieb an der Vorderachse um 25 Prozent. Außerdem verkraftete es schadlos kleine Rempler bis zu einer Geschwindigkeit von 8 km/h, was nicht ganz unwichtig war, um US-Sicherheitsvorschriften zu entsprechen. Am Heck befand sich ebenfalls eine kleine Polyurethan-Spoilerlippe, die den Auftrieb an der Hinterachse um beeindruckende 60 Prozent verringerte.

Nicht ganz so sportlich gebärdete sich der schon aus dem Vorgänger bekannte Zweiliter-Motor. Der Vierzylinder mit Querstrom-Zylinderkopf, den die in England ansässige Ford Advanced Vehicles Operations (FAVO) entwickelt hatte, war mit einer neuen Auspuffanlage bestückt worden und brachte jetzt 110 PS bei 5500 Touren. Der Kurzhuber mit fünffach gelagerter Kurbelwelle, obenliegender Nockenwelle und über Kipphebel gesteuerten Ventilen scheute hohe Drehzahlen und bot keine überragenden Fahrleistungen. Bestückt mit Zweistufen-Vergaser von Weber, beschleunigte er den RS 2000 aus dem Stand in zehn Sekunden auf 100 km/h, seine Höchstgeschwindigkeit lag bei 180 km/h. Der Verzicht auf das letzte Quäntchen Spitzenleistung machte sich im Normalbetrieb ausgesprochen angenehm bemerkbar, der Zweiliter ließ sich sehr schaltfaul fahren und erfreute mit gutem Antritt. Häufige Attacken in Richtung Höchstgeschwindigkeiten führten bei RS-Eignern allerdings nicht selten zur Katerstimmung: Gut zwölf Liter Super schluckte der RS dann weg. Und der Sprit wurde immer teurer.

Sportlich nur dem Namen nach: Die Sport-Version des Escort hatte geteilte Stoßstangen, Zusatzscheinwerfer, Sporträder (Michelin XAS, 175/70 SR 13) und eine etwas straffere Fahrwerksabstimmung. Für Vortrieb sorgte ein 1,6-Liter-Motor mit 84 PS.

Modelle, Varianten, Preise

Modelle:	Limousine zwei-/viertürig, Kombi zweitürig
Bauzeit:	1975-1980
Motoren:	1098 ccm / 32 kW (44 PS) bei 5500/min
	1098 ccm / 35 kW (48 PS) bei 5500/min
	1098 ccm / 34 kW (46 PS) bei 5500/min ab 3/79
	1297 ccm / 40 kW (54 PS) bei 5500/min
	1297 ccm / 42 kW (57 PS) bei 5500/min
	1297 ccm / 44 kW (60 PS) bei 5500/min ab 3/79
	1297 ccm / 52 kW (70 PS) bei 5500/min
	1297 ccm / 54 kW (73 PS) bei 5500/min ab 3/79
	1598 ccm / 62 kW (84 PS) bei 5500/min
	1598 ccm / 63 kW (85 PS) bei 5500/min ab 3/79
	1993 ccm / 81 kW (110 PS) bei 5500/min ab 3/75
Ausstattungen:	L: Rundscheinwerfer, Rückfahrleuchten, Stoßfänger mit Gummieinlage, verchromter Fensterrahmen, Haltegriffe- und Kleiderhaken hinten, Bodenteppich, Liegesitzbeschläge. GL: Rechteck-H4-Scheinwerfer, Seitenschutzleiste, Mittelkonsole mit Uhr, Kopfstützen vorn, Handschuhkasten mit Deckel. RS 2000: neuer Bug, Halogen-Doppelscheinwerfer, Schalensitze Drehzahlmesser, Automatikgurte Verbundglas-Frontscheibe, Niederquerschnittsreifen, verstärkte Bremsen.
Varianten:	Escort/L/GL/Ghia/RS 2000
Preise:	von DM 8595,– (Limousine zweitürig) bis DM 11.445,– (Ghia viertürig)

Chronik

1975	Februar: Escort II, entwickelt von Ford Deutschland. Technische Basis bildet Escort I, sechs Motoren, drei Karosserievarianten, fünf Ausstattungen. März: Vorstellung Escort RS 2000: 108 PS, Vmax 180 km/h Höchstgeschwindigkeit: Vorn abgeschrägte PU-Frontpartie, vier Halogenscheinwerfer, Heckspoiler (dadurch Auftriebswert-Verringerung um 60 %), schwarze Stoßstangen und Türgriffe, schwarze Sportspiegel an beiden Wagenseiten. Statt Stabilisator am Fahrwerk Doppel-Längslenker, Niederquerschnittreifen 175/70 HR 13, verstärkte Bremsen. Alu-Felgen auf Wunsch. August: Produktionsbeginn des Escort RS 2000; DM 14.400,–.
1976	März: Verbundglas-Frontscheibe, Automatik-Sicherheitsgurte alle Modelle serienmäßig. August: Ausstattungsverbesserung GL (5 Zoll-Felgen, Wischer-Intervallschalter), Ghia (Stahlgürtelreifen 175/70 SR 13 auf 5,5 Zoll-Alufelgen, Holzmaserblende im Armaturenbrett).
1977	April: Basismodelle: Kopfstützen vorn, Rückfahrscheinwerfer. September: Alle Modelle: Hinterachse mit Ein- statt Dreiblattfeder, Stabilisator hinten 12 statt 14 mm Durchmesser. Leergewicht sinkt um ca. 40 kg. Modifikationen an Stoßdämpfer, Lenkung und Auspuffanlage. Vergaser mit elektromagnetischem Leerlauf-Absperrventil (gegen Nachdieseln). Blaues Ford-Oval (Pflaume) in Kühlergrillmitte anstelle Schriftzug, Hubraumangabe rechts auf der Gepäckraumhaube. Neue Extras: Rücksitz-Automatikgurte, Mittelkonsole mit Uhr, (in Serie bei GL und Ghia), Scheinwerfer-Wisch/Wasch-Anlage, Heckscheibenwischer/Wascher für Escort Kombi. Oktober: Sondermodell Escort »Team«: 54-PS-Motor, Sportfahrwerk, Stahlgürtelreifen 175/70 auf 5 Zoll-Felgen, Stoßstangenhörner, Halogen-Fernscheinwerfer, Dreispeichen-Sportlenkrad, von innen verstellbarer Außenspiegel. Sondermodelle »Weekend«.
1978	September: Rechteckscheinwerfer für alle Modelle (nicht Sport und RS 2000), Kühlergrill und Fensterrahmen mattschwarz, Seitenzierleiste mit Gummieinlage auch Basis- und L-Escort. 5-Zoll-Felgen (dadurch 19 mm breitere Spur). Neue Sitzbezüge (L, GL, Sport), Scheibenwisch-Intervallschalter ab L Serie. Neues Zweispeichenlenkrad. 84-PS-Motor mit Getriebeautomatik a.W. für alle Modelle.
1979	März: Alle Modelle: Automatik-Sicherheitsgurte hinten. Gestiegene Motorleistung durch thermostatisch-geregelten Kühler-Lüfter. (nicht 1300 N und RS 2000). Basis: Scheibenwischer-Intervallschalter; GL, Sport, Ghia: Nebelschlussleuchte. Preise ab DM 10.280,–.

Ford Escort (1980–1990)
Vom Biedermann zum Brandstifter

Bieder war gestern: Der Escort, Jahrgang 1981, war ein gänzlich anderes Kaliber als seine braven Vorgänger. Fünf Milliarden Mark hatte seine in den USA unter dem Codename Erica angeschobene Entwicklung gekostet, und jede Mark war gut angelegt. Fahrwerk, Technik, Karosserie – Ford hatte den Escort völlig umgekrempelt und reichlich Goodies hineingepackt. Die komplette Ausstattung trieb zumindest der deutschen Konkurrenz die Schamesröte in die Zylinderköpfe: Schon das Grundmodell hatte eine Verbundglas-Frontscheibe, eine heizbare Heckscheibe, elektrische Scheibenwaschanlage, Ruhesitze und Automatikgurte hinten: Beim Golf kostete das locker 250 Mark mehr.

Geradezu generös fiel das Motorenangebot aus. Fünf neue Vierzylinder machten das Studium der Prospekte zur Zeit raubenden Angelegenheit, die Palette reichte von 50 bis 105 PS. Die neuen Grauguss-Aggregate gehörten zur CHV-Familie und zeichneten sich durch sorgsam ausgetüftelte Ventilköpfe mit spezieller Brennraumform aus. Die Ventile saßen auf zwei Ebenen, die Ventilbetätigung erfolgte über Kipphebel und wartungsfreie Hydrostößel. Die patentierte Konstruktion verfügte über einen Nockenwellenantrieb per Zahnrie-

men, was in späteren Jahren für reichlich Ungemach sorgte, weil die Riemen gerne rissen oder übersprangen. Die OHV-Vierzylinder aus dem Fiesta-Programm standen nur zu Anfang für das Grundmodell zur Wahl.

Im Gegensatz zum Vormodell war die Turnier-Version mit zwei wie auch vier Türen erhältlich.

Fords Antwort auf den Golf GTi: Escort XR 3 1981, das Topmodell der neuen Baureihe. Für Vortrieb sorgte der 1,6 l CVH-Vierzylinder mit 96 PS. Spoiler und Schweller verbesserten die Aerodynamik, der Luftwiderstandsbeiwert lag bei 0,375.

Dicke Backen: RS Turbo anno '86. Das Flaggschiff der Modellpalette erreichte eine Spitze von 206 km/h und stürmte in 8,7 Sekunden aus dem Stand zur 100 km/h-Marke. Der XR 3i war aber nach wie vor lieferbar.

Die neuen Motoren saßen quer im Bug, dadurch verbesserten sich die Platzverhältnisse im Innenraum. Trotz unveränderter Außenabmessungen bot die neue Escort-Generation deutlich mehr Platz als der Vorgänger. Insbesondere die Fondpassagiere profitierten von der vorbildlichen Raumökonomie. Aller Ehren Wert auch das Aero-Heck des neuen Escort. Die Konkurrenz blickte neidisch unter die Gepäckkiste, die sich unter der stummelschwänzigen Heckklappe auftat: Einem Fassungsvermögen von 360 Litern hatten Golf und Co. nichts entgegen zu setzen.

Zu den neuen Motoren kam ein neues Fahrwerk, das Chassis-Setup war ungewöhnlich aufwendig ausgefallen. Die Vorderräder hingen einzeln an Querlenkern, Zugstreben und McPherson-Federbeinen, die Hinterräder einzeln an Quer- und Längslenkern, Schraubenfedern und Teleskopstoßdämpfer. Grundsätzlich änder-

te sich daran im Verlauf der zehnjährigen Bauzeit nichts, im Detail allerdings ein ganze Menge. Die Fahrwerksabstimmung wurde in den ersten Jahren harsch kritisiert, erst umfassende Feinarbeit führte zu zufrieden stellenden Resultaten. »Wer einen stabilen Geradeauslauf und ordentlichen Federungskomfort nicht missen möchte, sollte sich die Baujahre vor 1982 besser nicht zumuten«, urteilte *auto motor und sport* in seinem Gebrauchtwagen-Sonderheft des Jahres 1986.

Escort XR-3/XR3i

Eine Ausnahmestellung in der Escort-Modellpalette nahm der XR3 ein, der GTi unter den Escort. Der bretthart gefederte Sport-Escort trat die Nachfolge der RS-Typen an, stand aber bei jedem Ford-Händler im Schauraum und nicht, wie noch der Vorgänger, bei RS-Stützpunkthändlern. Front- und Heckspoiler, Bilstein-Fahrwerk und Aluräder mit Niederquerschnittsreifen gehörten zu den äußeren Attributen des temperamentvollen Kompaktsportlers. Zunächst bestückt mit einer 96 PS starken 1600er Maschine, setzte er sich dank seines Temperaments im Kreise seiner sportiven Konkurrenten rasch durch. Fords Alternative zum Golf GTI wurde auf dem Pariser Salon 1982 mit 1,6-Liter-Einspritzmaschine und 105 PS vorgestellt. Die Mehrleistung war Folge einer neuen Auspuffanlage und der K-Jetronic von Bosch, die an die Stelle der bisher verwendeten Weber-Registervergaser für die Kraftstoffzuteilung sorgte. Ein zusätzlicher Ölkühler garantierte für die thermische Gesundheit des mit 9,5 verdichteten Vierzylinders. Ein Fünfgang-Getriebe war serienmäßig an Bord, die bislang üblichen Alu-Felgen gab es nur noch gegen Aufpreis. Ein wenig Feinarbeit an Fahrwerk und Bremsanlage rundete das Maßnahmenpaket am nunmehrigen XR3i des Modelljahrs 1983 ab.

Escort RS 1600i/ RS Turbo

Dieses Basismodell für den Einsatz in der Motorsport-Gruppe A stand auf dem Genfer Salon im März 1982, knapp drei Monate vor Produktionsbeginn im Werk Saarlouis. Der sportliche Kölner brachte es, dank der J-Jetronic mit Schubabschaltung, einer schärferen Nockenwelle und geänderter Auspuffanlage auf 115 PS bei 5750 Touren, ein Drehzahlbegrenzer riegelte bei 6500/min ab. Die Zündung erfolgte vollelektronisch. Ein Fünfgang-Getriebe war Pflicht, ebenso ein Sportfahrwerk mit erheblichen Änderungen – auch gegenüber dem XR3. Neue und anders angelenkte Stoßdämpfer, Alu-Achsschenkel vorn und eine präzisere Führung der Hinterhand waren für den Tourenwagensport unerlässlich. Der knapp 190 km/h schnelle Escort kostete 22.300 Mark und wurde zum Modelljahr 1985 durch den RS Turbo ersetzt.

Ihm machte ein Garett-Turbolader Beine, der, zusammen mit einigen anderen leistungsfördernden Maßnahmen und tief greifenden Eingriffen in das Motor-Innenleben bei 6000 Touren 132 PS mobilisierte. Im Gegensatz zum RS 1600i wurde dieser Über-Escort nicht mehr in Saarlouis, sondern in der britischen Spezialitätenschmiede SVE aufgebaut. Fahrwerk und

Modelle, Varianten, Preise

Modelle: Limousine drei-/fünftürig, Kombi zwei-/viertürig, Cabriolet
Bauzeit: 1980-1990
Motoren: 1117 ccm / 40 kW (55 PS) bei 6000/min bis 3/82
1117 ccm / 43 kW (59 PS) bei 6000/min bis 8/81
1117 ccm / 39 kW (53 PS) bei 6000/min ab 3/82–8/87
1117 ccm / 40 kW (55 PS) bei 5700/min ab 3/82
1117 ccm / 37 kW (50 PS) bei 5000/min ab 8/83
1297 ccm / 51 kW (69 PS) bei 6000/min bis 1/86
1297 ccm / 44 kW (60 PS) bei 5000/min ab 1/86
1297 ccm U-Kat / 44 kW (60 PS) bei 5000/min ab 4/86
1392 ccm / 55 kW (75 PS) bei 5600/min von 2/86–1/87
1392 ccm / 54 kW (73 PS) bei 5500/min ab 2/87
1392 ccm G-Kat / 54 kW (73 PS) bei 5500/min ab 2/87
1597 ccm / 58 kW (79 PS) bei 5800/min bis 12/85
1597 ccm / 71 kW (96 PS) bei 6000/min bis 12/85
1597 ccm / 77 kW (105 PS) bei 6000/min ab 10/82
1597 ccm / 85 kW (115 PS) bei 5750/min ab 2/82–9/84
1597 ccm G-Kat / 66 kW (90 PS) bei 5800/min ab 9/85
1597 ccm / 66 kW (90 PS) bei 5800/min ab 2/86
1597 ccm Turbo / 97 kW (132 PS) bei 5750/min ab 9/84
1608 ccm D / 40 kW (54 PS) bei 4800/min ab 8/83–12/88
1753 ccm D / 44 kW (60 PS) bei 4800/min ab 1/89

Ausstattungen: Scheibenbremsen vorn, umklappbare Rücksitzlehne, schwarze Stoßfänger. L: Scheibenwischer-Intervallschaltung, zusätzliche Belüftungsdüsen, verbesserte Geräuschdämmung, Ablagen vorn, Zierstreifen. GL: Fahrerspiel von innen verstellbar, Tageskilometerzähler, zusätzliche Warnleuchten, Kofferraumleuchte, abschließb. Handschuhfach, Kunststoffeinlage auf den Stoßstangen, verchromte Seitenfenster-Einfassungen. Ghia: Drehzahlmesser, Halogenscheinwerfer, bessere Dämpfung, verchromte Radkappen, Stoßstangenhörner. XR3: Bilstein-Fahrwerk, Spoiler, LM-Räder, Stoßfänger in Wagenfarbe, Sportsitze, -lenkrad, Heckscheibenwischer.

Varianten: Escort/L/GL/Ghia/XR-3/XR3i/RS 1600i/RS Turbo/Express
Preise: von DM 11.295,– (Escort) bis DM 16.800,– (XR-3)

Chronik

1980 September: Vorstellung Escort als Drei-/Fünftürer, außerdem dreitüriger Kombi. Neu konstruierte CVH-Motoren mit 1,1-, 1,3- und 1,6-Liter; außerdem mit 1,1-Liter-OHV-Motor (aus dem Fiesta). Ausstattungen: Basis, L, GL und Ghia. Insgesamt 42 mögliche Kombinationen lieferbar. Oktober: Auslieferung Escort XR 3 (1,6 Liter/96 PS). Front- und Heckspoiler, Aluminiumfelgen mit Niederquerschnittsreifen, tiefer gelegtes Sportfahrwerk mit Bilstein-Gasdruck-Stoßdämpfern, innen belüftete Scheibenbremsen vorn.
Dezember: Auslieferung Kombiversion »Turnier« als Basis, L und GL. Vier Leistungsvarianten, ab DM 12.300,–.

1981 Februar: Vorstellung Escort »Express 35/55« mit Zuladung 415/655 kg. Basis Escort, Radstand um 100 mm verlängert, erhöhtes Dach. Express 35 nur mit 1100 ccm/55 PS, Express 55 mit 69 PS. Hinten Starrachse mit Einblattfedern statt Einzelradaufhängung. Ab DM 14.956,20:
Mai: Alle Modelle: H4-Scheinwerfer, Bremskraftverstärker, abschließbarer Tankdeckel.
September: Modifizierte Achsgeometrie; weichere Feder- und Stoßdämpferabstimmung. Wegfall 1,1-l-HC-Motor (59 PS).

1982 Januar: Neues Fünfgang-Getriebe gegen DM 395,– Aufpreis; bei XR3 Serie.
März: Als Benzinsparmodell erscheint der Escort E mit 1,1-l-OHV-Motor mit 39 kW/53 PS und 3+E-Vierganggetriebe. Wegfall des 1,1-l-CVH (55 PS). Preiserhöhungen um ca. 2 %:
April: Aufwertung Basismodell: Seitenschutzleisten, L-Armaturenbrett, höhenverstellb. Kopfstützen, Heckscheiben-Wisch/Waschanlage und Econo-Warnleuchten Serie (nicht XR3). L: Tageskilometerzähler, Zeituhr, verchromte Seitenschutzleiste.
April: Einführung Escort RS 1600i. 85 kW/115 PS; Bosch K-Jetronic mit Schubabschaltung, elektronischer Zündung mit digitaler Zündverstellung. 5-Gang, Front-/Heckspoiler, LM-Räder 6J x 15, Reifen 190/50 HR 15. DM 22.950,–.
Oktober: Escort XR3i löst bisherigen XR3 ab. 1,6-l-Motor mit Bosch K-Jetronic und Schubabschaltung, 77 kW/105 PS bei 6000/min; serienmäßiger Ölkühler. Serienmäßig 6-Zoll-Stahlräder, neue Radkappen und Schriftzüge; Sitzbezüge und Türverkleidungen neu.
Fahrwerksmodifikationen: Federung und Stoßdämpfer neu

abgestimmt, Querstabi vorn verstärkt, Sturz d. Vorderräder reduziert. Vorn 30 mm, hinten 20 mm tiefer, erhöhte Achsübersetzung. Preis DM 19.515,–.
Dezember: Escort Express mit Fenstern im Laderaumbereich.

1983 Januar: Escort 1,6 L, GL und Ghia a. W. mit neuer, spezieller Dreistufen-Getriebeautomatik.
Februar: Turnier auch als Viertürer lieferbar. Tankvergrößerung von 40 auf 48 Liter.
September: Escort-Diesel (1,6 Liter/54 PS) als Basis, L und GL, ab DM 15.120,–. Ausstattungsverbesserung: Basis-Modelle: 1117 ccm / 50 PS, a. W. 1,1 -Liter mit 5-Gang-Getriebe. Tür-Vollverkleidungen mit Armlehnungen, L: Ablagen auf Mitteltunnel, GL: umschäumtes Zweispeichen-Lenkrad, Ghia: getönte Scheiben. Alle Modelle: 48-Liter-Tank.

1984 Februar: Sondermodell Escort »Laser«. Motoren: 50, 69, 79 PS sowie 54 PS Diesel. Kühlergrill in Wagenfarbe, von innen einstellbarer Fahrerspiegel, Stoffeinsätze Türverkleidung, Mittelkonsole, Reifen 155 SR 13 auf 5 J x 13. Ab DM 13.640,–.
April: Express mit 1,6-l-Diesel.
September: Escort RS Turbo mit 97 kW/132 PS erscheint. Bosch KE-Jetronic, Turbolader mit Ladeluftkühlung, innenbelüftete Scheibenbremsen vorn, Frontspoiler, Kotflügel-/Türschwellerverbreiterung, Recarositze, Glasdach. 6-Zoll-LM, Niederquerschnittsreifen 195/50 VR 15. DM 27.850,–.
Dezember: Geteilte Rücksitzbank serienmäßig.

1985 März: Einführung 1,6-l-Kat mit 66 kW/90 PS und KE-Jetronic.

1986 Februar: Facelift, neue Front, neue Stoßfänger, größere Heckleuchten. A.W. mechanisch/hydraulisches ABS (Serie XR 3i und RS Turbo). 1,4-l-CVH ersetzt bisherigen 1,3-l-CVH, neu auch 1,3-l-OHV (Valencia-Motor) mit 44 kW/ 60 PS. A.W. 5-Gang (1,3-/1,4 l), 1,6-l-Motor auch mit Dreigang-Automatik. Neuer Innenraum, neue Schalter am Armaturenbrett. Hupenknopf in Lenkradmitte.
Modellpalette gestrafft: Escort C, CL, Ghia. 5-Gang serienmäßig 1,6 Liter. Preise: DM 14.460,– bis DM 27.425,– (RS Turbo).

1987 Februar: Sechs millionster Escort gebaut (7.2.).
März: 1,4-l-Motor/G-Kat a. W. Wegfall des 1,4-Liter-Motors (55 kW/75 PS).
September: Sondermodell Escort »Bravo«. Basis CL, 1,3-l-U-Kat. Getönte Scheiben, Kurbel-Hubdach, zwei einstellbare Außenspiegel. Radio-/Kassettengerät, Mittelkonsole. ABS a.W. für alle Escort, außer Automatik-Modelle. Ghia: Sonnendach; get. Scheiben, Breitreifen, ZV. Ab DM 17.395,–. Ausstattungsverbesserungen: Escort C: 2. Außenspiegel, Heckwisch-/wascher, CL: getönte Scheiben, 155er Reifen. Ghia: Sonnendach, ZV. Einführung Escort C Turnier Dreitürer. Preisreduzierung XR3i mit G-Kat um DM 755,–; ABS jetzt für alle 1,3-l-Benzinmodelle.

1988 August: Vorstellung 1,8-l-Diesel mit 44 kW/60 PS und Abgas-Rückführung; Lieferschwierigkeiten verzögern die Einführung. Modellpflege: Lufteinlass hinter dem Kennzeichenfeld, Kühlergrill mit angedeuteten Rippen. Neue Lenkung mit variablem Übersetzungsverhältnis. Ab DM 16.345,–. Vorstellung Magermix-Motor 1,3-l-HCS (44 kW/60 PS, ohv, kein Kat, Register-Vergaser); so genannter »Euromotor«, befristet steuerbefreit. Neuauflage Sondermodelle »Bravo«, jetzt mit zusätzlichem Drehzahlmesser, G-Kat-Motor.

1989 Januar: Neuauflage des Escort Express »Laser« mit 1,6-l-Diesel. Ausschließlich Diamant-Weiß.
März: Sondermodell Escort »Bolero« 3-/5-Türer, 4 Motoren zur Auswahl: 1,3 (60 PS), 1,4 Euro- (73 PS) und G-Kat-Motoren 1,4 (73 PS) und 1,6 (90 PS). Fünfgang Serie. Lackierte Außenspiegel, Reifen 175/70 R13, Radabd., Mittelkonsole, Seitenschutzleisten, Drehzahlmesser, Sportlenkrad. ABS a.W.
August: Ausstattungsverbesserungen: CL/Ghia (u.a. neue Radabd.); XR3i neue Radabd., schwarze Türschwellerverb. und mod. Heckstoßfänger und -spoiler. 1,6i-G-Kat (102 PS) in XR3i lieferbar. Escort/Orion mit 1,6i-90-PS-G-Kat um 1500,– reduziert, Leuchtweitenregulierung innen.
»Laser« ersetzt Sondermodell »Bolero« (Basis CL); Sondermodell »Plus« (Basis C, Radio. Kurbelhubdach, 1,8-l-D, 1,3 l 44 kW/60 PS od. 1,4-l.) Sondermodell »Family« Turnier (Basis Ghia, ZV, Kurbel-/Hubdach, Drehzahlmesser, Zeituhr).

1990 Februar: RS-Tuningpaket lieferbar: lackierte Front-/Heckspoiler, Schürzen, LM-Räder. Aufpreis DM 3465,–
Oktober: Der neue Escort erscheint.

Mehr als Kosmetik: der Escort ab 1986. Die Motoren wurden ebenso überarbeitet wie das Armaturenbrett und der gesamte Innenraum.

Frischzellenkur: Escort (hier der C) und Orion erhielten für das Modelljahr 1986 ein Facelift. Besonders markant geriet die Nase im Scorpio-Stil. Damit sollte der Verkauf kräftig angekurbelt werden, da Ford 1984/ 85 eine halbe Milliarde Mark Verlust gemacht hatte. Der Marktanteil fiel auf 10,9 %.

Bremsanlage des umfassend verspoilerten Turbo stammten weitgehend aus dem RS-/XR-Regal, doch irgendwie hatten die Konstrukteure versehentlich die falschen Stoßdämpfer aus dem Regal gezogen: »Die straffen Federn mit den etwas zu weichen Dämpfern wären noch erträglich. Nicht aber, dass der RS vorn und hinten nicht weiß, wie ein anständiger Fronttriebler sich zu benehmen hat: Untersteuern schlägt ruckartig in Übersteuern aus, besonders bei Lastwechseln und über holprigem Asphalt haben selten alle vier Räder Bodenkontakt« schimpfte *auto motor und sport*. Allerdings war nicht nur die missglückte Fahrwerksabstimmung an der schlechten Vorstellung schuld, sondern auch die neue Viskose-Differenzialsperre, die nach dem »Ganz-oder-gar-nichts-Prinzip« einsetzte.

In der Neuauflage von 1986 präsentierten sich Motor, Fahrwerk wie auch die Visco-Kupplung stark überarbei-

Mit Lkw-Zulassung: die Express-Varianten des Escort. Die Jahressteuer betrug dann 154 beziehungsweise 176 Mark. Bemessungsgrundlage dafür war das zulässige Gesamtgewicht. Hier schön zu sehen ist die neue Frontgestaltung des Jahres 1988.

tet, dennoch blieb gerade fahrwerkseitig noch jede Menge Raum für Modellpflege.

Escort (1986–1990)

Fünf Jahre nach seiner Premiere erschien der Erfolgstyp in Neuauflage. Ford wäre aber nicht Ford gewesen, wenn man es bei einem simplen Facelift belassen hätte: Der mit einem Aufwand von rund 640 Millionen Mark auf die Räder gestellte Escort war zu gut drei Vierteln neu. Innerhalb von 28 Monaten entstand eine in Aerodynamik und Sicherheit weiter entwickelte Karosserie, neue Motorvarianten (darunter auch ein neuer 1,4-Liter), ein verbessertes Fahrwerk mit Modifikationen an Stabilisator und Querlenkern sowie ein rundum erneuertes Cockpit mit neuen Sitzen und einem erstaunlich wirkungsvollen Heizungs- und Lüftungssystem. Absolute Weltneuheit aber in dieser Klasse war das neue, optional angebotene ABS. Es arbeitete mechanisch/ hydraulisch und konnte daher zum Aufpreis eine guten Autoradios angeboten werden: »Das System funktionierte bei zahlreichen Stern-Tests, egal ob das Pflaster trocken oder nass war.«, berichtete der *stern*, während *mot* konstatierte: »Die Wettbewerber wurden buchstäblich ausgebremst«. Der Lorbeer allerdings verwelkte in dem Maße, in dem die Konkurrenz aufholte und elektronische ABS-Systeme zum Einsatz brachte.

Ford Escort (1990–2000)
Beim nächsten Mal wird alles anders

Keine Experimente – im umsatzstarken Golf-Segment waren kühle Rechner zu Hause. Und die legten weniger Wert auf explosive Fahrleistungen, sondern auf Zuverlässigkeit, niedrige Kraftstoffverbräuche, Qualität, Preiswürdigkeit und Komfort. Und genau diese Zielgruppe bediente Ford mit der vierten Escort-Generation, die im Oktober 1990 in den Handel gelangte.

Die Ford-Stylisten schufen eine gefällige, wenn auch unauffällige Form, geprägt von einer breiten Blechsicke, die sich bis zum Heck durchzog. Unverkennbar waren Anklänge an den über vier Millionen Mal gebauten Vorgänger-Escort zu finden.

Die schicke Schale ruhte auf einer dem Vorgänger verwandten Bodengruppe, die dem Escort zu mehr äußerer wie innerer Größe verhelfen sollte. Der mit dem Maßband festzustellende Unterschied machte sich vor allem im Innenraum bemerkbar, gut 6 Millimeter mehr Platz stand dort zur Verfügung. Fahrwerkseitig orientierte sich der Fortschritt am Fiesta-Fahrwerk. Wie gehabt verfügte der Escort rundum über Einzelradaufhängung an McPherson-Federbeinen und vorderen Dreiecksquerlenkern; hinten kam die neue Verbundlenkerachse aus dem Fiesta zum Einsatz. Ein Quer-

stabilisator vorn (ab 1,6i) sowie Zweirohr-Stoßdämpfer vervollständigen das neue Fahrwerks-Setup.

Die neue Fahrzeuggeneration, die in den Entwicklungsbüchern von Ford unter dem Code CE14 geführt

Während Escort und Orion serienmäßig mit dem 1,4-Liter-Triebwerk ausgerüstet waren, gehörte der 105 PS starke 1,6-Liter bei Escort S, Cabriolet und Orion Ghia Si zur Grundausstattung. Ein geregelter Katalysator war in jedem Fall an Bord. In den folgenden Jahren begann bei Ford ein reges Spiel mit Ausstattungs- und Motorvarianten, zum Spitzenmodell avancierte der auf der IAA 1991 vorgestellte Escort RS Cosworth. Entwickelt bei der britischen Ford-Tochter SVE und bei Karmann

Ehrgeizig: Ford brachte gleichzeitig Drei-, Vier- und Fünftürer, Turnier, Express, Cabrio- und Turbovarianten in praktisch allen Motor-/Getriebe-Kombinationen zur Serienreife. Kein anderer deutscher Hersteller hatte bisher einen ähnlichen Ehrgeiz entwickelt. Im Bild der Jahrgang 1993, also nach dem ersten Facelift.

Nach dem Auslaufen der Econovan-Baureihe bildete der Express, zusammen mit dem Fiesta Courier, die einzige Möglichkeit, in der Kompaktklasse einen Ford zu fahren.

wurde, erschien zum Oktober 1990 in fünf verschiedenen Varianten und zwei verschiedenen Vierzylinder-Motoren mit 1,4 und 1,6 Litern Hubraum. Dazu kam ein Diesel-Triebwerk. Bei den Motoren handelte es sich im Grunde genommen um alte Bekannte, sie stammten aus der Vorgänger-Baureihe, waren aber so gründlich überarbeitet worden, dass Ford von den Mager-Motoren der dritten Generation sprach. (Mager- bzw. Magermix bezeichnete besonders sparsame und effiziente Motoren mit geringen Schadstoff-Emissionen).

in Rheine gebaut, war der üppig bespoilerte Cossie eine kompromisslose Fahrmaschine mit 220 Turbo-PS, die durch hohe Unterhaltskosten seinen Eignern eine hohe Leidensfähigkeit abverlangte.

Fließende Formen, charakteristische Rundungen und der neue Fischmaul-Kühlergrill prägten die Optik des Escort des Modelljahres 1995. Jetzt endlich war der Escort so gut, wie er von Anfang an hätte sein sollen. Nach Produktionsanlauf des Focus wurde der bisherige Escort als »Classic« weiter gebaut.

Modelle, Varianten, Preise

Modelle: Limousine drei-/fünftürig, Limousine viertürig, Kombi vier-türig, Kleinlieferwagen

Bauzeit: 1990-2000

Motoren: 1299 ccm / 44 kW (60 PS) bei 5000/min ab 9/91
1391 ccm / 52 kW (71 PS) bei 5600/min bis 3/94
1391 ccm / 55 kW (75 PS) bei 5500/min ab 4/94/2/95
1596 ccm / 77 kW (105 PS) bei 6000/min bis 6/92
1597 ccm / 66 kW (90 PS) bei 5500/min von 9/92–1/95
1597 ccm / 65 kW (88 PS) bei 5500/min ab 1/95
1796 ccm / 77 kW (105 PS) bei 5500/min von 1/92 bis 8/95
1796 ccm / 85 kW (115 PS) bei 5750/min ab 8/95
1796 ccm / 96 kW (130 PS) bei 6250/min ab 2/92
1998 ccm / 110 kW (150 PS) bei 6000/min ab 9/91
1993 ccm Turbo / 162 kW (220 PS) bei 6250/min ab 6/92
1753 ccm Diesel / 44 kW (60 PS) bei 4800/min von 9/92 bis 7/96
1753 ccm Diesel / 51 kW (70 PS) bei 4500/min ab 3/96
1753 ccm TD / 66 kW (90 PS) bei 4500/min ab 9/93

Ausstattung: CL: Innenverstellb. Außenspiegel, Nebelschlussleuchte, Scheibenwischer-Intervallschaltung, Heckscheiben Wi/Wascher, höhenverstellb. Sicherheitsgurte vorn, geteilt umklappb. Rücksitzlehne. CLX: get. Scheiben, ZV, Kurbel/Hubdach, Velours, Drehzahlmesser, rote Einlagen in Stoßfängern und Seitenschutz. Ghia: Chromeinlagen, Metallic-Lack, elektr. Außenspiegel, verstellb. Frontscheibe, verstellb. Fahrersitz/Lenksäule, Fußraumbeleuchtung.

Varianten: Escort CL/CLX/Ghia/S/XR3i/RS Cosworth/Flair/Fun/RS 2000/Turnier/Express
Orion CL/CLX/Ghia Si

Preise: von DM 19.090,– (CL dreitürig) bis DM 25.360 (Turnier CLX)

Chronik

1990 Oktober: Neuer Escort eingeführt. Vier geschlossene Escort/Orion-Versionen, drei Ausstattungen, drei Motoren, Benziner ausschließlich mit G-Kat; 1,8 D als erster Diesel seiner Klasse ebenfalls mit Kat. Werk Saarlouis fährt Nov. und Dez. 6 Sonderschichten, Höchstgrenze von 1360 Escort tägl. gebaut, auch Halewood (GB) und Valencia melden volle Auftragsbücher, bis zu 1650 Escort werden dort pro Arbeitstag produziert.

1991 Januar: Vorstellung Escort »Express 40/60« mit 515 bzw. 710 kg Nutzlast. Motor: 1,4-Liter (71 PS) oder 1,8-l-D (60 PS). Vorderwagen identisch mit Limousine (Modell 60 mit Querstabilisator), hinten einteilige Starrachse an Zweiblattfedern. DM 19.017,54 (+ Mwst.) Februar: Einführung Escort »S« (1.6i, 77 kW, 5-Gang, strafferes Fahrwerk, Gasdruck-Stoßdämpfer, verstärkter Quer-Stabi., Reifen 185/60 R14.) Ausstattung: Dreispeichen-Sportlenkrad, spezielle Sitzbezüge, Frontscheibe beheizbar, elektr. verstell/beheizbar Rückspiegel. Lackierte Stoßfänger, schwarze Spiegel und Heckspoiler. Nur dreitürig, DM 22.570,–.
Sondermodelle Escort/Orion »Economy«: Nur Diesel, Velours-Bezüge, verlängerte Mittelkonsole, ZV, verstellbare Lenksäule, variables Scheibenwischerintervall, Rad-Vollabdeckungen, Stoßstangen und Seitenleisten mit Chromeinlage. Ab DM 20.900,–.
März: Vorstellung XR3i 2000 auf dem Genfer Salon. September: Einführung XR3i 2000 als RS 2000 mit 2,0-16V 110 kW/150 PS, nur Dreitürer. Sportfahrwerk, Servo, ABS, Reifen 195/50 R 15. Recaro-Sitze, Sportlenkrad, Kombiinstrument, in Stoßfänger integrierte Blinker, Gitter im Lufteinlass. Außenspiegel und Heckspoiler in Wagenfarbe. Präsentation Escort Express mit Elektromotor. Reichweite 160 km, Beschleunigung 0-80 km/h in 14 s. CL/CLX: Neuer Basismotor 1,3-l-44 kW/60 PS aus Fiesta lieferbar; Escort 1,4 mit CTX-Schaltautomatik lieferbar. 160.792 Neuzulassungen in Deutschland in 1991, Marktanteil 4,0 Prozent. Produktion 337.682 Escort, Kombianteil 35 Prozent.

1992 Januar: Escort und Orion mit neuem 1,8-l-16V-Zeta-Motor (aus britischer Produktion) in zwei Leistungsstufen mit 77 kW/105 PS und 96 kW/130 PS. Einführung XR3i mit beiden Motoren, Parallelmodell Orion heißt »Ghia Si«. Modifiziertes Fahrwerk (straffere Federn, Gasdruckstoßdämpfer, Stabilisator) Doppelscheinwerfer, Blinker vorn in Stoßfänger, Grill, Spiegel und Heckspoiler in Wagenfarbe. Ab DM 22.180,–. Wegfall Escort S.

Escort CL und CLX: verbesserte Ausstattung (verstellbare Lenksäule, Gepäcknetze an Fahrersitz-Rückseite, variables Intervall für Scheibenwischer. Außenspiegel in Wagenfarbe, höhenverstellbarer Fahrersitz).
Februar: Sondermodell Orion »Celebration:« Elektr. beheiz- und einstellbare Außenspiegel, Kurbel-Hubdach, get. Scheiben, Heckscheibenwischer, Gepäcknetze, ZV.
März: Premiere »Escort RS Cosworth 4x4« als Basis für die Rallye-WM, Gruppe A. Allradantrieb und Turbo-Motor aus Sierra RS. Höhenverstellbare Sportsitze, Lederlenkrad, Servo, ZV, Alarm. Gewicht 1265 kg, 0-100 km/h 6,1 sec, Vmax 225 km/h. DM 56.500,–.
September: Facelift (Front- und Heckpartie), verbesserte Sicherheitsausstattung (u.a. Sicherheitslenkrad mit gepolstertem Kranz und Prallplatte); Servolenkung serienmäßig, Einführung 1,6-l-16V-Motor mit 90 PS. Ab DM 24.490,–.

1993 Januar: Vorstellung Escort Express in neuer Optik, Servolenkung a.W. (DM 750,–).
Februar: Verbesserte Sicherheitsausstattung, verstärkte vordere Längs- und Querträger, stabilere Windlaufquerträger, zusätzlicher Rahmen für Fahrgastzelle. Alle Modelle: 5-Gang serienmäßig (Ausnahme: Escort 1,3).
RS Cosworth: Wegfall Aerodynamik-Paket (Heckflügel, Radwindabweiser, unteres Luftleitblech, optional weiterhin lieferbar.) Elektr. Schiebe/Hubdach optional. RS Standard: DM 59.730,–; Luxus: DM 61.360,–.
September: Alle Modelle: Fahrer-Airbag, Gurtstraffer- und stopper, Sicherheitslenkrad etc. Orion nun als Escort eingegliedert; Einführung Escort RS 2000 4x4 2,0-l-16V mit 110 kW/150 PS. Vorstellung 1,8-l-TD mit Ladeluftkühler und Oxi-Kat, 66 kW/90 PS. Ab DM 27.640,–.
Sondermodell »Saphir«: 2 x Airbag, Glasdach, Sportsitze und -lenkrad, Radio. Sondermodell Turnier Trophy: 1,8i, Front/Heckspoiler in Wagenfarbe, Reifen 195/50 auf LM 6 J x 15, Seitenschutzleisten in Wagenfarbe, Dachreling, Sportsitze. DM 33.210,–.

1994 Sondermodell »Bravo«: 2 x Airbag, Glasschiebedach, get. Scheiben, Radio, Drehzahlmesser, von innen verstellbar. Außenspiegel. DM 22.900,–.
September: Alle Modelle Beifahrer-Airbag serienmäßig.

1995 Januar: Facelift, neue Frontpartie. Stoßfänger vorne und hinten, Türgriffe und Stoßleisten neu; Motorhaube und Kotflügel; Scheinwerfer mit integrierten Blinkleuchten, Instrumententafel inkl. Mittelkonsole und Türverkleidungen neu. Komplett überarbeitetes Fahrwerk, bessere Geräuschdämmung. Elektronische Wegfahrsperre, ZV, Drehzahlmesser serienmäßig. Verbesserte Sitze. A.W: elektronisches ABS. Neue Ausstattungslinien »Flair«, »Fun« und »Ghia«.
August: Sondermodell »RS 2000 F1 Edition«: Sonderlackierung Lugano-Blau, LM-Räder 195/50 VR 15, Auspuffendrohr aus Edelstahl, Carbon-Look (»Evotec«) an Armaturenbrett und Einstiegsleisten, weiß unterlegte Armaturen. Auflage 500 Exemplare. 1,3-l-Motor (»Endura E«) mit Mehrpunkt-Einspritzung erfüllt nun 96er EU-Abgasnorm. Einführung 1,8-l-Motor (»Zetec«, 115 PS) ersetzt 1,8-l-16V mit 105 PS. Neueinführung 1,8-l-TD (»Endura DE«, 70 PS). Alle Modelle: Überarbeitetes 5-Gang-Getriebe IB5 (kürzere Schaltwege); Vierkanal-ABS a.W.

1996 Januar: Fünf Elektrofahrzeuge auf Express-Basis (Ford Ecostar) gehen bei der Telekom in einen Langzeitversuch. Asynchron-Elektromotor, 55 kW/75 PS bei 13.000/min. 0-80 km/h 14 s, Reichweite 100 km.
März: Vierkanal-ABS serienmäßig für alle Modelle; Preisanhebung um 660 Mark.
Juni: Sondermodell »Champ:« Minderausstattung ohne Color, Drehzahlmesser, ZV.

1997 Januar: Ausstattungsverbesserungen für alle Modelle, Flair z.B. mit Audiosystem, Schiebehubdach, 185er Reifen und EFH; Fun: LM-Räder, Schiebehubdach, Ghia: Klima, Audiosystem, elektr. Sitzhöhenverst., 185er Reifen. Diesel-Modelle zum Preis des entsprechenden Benziners; Preisreduzierungen für 1,6-l-16V und 1,8-l-16V.
Dezember: Escort Sondermodelle »Classic« (Stoßfänger mit Nebelschlussl. farbig, Außenspiegel farbig, Kartentaschen an den Sitzlehnen, Innenbeleuchtung mit Verzögerungsschaltung, 2 verstellb. Kopfstützen hinten) und »GT« (ZV mit Infrarotbed., Außenspiegel in Wagenfarbe, Kartentaschen an Vordersitzlehnen). Von DM 25.700,– bis DM 33.000,–.

1998 Oktober: Nach Focus-Einführung als »Classic« weiterhin angeboten.

2000 September: Produktionseinstellung.

Die »Ein-Preis-Strategie«
ließ den Kombi-Anteil in die
Höhe schnellen. Im Bild ein
Turnier in der Ausstattung
Flair vom April 1997.

Escort (1992–1995)

Aufgeschreckt durch die vernichtende Kritik in den
Medien und den mangelnden Zuspruch der Käufer,
knöpfte sich Ford den Escort vor und verpasste ihm ein
neues Outfit mit neuem Kühlergrill und größeren
Heckleuchten. Außerdem schnürte Ford nun ein vernünftiges Sicherheitspaket, installierte verstärkte
Schweller, zog einen besseren Seitenaufprallschutz ein
und modifizierte die Lenksäule.

Überdies werkelte im Maschinenraum nun Fords
moderne Zeta-Motorenbaureihe: Vierventiler, zwei
obenliegende Nockenwellen und elektronische Ein-
spritzanlage – der neue 1,4-l-Motor war eine viel emp-
fehlenswertere Antriebsquelle als die 1,3-l-Einstiegs-
maschine mit seitengesteuerter Nockenwelle, der zwar
leise und kultiviert, aber doch arg schlapp agierte. Alle
Modelle kamen darüber hinaus nun in den Genuss einer
Servolenkung. Dennoch blieb der Zuspruch eher mäßig,
die Kunden favorisierten nach wie vor VW Golf und
Opel Astra.

Escort (1995–1998)

Erst im dritten Anlauf war der Ford so gut, wie er von
Anfang an hätte sein sollen – so zumindest ein Ford-
Offizieller bei der Presse-Vorstellung im Januar 1995 in
Saint Tropez. Lärmende Motoren, lästige Vibrationen,

Dröhngeräusche und eine knochige Federung hatten
bislang für Verdruss gesorgt, die verwendeten Kunst-
stoffe wirkten billig und der Qualitätseindruck erreichte
nicht das Wolfsburger Niveau – doch damit war nun
endlich Schluss. Die Escort waren nicht mehr wiederzu-
erkennen. Geändert hatten sich in der Neuauflage aber
nicht nur Optik und Qualität. Ford überarbeitete gründlich Motor, Getriebe, Lenkung und Achsen, und die
Feinarbeit trug Früchte. »Schlichtweg eines der besten
Fahrwerke seiner Klasse«, lautete das Resultat eines
großen *mot*-Tests, und im Vergleichstest schaffte der
Kölner Bestseller dann, was noch keinem seiner
Vorgänger gelungen war: Er schob sich vor VW Golf und
Opel Astra an die Spitze, trotz der herben Kritik am
Zweikanal-ABS. Der Escort hätte noch besser abge-
schnitten, wenn das ab September 1995 installierte, sehr
wirkungsvolle Vierkanal-ABS zur Verfügung gestanden
hätte.

In seinen letzten Lebensjahren war aus dem Escort ein
richtig gutes Auto geworden, das dank der Ein-Preis-
Strategie – Schrägheck, Kombi, Stufenheck kosteten
gleich viel – sich zeitweilig auf den dritten Platz der
Zulassungs-Hitliste schob. »Der Escort ist ein echter
Ford-Schritt. Mancher Golf- und Astra-Fahrer, der einen
Bogen um jeden Escort machte, sollte es sich jetzt anders
überlegen« (*Bunte*).

Krawallig: Groß dimensio-
nierte Lufteinlässe, ein üppig
dimensionierter Heckspoiler
und Lufthutzen auf der
Motorhaube prägten die
Optik des Escort RS Cos-
worth. Der Allradler schaffte
eine Spitze von 220 km/h.

Ford Escort Cabriolet (1983–1997)
Aufschneider am Werk

Patrick le Quément, zwischen 1981 und 1987 Styling-Chef bei Ford, war Cabrio-Fan. Und deswegen bestand eine seiner ersten Amtshandlungen darin, zur Flex zu greifen und das »Auto des Jahres 1981« seines Blechdachs zu berauben. Fünf Monate später, im September 1981, war er damit fertig und konnte, nachdem der Vorstand zwei Tage vor IAA-Beginn endlich grünes Licht gegeben haben, sein offenes Einzelstück frohgemut nach Frankfurt karren. Und der offene Escort avancierte zum unbestrittenen Star des Ford-Messestandes. Das unerwartete Highlight brachte die Produktplaner in Zugzwang: Trotz aller wirtschaftlichen Schwierigkeiten kam Ford nicht umhin, dem Einzelstück eine Serie folgen zu lassen. Und das war wiederum Sache der Cabrio-Spezialisten von Karmann. Das 1871 gegründete Unternehmen hatte in fernen Vorkriegszeiten den Eifel-Roadster geschaffen, sich in den Jahren nach 1945 aber vor allem als Hausschneider von Volkswagen einen Namen gemacht: Zuerst mit dem Käfer-Cabriolet, ab 1979 mit dem Golf. Und jetzt also der Escort. Die Styling-Abnahme erfolgte bei Karmann im Dezember 1981, die Freigabe durch den Vorstand kam im März 1982 und der Prototypenbau begann im Juni 1982. Die Produktion des Escort-Aufschnitts fand im Zweigwerk Rheine statt, der Golf entstand im Stammwerk Osnabrück.

Karmann entwickelte rund 80 Prozent aller Escort-Karosserieteile entweder neu oder konstruierte sie so um, dass sie den Anforderungen eines Cabriolets entsprachen. Und die Karmänner verstanden ihr Handwerk: Die Karosseriesteifigkeit erreichte annähernd die Werte der Limousine – was nichts am insgesamt schlechteren Fahrverhalten und der ziemlich straffen Fahrwerksabstimmung änderte: »... wirkt der härter gefederte Escort insgesamt klappriger«, urteilte *sport auto* beim Vergleich von XR3 und Golf GLi. Von den rund 2000 cabriospezifischen Autoteilen stammten etwa 20 Prozent aus Karmann-eigener Fertigung. Zu Hoch-Zeiten rollten täglich bis zu 15 Waggons mit Karosserieteilen aus dem Ford-Werk Saarlouis nach Rheine; auf der Straße wurden die insgesamt sieben verschiedenen Getriebe aus Köln und Saarlouis herbeigeschafft, die Bremstrommeln stammten aus Düren und Kunststoffteile aus dem Ford-Werk Berlin. Die Achsschenkel lieferte das Werk Wülfrath und die Motoren das Werk Bridgend, Wales.

Wie die Limousine, kam auch das Cabriolet in den Genuss des umfassenden Facelifts und der Fahrwerks-Modifikationen des Jahres 1986. Und nun überzeugte der Beau de Cologne auch die letzten Kritiker: »Jetzt

Kurz vor der IAA 1981 wurde entschieden, das Escort-Cabriolet vorzustellen. Die Nachfrage war so groß, dass Ford sich zu einer Produktion entschloss. Erst zwei Jahre später war die Studie serienreif. Im Bild das 1,3 Ghia-Cabrio

Kein Cabriolet ohne Henkel: Vom Ritmo bis zum offenen Golf, keines der Viersitzer-Cabriolets verzichtete auf den versteifenden Bügel. Der Escort aber – hier in XR3i-Variante – war aber das optisch ausgewogenste.

Bewährte Basis: Die Bodengruppe lieferte das Escort-Werk Saarlouis zu. Karmann in Rheine versteifte sie dann mit rund 80 Kilogramm Stahl. Das Cabriolet unterschied sich in rund 2000 Teilen von der Limousine. Im Bild ein Escort Ghia, 1988-1990.

Die hinteren Seitenscheiben waren in der zweiten Escort-Generation voll versenkbar; im Überrollbügel befanden sich Innenleuchten wie auch einklappbare Haltegriffe. Im Bild ein XR3i-Cabrio des Modelljahres 1993.

Karmann-Spezialität: das fünflagige Verdeck mit fester, beheizbarer Heckscheibe. Vor Auslieferung wurde jedes Cabriolet einer Dichtigkeitsprüfung unterzogen, bei dem in fünf Minuten 1000 Liter Wasser auf das Cabrio einprasselten – so natürlich auch bei der Cabrio-Neuauflage von 1990.

läuft er endlich ordentlich geradeaus und plötzliche Lastwechsel veranlassen ihn nicht mehr zu den Hasenschlag-Reaktionen eines flüchtigen Feldhasen.«, konstatierte *mot*, und: »Verarbeitungsmängel muss man mit der Lupe suchen.« Kein Zweifel: Selten machte ein Aufschneider eine bessere Figur.

Escort Cabriolet (1990–1997)

Neben der Neuentwicklung der Limousine bei Ford erfolgte parallel die Entwicklung des neuen Escort Cabriolets bei Karmann. Nachdem im Mai 1987 das endgültige Konzept vorlag, konnte das Lastenheft formuliert werden. Dazu gehörten ein erheblich tiefer abgesenktes Verdeck, voll versenkbare Fond-Seitenscheiben sowie die Forderung nach komplett frei stehenden, rahmenlosen Türscheiben. Außerdem sollte der Kofferraum besser nutzbar sein. Die Styling-Abnahme erfolgte bereits im Oktober 1987, der erste Serien-Escort verließ am 24. September 1990 die Fließbänder in Rheine. Knapp sieben Jahre später standen sie wieder still, rund 85.000 offene Escort waren entstanden.

Schöner Rücken: Zu den Vorzügen des Escort gegenüber dem Golf-Cabriolet gehörte der deutlich größere Gepäckraum. Der Escort-Stauraum hatte ein Volumen von 322 Liter, in den Golf passten maximal 280 Liter. Im Bild: Escort XR3i, 1995.

Modelle, Varianten, Preise

Modelle: Cabriolet zweitürig
Bauzeit: 1983-1997
Motoren: 1296 ccm / 51 kW (69 PS) bei 6000/min bis 1/86
1392 ccm / 55 kW (75 PS) bei 5600/min ab 2/86–7/90
1597 ccm / 58 kW (79 PS) bei 5800/min bis 12/85
1597 ccm G-Kat / 66 kW (90 PS) bei 5800/min ab 2/86 bis 7/90
1597 ccm / 77 kW (105 PS) bei 6000/min bis 1/86
1597 ccm / 66 kW (90 PS) bei 5800/min ab 2/86–7/90
1597 ccm G-Kat / 75 kW (102 PS) bei 5800/min von 7/88–7/90
Baujahre 1990-1997:
1597 ccm G-Kat / 77 kW (105 PS) bei 5500/min ab 10/90 bis 1/92
1597 ccm / 66 kW (90 PS) bei 5500/min ab 8/92
1391 ccm / 52 kW (71 PS) bei 5600/min ab 10/91–4/94
1391 ccm / 55 kW (75 PS) bei 5600/min ab 4/94
1796 ccm / 77 kW (105 PS) bei 5500/min ab 1/92–8/95
1796 ccm / 96 kW (130 PS) bei 6250/min ab 1/92–8/96
1796 ccm / 85 kW (115 PS) bei 5750/min ab 8/95
1753 ccm TD / 66 kW (90 PS) bei 4500/min ab 4/94
1753 ccm D / 51 kW (70 PS) bei 4500/min ab 8/95

Ausstattungen: Scheibenbremsen vorn, umklappbare Rücksitzlehne, schwarze Stoßfänger. L: Scheibenwischer-Intervall-schaltung, zusätzliche Belüftungsdüsen, verbesserte Geräuschdämmung, Ablagen vorn, Zierstreifen. GL: Fahrerspiel von innen verstellbar, Tageskilometerzähler, zusätzliche Warnleuchten, Kofferraumleuchte, abschließb. Handschuhfach, Kunststoffeinlage auf den Stoßfängern, verchromte Seitenfenster-Einfassungen. Ghia: Drehzahl-lmesser, Halogenscheinwerfer, bessere Dämpfung, verchromte Radkappen, Stoßstangenhörner. XR3: Bilstein-Fahrwerk, Spoiler, LM-Räder, Stoßfänger in Wagenfarbe, Sportsitze, -lenkrad, Heckscheibenwischer.
Varianten: Escort GL/XR3i/Ghia
Preise: ab DM 11.295,–/ 31.600,- (Stand 1983/ 1991)

Chronik

1981 September: Vorstellung auf der Frankfurter Automobilaus-stellung IAA, Code-Name »Erika« (der US-Escort trug ebenfalls diesen Codenamen). Styling-Abnahme Dez. 1981, Prototypenbau Juni '82 bis Dez. '82, Fahrversuche von Okt. '82 bis Juli '83.

1983 September: Vorstellung des Serienmodells, Serienanlauf erfolgt am 26. September 1983. Beim Verkaufsstart sind drei Motoren (69, 79, 105 PS) und zwei Ausstattungen (GL, XR3i) lieferbar. In GB wird nur der 1.6-l-Motor ange-boten, für das übrige Europa steht die gesamte Motoren-palette zur Verfügung. 5-Gang-Getriebe serienmäßig.

1985 Einführung Escort Cabrio Ghia.

1986 Januar: Umfangreiche Modellpflege; XR3i serienmäßig mit Lucas-Girling ABS. Verbesserter cW-Wert durch über-arbeiteten Spoiler, kleineren Kühlergrill, tiefer herunterge-zogene Motorhaube, überarbeitetes Fahrwerk und modifi-zierter Innenraum.

1987 Oktober: Einführung des elektrisch betätigten Verdecks als Wunschausstattung. Sondermodelle mit Zweifarb-Lackie-rungen auf XR3i-Basis: Farben Strato-Silber/ Titangrau bzw. Kristall-Blau/Strato-Silber. Blaues Verdeck, Stoß-fänger und Heckspoiler in Wagenfarbe, blaue Zierstreifen. DM 31.020,–.

1988 Februar: Fertigstellung des 50.000sten Escort Cabriolets. Einsatz verstärkter Dachrahmen und eines verbesserten Verriegelungsmechanismus.
April: Sondermodell mit weißer Ganzlederpolsterung. Basis XR 3i, Elektroverdeck, EFH, LM-Räder, Radioanlage, elektrische Antenne. DM 39.080,–.
September: Sondermodelle mit Recaro-Sitzen: Basis XR 3i, Teilleder, Metallic-Lackierung, spezielle Radabdeckungen, Seitenzierleisten in Silber. DM 31.895,–.
Sondermodelle mit Zweifarblackierung in Farben Kasta-nienbraun/Quarz-Gold und Nimbus-Grau/Regent-Rot. DM 31.450,–. Kühlergrill-Modifikationen entsprechend Escort-Limousine.

1989 September: Einführung des 1.6-l-Motors mit 102 PS und G-Kat; Leuchtweitenregelung serienmäßig. XR3i-Cabrio mit Türschwellerverbreiterung und geändertem Stoßfänger vorne. Einführung Sondermodell »Boris Becker« mit wei-ßer Lackierung, Recaro-Sitzen und LM-Rädern im Cosworth-Design. Ghia: getönte Scheiben, Scheiben-wischer mit variablem Intervall.

1990 Januar: Sondermodell »Highlight« mit grauen Ledersitzen und Komplettausstattung. Auf Wunsch Dachgepäckträger für Skier und Surfboard lieferbar.

Mai: Das 100.000ste Escort Cabriolet läuft vom Band.
Juli: Produktionsende am 22. Juli, insgesamt 104.237 Fahrzeuge produziert.
Oktober: Premiere für das neue Escort-Cabriolet. Beim Verkaufsstart steht nur ein 1.6-l-CVH-Motor mit 105 PS in der XR3i-Version zur Verfügung. Wie beim Vorgänger mit heizb. Heckscheibe. Nebelschlussleuchten, elektr. Einstell./beheiz. Außenspiegel, Stoßfänger in Wagenfarbe, Sportsitze-/Lenkrad. Leder, elektr. Verdeckbetätigung, LM, Dachgepäckträger. Ab DM 34.450,–.

1991 Oktober: Einsatz des 1.4-l-EFI-Motors mit 71 PS als CLX-Version. DM 31.600,–.

1992 Januar: Einsatz der neuen 1.8-l-DOHC-Motoren in der XR3i-Version mit 105 PS (DM 34.080,–) bzw. 130 PS (DM 37.000,–). Auslauf des 1.6-l-CVH-Motors (105 PS). Neues Getriebe (MTX 75) für die 1.8-l-Motoren. XR3i bekommt einen »glatten« Kühlergrill, einen vorderen Stoßfänger mit integrierten Nebellampen und Blinkleuch-ten sowie Recaro- oder Karmann-Sportsitze.
August: Zusätzliche Versteifungsmaßnahmen fließen in den Rohbau ein. Der neue 1.6-l-DOHC-Motor mit 90 PS kommt zum Einsatz. Im Motorraum entfällt ein Schwingungstilger. Die Fahrgestell-Nr. wird sichtbar auf der Instrumententafel angebracht. Preise: DM 33.530,– bis DM 38.460,– (XR3i 1,8 G-Kat, 130 PS).

1993 Januar: Modellpflege; Motorhaube mit integriertem Grill. Rückleuchten zur Hälfte in den Heckdeckel integriert. Türgriffe, Außenspiegel und Stoßfänger in Wagenfarbe, Seitenaufprallschutz in den Türen, Entfall der XR-Beschil-derung (Si). Neben 1,4-l-71 PS nun 1,6-l-16V mit 66 kW/90 PS (Ausstattung CLX: Neue Radabdeckungen, ver-stellbare Lenksäule, variable Intervallschaltung für Wischer, Warnsummer für Licht. XR3i/Si: Auspuffendstück aus Edelstahl, a.W. 15-Zoll-Räder in 195/50 VR 14, Motoren wie gehabt 1,8 l (77 kW/105 PS) und 96 kW/130 PS. Ab DM 33.530,–.
Mai: Sondermodell »Michael Schumacher Edition«: Leder-Sportlenkrad, Metallic-Lack-LM-Räder. Motoren: 71, 90, 105, 130 PS, DM 36.830,– bis DM 41.970,–
August: Fahrer- und Beifahrerairbag, Sicherheitsgurtstraffer und -stopper, Sicherheitssitze mit »Anti-Submarine«-Effekt, Kombiinstrument mit hellem Hintergrund. Zusätzliche Türschlossabdeckungen, 1.6-l-Motor wird wahlweise ein CTX-Automatik-Getriebe ange-boten. Es werden aber nur 2 Fahrzeuge gebaut, da es Probleme mit den Getrieben gibt. XR3i serienmäßig mit Windschott. DM 35.900,– bis DM 40.680,–.
Oktober: Neue Außenspiegel und Diebstahlwarnanlage/Wegfahrsperre.

1994 April: Einsatz des neuen 1.4-l-CFI-Motors mit 75 PS, die 71 PS-Variante entfällt. Drei RS-Pakete werden angebo-ten.
August: Einsatz des aus der Limousine bekannten 1.8-l-TDI-Motors mit 90 PS (I = Intercooler). Neues Design der Vordersitze.

1995 Januar: Umfangreiche Modellpflege (wie Limousine). Kein cabriospezifisches Fahrwerk mehr. Motorlager und Aufhängung nun von der Limousine übernommen. Dom-strebe entfällt.
August: Textilverdeck als Sonderausstattung; Einsatz des neuen 1.8-l-Motors mit 115 PS, die 105 PS-Version ent-fällt. Einführung des neuen 1.8-l-TD-Motors mit 70 PS (ohne Intercooler); Ford ist damit der dritte Anbieter eines Diesel-Cabrios nach VW und Audi. Entfall der hinteren Scheibenbremsen bei der 130 PS-Version, durch Trom-meln ersetzt. Neue Audiosysteme. Die 1.6-l-Version mit CTX-Automatik-Getriebe wird wieder wahlweise angebo-ten. Wiedereinführung der cabriospezifischen Aufhängung. Einführung Sondermodell »Pacific«.

1996 April: Die Si-Versionen werden aufgewertet, in GB jetzt als Ghia vermarktet: Zusätzliche Chromteile innen und außen, Kombiinstrument mit Abdeckung im Holzlook, elektrohydraulisches Textilverdeck, Lederlenkrad, Einstiegleisten in besonderer Ausführung, neue Domstrebe.
August: Diebstahlwarnanlage wird abgeändert, so dass der Heckdeckel innerhalb eines kurzen Zeitraums geöffnet werden kann ohne die Alarmanlage auszulösen. Der 130 PS-Motor entfällt.
Sondermodell »Ghia Edition«: Teilleder, elektr. Verdeck, LM 6 J x 15, Holz/Lederlenkrad, Nebelscheinwerfer, Metallicl., Audiosystem.

1997 Januar: Einführung Traktionskontrolle; zusätzliche 3. Bremsleuchte. Schlüssel mit integrierter Fernentriegelung. Selbstabschaltende Nebelschlussleuchte.
September: Produktionsauslauf am 30.9. nach insge-samt 83.983 Cabrios.

Ford Orion (1983–1993)
Raumpatrouille

Ein glückliches Händchen bewies Ford bei der Namenswahl für den Escort-Ableger. »Orion«, das klang futuristisch, das klang nach Kosmos und Sternenkreuzer, nach Großraum, und nicht zuletzt erinnerte es an die Kult-TV-Serie Raumpatrouille und die Abenteuer von Commander Cliff McLane in der *Orion*. Im Gegensatz zur TV-Serie, die in erster Linie fürs deutsche Publikum produziert worden war, hatte Ford bei dem zwanzig Jahre später gezeigten Orion vor allem den britischen Markt im Visier und ein wenig auch diejenigen Käufer, die sich mit dem Taunus-Nachfolger Sierra nicht anfreunden mochten. Allzuviele waren es aber nicht, die dem konventionellen Taunus nachtrauerten. In Deutschland waren die Stufenheck-Versionen kein Renner, auf zehn verkaufte Escort kam ein Orion. Die klassische Stufenhecklimousine geriet in den Ruch des Rentner-Fahrzeugs – was im Falle des Orion ausgesprochen ungerecht war: Für Familien gehörte der Ford mit Stufenheck zur ersten Wahl.

Zu den stärksten Argumenten des Orion gehörte naturgemäß das Ladevermögen. Der fünfsitzige Raumkreuzer bot – bei gleichem Radstand wie der Escort – deutlich mehr Platz für das Gepäck: Fords Jetta-Rivale schluckte bei normaler Bestuhlung 451 Liter, ins Jetta-Heck passten allerdings noch einmal 50 Liter mehr. Sperrige Gegenstände ließen sich dank der geteilt umklappbaren Rücksitzbank problemlos transportieren. Dennoch galten die Platzverhältnisse nicht eben als verschwende-

Die Stufenheck-Variante des Escort hieß Orion und wurde erst 1983 eingeführt. Das Motor- und Ausstattungsangebot war aber nicht so groß wie bei der Schrägheck-Limousine. Im Bild der GL.

Sogar Honecker war Orion-Fan. Er ließ prüfen, ob 10.000 der Stufenheck-Escort im Rahmen von so genannten Kompensationsgeschäften in die DDR eingeführt werden könnten. Der Deal kam nicht zustande. Unter dem Orion-Blech steckte Escort-Technik.

Modelle, Varianten, Preise

Modelle: Limousine viertürig
Bauzeit: 1983–1990
Motoren: 1296 ccm / 51 kW (69 PS) bei 6000/min bis 1/86
1296 ccm U-Kat / 44 kW (60 PS) bei 5000/min ab 9/87
1392 ccm / 55 kW (75 PS) bei 5600/min von 2/86–1/87
1392 ccm / 54 kW (73 PS) bei 5500/min ab 2/87
1392 ccm G-Kat / 54 kW (73 PS) bei 5500/min ab 2/87
1597 ccm / 77 kW (105 PS) bei 6000/min ab 10/82
1597 ccm / 66 kW (90 PS) bei 5800/min ab 2/86
1597 ccm G-Kat / 66 kW (90 PS) bei 5800/min ab 9/87
1608 ccm Diesel / 40 kW (54 PS) bei 4800/min von 2/84 bis 6/88
1753 ccm Diesel / 44 kW (60 PS) bei 4500/min ab 7/88
Ausstattungen: GL: Fahrerspiegel von innen verstellbar, Tageskilometerzähler, Kofferraumleuchte, abschließb. Handschuhfach, Velourspolster, Kunststoffeinlage auf den Stoßstangen, verchromte Seitenfenster-Einfassungen. Injection: Transitorzündung, Ölkühler, K-Jetronic, Gasdruckstoßdämpfer, innenbel. Scheibenbremsen vorn, 5-Gang, Drehzahlmesser, Dachhimmel mit Stoffbezug, 3-Speichen-Lenkrad, Digitaluhr, elektr. verstellb./beheizb. Außenspiegel, Fernentriegelung Kofferraumklappe.
Varianten: Orion GL/Orion injection
Preise: von DM 17.085,– bis DM 21.125,–

Chronik

1983 Juli: Der Ford Orion, die Stufenheckversion des Escort wird in GL- und Injektion-Ausstattung vorgestellt. Ausstattungsmerkmale: In den Kofferraum integrierter Heckspoiler; breite Stoßfänger an Front und Heck; breite Kunststoffleisten an den Seiten, die beim Einspritzer rot ausgelegt sind.

1984 Februar: Orion mit 1,6-l-Diesel lieferbar.
März: Einführung Orion 1,3/1,6. Auf Wunsch 5-Gang.

1985 März: Einführung 1,6-l-Kat mit 66 kW/90 PS und KE-Jetronic.

1986 Februar: Facelift, Orion als CL- und Ghia. 5-Gang Serie (nur 1,6 l). Einführung mechanisches ABS.

1987 Mai: Orion mit G-Kat a. W.. 1,3 Liter serienmäßig mit U-Kat und 5-Gang.

1988 Januar: Sondermodell »Bravo«: Kurbel/Hubdach, Sitzbezüge, Radabdeckungen. 1,3-l-U-Kat (44 kW/60 PS), DM 18.770,–.
Juli: Einführung Orion Diesel (1,8 l, 44 kW/60 PS).
September: Kühlergrill-Modifikationen entsprechend Escort; einf. 1,6 l G-Kat.

1989 September: Ausstattungsverbesserung; CL/Ghia (u.a. neue Radabdeckungen); 1,6i-G-Kat (102 PS) in Orion Ghia. Orion mit 1,6i-90-PS-G-Kat um 1500,– reduziert, Leuchtweitenregulierung innen.
»Laser« ersetzt So.-Modell »Bolero« (Basis CL): Außenspiegel in Wagenfarbe, Mittelarmlehne hinten, Drehzahlmesser, Digitaluhr, 175er Reifen; Preise um jeweils DM 135,– über CL. So-Modell »Plus« (Basis C, Radio. Kurbelhubdach, 1,8-l-D, 1,3 l 44kW/60PS od. 1,4-l.)

1990 Oktober: Orion-Neuauflage, Angaben und Modellpflege siehe Escort. Alle Ausstattungsstufen, Topmodell aber nicht »S«, sondern Ghia Si.

1991 Oktober: Vorstellung Sondermodell »Economy«: 1,8-l-Diesel mit Oxy-Kat, ZV, Velours, Radabdeckungen. DM 25.230,–.

1992 Januar: Sondermodell »Celebration«: Kurbel-Hubdach, elektr. Außenspiegel, Color, ZV, Velours, Radio/Cassette, Heckscheibenwischer. DM 24.270,–.
März: Einführung Economy-Modell.
September: Modellpflege entsprechend Escort.

1993 Mai: Sondermodell »Flair«: Stoßfänger in Wagenfarbe mit Chromeinlage, Reifen 185/60 auf 6 J x 14, Radio/Cassette, spez. Sitzbezüge. Alle Motoren, ab DM 27.840,–.
September: Ende als eigenständige Modellreihe; Orion wird nun als Stufenheck-Version des Escort weiter geführt.

risch. Allerdings saßen die Crewmitglieder im Orion bequemer als im Escort, was an den neuen Sitzen aus dem Sierra-Programm (die mehr Knieraum boten) und der größeren Kopffreiheit dank des neu geschnittenen Limousinendaches lag.

Der Rucksack-Escort legte im Vergleich zum Schrägheck ein etwas verbessertes Fahrverhalten an den Tag. Das modifizierte Fahrwerk mit der tiefer angelenkten Hinterachse bot kaum Grund zur Klage in Bezug auf Fahrkomfort und Geradeauslauf. Der Orion umrundete Kurven leicht untersteuernd mit spürbarer Karosserieneigung und zeigte nur gemäßigte Lastwechsel-Reaktionen. Gegen eine Raumpatrouille mit dem Ford sprachen eigentlich nur zwei Gründe. Erstens der Rentner-Ruch und damit auch der zu erwartende schlechte Wiederverkauf, und zweitens das zunächst nur eingeschränkte Ausstattungs- und Motorenangebot. Das GL-Grundmodell kostete mit 69-PS-Motor DM 17.085,–, wer sich für den Diesel entschied, musste nahezu 2000 Mark mehr hinblättern. Das Topmodell mit 105-PS-Einspritzer kam auf 21.125 Mark, die Modellpflege verlief analog zum Parallelmodell Escort.

Übrigens begeisterte sich die Englands Prinzessin Margaret sehr für den Orion und bestellte in Saarlouis einen schwarzen GL. So weit ging der Saarländer Erich Honecker allerdings nicht. Er ließ aber immerhin prüfen, ob nicht 10.000 Orion in die DDR importiert werden könnten – schließlich waren die Sowjets die ersten gewesen, die den Weltraum erobert hatten, und die DDR galt bekanntlich als der treueste Satellitenstaat...

Im Rrenn-Trimm: Mit dem RS-Teileprogramm ausstaffierter Orion 1,4 Ghia des Modelljahres 1983.

Zu den weiteren Neuheiten von Kölns renovierter Kompaktklasse gehörte ein zusammen mit Lucas/Girling entwickeltes ABS-System. Zum Preis eines guten Autoradios konnte man es ab 1,4 l Hubraum bestellen. Im Bild der Orion 1,4 CL, 1986.

Ford Focus (seit 1998)
Der Musterschüler

Zu mutig? Das New-Edge-Design des Escort-Nachfolgers war auch innerhalb des Unternehmens umstritten.

Für die Export-Märkte viel wichtiger als für den deutschen Markt war die Stufenheck-Version des Focus.

Vorurteile haben ein langes Leben. Eins zum Beispiel besagt, dass Ford nur langweilige Autos zu bauen vermag. Brot-und-Butter-Fahrzeuge, die in ihrer Qualität nicht an die Konkurrenz heranreichen. Und vom Fahrwerk her sowieso nicht.

Und dann stellte Ford im Spätjahr 1998 den Motorredaktionen den Escort-Nachfolger Focus auf den Hof, und deren Weltbild geriet ins Wanken: Dieser frech gestylte, knapp 4,20 Meter lange Kompakte hatte so gar nichts mehr vom Escort, dem mit über 20 Millionen meist verkauften Ford überhaupt. Der charismatisch gestylte Fronttriebler – »New Edge-Design« hieß das und war bereits bei Ka, Puma und Cougar erprobt worden – wartete mit einem großzügigen Raumangebot,

einem traumhaften Handling und einem hohen Fahr- und Federungskomfort auf. Prunkstück des Focus-Fahrwerks war die neue Schwertlenker-Hinterachse, eine Weiterentwicklung der Mondeo-Konstruktion und maßgeblich vorangetrieben von Ulrich Eichhorn, der dann zu Volkswagen ging und heute Bentley-Entwicklungsvorstand ist. Seine Konstruktion besteht größtenteils aus Pressteilen, die nicht nur günstig herzustellen sind, sondern auch die ungefederten Massen reduzieren: Um rund 3,5 Kilogramm pro Rad, vermeldete das Werk. An der Vorderachse kamen McPherson-Federbeine zum Einsatz. Ihre spezielle Form der Anlenkung hieß »Zero-Offset-Geometrie«. Vorder- und Hinterachskonstruktion zusammen setzten Maßstäbe in Fahrkomfort, Lenkpräzision, Handling, Brems- und Fahrstabilität sowie Geräusch- und Schwingungskomfort. Im direkten Vergleich mit Golf und Astra punktete der Ford durch sein »flinkes Handling« und die »ausgeprägte Gutmütigkeit«. Keine Spur mehr von der bei früheren Ford-Tests obligatorischen Schelte an der Fahrstabilität: Seine Federung absorbiere Fahrbahnunebenheiten mit »bemerkenswerter Geschmeidigkeit«, lobte *auto motor und sport*.

Zu den weiteren Paradedisziplinen des Escort-Nachfolgers gehörte das üppige Platzangebot, kein Wunder: mehr Millimeter zwischen den Achsen als der Focus – nämlich 2615 – hatte kein anderer Konkurrent im so genannten C-Segment aufzuweisen, und höher baute auch keiner: Das Raumangebot war wirklich außergewöhnlich. Selbst langbeinige Teenager fühlten sich im Fond bestens aufgehoben. Zu den technischen Highlights des neuen Modells zählten unter anderem seine ebenso stabile wie leichte Karosseriestruktur mit dem geringsten Leergewicht in dieser Klasse.

Für den Focus standen vier Vierventil-Benziner mit einer Leistungsspanne von 55 kW/75 PS in der 1,4-Liter-Ausführung bis zu 96 kW/130 PS in der 2,0-Liter-Version sowie ein neuer 1,8 Liter Turbodiesel-Direkteinspritzer mit 66 kW/90 PS zur Verfügung.

Und selbst in der billigsten Ambiente-Variante war der Newcomer schon bestens ausgestattet. Gegen frühere Ford-Leiden wie Schwächen bei der Fahrstabilität, der Materialqualität, der Innenraumanmutung und der Verarbeitungsqualität zeigte sich der Focus gefeit: Der sympathische Kompakte hatte in jeder Beziehung den Klassenprimus Golf ein- oder gar überholt. Das sah auch der TÜV so: Erstmals seit 14 Jahren stand 2002 wieder ein deutscher Wagen an der Spitze der Statistik, der Focus war in der Klasse der bis drei Jahre alten Autos unschlagbar. Auch in dem in der Zeitschrift *mot* im

Mit dem Focus knüpfte Ford an die Rallye-Erfolge des Escort an. Der Focus WRC (World Rallye Championship) gewann 1999 die legendäre Safari-Rallye.

Die teuerste Möglichkeit, Focus zu fahren: Focus RS, 2002. Die auf 5000 Exemplare limitierte Sonderserie kostete 30.000 Euro.

Oktober 2002 erstmals in Deutschland veröffentlichten JD Power Report zur Kundenzufriedenheit stellte der Focus seine Rivalen aus Rüsselsheim und Wolfsburg klar in den Schatten: In seiner Klasse belegte er den sechsten Rang, Golf und Astra folgten auf den Plätzen 19 und 21. Besonders zufrieden waren Focus-Fahrer mit der Innenraumgestaltung, den vorzüglichen Sitzen und der Audioanlage. Raum für Verbesserungen sahen sie hingegen noch beim Benzinverbrauch, den schwergängigen Türen, der Rostvorsorge und der Innenraum-Durchlüftung. Und Kinderkrankheiten waren ein Fremdwort. Was den Kompakten aus Saarlouis außerdem so attraktiv machte, waren die niedrigen Unterhaltskosten und die günstigen Einstandspreise.

Alles Paletti also bei Ford Focus? Wie es scheint, ja. Einen Focus zu fahren, um so mehr in der riesigen Turnier-Version, ist beinahe so etwas wie eine Rundum-Sorglos-Versicherung. Die blütenweiße Weste ist unbefleckt. Es ist an der Zeit, sich von Vorurteilen zu trennen.

Bereits in der Grundausstattung Ambiente komplett ausgestattet: Focus Turnier, Modelljahr 1999.

Zum Modelljahr 2002 wurde die Focus-Reihe einem Facelift unterzogen, kenntlich an den in die Klarglas-Scheinwerfer integrierten Blinkleuchten – natürlich auch beim Focus ST 170 in der Kombi-Version Turnier.

Modelle, Variante, Preise

Modelle: Limousine drei-/fünftürig, Limousine viertürig, Kombi viertürig

Bauzeit: seit 1998

Motoren:
1388 ccm / 55 kW (75 PS) bei 5000/min
1596 ccm / 74 kW (100 PS) bei 6000/min
1796 ccm / 85 kW (115 PS) bei 5500/min
1988 ccm / 96 kW (130 PS) bei 5500/min
1988 ccm / 127 kW (173 PS) bei 7000/min ab 5/02
1988 ccm Turbo / 158 KW (215 PS) bei 5500/min ab 10/02
1753 ccm DI / 55 kW (75 PS) bei 4000/min
1753 ccm DI / 66 kW (90 PS) bei 4000/min
1753 ccm TDCI / 85 kW (115 PS) bei 3800/min ab 2/01
1753 ccm TDCI / 74 kW (100 PS) bei 3800/min ab 10/02

Ausstattungen: Ambiente: Fahrer-, Beifahrer- und Seitenairbags, höhen- und neigungsverstellbare Lenksäule, Scheibenbremsen, ABS, ZV, höhenverstellbaren Fahrersitz und elektrische Fensterheber vorn. Trend: Sportsitze, Instrumententafel, Lederlenkrad und -schaltknauf. Ghia: Fernbedienung für ZV, EFH, Außenspiegel elektr. einstell-/beheizbar; höhenverstellbarer Fahrersitz, Klimaanlage, Nebelscheinwerfer.

Varianten: Focus Ambiente/Trend/Ghia/Turnier/RS/ST 170

Preise: ab DM 25.500,-

Chronik

1998 Oktober: Deutschland-Einführung Escort-Nachfolger Focus. Völlig neue Konstruktion. Drei- und Fünftürer mit Fließheck, Viertürer mit Stufenheck und Turnier, drei Ausstattungslinien. Die 16V-Benziner mit Hubräumen von 1,4-, 1,6-, 1,8- und 2,0-Liter sowie ein völlig neuer 1,8-Liter-Direkteinspritzer-Turbodiesel erzielen Verbrauchsminderungen um bis zu 25 Prozent. Trend/Ambiente (1,4 l, 55 kW/75 PS), Ghia (1,6 l, 74 kW/100 PS). A. W: Antriebsschlupf-Regelung, ESP, Diebstahlalarmanlage, LM-Räder, Schiebe-/Hubdach, Dachreling beim Turnier.

1999 Januar: Einführung Kombi-Version Turnier sowie Stufenheck-Limousine.
September: Sondermodell »Edition Auto des Jahres 1999«: 2.500 Ex., ABS, EBD, ASR, LM-Räder, RS-Front- und Heckschürze, Audiosystem, Klima, Mitternachtsblau-Metallic, DM 36.250,-

2000 Januar: Sondermodell »Futura«: 195/60 auf 6 J x 15 LM (195/55 bei Focus 1,4), Klima, Veloursmatten, Audiosystem.
Mit 942.000 Einheiten der meistverkaufte Pkw weltw.

2001 März: Sondermodell »Futura2«: Klima, Sportsitze, LM-Räder, Lederlenkrad, Veloursteppiche, Audioanlage. Ab DM 29.924,-.
April: Einführung 1,8-l-Duractorq TDCI /Common-Rail-Einspritzung mit 85 kW/115 PS lieferbar. Ab DM 34.716,-.

2002
Oktober: Facelift. Scheinwerfer in Klarglasoptik, integrierte Blinkleuchten. Schutzleisten an den Stoßstangen-Enden. Ghia: Sachutzleisten und Türgriffe in Wagenfarbe. Neuordnung der Ausstattungspakete: Focus, Ambiente, Trend, Ghia, Ghia Exclusiv (ASR, Holzapplikationen, Klimaautomatik, Scheinwerfer-Waschanlage, Xenonlicht, ab Euro 20.490,-.
November: Sondermodell »Finesse«: Klimaanlage, Audiosystem 4000, EFH vorn, elektr. bedien/beheizb. Außenspiegel, ZV mit Funkfernbedienung. Ab 15.225 Euro. Mit rund 917.000 Einheiten der meist verkaufte Pkw weltweit.
Januar: Sondermodell »Finesse«: Audiosystem, Klima, ZV m. Fernbedienung, EFH vorn, elektr. Außenspiegel. Ab Euro 15.400,-. Modelle »Futura«: wie Finesse + LM-Räder, Sportfahrwerk u. -sitze, Nebelscheinwerfer, Lederlenkrad. Ab Euro 17.425,-
März: Der zweimillionste Ford Focus aus europäischer Produktion ist am 26.3. im Werk Saarlouis vom Montageband gefahren. Der Ford Focus wird in Saarlouis und Valencia/Spanien sowie in Hermosillo/Mexiko, Pacheco/Argentinien und Wayne/USA hergestellt.
Mai: Einführung Focus ST 170 (Sports Technology, entwickelt von Special Vehicle Engineering in Dunton/GB) als Drei-/Fünftürer: 127 kW/173 PS. 6-Gang, Räder 7Jx17, Niederquerschnittsreifen, steifere Federn, neue Bremssättel- und Scheiben, ABS, ESP. Bienenwaben-Kühlergrill, Lufteinlässe in den Stoßfängern, runde Nebelscheinwerfer. Teilleder, zusätzliche Instrumente. Ab Euro 25.150,-.
Juli: Vorstellung Focus Turnier 1.8 CNG: Erdgas-Ausrüstung, durchgeführt von der Ford-Tochter CNG. 80-l-Gastank im Kofferraum. Aufpreis für Umrüstung: Euro 2411,-.
September: Vorstellung Ford Focus C-Max auf dem Pariser Salon als Konzeptfahrzeug. Minivan auf Focus-II-Basis, geplante Einführung in 2003.
Oktober: Focus RS: Auf 5000 Ex. weltweit limitierte Sonderserie. Basis 2,0i-Duratec-Motor (130 PS), jetzt mit Garrett-Turbolader 215 PS stark. Spitze 232 km/h, 0-100 km/h: 8,5 s. Spoiler-Kit, 18-Zoll-Räder mit Reifen 225/40, Sparco-Ledersportsitze, Alu-Pedalerie, -Handbremshebel, -Schaltknauf (wie ST). 25 mm tiefer gelegt, Differenzialsperre. Nur Dreitürer, Euro 30 665,-.
Alle Modelle: Einführung IPS (Intelligent Protection System).
Einführung Motor 1,8 Liter TDCI (74 kW/100 PS); Focus ST 170 als Kombiversion Turnier.

2003
März: Premiere auf dem Genfer Salon für die Serienausführung des C-Max.
Einführung Sondermodell »Sport TDCi«: Ghia-Basis, Sportfahrwerk, Räder 7 J x 17, Reifen 215/40 R 17; Sportsitze, Teilleder, Bi-Xenon-Scheinwerfer, Scheinwerfer-Reinigungsanlage, Titan-Look am Armaturenbrett.

Ford Taunus (1948–1952)
Das Wunder von Köln

Köln war ein Ruinenfeld. 261 Luftangriffe hatten die Innenstadt in Trümmer gelegt, 90 % lagen in Schutt und Asche: »Ich habe manche deutsche Stadt in der letzten Zeit gesehen, aber keine, die so zerstört ist wie Köln«, klagte ihr Oberbürgermeister Konrad Adenauer. Natürlich hatten auch die Ford-Werke schwere Schäden erlitten – zumeist durch deutsche Artillerie, die in den letzten Kriegstagen, als die Amerikaner schon auf dem Gelände standen, das Werk unter heftigen Beschuss nahmen. Die Konzernleitung in Dearborn (und das war schon ein kleines Wunder) entschloss sich dennoch zur Wiederaufnahme der Automobilfertigung. Gebaut wurden zunächst nur Lastwagen; Personenwagen waren Sache der Engländer, die das Volkswagen-Werk in Niedersachsen besetzt hatten. Überdies verfügte Ford, im Gegensatz zu Volkswagen, über keine Karosseriepressen mehr. Das Werk des bisherigen Lieferanten Ambi-Budd lag in der sowjetisch besetzten Zone Berlins, und die Russen hatten das (amerikanische) Werk vollständig demontiert. Die damalige Werksleitung unter dem schon vor dem Krieg als stellvertretenden Vorstandsvorsitzenden aktiven Erhard Vitger schaffte aber einen Teil der großen Pressen – Wunder Nummer 2 – auf verschlungenen Pfaden in den Westen, die restlichen Pressen landeten übrigens in Eisenach. Nach Wunder Nummer 3, der Währungsreform, wurde es für die Amerikaner auch wirtschaftlich wieder interessant, in Deutschland Personenwagen zu bauen.

Der erste Nachkriegs-Taunus (Typ G 73 A) rollte am 1. Oktober 1948 aus den Werkshallen und entsprach praktisch den Vorkriegstypen: Eine schon ein wenig altertümliche Konstruktion mit Starrachsen samt Querblattfedern und der typischen Rahmenbauweise, die

schon seit dem 1936er Opel Kadett mit seiner selbsttragenden Karosserie nicht mehr dem letzten Stand der Technik entsprach.

Auch der seitengesteuerte 1200er Motor war nicht gerade flammneu, er wurde mehr oder minder unverändert vom Vorkriegs-Taunus übernommen, und auch bei diesem handelte es sich ja um eine Ausbaustufe des Eifel-Vierzylinders von 1935, und der wiederum basierte auf einer englischen Konstruktion. In seiner Nachkriegs-Ausführung brachte der Langhuber nun 34 PS bei 4250 Umdrehungen, die so genannte Dauerleistung wurde mit 30 PS angegeben – damals guter Durchschnitt. Der zähe, wassergekühlte Vierzylinder hatte eine relativ geringe Verdichtung von 6,6 (er verkraftete problemlos die miserablen Kraftstoff-Qualitäten jener Jahre) und scheute hohe Drehzahlen. Überdies war der zweite Gang ein wenig zu kurz und der dritte ein wenig zu lang übersetzt. Dennoch galt der Taunus-Motor als ausgeglichen und ruhig, auch »bei hoher Leistung«, so berichtete zumindest die *Motor-Rundschau* im Sommer 1949. Zwar, so bescheinigte ihm Motorjournalist Joachim Fischer, sei er nicht sonderlich sportlich, verkraftete aber

Im Stil der Dreißiger: Werbung für den Nachkriegs-Taunus im Heile-Welt-Magazin *Readers Digest,* Mai 1949.

Der Taunus erhielt von den Testern beste Zensuren. »Bremsen: Sehr ausgeglichen und gut, Schaltung: leichtgängig.«

Im Telegrammstil jener Zeit: »Ausstattung: Sitzraum bequem, auch hinten [...] trotz normalem Kardantunnel [...] Sicht nach vorn und Seite gut, nur Heckfenster liegt zu hoch. Belüftung nicht zugfrei [...]Lüftungsklappe vor Stirnscheibe. Gepäckraum im Heck von außen und innen zugänglich [...] Ablage hinter Hintersitzen.« (Motor-Rundschau, 1949).

Als Basis des Buckel-Cabrio dienten die Spezial- oder de-Luxe-Varianten. Dieses wunderschöne Deutsch-Cabrio aus dem Jahre 1951 trägt die de Luxe-Front. Der Wagen gehört Horst Ulrich, dem Buckel-Typreferenten der Alt-Ford-Freunde e.V. Foto: Ulrich.

Modelle, Varianten, Preise

Modelle:	Limousine zweitürig, Kleinlieferwagen, Cabriolet
Motor:	1172 ccm / 26 kW (34 PS) bei 4250/min
Bauzeit:	1948–1952
Ausstattung:	Tagesuhr, Öldruck-Kontroll- und Ladekontrolllampe, Tankuhr, Kühlwasserthermometer, Innen-Rückspiegel. Spezial: Chrom, Armlehnen hinten und an rechter Tür, Fahrer-Sonnenblende, Türtaschen, abschl. Tankdeckel, Motor- und Kofferraumleuchte, alle Scheiben Sicherheitsglas.
Varianten:	Taunus Standard/Spezial/Deluxe
Preise:	ab DM 6995,– bis DM 7205,–

Chronik

1948	Oktober: Produktionsanlauf Limousine Standard. Vorkriegsform, aber ungeteilte Heckscheibe, Plattform-Rahmen, von außen zugänglicher Kofferraum. DM 6965,–.
	November: Lieferbeginn Taunus Spezial: Ausstattungs-verbesserung, Lackalternativen. DM 7205,-
1950	Juli: Zum 26-jährigen Jubiläum bei Ford/D erscheint der modellgepflegte Taunus Spezial: waagerechte Chromleisten, neue Stoßfänger vorn. Motorhaube nur noch von innen zu öffnen. Größeres, gewölbtes Rückfenster, Chromleiste seitlich/hinten, hintere Nummernschildbeleuchtung. Modifiziertes Fahrwerk (Fahrwerksgeometrie, Stoßdämpfer, Reifen 5.90 x 15), Schaltung und Winkerbetätigung unter dem Armaturenbrett, Handbremshebel mittig unterhalb des Bretts platziert. Belüftungsdüsen darüber. Verbesserte Sitzpolsterung, Zigarettenanzünder serie, Aschenbecher hinten. Preis unverändert DM 6285,–. A.W. mit Lenkradschaltung im Paket mit Blinkern statt Winkern zu ordern. Aufpreis DM 155,–. Grundpreis des unverändert weiter gebauten Standard sinkt um DM 630,– auf DM 5350,–.
1951	Januar: Taunus de Luxe (DM 6650,–): einteilige Windschutzscheibe, gegenläufige Scheinwerfer, ausstellbare Dreiecksfenster vorn, Lenkrad mit Signalring, Armlehnen, Motorhauben- und Kofferraumdeckel-Arretierung; Blinker statt Winker. Lenkradschaltung. Modifizierter Kühlergrill; Hup-Betätigung durch Signalring am Lenkrad.
	Herbst: Produktionseinstellung

auch »hohe Durchschnitte«. Auf Autobahnsteigungen schien ihm ein wenig die Puste auszugehen, doch 80 km/h waren allemal drin, und das war selbst kritischen Testern damals schnell genug. Die Tachoskala reichte übrigens bis 120, doch über die 100-km/h-Marke kletterte die Nadel praktisch nie. Punkten konnte der Dreigang-Taunus überdies durch sein Platzangebot (»vier Personen haben wirklich bequem Platz«) und seine durchdachte Ausstattung, wiewohl in Sachen Fahrwerk der Käfer (der damals als besonders fortschrittlich galt) besser beurteilt wurde: Die konservative Vorkriegsbauweise mit den einfachen Querblattfedern führte zu merklichen Seiten- und Nickschwingungen, und auch in den Kurven legte sich der Taunus spürbar zur Seite, trotz der Stabilisatoren. Abgesehen von diesem Schönheitsfehler (bei den damaligen Straßenverhältnissen konnte man sowieso kaum flink ums Eck biegen), erhielt der Taunus im Testerurteil beste Zensuren.

Fords Buckel-Taunus kostete 1949, im Jahre eins nach der Währungsreform, in Standard-Ausführung 5350 Mark, ein Käfer kam auf 5300 Mark. In der etwas besseren Spezial-Ausstattung waren 6285 Mark fällig, und wenn Lenkrad- statt Mittelschaltung sowie Blinker statt Winker geordert wurden, mussten 6400 Mark locker gemacht werden.

Gut ein halbes Jahr nach dem Serienanlauf des Taunus – bis Ende 1948 waren 326 Limousinen entstanden – erweiterte Ford sein PKW-Programm um den Taunus Spezial. Die Spezial-Variante unterschied sich vom 4,10 m langen Standard-Modell in Optik und Ausstattung,

außerdem bestanden alle Scheiben, und nicht nur die Windschutzscheibe, aus Sicherheitsglas. Von außen erkennbar an den stabileren Stoßstangen, entsprachen Motor, Technik und Karosserie ansonsten dem Standard. Kombiwagen bauten Wendler, Karmann, Deutsch und Miesen; im offiziellen Lieferprogramm der Ford-Werke fanden sich nun auch zwei- und viersitzige Cabrios mit Deutsch-Karosserien (DM 8590,-/8490,-). Nur in Einzelstücken gebaut wurden die Taunus-Cabrios von Baur, Drauz, Drews, Karmann oder Migö. In der Regel bedienten sich die Karosseriebauer der Spezial oder de Luxe-Varianten. Letztere waren nur 1951 lieferbar. Technisch unverändert gegenüber dem Spezial von 1950, bot der de Luxe mehr Fahrkomfort durch weiter gesprengte Federelemente vorn, die den Schwerpunkt um 20 mm absenkten.

Bis zu seiner Ablösung im Januar 1952 entstanden in Köln insgesamt 74.128 Buckel-Taunus, und er ist bis heute unvergessen: Als erster Nachkriegs-PKW der Marke, als der bis dahin erfolgreichste Ford-Wagen aus deutscher Produktion – und als einer der besten: »Er zeichnete sich durch eine Verarbeitungsqualität, Solidität und Stabilität aus wie später keiner seiner Nachfolger mehr«, erinnerte sich der gefürchtete deutsche Autotester Werner Oswald noch Jahrzehnte später gerne. Und das war vielleicht das größte Wunder von allen.

Taunus 12M/15 M (1952–1962)
Erbsensuppe, gut bürgerlich

Der Taunus 12 M war die erste Neukonstruktion der Ford-Werke AG der Nachkriegszeit. Allerdings gehörten weder das Golde-Schiebdach noch die Weißwandreifen zum serienmäßigen Lieferumfang.

Bis 1957 praktisch unverändert gebaut, war der sehr komfortable Taunus mit der Weltkugel der erste große Nachkriegserfolg für die Kölner Ford-Werke. Manfred Palm im Bild mit seinem Taunus 12M des Jahres 1952.
Foto: Manfred Palm

Im Herbst seines Lebens wurden dem Taunus sogar noch literarische Ehren zuteil: Kein Geringerer als Fritz B. Busch widmete sich ihm im Rahmen seiner Feuilleton-Serie »Für Männer, die Pfeife rauchen«. In dieser Serie widmete sich Busch nicht nur Hochkarätern wie Jaguars E-Type oder Austin Healey (diese Berichte sind auch heute noch legendär), sondern auch braven, bescheidenen und unauffälligen Wagen – wie eben dem 12 M. Der Taunus sei wie »Erbsensuppe, gut bürgerlich«, die man an alten, windschiefen Würstchenbuden bekomme: lecker, billig und reichlich sättigend für vier Personen.

Angerührt hatten ihn die Kölner Köche Ende der 40er Jahre, wobei die Zutaten aus Amerika stammten: Die kleine deutsche Entwicklungsabteilung war gar nicht in der Lage, ein solches Projekt allein zu meistern, deshalb war auch noch die französische Ford-Tochter involviert. Diese in den USA gestylte Hausmannskost sollte als erster neuer Nachkriegs-Ford nun deutschen Käufern munden.

Die Grundlage des Kölner Eintopfs bildete der alt bekannte Taunus-Vierzylinder aus der Vorkriegszeit, dem die Konstrukteure nach bewährtem Rezept zu mehr Würze verhalfen. Modifizierte Kolben mit längerem

Hemd, neu gestaltete Brennräume und größere Einlassventile erlaubten eine höhere Verdichtung, was letztlich die Leistung um vier auf 38 PS steigerte. Die Kraftübertragung erfolgte über eine Einscheiben-Trocken-

Elegant: Auch vom 12 M gab es Cabrio-Varianten, aufgebaut von Deutsch. Die Stückzahlen waren verschwindend gering.

Gib mir die Kugel: Bis 1959 zierte die Weltkugel das Taunus-Gesicht.

Modelle, Varianten, Preise

Modelle:	Limousine zweitürig, Kombi zweitürig, Cabriolet
Bauzeit:	1952–1962
Motoren:	1172 ccm / 38 PS bei 4250/min
	1498 ccm / 55 PS bei 4250/min
Ausstattung:	Tagesuhr, Öldruck-Kontroll- und Ladekontrolllampe, Tankuhr, Kühlwasserthermometer, Innen-Rückspiegel. Mittelarmlehne hinten, Fahrer-Sonnenblende, Lichthupe, alle Scheiben Sicherheitsglas.
Varianten:	Taunus 12 M/12/12 M-1.5/15 M
Preise:	ab DM 7.535,–

Chronik:

1952	Januar: Einführung des 12 M als erste Nachkriegskonstruktion der Ford-Werke AG. In den USA gestylte Pontonform, Einzelradaufhängung vorn; Motor mit leichten Änderungen (Verdichtung 6,8:1; jetzt mit Wasserpumpe) aus dem Vormodell übernommen. DM 7.535,–. Typbezeichnung G13AL.
1953	Januar: Einführung des Taunus 12 als Sparmodell: Motor, Fahrwerk und Karosserieform identisch, aber einfache Ausstattung, u.a. Mittel- statt Lenkradschaltung, Fondfenster nicht ausstellbar, keinerlei Chromteile. Stoßstangen einteilig aus lackiertem Stahlblech, Tür- und Seitenverkleidungen aus Hartplatten. Wegfall Heizungsanlage, rechte Sonnenblende, Handschuhkastendeckel, Halteschlaufen, Türziehgriffe etc. DM 6185,–.
	September: IAA-Premiere für das 12 M Cabriolet, 12 M Kombi und 12 M Kastenwagen mit 570 kg Nutzlast. Limousine jetzt auch mit Zweifarbenlackierung erhältlich.
1954	Einführung 4-Gang-Getriebe
	Einführung 12 M Deutsch-Cabriolet
1955	Januar: (Produktionsbeginn Dezember 54) Typ 15 M/G4B: Motor und Ausstattung entsprechend 12 M, aber neuer ohv-Motor mit 55 PS bei 4250/min. Eigenständige Frontmaske mit verändertem Grill, aber Weltkugel. Vorne und hinten andere Blink- bzw. Rückleuchten, Duplexbremse. Stoßstangenhörner vorn/hinten, Chromleisten vorn, Mittelarmlehne hinten, andere Polster, abschließbarer Tankdeckel.
	Typ 12 M: Hypoid-Hinterachse, neue Rücksitzbank. Weniger Chrom an Fensterrahmen und Radkappen. Tankstutzen nun hinter der hinteren Nummerntafel, zuvor rechts.
	September: IAA, Vorstellung Taunus 15 M de Luxe: Modifizierter Frontgrill, reichlich Chrom.
1957	September: Vorstellung zur IAA: Alle Modelle: Kühlergrill-Modifikationen, 12-M-Kühler jedoch grobmaschiger silbern lackiert und konkav (15 M verchromtes Alu-Blech). Scheinwerfer mit asymmetrischen Streuscheiben, modifizierte Heckleuchten. Wegfall der Cabrio-Modelle. Taunus 15 M/G4B: Zylinderkopf aus Typ 17 M/P2.
1958	Einstellung Typ 15 M/G4B als eigenständige Modellreihe.
1959	September: Alle Modelle: Wegfall der Weltkugel, neuer Kühlergrill mit neuer Haube, neues Armaturenbrett, neues Lenkrad. Seitenansicht geprägt von breitem Zierstreifen (»Streifentaunus«, Typbezeichnung G13AL) Modifikationen 1,2-l-Motor: Verdichtung 7,4:1, gepanzerte Auslassventile, neuer Vergaser. Modifizierte Auspuffanlage, mehr Federweg vorn, Querstabilisator. Dreiganggetriebe jetzt voll synchronisiert. Max. Drehmoment 78 Nm bei 2200/min. Scheibenwaschanlage und Lichthupe Serie, müssen aber separat bezahlt werden.
	Einführung 12 M-1,5: mit 55-PS-Motor aus Typ 15 M. Typbezeichnung G13ALS. Grundpreis ab DM 5395,–, Lackierter Seitenstreifen DM 35,–, Behr-Heizung DM 160,–.
1960	12 M-1,5 erhält den 17 M/P3-Motor.
1961	Getriebemodifikationen.
1962	Auslaufen der Modellreihe, letzter Preis: DM 5640,–.

kupplung und Dreigang-Handschaltung. Nur die oberen beiden Fahrstufen waren synchronisiert. Im Getriebe rühren ließ sich bestens vermittels des am Lenkrad platzierten Schalthebels. Die Hinterachse war starr wie schon bei dem seit gut einem Dutzend Jahre bekannten Taunus, neu waren lediglich die halbelliptischen Blattfederpakete mit ihren Gummipuffern zwischen den Federblättern. Verfeinert um einige Zutaten wie die vordere Einzelradaufhängung an Dreiecks-Querlenkern, abgerundet mit einer neuen, modischen Ponton-Karosserie galt der 12 M bei seinem Erscheinen als Zukunft weisende Konstruktion: Nichts wirkte halbgar oder unausgegoren an diesem Ford.

Seine saubere, klare Trapezform, der Verzicht auf funktionslosen Schnickschnack (abgesehen vom Kühlergrill mit der Weltkugel) machten gewaltigen Eindruck.

Ausgesprochen großzügig verglast (Tester sprachen von »einzigartiger Sicht«), stand die Gulaschkanone auf ungewöhnlich dimensionierten Rädern: Die 13-Zoll-Bereifung verbesserte die Schwerpunktlage, wirkte aber vielleicht ein wenig zu klein im Verhältnis zum insgesamt 1,52 m hohen Wagenaufbau.

Bis 1955 in dieser Form gebaut, war der sehr komfortable Taunus mit der Weltkugel der erste große Nachkriegserfolg für die Kölner Ford-Werke. Die Facelift-Version für 1956 entsprach bis auf den neuen Kühlergrill technisch wie optisch dem Vorgänger; seine Bauzeit endete 1957. Auch von diesem Modell war ein Cabriolet zu haben, das von der Karosserieschmiede Karl Deutsch geliefert wurde. Zu diesem Zeitpunkt hatte der automobile Fortschritt der 50er Jahre den zuerst wegen Form, Straßen- und Kurvenlage hoch gelobten Taunus zum »Transportmittel mit dem Charakter eines gut fahrbaren Kleiderschranks« (*mot*) reduziert – und das war noch nicht einmal böse gemeint, eher im Busch'schen Erbsensuppe-Sinne; der Taunus schmeckte wie die Hausmannskost bei Muttern: »Nichts an ihm war zu raffiniert oder überwürzt, aber es hat mir großartig gemundet.« Es gibt nicht viele Autos, die das von sich behaupten können.

Ford 15 M (G4B, 1955–1958)

Drei Jahre nach der Taunus-Premiere beendete Ford die 12-M-Monokultur und goss neuen Wein in alte Schläuche: Wohl sah die zweite Ford-Baureihe aus wie die erste, doch wer die Haube öffnete, entdeckte einen völlig neuen Motor: Er hatte mit den früheren Konstruktionen nichts mehr gemeinsam. Kopfgesteuert und mit hängenden Ventilen, überraschte dieser Taunus mit einer Leistungscharakteristik, die damals schon als ausgesprochen sportlich galt: Mit einer Höchstgeschwindigkeit von 125 km/h und einer Beschleunigung von 0 auf 80 km/h in 17,2 Sekunden und auf 100 km/h in 25,5 Sekunden gehörte man im Zeitalter von Kabinenrollern und Goggo-Mobilen zu den Schnellen im Lande. Gewiss, die großen Opel, die Borgward oder Mercedes musste man ziehen lassen, aber damals dominierte der Käfer, und der brachte maximal 110 km/h: Seine 34 PS reichten gerade aus, um am Auspuff des 55 PS starken Ford zu schnuppern. Allerdings kostete der Volkswagen nur knapp 4000 Mark, ein 15 M dagegen war um 2375 Mark teurer – was die im Vergleich zum Käfer relativ bescheidene Gesamtzahl aller 15 M erklärte: Es entstanden bis zum Produktionsauslauf 1958 knapp 130.000 Wagen, Volkswagen baute allein 1955 rund 508.000 Einheiten.

Nach Einführung des 17 M sanken die Absatzzahlen dramatisch, Ford nahm den 15 M aus dem Programm, um ihn im folgenden Jahr wiederum als Teil der 12-M-Familie gegen 110 Mark Aufpreis ins Programm zu nehmen.

Nüchternes Ambiente: der Taunus 15 M Kombi G4BK, gebaut zwischen 1955 und 1958. Eine viertürige Ausführung gab es nicht.

Rechts: Ein liebevoll restaurierter 12 M-60 Kombi G13 KO, Baujahr 1962, von Alt-Ford-Freund Michael Luther. Foto: AFF

Unten: 15 M de Luxe in Zweifarben-Lackierung der Modelljahres 1955-1957.

Nächste Seite: Der »Streifentaunus« 12 M-60 G13AL von Stefan Beermann, ohne den dieses Buch nicht hätte entstehen können. Foto: AFF

Taunus 12M-60 (1959–1962)

Auf den ersten Blick fiel die fehlende Weltkugel in der Front der Motorhaube auf. Statt dessen wurde nun eine flache Motorhaube mit dem »Kölner Wappen« als Emblem der Ford Werke montiert. Ein großer, breiter Chromgrill mit eingelassenen Blinkern, die Chrom-verkleideten C-Säulen, die Panorama-Heckscheibe und das flachere Dach trafen den Geschmack dieser Zeit: »So reisen moderne Menschen« versprach der Prospekt 1959. Drei große moderne Rundinstrumente schmückten den Arbeitsplatz des Fahrers, das Armaturenbrett war ansonsten identisch mit dem des bisherigen 15 M (G4BAL). Das alte Zweispeichen-Lenkrad wich dem Dreispeichen-Sicherheitslenkrad aus dem 17 M (P2).

Auch das Fahrwerk wurde nochmals modifiziert, so besaß der Taunus 12 M-60 nun sogar einen Stabilisator an der Vorderachse und einen um 20 % größeren Federweg. Anfangs waren die Blinkleuchten weiß, mussten aber bald gegen orangefarbige ausgetauscht werden, so verlangte es die deutsche Straßenverkehrszulassungsordnung

Die 15 M-Produktion war 1958 eingestellt worden, sehr zum Missfallen der Kunden. Und so kam es, dass Ford den 55-PS-Motor im neuen Taunus wieder aufleben ließ, ohne dies in der Typenbezeichnung kenntlich zu machen. Nur die für den Export vorgesehenen Fahrzeuge zeigten am Schriftzug »super« auf dem Kofferraumdeckel, dass sie den 1,5 Liter-Motor unter der Haube trugen. Der alte G4B-Motor wurde im Laufe des Jahres 1960 durch den verbesserten 1,5-l-P3-Motor ersetzt.

Den Streifen-Taunus G13AL bzw. G13ALS (1,5 Liter) gab es als zweitürige Limousine sowie als Kombi, ein Cabriolet entstand vermutlich nur als Prototyp.

Ford Taunus 12 M (P4, 1962–1966)
Kardinal-Tugenden

Die Geschichte der 12-M-Baureihe P4 war nicht frei von Missverständnissen. Eins zum Beispiel betraf ihren Namen. Als seine Entwicklung begann, hieß der P4 noch Cardinal. Die deutschen Medien machten daraus den »Kardinal«. Nun bezeichnete der US-amerikanische Cardinal aber keinen Geistlichen, sondern eine Finkenart, die auch Insekten auf der Speisekarte hatte. Und diese Bezeichnung passte auch viel besser, denn mit dem 4,25 m langen Wagen trat Ford gegen den Käfer an. Missverständnis Nummer zwei betraf seine Optik. Der Cardinal sollte vor allem jenen Menschen gefallen, die keine Autos mochten. Ein Auto ist in erster Linie ein Nutzgegenstand, also kann er nicht nüchtern und schmucklos genug gestaltet sein – so jedenfalls lautete das Credo des Ford-Generaldirektors Robert Mc-Namara, der die Entwicklung des Cardinals anschob. Aus seiner Sicht damals war diese Nüchternheit verständlich, denn der Bestseller jener Jahre war der Falcon, ein langweiliger Schrumpf-Straßenkreuzer, der im ersten Jahr über 417.000 Mal abgesetzt wurde. Der unterhalb des Falcon angesiedelte Cardinal war ein Vertreter der selben Designphilosophie.

John F. Kennedy berief aber McNamara im Oktober 1960 zum Verteidigungsminister. Sein Nachfolger bei Ford, Lee Iacocca, stoppte die Weiterentwicklung. Er hatte ihn in Köln gesehen und schrieb lieber die bis dahin investierten 35 Millionen Dollar ab. 300.000 Wagen davon hätten pro Jahr in den USA abgesetzt werden sollen, und das traute er diesem »hässlichen Kleinwagen« (seine Worte) wahrhaftig nicht zu. Mehrere 100 in Köln komplettierte Cardinal wurden dann über den Großen Teich geschafft, doch auch Henry Ford II hielt nichts von ihm: »...ein ekliger Wagen.«.

Die Kölner nahmen das hässliche Entlein, das plötzlich keiner mehr haben wollte, unter ihre Fittiche. Und das aus gutem Grund: Schließlich bot es einige ausgesprochen ansehnliche Details, die man der eher konservativen Firma nicht zugetraut hätte. So verfügte der nunmehrige Taunus 12 M über Front- statt Heckantrieb, und das bot damals kein anderer Wagen in der Mittelklasse. Daher war er mit 845 Kilogramm relativ leicht und sehr geräumig, der fehlende Kardantunnel brachte wichtige Zentimeter im Innenraum. Diese ungewöhnliche Geräumigkeit gehörte zu den besten Argumenten für die Anschaffung eines 12 M, das Kofferabteil schluckte nach damaliger Messung 560 Liter.

Das aufwändigste Teil am Taunus war aber der neu konstruierte Vierzylinder-V-Motor. Das kompakte 1,2-Liter-Aggregat saß längs im Bug vor der Vorderachse, was dem Fahrverhalten zugute kam. Federung und Dämpfung

Generationenwechsel: Ford 12 M P4, präsentiert im September 1962. Ursprünglich eine amerikanische Konstruktion, verblüffte Ford hier mit V4-Motor und Frontantrieb.

übernahmen eine Querblattfeder und doppeltwirkende Teleskopstoßdämpfer. Die Kraftübertragung erfolgte über eine Viergang-Lenkradschaltung, die Lenkbefehle auf die Straße übertrug – ebenfalls ein Novum beim 12 M – eine leichtgängige, aber in Mittellage unpräzise Kugelumlauflenkung.

Zu den Vorzügen des mit 5330 Mark sehr günstig angebotenen Zweitürers gehörten die schluckfreudige Federung, die leichtgängige Lenkradschaltung und der mit einem Verbrauch von rund acht Litern (Werksangabe: 7,5 l/100 km) sparsame Vierzylinder. Die Höchstgeschwindigkeit betrug 125 km/h, doch ließ sich der 12 M bei Beschleunigungsmanövern jeglicher Art reichlich bitten: Bis die Nadel des Bandtachos die 80 km/h-Marke passierte, vergingen gut 16 Sekunden,

»Das attraktivste an diesem Coupé können Sie nicht sehen: den Preis«, warb Ford für den schnittigen Flachdach-Taunus.

Modelle, Varianten, Preise

Modelle:	Limousine zwei/viertürig, Coupé, Kombi zweitürig
Bauzeit:	1962-1966
Motoren:	1183 ccm / 40 PS bei 4500/min
	1498 ccm / 55 PS bei 4500/min ab 12/62
	1498 ccm / 50 PS bei 4500/min ab 9/63
	1498 ccm / 65 PS bei 4500/min ab 9/64
Ausstattung:	Standard: Lenkradschaltung, durchgehende Sitzbank vorn, gepolsterte Armaturenbrett-Oberseite, Bandtacho, schüsselförmiges Lenkrad, Ausstellfenster hinten, Handschuhfach, Kombihebel für Blinker, Fernlicht, Lichthupe und Hupe. Zweistufen-Gebläse. Sonderausstattung: Stoßstangenhörner, Radzierblende, Rückfahrleuchte, Zigarettenanzünder. Spezial: Bodenteppich, verchromte Scheibeneinfassungen, Schminkspiegel in Beifahrer-Sonnenblende, verbesserte Sitzpolsterung. TS: 55/65 PS, Einzelsitze vorn, Coupé mit verchromten Zierleisten und Scheinwerferringen.
Varianten:	Taunus 12 M/12 M TS/12 M 1500/12 M TS Coupé
Preise:	ab DM 5480,–

Chronik:

1962	September: Taunus 12 M tritt die Nachfolge des bisherigen 12 M an. Amerikanischer Entwurf, Frontantrieb, 60-Grad-V4-Motor. Zunächst nur Zweitürer, weitere Versionen angekündigt. A.W.: Sonderausstattung (Stoßstangenhörner, Gummipuffer, Zigarettenanzünder, Radzierringe, Rückfahrscheinwerfer; Aufpreis DM 100,–) und Spezialausstattung (Velourstteppich, Chromzierleisten an den hinteren Seitenfenstern, Polsterbezüge, Makeup-Spiegel. Aufpreis DM 175,–. Dezember: Einführung 12 M TS: 1498 ccm / 55 PS, DM 6000,–.
1963	März: Einführung Taunus 12 M Kombi: Nur zweitürig, 400 kg Nutzlast, Ladefläche maximal 2,1 m². 40-PS, V_{max} 120 km/h. Ab DM 5880,–. August: Vorstellung Taunus 12 M TS-Coupé: 1,5 Liter, TS-Ausstattung. September: Einführung 12 M Limousine viertürig. Ab DM 5830,–. Einführung 1,5-Liter-Motor. November: Serienmäßiger 12 M legt – trotz Unfall – mit einem Motor die Entfernung Erde-Mond zurück: 356.430 km.
1964	Januar: Produktionsanlauf 12 M Coupé. Mai: Modifizierte Vorderradaufhängung. Querblattfeder jetzt doppelt gelagert, Zahl der Federblätter von sechs auf vier reduziert. September: Alle Modelle: Scheibenbremsen vorn, Türinnengriffe unterhalb der Armlehne, Wegfall der Fußraum-Belüftungsklappen, stattdessen Frischluftdüsen im Armaturenbrett. Startautomatik statt Startzug, Vergaser-Schwimmerkammern gedreht. Untere Querlenker nicht mehr am Motorblock, sondern am Rahmen angelenkt. Motorblock in Gummi gelagert. 1,5-l-TS-Motor mit 65 PS ersetzt bisheriges 1500/55-PS-Motor. Nur Kombi: Lade- und Fahrgastraum mit Teppichausstattung (Aufpreis DM 250,–)
1965	Gewinn der dt. Rallyemeisterschaft durch Burckhardt/Huberz auf 12 M Coupé.
1966	April: Preisanhebung um DM 210,– für alle Modelle, Coupé TS wird um DM 90,– teurer. Juli: Produktionseinstellung

Ein völlig serienmäßiger 40-PS-12 M legte 1963 in 117 Tagen und Nächten nonstop 356.430 Kilometer zurück. Ford umkreiste über 70.000 Mal die französische Rennstrecke von Miramas und stellte 107 Weltrekorde und internationale Bestleistungen auf, trotz eines schweren Unfalls bei Kilometerstand 284.275.

Kompakt: der Ford-V4. Die dreifach gelagerte Kurbelwelle war lediglich 340 mm lang und vierfach, im 60-Grad-Winkel gekröpft. Wasserkühler und Wärmetauscher machten einen Ventilator überflüssig.

und erst nach einer halben Minute konnte die magische 100-Stundenkilometer-Marke geknackt werden. Ein ebenfalls 40 PS starker Opel Kadett zeigte dem Ford bei jedem Ampelstart die Rücklichter, nur ein 1200er Käfer benötigte gut fünf Sekunden mehr.

Der zunächst nur zweitürig angebotene Ford wurde von erheblichen Anlaufschwächen geplagt. Die praktisch unverändert übernommene US-Konstruktion musste in den ersten Monaten nach Serienanlauf noch gründlich überarbeitet und verbessert (Fahrwerk, Karosseriefinish, Bremsen, Lackierung) werden, um den Ansprüchen zu genügen. McNamaras Verzicht auf allen überflüssigen Schnickschnack, auf Lampenzierringe und verchromte Leistchen machte den Taunus zum Aschenputtel auf Rädern. Und damit nicht genug: Negativ-Schlagzeilen machte er auch durch einen Test in der *DM (Deutsche Mark)*, einer seinerzeit höchst einflussreichen Verbraucherzeitschrift. Die hatte ihn nämlich als »gefährlich« bezeichnet, weil er dazu neige, in Kurven umzukippen. Die Tester schafften es allerdings nicht – anders als etwa beim VW 1500 –, ihn auf die Seite zu legen, doch die Käufer waren zunächst verunsichert.

Drei Monate nach Produktionsanlauf erweiterte Ford die Modellpalette um den 12 M TS mit einem 1,5-Liter-55-PS-V4 (der aber nicht mit dem P3-Triebwerk identisch war); Klagen wegen mangelhafter Leistung gehör-

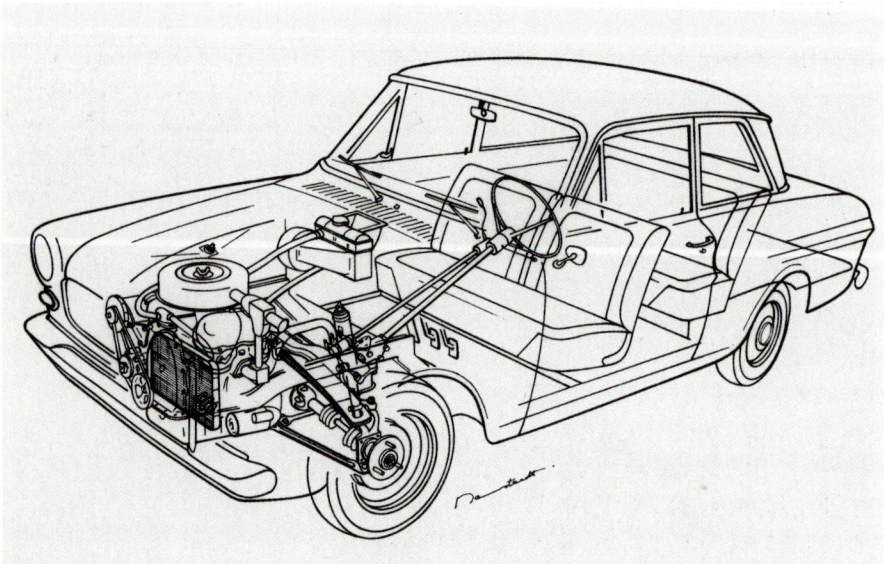

ten nun der Vergangenheit an. Auch die Meckereien wegen Verarbeitungsmängeln, Wassereinbrüchen im Kofferraum oder mangelnden Feinschliff (dabei waren die Käufer damals gewiss nicht verwöhnt) taten seiner Beliebtheit keinen Abbruch: Nirgendwo gab es einen ausgewachsenen Mittelklassewagen für so wenig Geld. Mit den Jahren erweiterte und verfeinerte Ford die Taunus-Modellfamilie, am Ende seiner Laufzeit war aus dem Taunus ein richtig gutes Auto geworden, auch wenn sich alle Gebrauchtwagenberichte in einem Punkt einig waren: Wenn P4, dann die nach September 1964 gebauten Modelle mit Scheibenbremsen, weicher aufgehängten Motoren und Startautomatik. Insgesamt wurden bis zur Ablösung durch die P6-Modellreihe Mitte 1966 immerhin 680.206 Exemplare gebaut.

Ford Taunus 12 M/15 M (P6, 1966–1970)
Graue Eminenz

Der Nachfolger des Cardinal/P4 steht bis heute ein wenig im Schatten seines Vorgängers, obwohl mit 668.187 Einheiten kaum weniger von ihm produziert wurden als von der ersten Frontmotor-Generation. Dass er dennoch so schnell aus dem kollektiven Gedächtnis der Auto fahrenden Nation verschwand, lag wohl an seiner Form. Ein P6-Taunus war so unauffällig wie ein Geistlicher im Vatikan.

Entwickelt unter dem Projektnamen »Prälat«, versuchten die Ford-Werke, das Taunus-Konzept über die Zeit zu retten. Die 50er-Jahre Konstruktion wirkte im Zeitalter von Renault 16 und Simca 1500 doch schon arg angegraut. Ihr bestes Verkaufsargument war das Kingsize-Format gewesen, daher maßen die Domstädter ihrem Kirchenfürsten (der dann doch wieder auf den Namen Taunus getauft wurde) neue, noch größere Gewänder an. Hohlkehle statt seitlicher Blechwülste, niedrige Haube statt angedeuteter Kotflügel, Breitformat statt Schmalspur und eine längere, aber niedrigere Karosserie ließen ihn größer und ausgewogener wirken als den Vorgänger. Er wurde mit zwei und vier Türen, als Kombi sowie als Coupé angeboten; je nach Grundmodell mit runden (12 M) oder eckigen (15 M) Scheinwerfern.

Segensreiche Ford-Schritte gab es vom Fahrwerk zu vermelden: Vorne übernahmen nun McPherson-Federbeine die Dienste der bisherigen Querblattfederung. Das brachte mehr Federweg und eine bessere Dämpfung, der verbreiterte untere Querlenker ersparte einen Querstabilisator. Hinten blieb es bei den Blattfedern, die sturz- und spurkonstante Hinterachse hatte jetzt aber Röhren- anstelle einer U-Form. Eine präzisere Zahnstangenlenkung erleichterte das Einparken nicht nur auf engen Kirchen-Vorplätzen, der Wendekreis reduzierte sich um beinahe einen auf 10,8 Meter. Finsteres Mittelalter herrschte dagegen in Sachen Elektrik, leider mussten sich Taunus-Käufer immer noch mit der schwächlichen 6-Volt-Anlage begnügen. Erst zum Modelljahr 1968 brachen in Rufweite des Doms lichtere Zeiten an. Hübsch getrennt saßen nun die Passagiere, gleich welchen Standes. Serienmäßig hatten alle Modelle vordere Einzelsitze mit verstellbaren Lehnen anstelle der üblichen Sitzbank, ein neues Lüftungssystem mit Luftaustritten an der C-Säule (»Voll-Belüftung« hieß das damals) und ein Armaturenbrett mit Bandtacho, gepolsterter Oberkante und (beim 15 M) seitlichen Frischluft-Düsen.

Überdies bot der neue Wagen mehr Raum für den Blick nach oben, und das trotz der deutlich geringeren

Außenhöhe. Der scheinbare Widerspruch erklärte sich, wenn man in die Sessel sank: Das Gestühl war so niedrig, dass die Beine kaum Platz fanden. Unter diesen Umständen mutierte die Rücksitzbank ganz schnell zum Arme-Sünder-Bänkchen. Der Fahrersitz war übrigens in den Grundmodellen nicht verschiebbar. Die Sitzverstellung kostete 15 Mark Aufpreis, war aber mehr oder minder obligatorisch: Es dürfte kaum einen P6 ohne dieses sinnvolle Detail gegeben haben. Trotz der niedrigen Sitze erforderte der Umgang mit dem Taunus eine gewisse Größe: Die hohe Gürtellinie und die mit 85 Zentimeter unangenehm hohe Kofferraum-Ladekante ließ sich am besten jenseits der 1,75 m bewältigen. Aus heutiger Sicht unverzeihlich mutet die Platzierung des 38 Liter fassenden Kraftstofftanks an. Dieser stand, völlig ungeschützt, rechts hinten im Kofferraum: Bei jedem Auffahrunfall schoben die Schutzengel Überstunden.

Günstig, schnell und vergleichsweise bescheidene Verbräuche: Es gab viel gute Gründe, die für die Anschaffung eines neuen 12 M sprachen.

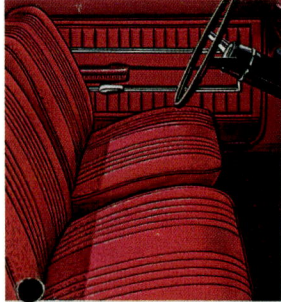

Gebaut wurden die Taunus-Modelle zunächst in Köln, Kombi und Coupé entstanden im belgischen Zweigwerk Genk. 1967 entstanden praktisch alle P6 dort, 1968 wurde die Produktion wieder nach Köln verlegt, um in Belgien Platz für den Escort zu schaffen.

Mit neuer Optik: 15 M, August 1968. Die Bezeichnung Taunus entfiel.

Dem Frontmotor-V4-Konzept blieb Ford auch beim P6 treu. Die kompakten Vierzylinder mit einem Gabelwinkel von 60 Grad gab es zunächst in zwei Hubraumgrößen, mit 1305 ccm-50-PS (der 12 M hätte eigentlich 13 M heißen müssen) und mit 1498 ccm und 55 bzw. 65 PS im 15 M resp. 15 M TS; ab 1968 hatte der 15 M TS einen 1,7-Liter-70-PS-Motor. Die Hubraumaufstockung steigerte den Fahrspaß schon im Grundmodell ganz erheblich. Weitgehend neutral umrundete der Fronttriebler die Kurven, war spurstabil und ließ sich nur im Grenzbereich durch abrupte Gaswechsel vom rechten Weg abbringen. Dann änderte sich das sanfte Unter- hin zum spürbaren Übersteuern.

Modelle, Varianten, Preise

Modelle:	Limousine zweitürig, Coupé zweitürig, Kombi zweitürig
Bauzeit:	1966-1970
Motoren:	1183 ccm / 45 PS bei 4500/min ab 8/67
	1305 ccm / 50 PS bei 5000/min
	1305 ccm / 53 PS bei 5000/min ab 8/67
	1498 ccm / 55 PS bei 4500/min
	1498 ccm / 65 PS bei 4500/min
	1699 ccm / 70 PS bei 5000/min ab 8/67
	1699 ccm / 75 PS bei 5000/min ab 8/68
Ausstattung:	12 M: Rundscheinwerfer, ovale Heckleuchten, Lenkradschaltung, Scheibenbremsen vorn, gepolstertes Armaturenbrett, Scheibenwaschanlage, Einzelsitze, 2-Stufen-Gebläse. 15 M: Rechteck-Scheinwerfer, eckige Heckleuchten, Rückfahrscheinwerfer, Stoßstangenhörner mit Gummipuffern, Radzierringe.
Varianten:	Taunus 12 M/1200 N, 12 M/1300 N, 12 M/1300 S; 15 M, 15 M TS/1500 S, 15 M TS/1700 S, 15 M RS, 15 M XL
Preise:	von DM 5790,– (12 M 2-t) bis DM 7330,– (15 M TS 4-t)

Chronik:

1966	September: Neuer 12 M/15 M (P 6) vorgestellt. Karosserie in allen Dimensionen gewachsen, neue Vorderradaufhängung, Zahnstangenlenkung, Spurverbreiterung, verkleinerter Wendekreis. Drei Motoren, vier Karosserien.
1967	August: Offizielle Bezeichnung Ford 12 M/15 M/15 M TS. Der Modellname Taunus an Front und Heck wird durch die Bezeichnung Ford ersetzt. Erweitertes Motorenangebot (nur 12M): 12 M/1200 N (45 PS); 12 M/1300 N (50 PS); 12 M/1300 S (53 PS). Erweitertes Motorenangebot (nur 15 M TS): 1500 S (65 PS) und 1700 S (70 PS). Alle Modelle: 12-Volt-Elektrik, a.W. Drehstrom-Lichtmaschine. Zweikreis-Bremsanlage mit Tandem-Hauptbremszylinder. Armaturenbrett mattschwarz, nicht mehr in Wagenfarbe. Handbremshebel zwischen den Vordersitzen (unverändert bei XL-Ausstattung und TS als Krücke links unter dem Armaturenbrett). Heizungs- und Lüftungshebel versenkt. 45-Liter-Tank, gep. Lenkradnabe. September: IAA-Vorstellung 15 M RS. Basis 15 M/TS 1700, zusätzlich: Kühlergrill mit Fernscheinwerfern, 14-Zoll-Sporträder (a.W. 5-Loch-Felgen verchromt), Gürtelreifen, Bremskraftverstärker, Mittelschaltung. Schwarzer Seitenstreifen und Zierlinie am Heck, neues Armaturenbrett (Drehzahlmesser, Zusatzinstrumente, Sportlenkrad mit Aluspeichen). Lieferbare Farben: Weinrot, silber, jeweils mit schwarzen Zierstreifen. November: Motormodifikationen.
1968	März: Auslieferung 15 M RS; Alle Modelle: Mittelschaltung und Bremskraftverstärker a.W. August: Neuordnung d. Modellreihe: 12 M als 1300 N (50 PS), 1500 S (55 PS) und 1700 S (75 PS) lieferbar, 15 M mit 1500 N, 1500 S und 1700 S. Wegfall 12 M/1200 und 15 M TS, Einführung 15 M XL: Mattschw. Kühlergrill, schwarze Zierleiste am Heck. Liegesitze, Armaturenbrett mit Holzeinlage. Alle Modelle: Rundinstrumente, Lenkrad mit gepolsterten Speichen und Pralltopf. Nur 15 M: Modifizierte Antriebswellen, verbesserte Geräuschdämpfung. Wechsel von Solex- auf Ford-Vergaser. 1,7-Liter-75-PS-Motor mit Solex-Register-Vergaser; Bremskraftverstärker Serie für alle 1500 S/1700. Spitzenmodell 15 M RS XL.
1969	August: Alle Modelle serienmäßig mit Warnblinkanlage.
1970	August: Modellreihe ausgelaufen.

Da die ganze Konstruktion auf einer bewährten Grundlage basierte, präsentierte sich der P6 weitgehend frei von Kinderkrankheiten. Gebrauchtwagenkäufern war die sorgfältige Überprüfung der Gelenke der Antriebswellen zu empfehlen. Frühe Serien litten an mangelhaften Kühlwasserschläuchen, einem leicht verschnupften Verteiler und einer sabbernden Kühlwasserpumpe. Die mangelhafte Schalldämmung und die billige Materialanmutung waren konstruktionsbedingt.

12 M/15 M (1968–1970)

Mit dem 12 M fängt die Mittelklasse an, hatte die *mot* schon bei der Taunus-Premiere festgestellt, und noch weiter nach oben orientierten sich die gründlich überarbeiteten Meisterstücke (die nicht mehr Taunus hießen) zum Modelljahr 1969. Dabei blieb Ford der Tradition treu, viel Blech fürs Geld zu bieten. Für mindestens 5944 Mark rückte Ford eine 4,32 Meter lange Stufenhecklimousine heraus, mit luftig geschnittener Karosserie und hinreichend Platz für das Gepäck. Der etwas blecherne Gesamteindruck des Autos, die unzureichende Geräuschdämmung und die etwas ärmliche Ausstattung gehörten zum neuen Modelljahr der Vergangenheit an. Die Modellpflege brachte auch ein verbessertes Sicherheits-Lenkrad mit Pralltopf, runde Armaturen und ein auch an der Unterkante gepolstertes Armaturenbrett. Wer Stille suchte, hatte Fords Modelle bislang gemieden, jetzt ermöglichten die homokinetischen Gleichlaufgelenke an der Antriebswelle und die bessere Geräuschdämmung in den Versionen mit 1,5- und 1,7 Litern eine Andacht: »Die leisesten Wagen dieser Klasse, die Ford jemals herausgebracht hat…«, jubilierte die Presse. Das galt allerdings nur mit Einschränkungen auch für die 12 M-Typen, denn diese mussten auf die verbesserte Geräuschisolierung zwischen Motor- und Fahrgastraum verzichten. Wie gehabt, verzögerten vorn Scheibenbremsen der Marke Girling.

Ford nutzte die Gelegenheit, um das Motorenprogramm zu überarbeiten, die Palette der nun lieferbaren Motor- und Ausstattungspakete wurde damit aber so unübersichtlich, dass es einer eigenen Broschüre (»Welcher Ford zu welchem Preis?«) bedurfte, um nicht vollends den Überblick zu verlieren: Die Graue Eminenz trieb es in den letzten Jahren ihres Lebens ganz schön bunt…

Heute sehr gesucht: Ford 15 M Coupé, oben der TS-Ersatz namens XL, unten der RS der Baujahre 1968 bis 1970. Der RS war nur in den Farben Silber und Weinrot lieferbar, die RS-Streifen konnten abbestellt werden. Beide Modellvarianten gab es mit 1,5-Liter-Motoren (55 und 65 PS) sowie dem neuen 1,7-Liter mit 75 PS: Nach Meinung der Presse ein »rassiger Fronttriebler« mit einer Beschleunigung von 0 auf 100 in 14 Sekunden und einer Spitze von rund 150 km/h.

Ford Taunus (1970–1975)
Die schönste Nase des Jahrzehnts

Mit Taunus zum Erfolg: Den zuletzt bröckelnden Zulassungszahlen begegnete Ford mit den Taunus-Modellen der TC-Baureihe. Gemeinsam mit Ford of Europe entwickelt, kamen allein 1970 elf Prozent mehr Ford auf die Straßen, im ersten vollen Jahr wurden bereits 250.000 Taunus produziert. Oben der Taunus L, unten der GT aus dem Jahre 1970.

Semon »Bunkie« Knudsen, 56, gab nur ein kurzes Intermezzo als Ford-Präsident, bevor ihn Henry Ford II im Dezember 1970 wieder in die Wüste schickte. Knudsen – bereits sein Vater hatte in den 20ern für Ford gearbeitet, dann aber zu GM gewechselt – war gerade 19 Monate im Amt. Zu wenig Zeit, um einer ganzen Firma seinen Stempel aufzudrücken. Doch die Falte auf Grill und Haube der Taunus-/Cortina-Modelle des Jahres 1970 (»Knudsen-Nase«) machte »Bunkie«, der quasi in letzter Minute seinen Designern diese funktionslose Blechgaube in den Skizzenblock diktiert hatte, in Fan-Kreisen unsterblich.

Im Design ging's nach Bunkies Nase, bei der Technik hatte Dagenham das Sagen: Die britische Ford-Tochter führte, wie schon bei Escort und Capri, weitgehend Regie, denn neben den 12/15 M-Typen war auch der bri-

tische Cortina ablösungsreif. Das technische Layout der Neukonstruktion mit Frontmotor und Heckantrieb entsprach daher dem des ersten Cortina anno 1962, der deutsche Sonderweg mit V4-Motoren und Frontantrieb wurde nicht weiterverfolgt.

Doch ob nun Front- oder Heckantrieb: Diese Taunus/Cortina-Generation sollte optisch wie technisch völlig neu und natürlich sehr viel besser werden. Mehr Radstand, eine breitere Spur und eine andere Motorenpalette bescherten ihr einen neuen Auftritt. Obwohl der Taunus eine Handbreit kürzer und eine Daumendicke niedriger war als der 15 M, wirkte er viel erwachsener. Die buckelige Frontpartie, der breite Kühlergrill, die flache Schnauze und das kurze Stummelheck gehörten zu den damals viel beachteten Stylingmerkmalen: Im Taunus steckte mehr als nur ein Hauch von Mustang. Knudsen jedenfalls hatte den Zeitgeschmack voll getroffen, der Taunus verkörpert die Blech gewordenen 70er Jahre.

In der Technik dagegen kam »der Großzügige« (O-Ton Ford, 1970) weder bei Käufern noch bei Testern so gut an. Die in Großbritannien entwickelten Vierzylinder waren nicht nur recht raue, sondern auch durstige Gesellen. Und vom feinen Motoröl konnten sie auch nie genug bekommen. Erst spezielle Ölabschirmkappen, im Rahmen der Modellpflege verbaut, zügelten die Schluckspechte.

Einstiegsmotorisierung bildete der 1300er LC-Vierzylinder (Low Compression) mit 55 PS, später gab es ihn in der höher verdichteten HC-(High-Compression) Variante mit 59 PS. Nur genügsame Naturen entschieden sich für dieses träge Triebwerk, das jeglichen Ansatz von Fahrfreude bereits im Keim erstickte. Die im Prospekt versprochene Höchstgeschwindigkeit von 135 km/h erreichte ein Taunus 1300 nur nach langem Anlauf. Am oberen Ende der Modellpalette rangierte der 2,0-Liter-V6 aus den 17/20-M-Modellen, der wahlweise für die GT- und GXL-Modelle zu haben war. Die Kraftübertragung erfolgte per Viergang-Handschaltung, eine Dreigang-Automatik war erst ab 1974 für die 1,6- und 2,0-Liter-Motoren lieferbar.

Besonders tiefgreifend fielen die fahrwerkseitigen Änderungen aus. Vorn debütierte eine Doppelquerlenker-Konstruktion mit getrennten Feder- und Dämpferelementen. Vorderachse, Motor und Zahnstangenlenkung saßen auf einem Fahrschemel, die noch beim Cortina üblichen McPherson-Federbeine gehörten der Vergangenheit an. Die neue Salisbury-Hinterachse wurde an jeweils zwei Quer- und Längslenkern geführt; Schraubenfedern an Gummipuffern kontrollierten die

Nach dem Facelift: Taunus XL, Modelljahr 1974. Den neuen Jahrgang erkannte man am schwarzen Kühlergrill.

Britische Verwandtschaft: Das Taunus-Schwestermodell hieß Cortina und unterschied sich vor allem durch den Hüftschwung von der deutschen Verwandtschaft. Cortinas wurden zum Beispiel auch in Österreich und der Schweiz verkauft.

te und rappelte es im Gebälk, der Motor dröhnte und der Wind spielte sein schauerliches Lied – alle in den folgenden Monaten eingeleiteten Modellpflegemaßnahmen änderten daran nur wenig. Erst der Wechsel auf Bilstein-Stoßdämpfer (Serie ab Ende 1971) und Fords 60-Punkte-Programm schufen ein wenig Abhilfe. Die nach dem 15. Januar 1971 produzierten Wagen seien, so Ford, frei von Kinderkrankheiten. Doch die Kritik am schlechten Federungskomfort, den Kupferwürmern, schlecht eingepassten Seitenscheiben und undichten Karosserien zog sich weiterhin ebenso durch alle Kaufberatungen wie die TÜV-Kritik wegen Spiel und Undichtigkeiten an der Lenkung oder den anfälligen Bremsen an der Hinterachse.

Neben dem bekannten Zwei- und Viertürer und dem Kombi-Modell Turnier bot Ford in Deutschland den Taunus auch als Fließheck-Coupé an. Insgesamt gab es nicht weniger als 63 mögliche Taunus- und Cortina-Kombinationen.

Natürlich gab es auch von der modifizierten Taunus-Generation wieder ein entsprechendes Kombi-Modell. Hier ein Turnier anno 1974 in typischer Farbgebung.

Bewegungen der Räder, die Dämpfung war Aufgabe von Teleskopstoßdämpfern. Ergebnis war eine leichte und kompakte Hinterradführung mit einem hohen Maß an Fahrsicherheit, aber arg straffer Abstimmung von Federung und Dämpfung. »Zweitklassiger Komfort«, schimpfte etwa, stellvertretend für viele, damals die *mot*. Und das war noch geschmeichelt. Dazu kam die miserable, holzige Erstbereifung. Weil die ganze Fuhre so hart und holperig agierte, entwickelte auch die Karosserie ein enervierendes Eigenleben. Bei höheren Tempi quietsch-

Ford Taunus (1976–1982)
Kölner Konzept

Moderne Formen, bekannte Technik: die Taunus-Neuauflage von 1976. Nach wie vor zählten Platzangebot, einfache Bedienung, der 480 Liter große Kofferraum und die gute Ausstattung zu den Taunus-Pluspunkten. Im Bild oben: Taunus S, unten das Spitzenmodell mit 2,3-Liter-Motor und Ghia-Ausstattung. In dieser Ausstattung kostete der Viertürer satte 16.685 Mark.

Nur knapp drei Jahre nach der letzten Überarbeitung wurde der Taunus einer radikalen Verjüngungskur unterzogen. Klare Linien, größere Fensterflächen und Breitbandscheinwerfer bestimmten das Bild des 76er Jahrgangs: Keine Spur mehr von Ami-Schwulst und überflüssigem Blechgefältel, statt dessen wie mit dem Lineal gezogene Kanten.

Fords Linie der Vernunft (interne Baureihenbezeichnung GBTS, GBFS und GBNS, je nach Karosserie) zeug-

te vom neuen Selbstbewusstsein der Kölner Konstrukteure. Deutschland entwickelte sich nach und nach zum Schlüsselmarkt innerhalb Europas, und das, zusammen mit Bob A. Lutz, ihrem energischen Chef, bescherte der deutschen Ford-Tochter mehr Eigenständigkeit – und viele Pluspunkte bei Käufern wie Kritikern. Die Fortschritte in Ausstattung, Verarbeitung, Optik und Technik machten als »Kölner Konzeption« die Runde.

Für den Taunus-Käufer bedeutete dies zunächst eine verbesserte Rundumsicht (die Fensterflächen waren um insgesamt 15 Prozent größer geworden), schlankere C-Säulen, eine flachere Motorhaube und gut zehn Zentimeter mehr Außenlänge, die vor allem der Crash-sicherheit zugute kamen. Die kantigeren Formen verbesserten auch die Aerodynamik, gut 15 Prozent waren es nach Werksangaben.

Keine Überarbeitung nötig hatte das übersichtliche Armaturenbrett, es wurde vom Vorgänger übernommen. Lediglich ein neues Volant (in den einfacheren Taunus-Modellen mit zwei, ansonsten mit vier Speichen plus großer Prallplatte) erhöhte Sicherheit und Bedienungskomfort. Dazu kam der um drei Zentimeter nach hinten versetzte Schalthebel sowie ein neues, noch besseres Gestühl.

Fortschritte vermeldeten auch die Fahrwerkstechniker, ohne dass sie an der bekannten Konzeption etwas änderten, weder an der Vorderachse an doppelten Dreiecksquerlenkern noch an der ungeteilten, an vier Lenkern geführten Hinterachse. Die von ihnen erarbeitete neue

Modelle, Varianten, Preise

Modelle: Limousine zwei-/viertürig, Kombi zweitürig
Bauzeit: 1976-1982
Motoren:
1294 ccm / 40 kW (55 PS) bei 5500/min
1294 ccm / 43 kW (59 PS) bei 5500/min ab 9/79
1593 ccm / 50 kW (68 PS) bei 5200/min
1593 ccm / 51 kW (70 PS) bei 5200/min ab 9/79
1593 ccm / 53 kW (72 PS) bei 5000/min
1593 ccm / 54 kW (73 PS) bei 5000/min ab 9/79
1993 ccm / 72 kW (98 PS) bei 5200/min
1993 ccm / 74 kW (101 PS) bei 5200/min ab 9/79
1999 ccm / 66 kW (90 PS) V6 bei 5000/min
2294 ccm / 79 kW (108 PS) V6 bei 5000/min
2294 ccm / 84 kW (114 PS) V6 bei 5000/min ab 9/79

Ausstattungen: Scheibenbremsen vorn, Verbundglas-Frontscheibe, beheizbare Heckscheibe. 2-Speichen-Lenkrad. L: Teppichboden, Zeituhr, bessere Schalldämpfung. GL, Ghia, S: 4-Speichenlenkrad. GL: Wischer-Intervallschaltung, Halogenlicht, Kopfstützen vorn. Ghia: Gasdruck-Stoßdämpfer, LM-Räder, Scheinwerfer-Waschanlage, Drehzahlmesser, von innen einstellbare Außenspiegel. S: Strafferte Fahrwerksabstimmung, LM, Halogen-Zusatzscheinwerfer. Nur 98 PS bzw. 108 PS-Motor.

Versionen: Taunus/L/GL/Ghia/S; Turnier/L/GL
Preise: von DM 9995,– (Taunus 1300 zweitürig) bis DM 14.410 (Ghia 2.3 viertürig)

Chronik:

1976
Januar: Einführung der neuen Modellreihe. Zwei- und viertürige Limousine, fünftüriger Kombi. Technik vom Vormodell übernommen, neue Karosserie. Glatte Frontpartie mit schwarzem Grill und Ford-Emblem (blauer Grund, weiße Schrift); Rechteckscheinwerfer. Instrumententräger vom Vorgänger übernommen, Heckfenster größer. Drei Karosserien, fünf Ausstattungen, sechs Motoren. Wegfall Coupé, Kombi nur als Basis, L und GL. Taunus L mit 2,0-V6 (DM 12.295,–) billigster dt. Sechszylinderwagen.

1977
April: Alle Modelle: Höhenverstellbare Kopfstützen vorn. V6-Modelle: Servolenkung wahlweise. Detailverbesserungen.

1978
Januar: Sondermodell »Köln«: Basis Taunus L 2.0 V6, Automatikgurte hinten, H4-Scheinwerfer, Seitenzierleiste mit Gummieinlage.
September: Neuauflage Sondermodell »Köln«, ab DM 12.905,–. Alle Modelle: Verbesserter Korossionsschutz.

1979
März: Alle Modelle: Automatikgurte hinten Serie; Taunus/L: Scheibenwischer mit Intervall. GL/S/Ghia: Nebelschlussleuchte. Sondermodell »Europa«. Basis GL; Motor 1,6/72 PS, Stahlkurbeldach, Außenspiegel von innen verstellbar, Stoßstangenhörner, Ghia-Sitze und Teppichboden. Europa 2,0 V6: wie oben, Servolenkung; Reifen 185/70 SR 13. ab DM 14.631,–
September: IAA-Premiere für überarbeitetes Nachfolgemodell. Stoßfänger bis an die Radausschnitte herumgezogen, offene Kopfstützen, stufenlose Rücklehnenverstellung vorn. Vergaser-Modifikationen, leicht geänderte Leistungsangaben, Ghia-Ausstattung um Radio und Schiebedach reduziert.

1980
März: Servolenkung a.W. für 2.0-R4-Motor.
September: Ausstattungsverbesserung gesamte Baureihe. L-Ausstattung bereits Serie im Grundmodell, L entspricht alter GL, neue GL altem Ghia. Ghia: von innen verstellb. Außenseigel rechts, H4-Fernscheinwerfer, Radio Serie.

1981
Februar: Alle Modelle: H4-Hauptscheinwerfer, Bremskraftverstärker, abschließbarer Tankverschluss. Sondermodell »Festival«: 1.6 /54 kW Serie, andere auf Wunsch. Kühlergrill in Wagenfarbe lackiert, Zierstreifen, 5,5-Zoll-Stahlräder, Reifen 185/70. Stoßfänger, Regenrinnen, Türgriffe mattschwarz, 4-Speichen-Lenkrad, andere Sitzbezüge. Ab DM 14.030,–
September: Alle Modelle: Verbesserter Rostschutz durch neues Lackierverfahren, Langzeit-Auspuffsystem. In der Neigung verstellbare, vollflächige Kopfstützen; Schalter für Warnblinker und Heckscheibenheizung beleuchtet. L: Kontaktschalter für Kofferraumbeleuchtung. Ghia: Colorverglasung, verbessertes Radio. 2.0/V6 auf Superbenzin umgestellt. Sondermodell »Favorit«: 1,6 l, Basis-Modell, aufgewertet um L und GL-Features (5,5-Zoll-Räder, Reifen 185/70. Koffer- und Motorraumbeleuchtung).

1982
März: Sondermodell »Brillant«: 1,6 l/54 kW, andere auf Wunsch. 4-Speichen-Lenkrad, Mittelkonsole mit Ablage und Armaturenblende wie GL; Ghia-Sitze u.a. Ab DM 14.520,–
Juli: Produktionsende.

Abstimmung reifte über gut eine Million Testkilometer und rund 750.000 Arbeitsstunden, sie führte zu spürbaren Verbesserungen in Abrollkomfort, Straßenlage und Kurvenverhalten. Doch auch wenn der Taunus dank progressiver Schraubenfedern, verstärktem Stabilisator und anderer Hinterachs-Anlenkung nicht mehr so um die Kurve trampelte: Andere Starrachser lagen besser und schaukelten weniger. Gerade im Kurvengrenzbereich (und bei Nässe sowieso) war ein Taunus immer gut für Drifteinlagen. Ein schwerer Sandsack im Kofferraum gehörte also nach wie vor zur empfehlenswerten Winterausrüstung. Nicht wirklich zufrieden stellte auch die in Mittellage unexakte Lenkung, das konnte die Konkurrenz aus Rüsselsheim einfach besser. Noch breiter gefächert präsentierte sich die Motorpalette. Bereits bekannt waren die eigens für den Taunus konstruierten Reihen-Vierzylinder mit 1,3 und 1,6 Liter (55, 68, 72 PS) sowie die bewährten Sechszylinder mit 2,0 und 2,3 Liter (90, 108 PS). Der jetzt zusätzlich angebotene Vierzylinder-Zweilitermotor mit obenliegender Nockenwelle hatte seine Karriere 1970 im britischen Cortina begonnen und später in der Consul-Baureihe fortgesetzt. Dort allerdings war er wegen starker Vibrationen und Vergaserschwierigkeiten stets kritisiert worden. Im Taunus-Motorenabteil fühlte er sich spürbar wohler, er ermöglichte ohne viel Schaltarbeit gute bis überzeugende Fahrleistungen. Den Standard-Sprint von null auf 100 km/h legte er in weniger als 12 Sekunden zurück, die Höchstgeschwindigkeit lag bei knapp 170 km/h. Häufige Attacken in diese Richtung trieben aber nicht nur den Spritverbrauch in die Nähe der 15-Liter-Marke, sondern auch den Beifahrer zur Verzweiflung: Der 98 PS starke Reihenvierzylinder dröhnte in Migränelautstärke, obwohl in jedem Taunus mindestens 20 Kilogramm an Filzschichten, Isomatten und Geräuschdämmung steckten. Und von der neuen, mit bis zu 18 mm dicken Dämmmaterial gebildeten Schallschluckwanne war auch nichts zu spüren.

Der Zweiliter-Motor wurde, zusammen mit sportlichen Features – Drehzahlmesser, Halogen-Fernscheinwerfer,

Freunde und Helfer: Auch die Polizei in Nordrhein-Westfalen fuhr Taunus. Aus Kostengründen wurde die nackte Grundausstattung geordert, kenntlich an den Stahlrädern. Kopfstützen mussten extra bezahlt werden, diese waren erst im L-Paket enthalten. Dennoch: »eine umfangreiche, aber einfache Ausstattung«, urteilten die Tester.

straffen Bilstein-Stoßdämpfer, Reifen 185/70 SR 13 – serienmäßig im Taunus S geliefert, der sportlichste Taunus stand mit 13.325 Mark in der Preisliste. Hatte man die normalen Taunus-Modellen zu weich abgestimmt, so war dieser Taunus schon beinahe unkomfortabel straff. Und an mangelhafter Traktion litt er noch immer. Die Freunde kultivierterer Fortbewegung waren mit den zwischen 90 und 108 PS starken Sechszylinder-Taunus besser bedient.

Neben der zwei- und viertürigen Limousine gab es auch den obligaten Turnier in verschiedenen Ausführungen, nur das Coupé war in Europa der Modellbereinigung zum Opfer gefallen.

Der neue Taunus wurde ein voller Erfolg, Lieferfristen von vier bis sechs Monaten waren im ersten Jahr normal, alle anderen Ford waren binnen vier bis sechs Wochen erhältlich. Das Geschäft boomte. Eine der letzten Amtshandlungen von Ford-Chef Lutz bestand darin, noch im Frühjahr die Preise, sorgsam kaschiert als Ausstattungsverbesserungen, um 5,8 % anzuheben. Die Konkurrenz zog nach, doch selbst diese Tatsache vermochte die Euphorie der Käufer nicht zu bremsen: 1976 meldeten alle Automobilproduzenten Produktionsrekorde und Rekordgewinne. Ford/Köln produzierte 1976 stolze 821.638 Einheiten und erzielte einen Überschuss von 628 Millionen Mark – auch das gehörte zum Kölner Erfolgs-Konzept.

Ford Taunus (1979–1982)

Der Kölner Erfolgstyp wurde zur Halbzeit überarbeitet. Die Ford-Manager entschieden sich aber für einen vergleichsweise unaufwendigen Facelift. Das hielt die Kosten im Rahmen – in Branchenkreisen bezifferte man die Kosten einer solchen Aktion auf rund 80 Millionen Mark –, und ließ genügend Mittel übrig für die Entwicklung der Taunus-Nachfolgegeneration. Und da Glas billiger als Blech ist, sparten die Kölner Designer, in dem sie die Fensterflächen vergrößerten. Der Rest war Kosmetik: schwarze Abdeckleiste über der C-Säule, größere, um die Flanken reichende Blinkleuchten vorn und größere Rückleuchten, ein neuer Lamellenkühler und die bis zu den Radausschnitten herum gezogenen

Stoßfänger waren das optische Erkennungszeichen der 80er Taunus. Im Innenraum verdienten die neuen Sitze mit durchbrochenen Kopfstützen, die neue Mittelkonsole und eine Heizung-/Belüftung mit höherem Luftdurchsatz Beachtung.

Die Mechanik des Taunus blieb indes prinzipiell unverändert, wobei einmal mehr versucht wurde, dem schlechten Federungskomfort abzuhelfen. Die modifizierte Abstimmung konnte allerdings Profi-Tester noch immer nicht ganz befriedigen. Andererseits: Der typische Taunus-Käufer – Facharbeiter, mittlerer Angestellter oder Lehrer, mehrere Kinder – spürte von dem auf 18 mm Durchmesser verstärkten Vorderachsstabilisator und den hinten nun serienmäßigen Gasdruck-Stoßdämpfern (gab es zuvor nur beim Taunus S) im Normalbetrieb herzlich wenig. Ihn interessierte eher der versprochene bessere Rostschutz, die verbesserte Ausstattung schon im Grundmodell und der Gleichdruck-Venturi-Vergaser. Der neue Vergaser versprach Einsparungen von gut sechs Prozent, sorgte für einen besseren Antritt und erlaubte kraftvollere Überholmanöver – auch wenn die Werbung mit der »einem Einspritzer vergleichbaren Laufcharakteristik« vielleicht etwas zu viel versprach.

Nach einem Dutzend Jahre und 2.696.011 produzierten Einheiten endete schließlich im Sommer 1982 die Geschichte der Kölner TC- und GB-Modelle: Die Taunus-Ära war zu Ende.

Abschied auf Raten: Mit Sondermodellen verabschiedete sich der Taunus in den Ruhestand.
Taunus »Brillant«, (1982, oben) und »Festival« (1981, unten) waren groß im Komfort, aber günstig im Preis.

Ford Sierra (1982–1993)
Für alles und jeden

Revolutionär: der Taunus-Nachfolger Sierra vom September 1982. Zunächst gab es den windschlüpfrig geformten Viertürer lediglich mit Schrägheck und als Kombi. Im Bild die Basis-Variante mit unlackierter Frontmaske.

Der Taunus war ein verlässlicher Partner gewesen, ein Auto für alles und jeden. Nur nicht für Individualisten. Doch selbst diese fanden nun Grund, einen Ford zu fahren: der Sierra war radikal anders. Ein Markstein in der Geschichte des Automobildesigns, wie zwei Jahrzehnte zuvor der P3-Taunus, die Badewanne. Und, wie damals, war Uwe Bahnsen maßgeblich daran beteiligt.

Das Design orientierte sich an der Experimentalstudie Probe III vom September 1981. Sensationell daran war weniger deren futuristische Form oder die ausgefeilte Aerodynamik (cW 0,22), sondern vielmehr ihre Seriennähe. Wie sehr, zeigte sich dann ein dreiviertel Jahr später. Zwar fiel der Luftwiderstandsbeiwert mit 0,34 schlechter aus als beim Probe III, lag aber immer noch um gut 20 Prozent besser als bei allem anderen, was zu jener Zeit sonst noch auf dem Markt war. Zahlreiche Kniffe, die Chef-Aerodynamiker Heinz Ostendorf angewandt hatte wie etwa das stummelige Aero-Heck, die Entscheidung, Front-, Heck und hintere Seitenscheiben bündig mit der Karosserie zu verkleben oder die schräg stehende Frontscheibe (deren Neigungswinkel sich von den 55,6 Grad beim Taunus auf 60 Grad vergrößerte) hatten beim Probe Premiere.

Innen bot Fords Neuer (der beinahe nicht hätte Sierra heißen dürfen, ein britischer Kleinserien-Hersteller machte Ärger) großzügiger geschnitten als der Taunus. Wo immer man das Maßband auch anlegte – Beinraum, Ellenbogen, Kopffreiheit, Schulterraum – stets bot der Sierra-Innenraum die entscheidenden Wohlfühl-Millimeter mehr.

Die ausgeklügelte Aerodynamik machte die Entwicklung einer neuen Motoren-Palette weit gehend überflüssig. Transistorzündungen und neu geformte Kolben hier,

»Der neue Sierra, das zeigte die Langstreckenprüfung, ist nicht nur vom Styling und von der übrigen Konzeption her eine mutige Lösung, sondern eine gebrauchstüchtige dazu.« (*auto motor und sport* 1983). Im Bild der Turnier in L-Ausstattung.

Charakteristisch: der Sierra XR4i in Frontansicht. Diese Sierra-Variante wurde bei Karmann zwischen 1985 und 1990 für den amerikanischen Markt gebaut und dort als Merkur XR4Ti verkauft. In Deutschland lief der XR4i nur bis 1985.

Zusammen mit Fließheck und Turnier gab es ab 1987 erstmals auch eine Stufenheck-Variante in der Sierra-Reihe. Diese (hier der CL) war rund 600 Mark günstiger als der Fünftürer.

neue Auspuffanlagen und Steuermodule dort machten die ehrwürdigen Taunus-Graugussaggregate fit für den Einsatz in der neuen Mittelklasse. Sechs Motorvarianten standen zur Auswahl, beliebteste Motorversion der ersten Jahre war die 75 PS starke 1,6-Liter-Variante. Der etwas unkultivierte Reihen-Vierzylinder war kein Ausbund an Temperament, erfreute aber (dank der ausgefeilten Aerodynamik) mit einer überraschend hohen Endgeschwindigkeit. Unbedingt zu empfehlen war Sierra-Käufern das gut zu schaltende Fünfganggetriebe. Höhere Komfort- und Leistungsansprüche erfüllte der Zweiliter-Benziner mit 77 kW/105 PS, der allerdings gerne einen über den Durst hob.

Mehr Mühe floss in die Entwicklung des neuen Fahrwerks, endlich durfte auch in Fords Mittelklasse die betagte Starrachse in Rente gehen. Hinten kam eine

Einzelradaufhängung an doppelten Schräglenkern und Schraubenfedern, vorne an McPherson-Federbeinen, Querlenker- und Querstabilisator zum Einsatz.

Mit dem Sierra (»Linie, Logik, Leistung und Vernunft« – O-Ton Werbung) war Ford ein ganz großer Wurf gelungen, *auto motor und sport* hatte einen neuen Testliebling: Gut gefedert, geräumig, solide und fahrsicher, kürten die Stuttgarter die Kölner Avantgarde zum Klassenbesten. Schwachstellen wie der flache Gepäckraum, die Seitenwindempfindlich, die Wasserpumpe, die das Wasser nicht halten konnte und die mit den Jahren etwas marode Elektrik änderten daran nichts.

Der im Kern ebenso solide wie konventionelle Motorvorne-Antrieb-hinten-Sierra erschien zunächst als Viertürer mit Fließheck und als Kombi-Version »Turnier«. Der Zweitürer mit Heckklappe wurde nach den Werksferien 1983 nachgereicht, die Top-Version XR4i Sierra hatte zum Genfer Salon im Frühjahr Premiere gefeiert.

Die viertürige Stufenhecklimousine erschien dann im Februar 1987. Ford betrieb bei dieser Gelegenheit auch bei den anderen Sierra-Modellen ein wenig Karosserie-Kosmetik, ohne am bewährten (und erfolgreichen) Grundkonzept etwas zu ändern. 1990 ein weiteres Mal revidiert, blieb der im belgischen Genk produzierte Sierra bis Mitte 1993 im Programm und wurde dann vom Mondeo abgelöst. Insgesamt hatte die Ford-Werke AG 2.788.485 Sierra gebaut, rund 200.000 Einheiten mehr als vom Taunus – also doch wieder ein Auto für alles und jeden, und nichts für Individualisten.

XR4i / XR4x4 / Sierra Cosworth

Individualist und Sierra – das passte noch am ehesten zum XR4i, dem Sport-Ford. Ausschließlich als Dreitürer mit dritter Seitenscheibe lieferbar, hatten die Konstrukteure den 2,8-Liter-V6 mit 150 PS aus dem Capri im Motorabteil versenkt. Das üppig bespoilerte Top-Modell der Sierra-Familie kam auf eine Spitze von 210 km/h und beschleunigte in 8,5 Sekunden aus dem Stand auf 100 Stundenkilometer. Der Kraftschluss vom serienmäßigen Fünfgang-Getriebe zur neu ausgelegten Hinterachse erfolgte über eine zweiteilige Gelenkwelle – eine ideale Ausgangsbasis für den Rennsport. Erste Gehversuche eines Gruppe-A-Sierra erfolgten 1985 bei der Deutschen Produktionswagen-Meisterschaft unter Klaus Niedzwiedz. Gleich beim ersten Rennlauf auf der Avus in Berlin fuhr der schneeweiß lackierte Bolide der Konkurrenz auf und davon. Befeuert wurde »Niedzes« Renn-Sierra von einem 2,3-Liter-Turbo, der im Renntrimm 300 PS abdrückte, jenem Triebwerk, das mit einer Leistung von 175 PS auch den bei Karmann produzierten US-Sierra beflügelte. Der amerikanische Sierra hieß Merkur XR4Ti und wurde bis 1990 in Nordamerika vermarktet.

In Deutschland dagegen wurde der XR4i bereits 1985 durch den XR4x4 mit Fließheck abgelöst. Auf dem Genfer Salon zeigte Ford zunächst den bei SVE konstruierten Dreitürer mit Allradantrieb. Dabei wurden alle vier Räder permanent angetrieben. Visco-Kupplungen im Zentral-Differenzial und an der Hinterachse

Modelle, Varianten, Preise

Modelle: Drei-/fünftüriges Fließheck, Stufenheck viertürig, Kombi viertürig

Bauzeit: 1982–1993

Motoren: 1593 ccm / 55 kW (75 PS) bei 5300/min bis 10/84
1598 ccm / 55 kW (75 PS) bei 4900/min 10/84–12/88
1598 ccm G-Kat / 59 kW (80 PS) bei 5500/min ab 9/89
1796 ccm / 66 kW (90 PS) bei 5400/min 10/84–5/87
1796 ccm U-Kat / 65 kW (88 PS) bei 5400/min 9/87–9/89
1993 ccm / 77 kW (105 PS) bei 5200/min bis 12/88
1993 ccm G-Kat / 74 kW (100 PS) bei 5100/min 12/85–12/92
1993 ccm U-Kat / 74 kW (100 PS) bei 5100/min 5/87–9/89
1993 ccm U-Kat DOHC / 77 kW (105 PS) bei 5200/min 5/89–12/89
1993 ccm G-Kat DOHC / 88 kW (120 PS) bei 5500/min 5/89–6/92
1993 ccm 16V Turbo / 150 kW (204 PS) bei 6000/min ab 3/86
1993 ccm 16V Turbo / 162 kW (220 PS) bei 6000/min ab 3/90
1998 ccm V6 / 66 kW (90 PS) bei 5000/min bis 10/84
2294 ccm V6 / 84 kW (114 PS) bei 5300/min bis 12/85
2792 ccm V6 / 110 kW (150 PS) bei 5700/min 4/83–3/89
2933 ccm V6 G-Kat / 107 kW (145 PS) bei 5500/min 3/89–3/93
1753 ccm TD / 55 kW (75 PS) bei 4500/min ab 3/90
2304 ccm Diesel / 49 kW (67 PS) bei 4200/min bis 6/90

Ausstattungen: H4, heizb. Heckscheibe, Automatik-Gurte v./hi, Rückfahrscheinwerfer, Nebelschlussl., abschließb. Tankdeckel, Gepäckraumabd. L: Kühlergrill in Wagenfarbe, PVC auf Stoßfänger, get. umklappbare Rücksitzlehne, Türverkleidung mit Stoffeinsatz, Analoguhr, Scheibenwischer-Intervall. GL: Seitenfenster-Zierl., Stoßfänger in Wagenfarbe, zusätzl. Anzeigeleuchten, von innen verstellb. Außensp., Fahrersitz m. Lordosenstütze, Mittelarmlehne hi. Ghia: Glatte Wagenfront, spez. Stoßfänger, breite Seitenschutzleisten, get. Scheiben, ZV, Drehzahlmesser, Holzapplikationen innen. Turnier: Heckscheiben-Wisch/Waschanlage, 2. Außenspiegel, Verzurrösen. Ghia: Niveau-Ausgl.

Varianten: Sierra/L/GL/Ghia/Turnier/XR4i/XR4x4/RS Cosworth/ Cosworth

Preise: von DM 16.600,– bis DM 24.785,– (Ghia Turnier 2,3)

Chronik

1982 September: Vorstellung Taunus-Nachfolger Sierra auf dem Pariser Autosalon, drei Karosserievarianten, sechs verschiedene Motoren: 1,6 (55 kW/75 PS), 1,6 (Economy, 55 kW/75 PS,), 2,0 (77 kW/105 PS), 2,0 (V6, 66 kW/90 PS), 2,3 (V6, 84 kW/114 PS), 2,3 (D, 49 kW/67 PS). Heckantrieb, Einzelradaufh. hi. 5-G. ab 2,3 l Serie.

1983 März: Vorst. Sierra XR4i mit 2,8-I-V6 (110 kW/150 PS). Nur als Dreitürer, drittes Seitenfenster. DM 28.350,–.
August: Sierra Coupe lieferbar, kein drittes Seitenfenster. Kühlergrill und Tankdeckel in Wagenfarbe (Sierra), Stoßfänger Sierra/Sierra L auf Wagenfarbe abgest.immt L. verchr. Fenstereinf. (zuvor schwarz). Ab DM 17.275,–. Economy: Ecoleuchte, abschaltende Heckscheibenheiz., mod. Hinterachs-Übersetzung. DM 504,–.

1984 Februar: Alle Modelle: 5-Gang oder Automatik optional.
März: Sondermodell »Laser«, 1.6/2,0/2,3-I-D; u.a. mit Heckscheiben-Wisch-/waschter, Radabd., ab DM 16.295,–. Modellpflege: Frontspoiler mit Gummilippe, zusätzl. Luftschlitze an C-Säule, Basis/L: Türgriffe der GL-Version. Oktober: Einführung 1,6-I-E-Max-Motor, 75 PS/4900min ersetzt 1,6-Liter-Economy-Ausstattung bei Basis und L/GL. (E=Economy durch Verwendung der Kurbelwelle des Zweiliters, Bohrung x Hub: 66 x 68 mm; überarbeiteter Zylinderkopf, modifizierter Einlass, Gleichdruck- statt Registervergaser); Verbrauch 5,5/7,1/8,9. Vorstellung des 1,8-Liter-Magermotors (66 kW/90 PS); Schubabschaltung f. 2,0 l, gleiche Leistung. Neue 4-G-Autom. a.W. Klima. Variable Servol., neue Motorlagerung.

1985 Februar: 2,0iS-Motor (85 kW, Einspritzung); Motoren: 1,6 (Eco, 55 kW/75 PS), 1,8 (66 kW/90 PS), 2,0 (77 kW/105 PS), 2,0i (85 kW/115 PS), 2,3 (V6 84 kW/114 PS), 2,8i (V6 110 kW/150 PS), 2,3 D (49 kW/67 PS).
März: »Laser« wird neue Basis. Alle Modelle (außer Laser und Diesel): Ghia-Frontpartie anstelle Lamellen-Grill.
April: Einführung Sierra XR4x4 (Dreitürer). 150 PS V6, permanenter Allrad, vor allem auf Hinterräder. Zentral- und Hinterachsdiff., Viscokupplung. Servo, lackierte Stoßf., schwarze Einlage. Schriftzug vorn. DM 32.950,–.
August: Sierra XR4x4 als Fünftürer eingeführt; ABS serien-

1986 mäßig; DM 38.505,–. XR4i nicht mehr angeboten.
Oktober: 1 Million Sierra gebaut, Sondermodell »Millionär«: Metallic-Lack, Kurbel/Hubdach, ZV, Heckwischer, Dachreling (Turnier), ab DM 19.550,–.
Dezember: Sierra 2,0i mit G-Kat (74 kW/100 PS) eingef.
Januar: Sierra 2,0iS (85 kW/115 PS) auch als GL/ Ghia.
März: Einführung Sierra Turnier XR4x4, ABS Serie. DM 39.750,–. Vorstellung Sierra RS Cosworth mit 2,0-I-16V-Turbo. Homologationsmodell für Tourenwagensp., gebaut in Genk.

1987 Juli: Auslieferung Sierra RS Cosworth.
März: Sierra-Facelift (Motorhaube bis Stoßfänger herabgezogen, bündig eingepasste Scheinwerfer, halb versenkte Scheibenwischerachse. Rechtwinklige statt gerundete Türscheibenausschnitte, vergrößerte Rückleuchten. Stoßfänger modifiziert ausgeschäumt). Einführung Stufenheck -Modell (Türen in Wagendach hineingezogen) Ghia, S, XR4: neue/ modifizierte Sitze. XR4x4 nur noch Fünftürer.
Motoren: 1,6 (55 kW/75 PS), 1,8 (66 kW/90 PS), 2,0 (77 kW/105 PS), 2,0i (G-Kat, 74 kW/100 PS), 2,0i (85 kW/115 PS), 2,8i (V6 110 kW/150 PS), 2,3 (D 49 kW/67 PS).
Mai: Einführung 2,0-I-U-Kat (74 kW/100 PS) für Sierra, damit insgesamt acht Motoren zur Wahl.
August: 2 Millionen Sierra gebaut
September: 2,0iS und XR 4x4: Heckwiwa Serie, Einführung 1,8-I-U-Kat (65 kW/88 PS) Motoren jetzt: 1,6 (55 kW/75 PS), 1,8 (U-Kat 65 kW/88 PS), 1,8 (66 kW/90 PS), 2,0 (77 kW/105 PS), 2,0i (G-Kat, 74 kW/100 PS), 2,0i (U-Kat, 74 kW/100 PS), 2,0i (85 kW/115 PS), 2,8i (V6 110 kW/150 PS), 2,3 (D 49 kW/67 PS). Ab 1,8-Liter bzw. GL: 5-Gang Serie.

1988 Februar: Sierra Cosworth als Serienmodell eingeführt. Stufen- statt Fließheck, spezieller Kühlergrill, Kotflügelverbreiterung, Heckspoiler, Stabilisatoren v./hi.; ABS, LM-Räder 7Jx15 auf 205/50 VR 15. Lederlenkrad, Recaros, ZV, EFH vorn, Audioanlage. DM 53.545,–.
April: Sondermodell »Finess«: In Wagenfarbe lackierte Außenspiegel, getönte Scheiben, Reifen 195/65 R 14. Drehzahlm., ZV, Fahrersitz-Höhenverst. Ab DM 21.850,–.
November: Preissenkung für 2,0-I-G-Kat (74 kW/100 PS)

1989 März: Einf. 2,9-I-V6-G-Kat (107 kW/145 PS) bei GL/Ghia. 0-100 km/h 8,6s, V_{max} 206 km/h. Servo, Scheibenbr. v./hi., Reifen 195/65 VR 14 , ab DM 33.085,–. Alle XR4x4: 2,9i-V6 ersetzt 2,8i-V6.
September: 2.3 I Diesel (67 PS): längere Achsübersetzung (3,14 statt 3,38) geringerer Verbrauch. 1,6i-Kat-Motor (59 kW/80 PS) statt 1,6i-U-Kat-Motor (65 kW/ 88 PS) Motorenauswahl: 1,6i (G-Kat, 59 kW/80 PS), 2,0i (G-Kat, 74 kW/100 PS), 2,0i (G-Kat, 88 kW/120 PS), 2,9i (V6 G-Kat, 107 kW/145 PS), 2,3 (D, 49 kW/67 PS).
Oktober: Taxi-Paket für GL Lim./Turnier D, DM 1850,–.

1990 Januar: Leuchtweitenregulierung serienmäßig.
März: Kühlergrill, modifiziertes Fahrwerk. Einführung Sierra Cosworth 4x4 (162 kW/220 PS, DM 63.670,–) und CLX 4x4 (88 kW/120 PS, G-Kat). Alle Modelle: Getönte Scheiben, neuer Grill mit integriertem Logo, weiße Blinkleuchten, dunkle Rückleuchten, Limousine mit schwarzer Heckblende. Neue Motorhaube, neues Lenkrad und Armaturenbrett, Drehzahlmesser und Fernentriegelung Rückklappe hinten, 2. Handschuhkasten, neues 5-Ganggetriebe, a.W. 4-Gang-Automatik. Wegfall XR4x4 Fünftürer, nunmehriger XR4i als Fünftürer ausschließlich mit Heckantrieb, 2,0/120 PS G-Kat lieferbar. Einführung Sierra Turbodiesel 1,8 (55 kW/75 PS). Motoren: 1,6i (Kat 59 kW/80 PS), 2,0i (Kat 74 kW/100 PS), 2,0i (Kat 88 kW/120 PS), 2,0iT (Kat Turbo 162/220 PS), 2,9i (V6 Kat 107 kW/145 PS), 1,8 (TD 55 kW/75 PS).
Dezember: Sondermodell »Touring«: 2,0i (88 kW/120 PS, G-Kat): Kurbel-Hubdach, ZV, Stoßstangen und Seitenleisten mit Chromeinlagen. Ab DM 27.510,–.

1991 April: Exclusivpaket auf Wunsch, Metallic-Lack, LM-Räder, Radio gegen DM 1560,– Aufpreis.
September: neuer Instrumententräger, Stoßfänger in Wagenfarbe. CLX mit zusätzlichen Halogen-Scheinwerfern, CLX 4x4, XR4i, Ghia, GL: heizbare Windschutzscheibe und beheizb. Waschdüsen. Nur GL: elektr. verstell-/heizbare Außenspiegel, EFH vorn, Fahrersitz mit einstellb. Lendenwirbelstütze, Taschen an Vordersitzlehne.

1992 Januar: Sondermodell Sierra »Saphir« 1,8i: Servo, lack. Außenspiegel, Wärmeschutzverglasung, ZV, Sportsitze und -lenkrad. Ab DM 27.140,–
Juni: Sondermodell »Brillant«: ZV, elektr. Glas-Schiebe/Hubdach, Sportsitze m. Teilleder, verchromte Zierleisten um die Fenster. Ab DM 29.320,–.

1993 Mai: Produktionseinstellung.

begrenzten den Schlupf und verhinderten so ein Durchdrehen der Räder, ohne dass, wie etwa bei echten Geländewagen, Differenzialsperren von Hand aktiviert werden mussten. In Traktion und Straßenlage überzeugte der Allradler allerdings weniger, die Tester von *auto motor und sport* etwa bemängelten ein »kritisches Fahrverhalten«, eine nervöse Lenkung, die im Vergleich zum XR4i schlechteren Fahrleistungen und den hohen Verbrauch des 150 PS starken V6. Zur IAA im September 1985 erweiterte Ford die Sierra-Palette um einen fünftürigen Allradler; ein elektronisches ABS war dabei bereits serienmäßig mit an Bord.

Für sportliche Umtriebe besser gerüstet zeigte sich der RS Cosworth von 1986, entwickelt von der Special Vehicle Engineering SVE. Um an den Tourenwagen-Rennen der Gruppe A teilnehmen zu können, mussten 5000 Homologationsexemplare gebaut werden, 500 weitere »Evolution«-Modelle für Motorsport-Kunden folgten 1987 unter der Bezeichnung RS 500. Ausgangsbasis des sportlichen Tuns bildete in jedem Fall der als Coupé bezeichnete Dreitürer mit Zweiliter-Serienmotor. Nachdem ihn sich Cosworth Engineering vorgeknöpft hatte und mit vier Ventilen pro Zylinder bestückte, brachte der nunmehrige 16-Ventiler mit Garett-Turbolader 150 kW/204 PS, gespeist von einer elektronischen Motorsteuerung mit Weber/Marelli-Reiheneinspritzung. Bereits in seiner ersten vollständigen Saison gewann der RS die Tourenwagen-WM und zahlreiche nationale Rallye-Meisterschaften; Erfolge, die sich bei der Tourenwagen-EM 1988 wiederholen sollten.

Der Sierra Cosworth vom Februar 1988 basierte dagegen auf der viertürigen Stufenheck-Limousine. Nichts mehr blieb von den krawalligen Heckflügeln der Fließheck-Varianten, Ford bezeichnete ihn als »Gentleman-Express«. Der Familiensportler verbarg unter seiner biederen Karosserie zahlreiche technische Neuerungen, so zum Beispiel eine versteifte Karosseriestruktur, ausgeschäumte A-Säulen sowie neue Türdichtungen. Ins Auge

Oben: Nach dem Facelift: Sierra 2.0iS, 1987.

Mitte: Getönte Scheiben, ein neuer Kühlergrill, weiße Blinkleuchten und dunkle Rückleuchten hatte der Sierra ab Frühjahr 1990. Der Turnier war besonders beliebt. 2,0i Ghia, Juli 1991.

Mit Cosworth-Technik: Sierra RS 500, der Seriensieger in der Tourenwagen-WM 1987 und 1988.

Wolf im Schafspelz: Hinter der Fassade des perfekten Biedermanns verbarg sich reinrassige Sportwagen-Technik: Sierra Cosworth 4x4, 1988.

Der Zweitürer wurde zunächst unter der Bezeichnung »Coupé« verkauft. Der Berliner Fordhändler Autoveri plante auf dieser Basis den Bau eines Sierra-Cabrios, das für 37.000 Mark verkauft werden sollte. Ob mehr als ein Prototyp entstand, ist aber fraglich. Im Bild: der 2,0i CLX, mit den dunklen Rückleuchten des Modelljahres 1990.

fielen der spezielle Kühlergrill, die Kotflügelverbreiterungen, und die dezenten Spoiler. Praktisch unverändert gegenüber dem Vorgänger blieb das Technik-Paket des Cossie, das Fahrwerk wurde allerdings vorn wie hinten mit Stabilisatoren aufgerüstet. Dunlop-Walzen mit 205/50 VR 15 auf Leichtmetallrädern 7 J x 15 brannten Bestwerte in den Asphalt: Seine Höchstgeschwindigkeit lag bei 240 km/h, für den Sprint zur 100 km/h-Marke vergingen gerade 6,5 Sekunden. Knapp zwei Jahre später präsentierte sich der Cosworth mit Allrad-Antrieb und modifiziertem, nun 220 PS starkem Einspritzer und geregeltem Katalysator. Zuletzt für 70.700 Mark verkauft, tauchte der Cossie nicht mehr in den Sierra-Prospekten des Modelljahres 1993 auf.

Zum Modelljahr 1992 wurde die Sierra-Familie ein letztes Mal überarbeitet. Ihr Kennzeichen sind die in Wagenfarbe lackierten Stoßfänger.

Ford Mondeo (1993–2000)
Sag niemals nie

Weltwagen: Der Mondeo sollte Fords erstes echtes Weltauto werden und gemeinsam von Ford USA und Ford of Europe entwickelt Im Bild: Mondeo Stufenheck in CLX-Ausstattung.

Der Sierra-Nachfolger setzte Maßstäbe in Sachen Fahrwerk ebenso wie in Sachen Sicherheit: »Die besondere Stärke des Siegerautos Mondeo ist zweifellos seine Sicherheit«, urteilte die Presse. Im Bild: Mondeo CLX Fünftürer, 1993.

Sein Name war Oldfield, John Oldfield. Und sein Auftrag lautete, ein Weltauto zu schaffen. Eines, das sowohl in Nordamerika als auch in Europa Anklang fand. Die Mittel, die ihm zur Verfügung standen, waren schier unbegrenzt. Und doch war er schon einmal beinahe gescheitert. Projekt Erica, die erste Generation von Frontantrieb-Escorts, war in Dearborn wie auch in Europa noch in unguter Erinnerung. Die Entwicklungszentren hatten nebeneinander, nicht miteinander gearbeitet, Oldfield war damals Leiter der Produktplanung von Ford of Europe gewesen. Im Endeffekt hatten trotz formaler Ähnlichkeit der europäische wie auch der amerikanische Escort außer einem Wasserpumpenteil, dem Aschenbecher und einem Teil des Armaturenbretträgers nichts miteinander gemeinsam. Nun, es war seine Aufgabe, die Zweifler zu überzeugen und mit dem Projekt CDW 27 ein echtes Weltauto auf die Räder zu stellen. C und D übrigens standen für das Fahrzeugsegment (C=Sierra/D=Scorpio) und das W für weltweit. Weltweit – in Europa stand für 1993 die Ablösung des Sierra auf dem Plan, in den USA die Ablösung der Tempo/Topas-Reihe.

Mitte 1986 machte sich Oldfield an die Arbeit und 1987 stand für ihn fest, dass es Hondas neuer Accord war, den es zu schlagen galt. 33 Monate nach Projektbeginn, im Juni 1989, hatte Oldfields Weltauto Gestalt angenommen; 18 Monate später, Ende 1990, segnete auch die Konzernleitung Form und Styling endgültig ab.

Die Motorenentwickler waren zu diesem Zeitpunkt schon einen Schritt weiter. Fords neues Weltauto sollte auf allen Märkten mit den »Zeta«-Vierzylindern bestückt werden. Codename »Zeta« – erstmals verwen-

det mit 1,8 Liter in Escort/Orion und Fiesta – signalisierte zeitgemäße Vierventiltechnik, zwei oben liegende Nockenwellen und ein modernes Motormanagement. Drei Zeta-Versionen von 1,6 bis 2,0 Liter, von 90 bis 136 PS, stellten den Mondeo-Kunden vor keine leichte Wahl. Diesel-Interessenten griffen zum 1,8-Liter-Turbodiesel, Sechszylinder-Freunde warteten bis Juni 1994 auf den 170 PS starken 2,5-Liter-24V, der in den USA gebaut wurde. Alle anderen Motoren stammten aus den Ford-Werken Bridgend beziehungsweise Dagenham.

Wie es sich für eine Agentenkutsche gehörte, war Oldfields neuer Dienstwagen ausgesprochen unauffällig geraten. Eher Ford-untypisch, und das im guten Sinn, wirkte dagegen das Mondeo-Fahrverhalten. Mit hoher Kurvenstabilität, präzisen Lenkeigenschaften und einer überraschenden Handlichkeit gab sich das neue Mondeo-Chassis keine Blößen: Bessere Argumente für die Abkehr vom Hinterradantrieb des Sierra ließen sich kaum denken.

Entwicklung, Forschung und Produktion ließ sich Ford etwa drei Milliarden Mark kosten, die Hälfte davon floss in neue Produktionsanlagen in Genk, wo nun im Dreischicht-Betrieb sämtliche Mondeo für den gesamten europäischen Markt entstanden. Ford bot den Fronttriebler als viertürige Stufenheck-, als fünftürige Schräghecklimousine sowie als fünftürigen Kombi an; in den USA wurde lediglich die Stufenheck-Variante als Ford Contour oder Mercury Mystique vermarktet. Nur wenige Wochen nach dem Verkaufsstart komplettierte der Turnier die neue Mittelklasse-Baureihe. Um eine gut nutzbare Ladefläche zu erhalten, wurde hier eine neue Hinterachs-Konstruktion verwendet, zu der unter ande-

rem drei Querlenker, ein Querstabilisator sowie ein stabiler Achsträger gehörten. Ford bot den frontangetriebenen Mondeo Turnier in den Ausstattungsvarianten CLX und GLX an, die nur beim Turnier angebotene CL-Version mit 1,6-Liter-Motor richtete sich in erster Linie an kostenbewusste Großkunden.

Wie bei Ford üblich, gab es auch für den Mondeo eine Fülle an Einzel-Extras, zum Teil auch in Form von Aufpreispaketen, darunter das Traction-Control-System (in Verbindung mit hinteren Scheiben- statt Trommelbremsen), das adaptive Dämpfungssystem (ADS)

oder ein neuartiges, elektronisch gesteuertes Allrad-Antriebssystem. Der Eintrittspreis ins Kombi-Vergnügen begann bei 32.040 Mark.

Ford Mondeo (1996–2000)

Knapp dreieinhalb Jahre nach seiner Markteinführung überarbeitete Ford seinen Allerweltswagen, der in 19 europäische und 41 weitere Ländern verkauft wurde. Fernöstliches Einheitsdesign, hatten Kritiker immer wieder gemosert und behauptet, nur das blaue Oval an der Front erlaube eine Identifikation. Ab Oktober 1996 hätte der Mondeo glatt darauf verzichten können: Er war unverwechselbar geworden. Zu den technischen Neuerungen gehörte das weiter entwickelte Fahrwerk mit modifizierter Vorderachsaufhängung und komfortablerer Abstimmung von Federung und Dämpfung. Die vier- oder fünftürigen Limousinen sowie den Turnier bot Ford im Rahmen der »Ein-Preis-Strategie« wie bisher zum gleichen Preis an.

Im Zuge der Karosserie-Neukonstruktion (alle Blechteile außer den Türen und dem Dach wurden

Zum Modelljahr 1997 lieferbar: der neue Mondeo mit seinen Mandelaugen. Trotz zahlreicher Verbesserungen wurden alle Karosserievarianten im Rahmen der »Ein-Preis-Strategie« zum gleichen Preis wie bisher angeboten.

Zu den technischen Verbesserungen gehörte das weiter entwickelte Fahrwerk sowie das serienmäßig verbaute Mecatronic-Vierkanal-ABS.

Modelle, Varianten, Preise

Modelle:	fünftüriges Fließheck, viertüriges Stufenheck, viertüriger Kombi
Bauzeit:	1993-2000
Motoren:	1597 ccm / 66 kW (90 PS) bei 5250/min bis 5/98
	1597 ccm / 65 kW (88 PS) bei 5250/min
	1597 ccm / 68 kW (95 PS) bei 5250/min ab 6/98
	1796 ccm / 85 kW (115 PS) bei 5750/min
	1796 ccm / 82 kW (112 PS) bei 5750/min
	1988 ccm / 100 kW (136 PS) bei 6000/min
	1988 ccm / 96 kW (130 PS) bei 5600/min ab 6/98
	2544 ccm 24 V / 125 kW (170 PS) bei 6250/min ab 8/94
	2544 ccm 24 V / 151 kW (205 PS) bei 6500/min ab 5/99
	1797 ccm TD / 65 kW (88 PS) bei 4500/min ab 5/93
Ausstattung:	CLX: G-Kat, Servolenkung, getönte Scheiben, Digitaluhr, von innen verstellb. Außenspiegel, Drehzahlmesser, Fahrersitz-Höhenverstellung, ZV, Kopfstützen und Mittelarmlehne hinten. Ghia: EFH vorne/hinten, heizbare Frontscheibe, Klimaanlage, Checkpaneel. LM-Räder 5,5 x 196/60 R 14.
Varianten:	Mondeo CLX/CLX4x4/GLX/Ghia/24V/Fashion/Skylight/GT/ST 200/Ambiente/Trend, Turnier/CL
Preise:	von DM 30.690,– bis DM 44.150,–

Chronik

1993 März: Auslieferungsbeginn als Vier-/Fünftürer, drei 16V-Benziner, ein Turbodiesel (65 kW/88 PS). A.W. vollelektronische Vierstufen-Automatik; MTX-75-Fünfgang-Schaltgetriebe (m. Seilzug) Serie. Umfassendes Sicherheitspaket (Airbag für Fahrer und Beifahrer, Seitenaufprallschutz, Gurtstopper und -strammer, Sicherheitssitze, Fahrersitz- und Gurthöhenverstellung vorn). ABS a.W. So lange noch kein Beifahrer-Airbag lieferbar, Minderpreis DM 460,–.
April: Serienanlauf Kombi-Modell Turnier, Laderaumrollo und Verzurrösen im Gepäckraum.
Mai: Beifahrer-Airbag Serie, Einführung Turbo-Diesel.
Juli: Einführung CLX 4x4-Allradmodelle: 2,0 Liter/136 PS. Ab DM 41.800,–.
September: Serienanlauf Automatikmodelle; ABS für alle Modelle serienmäßig. Scheibenbremsen hinten bei Ausrüstung mit ASR.

1994 Januar: Sondermodell »Festival«: Metallic, Sportsitze vorn, Kopfstützen hinten, Radio/Kassette, Benzin/Pollenfilter.
Juni: Mondeo 2,5-24V: Sechszylinder-Motor aus kanadischer Produktion (»Duratec«)-Motor, Voll-Aluminium. Motorblock und Zylinderkopf nach Cosworth-Gießverfahren hergestellt mit hydraulisch gesteuertem Schaltsaugrohr.

1995 Januar: Einpreis-Strategie, alle Modelle mit gleicher Ausstattung zum gleichen Preis. Einführung Mondeo CLX 4x4. Kombi-Anteil steigt auf über 65 Prozent. Sondermodell »Fashion«: Reifen 195/60 auf 6 J x 15, Radabdeckungen, beheizb. Außenspiegel, Nebelscheinwerfer, Kopfstützen hi., Mittelarmlehne hi., Mittelkonsole lang mit Klappfach, Radio/Kassette.
Juli: Sondermodell »Skylight«: Elektr. Glas-Schiebe-/Hubdach, EFH, ZV, Radio/Kassette, Reifen 195/60.
Oktober: Bezeichnungen CLX/GLX ersetzt durch »Fashion« und »Skylight«. Bisheriges Sondermodell »Fashion« wird neues Basis-Modell (Kennzeichen: lackierte Stoßfänger). Skylight ersetzt bisherigen GLX (auch mit 24 V-Motor). Ghia-Modell bleibt. EFH hinten, Klimaanlage, Check-Control-System und Radiosystem 2004 serienmäßig.

1996 März: Sondermodelle »Thüringen« (ZV) und »Tourer«.
Oktober: Facelift, Modellpflege. Einführung Mondeo »GT«: Sportfahrwerk, Lederlenkrad, Seitenzierleiste in Wagenfarbe, Instrumententafel metallic-grau hinterlegt, Sportsitze. Ab DM 36.700,–. Bezeichnungen CLX/GLX ersetzen Bezeichnungen »Fashion« bzw. »Skylight«. A.W. Navigationssystem.

1997 Januar: Klimaanlage serienmäßig alle Modelle, Seiten-Airbags Serie.
Oktober: Sondermodell »Classicline«: 16-Zoll-LM-Räder, Metallic-Lack, Kühlergrill in Chrom, EFH vorn. Motoren 1,6, 1,8 und 2,0 l, Preis wie Basis. Nur Stufenheck.

1998 April: 2 Millionen Mondeo produziert.
Mai: Sondermodell »Festival«: ASR, Frontscheibe/Waschdüsen beheizt, Nebelscheinwerfer, Seitenzierleisten in Wagenfarbe, Sportsitze, EFH, Lederlenkrad, Audiosystem. DM 39.000,–
Juni: Alle Modelle: Scheibenbremsen rundum, Reifen 195/60 R15. 1,6-Liter jetzt 70 kW/95 PS, Vmax 185 km/h, 0-100 km/h 12,7s. 2,0-Liter: 96 kW/130 PS.

1999 Mai: Vorstellung Mondeo ST 200. 2,5-I-V6, 151 kW/205 PS. Scheiben rundum, Räder 215/45 auf 6 J x 17, Seiten-Airbags, Alarm, Leder, Color, EFH vorn/hinten, Klimaautomatik, elekt. Schiebedach, Wegfahrsperre, ZV.
Juli: Sondermodelle 16V und TD: Nur Stufenheck, ZV ohne Fernbedienung, Außenspiegel einstell-/beheizbar, Fahrer-/Beifahrersitz elektr. Verstellbar, Mittelarmlehne hinten, Klima. Sondermodell »Style«: Metalliclack oder Spanisch-Rot.
August: Modellbezeichnungen CLX/GLX ersetzt durch »Ambiente« bzw. »Trend«.

2000 Februar: Sondermodell »Futura«: Kühlergrill in Wagenfarbe, Audiosystem, LM-Räder 6,5 J x 16 mit 205/50, spez. Sitzbezüge, Alu-Applikationen innen. Nur Fließheck und Turnier.
Sondermodell »Mondeo ST 200 Limited Edition«. Wie oben, aber nur Fließheck. Außenthermometer.
September: Vorstellung des gleichnamigen Nachfolgemodells.

Mondeo ST 200: dezent verpackt, präsentierte Ford erstmals 1998 auf der AAA in Berlin den Sportler in der Mondeo-Familie. Zu den Kennzeichen des 205 PS starken Wagens, der in allen Varianten lieferbar war, gehörten die 17-Zoll-Räder, spezielle Anbauteile und ein Sportfahrwerk.

modifiziert) hatten die Ingenieure auch die Mondeo-Sicherheitsstruktur noch einmal verbessert. Die Airbags waren vergrößert worden, eine dritte Bremsleuchte war Serie. Neue Sitze brachten den Fondpassagieren bis zu 40 Millimeter mehr Kniefreiheit, nur in Details änderte sich die Armaturentafel. Es blieb bei den vier Benzin- und dem einen Dieselmotor mit einem Leistungs-spektrum von 66 kW/90 PS bis 125 kW/170 PS. Bislang nicht gerade als Kostverächter bekannt, sollten neue Kalibrierungen, veränderte Übersetzungen und der Einsatz von Leichtlauf-Motorölen die Kraftstoff-verbräuche um bis zu acht Prozent senken: »Nie war der Mondeo so gut wie heute. Er hat ein narrensicheres Fahrwerk, ist leise und komfortabel« (*mot*).

Das neue, sportliche ST-Modell ergänzte die Ausstattungsversionen. Die Auslieferung der Serien-ST erfolgte zum Modelljahr 2000. Die Leder-Ausstattung gehörte selbstverständlich zum Lieferumfang.

Ford Mondeo (seit 2001)
Mittelklasse ohne Mittelmaß

Volltreffer in der Kategorie Mittelklasse: Der Mondeo knüpfte an vergessene Glanzzeiten an und verhalf zu einem völlig neuen Fahr-Erlebnis – zumindest für einen Ford.

Harmonische Weiterentwicklung der New-Edge-Designsprache: Den Mondeo kennzeichnete jene Form, die mit dem Ka 1996 ihren Anfang genommen hatte.

Die Mittelklasse wurde immer besser. Schöner. Sportlicher. Günstiger im Unterhalt. Reparaturfreundlicher. Hochwertiger. Noch sicherer. Und, um das nicht zu vergessen, geräumiger. Sehr viel geräumiger. Eleganter, und zwar so elegant, dass man beinahe vergessen mochte, dass man es hier mit stattlichen, 4,70 Meter langen Mittelklasse-Limousinen zu tun hatte, die kräftig ans Tor der automobilen Oberklasse klopften. Und jetzt kam Ford und trat einfach die Tür ein – oder wie anders sonst sollte man die Tatsache werten, dass der Mondeo im Test nicht mehr nur gegen Passat und Vectra antrat, sondern auch gegen Audi A4 und Mercedes C-Klasse? Und Vergleichstests dadurch zu einer herzlich einseitigen Angelegenheit machte? Schlagzeilen wie »Der Ford Mondeo bietet unter dem Strich mehr als der VW Passat« (*auto/Straßenverkehr*); »Durchbruch für Ford« (*auto bild*) oder auch »Echter Ford-Schritt: Der neue Mondeo schlägt die C-Klasse« (*auto motor und sport*) ließen keine Zweifel daran, dass Fords Mittelklasse alles andere als mittelmäßig war: 23 von 28 Vergleichstests gewann der Mondeo in seinem ersten Jahr.

Modelle, Varianten, Preise

Modelle: Stufenheck viertürig, Fließheck fünftürig, Kombi fünftürig
Bauzeit: Seit 2001
Motoren: 1798 ccm / 81 kW (110 PS) bei 5500/min
1798 ccm / 92 kW (125 PS) bei 6000/min
1999 ccm / 107 kW (145 PS) bei 6000/min
2495 ccm V6 / 125 kW (170 PS) bei 6000/min
2967 ccm V6 / 166 kW (226 PS) bei 6150/min ab 9/2001
1998 ccm DI / 66 kW (90 PS) bei 4000/min
1998 ccm DI / 85 kW (115 PS) bei 4000/min bis 8/2002
1998 ccm TDCi / 96 kW (130 PS) bei 3800/min ab 9/2001
1798 SCi / 96 kW (130 PS) bei 6000/min ab 9/2003
Ausstattung: Ambiente: 6 x Airbag, ABS, Analoguhr, EBA, Außen-
temperaturanzeige, höhnerverstb. Fahrersitz, EFH vorn,
Klima, Lenksäule verstellb., Scheibenwischer-Intervallschaltung, Servo, Stoßfänger in Wagenfarbe, getönte
Scheiben, Wegfahrsperre, ZV mit Fernbed. Trend: Außenspiegel elektr. einstell-/beheizb., Nebelscheinwerfer, EFH
hinten, Alu-Zierteile. Ghia: Holzdekor, LM-Räder, beheizb.
Frontscheibe und -sitze, automatisch abblend.
Innenspiegel, Klimaautomatik, Bordcomputer.
Varianten: Mondeo Trend/Ambiente/Ghia/ST 220, Turnier
Preise: Euro 19.250,– (1,8 Ambiente Limousine) bis Euro
25.250,– (2,0 Ghia Turnier Automatik).

Chronik:

2000 September: Vorstellung Mondeo-Neuauflage. Vollständige
Neukonstruktion, drei Ausstattungslinien, sechs Motor-
varianten. Alle Benzintriebwerke erfüllen Euro 4. Turnier
mit Schwertlenker-Hinterachse, Limousinen mit Multilink-
Hinterachse.
Gegenüber Vorgänger vergrößerter Radstand (+ 50 mm).
ABS mit Brems-Assistent EBA serienmäßig, elektroni-
sches Stabilitätsprogramm ESP in Verbindung mit
Antischlupfregelung ASR a.W. Zu den zahlreichen
Optionen im Audio-Bereich zählt ein innovativer CD-
Player für sechs CDs, der ohne externe Wechslereinheit
auskommt. Das neue »Cleartune«-Doppelantennen-
System verbessert zudem den Radio- und RDS-Empfang.
Optional sind ein Satelliten-Navigationssystem (integriert
in die Audio-Einheit) und ein Multimedia-System mit
Video- und PC-Spiel-Monitoren erhältlich.
2001 Januar: Auslieferungsbeginn
September: Vorstellung Mondeo ST 220. 3,0 l V6 24 V
Duratec, 166 kW /226 PS, 5-Gang-Handschaltung. 18-
Zoll-Sportfahrwerk, Leder, Audioanlage. Für alle Karosserievarianten lieferbar, ab Euro .
2002 April: Einführung Common Rail-Duratorq-TDCi: 2,0 l, 96
kW (130 PS). Fünfgang-Automatikgetriebe Durashift 5-
tronic, zunächst nur in Verbindung mit 2,5-l-V6. Alle
Modelle: A.W. integrierte Kindersitze hinten.
2003 März: Ford Mondeo TDCi: neues Sechsgang-
Schaltgetriebe lieferbar.
September: Facelift (Chrom-Kühlergrill, trapezförmige
Nebelscheinwerfer). Verbesserte Innenraumgestaltung,
bessere Geräuschdämmung. ESP für alle Modelle.
130-PS-TDCI jetzt nach Euro 4 eingestuft; Einführung
1,8 l Duratec SCi Benzin-Direkteinspritzer. Sechsgang-
Getriebe MMT 6/6 für 115-PS-TDCi, ST 220 und
170-PS-V6.

Der Mondeo war der interessanteste Neuzugang in der Mittelklasse. Raumangebot, Ausstattung und der günstige Preis machten ihn zur verlockenden Alternative zu Passat und Vectra.

Der Seriensieger wirkte wesentlich dynamischer als sein Vorgänger. Das weiter entwickelte New-Edge-Design trug die Handschrift von J. Mays (dem Vater von Passat und New Beetle) und Chris Bird, dem neuen Design-Chef von Ford of Europe. Sie fanden eine unverwechselbare, sehr dynamische neue Linie, die neben allen optischen Qualitäten auch aerodynamische Vorteile aufwies. Erstmals stützten sie sich dabei auf ein digital vernetztes Rechnersystem, das den Entwicklungsprozess beschleunigte und die Zeit bis zur Markteinführung letztlich um gut ein Jahr verkürzte.

Der Mondeo anno 2001 hatte mit dem Vorgänger kaum mehr als den Namen gemeinsam. Er hatte in Gesamt-länge und Radstand, Breite und Gewicht zulegt und an Format gewonnen: Mit dem besten Raumangebot seiner Klasse, einem tollen Fahrwerk und Handlingqualitäten auf BMW-Niveau verblüffte er die Kunden wie Konkurrenten.

Die Mondeo-Basisversion befeuerte ein 1,8-Liter-Motor mit 81 kW/110 PS. Dieser Reihenvierzylinder (den es auch mit 92 kW/125 PS gab) gehörte zur komplett neuen Duratec HE-Motorenfamilie, die auch mit 2,0 Liter Hubraum und 107 kW/ 145 PS angeboten wurde und bereits die Euro-4-Abgasnorm des Jahres 2005 erfüllte. Vielfahrer griffen zum ebenfalls in zwei Leistungsstufen lieferbaren Duratorq DI-Diesel, der im Test allerdings nicht ganz so gut abschnitt. Es lohnte sich, auf den neuen, 130 PS starken TDCi-Direkteinspritzer zu warten, der ab April 2002 zur Verfügung stand. Als Topmotorisierung kam der überarbeitete 2,5-Liter 24V Ford Duratec V6-Motor mit 125 kW/170 PS zum Einsatz. Wie gehabt, übertrug das MTX 75-Fünfgang-Schaltgetriebe mit Seilzugbetätigung das Drehmoment auf die Vorderräder, auf Wunsch gab es auch Automatik. Der Radstand wuchs gegenüber dem Vorgängermodell um 50 Millimeter, die Spur um 19 Millimeter vorn und um 50 Millimeter hinten. Nahezu die gesamte Radaufhängung präsentierte sich in Bestform. Lange Federwege (181 Millimeter Länge vorn

Von Anfang an bot Ford den Mondeo in drei Karosserievarianten an, als Schrägheck, als Stufenheck (Bild) wie auch als Kombi.

Die Mondeo-Designer hatten hier ihre Bemühungen um eine markante Designsprache speziell gegenüber dem unauffälligen Vorgänger gelungen umgesetzt. Im Bild die praktische Schrägheck-Limousine.

und 225 Millimeter hinten) bügelten so ziemlich jede Gemeinheit glatt, die im Alltag zu erwarten war. Das Fahrwerk war neutral bis leicht untersteuernd ausgelegt, wobei die präzise Lenkung ständig ein exaktes Feedback vermittelte.

IPS – »Intelligent Protection System« – hieß die neue Lebensversicherung für Mondeo-Fahrer: Zweistufige Frontairbags, Seitenairbags und Kopf-Schulterairbags vom und hinten, Aktiv-Kopfstützen vorn, Dreipunktsicherheitsgurte auf allen Plätzen sowie Gurtstraffer und Gurtkraftbegrenzer vorn erfüllten in Sachen Crash-Sicherheit alle gängigen Sicherheitsstandards. Um es erst gar nicht so weit kommen zu lassen, hatte der Mondeo (neben dem schier narrensicheren Fahrverhalten) jede Menge elektronischer Helferlein. Dazu gehörte ein ABS mit elektronischer Bremskraftverteilung, der Brems-Assistent (EBA) und ein aufpreispflichtiges Elektronisches Stabilitäts-Programm ESP.

Auch in der Neuauflage umfasste die Mondeo-Modellplatte drei Karosserievarianten sowie drei Ausstattungsversionen, wobei bereits die Grundausstattung ausgesprochen üppig ausfiel. Schon in der Basis-Variante füllten 16-Zöller die Radhäuser; als Option standen 17- und 18-Zoll-Räder zur Verfügung. Jedes einzelne Blechteil der Karosserie-Außenhaut war verzinkt. Eine Diebstahlwarnanlage, die bewährte Wegfahrsperre Pats und

Gelungen: das Mondeo-Design. Beim Facelift zum Modelljahr 2004 konzentrierten sich die Designer dann auch in erster Linie darauf, einen hochwertiger wirkenden Innenraum zu schaffen. Von außen wiesen lediglich zusätzliche Chromleisten und andere Nebelscheinwerfer auf den neuen Jahrgang hin.

das neu entwickelte Haubenschloss schützten vor unbefugtem Zugriff.

ST 220 (seit 2002)

Ford konnte es nicht lassen: Schon der Vorgänger ST 200 hatte sportliche Qualitäten auf BMW-Niveau in gut bürgerlicher Schale geboten, doch der ST 220 konnte es noch besser. Von Hause aus bereits eine gut liegende und ausgesprochen agile Familienkutsche, wartete das Topmodell mit noch mehr Leistung auf: 226 PS entlockten die Motorentechniker der britischen Ford-Tochter SVE dem Dreiliter-Duratec-Sechszylinder und versprachen eine Spitze von 243 km/h und eine Beschleunigung von null auf hundert in 7,5 Sekunden. Im unteren Drehzahlbereich etwas zäh, explodierte der Vierventiler förmlich, sobald sich die Nadel des Drehzahlmessers der 5000er Marke näherte. Wer flott vorankommen wollte, musste also fleißig im Getriebe rühren – ein ausgesprochener Genuss übrigens, denn das modifizierte MTX75-Schaltgetriebe harmonierte hervorragend mit dem drehfreudigen Motor. Häufige Hochgeschwindigkeits-Attacken strapazierten allerdings Ohren wie Geldbeutel, eine sechste, als Overdrive ausgelegte Fahrstufe wäre wünschenswert gewesen.

Die Fahrsicherheit lag ja bereits bei den zivilen Mondeo auf einem ausgesprochen hohen Niveau, daher war beim ST 220 keine tiefgreifenden Maßnahmen notwendig. Zu seinem Sportfahrwerk gehörten härtere Federn und Dämpfer, Feinarbeit an der Geometrie von Vorder- und Hinterradaufhängung und eine um 15 Millimeter abgesenkte Karosserie. Dennoch war mangelnder Abrollkomfort kein Thema, der ST bot in jeder Lebenslage viel Fahrkultur. Den gestiegenen Fahrleistungen wurde die verstärkte Bremsanlage jederzeit gerecht.

Wie alle Mondeo, gab es den ST 220 als Vier- und Fünftürer sowie als Turnier, entsprechend auch die Raumfülle, die einen ST-Piloten umfing. Das Ledergestühl war ebenso serienmäßig wie das Audiosystem mit sechsfachem CD-Wechsler und die 18-Zoll-Räder, die anderen Schürzen, die Spoilerlippe am Heck, der Zweirohr-Auspuff oder die Xenon-Scheinwerfer.

Ob im Alltag der Großstadt
oder beim Familienausflug
ins Grüne – der Mondeo
erwies sich stets als vielfäl-
tig nutzbarer Begleiter.

Auf dem Genfer Salon 2002
zeigte Ford den 226 PS starken Mondeo ST 220. Aus
dem praktischen Familien-
auto war eine waschechte
Sportlimousine geworden.

Taunus 17 M (P2, 1957–1960)
Konjunktur Cha-Cha

»Ein durch und durch vollwertiges Automobil. Sein Komfort und seine Fahrleistungen scheinen uns genau die Ansprüche zu erfüllen, die man heute an einen guten Gebrauchswagen für europäische Straßenverhältnisse stellen muss.« (*auto motor und sport,* 1959)

»Geh'n Sie mit der Konjunktur, geh'n Sie mit…«, ermunterte Hazy Osterwald Ende der 50er Jahre sein Publikum im wirtschaftswunderlichen Deutschland. Er konnte ja nicht ahnen, dass es so wenig Ironie verstand.

Die Schlote rauchten. Die Bundesrepublik schwamm auf einer Welle des Erfolgs, und zehn Jahre nach den Hungerwintern tauchten in den Illustrierten die ersten Diättipps auf. Der Fresswelle folgte die Reisewelle – und kaum ein Wagen jener Zeit war besser dazu geeignet, die

Wohlstandsbürger ins sonnige Italien zu kutschieren als der Taunus 17 M. Besonders in der bonbonfarbenen de-Luxe-Ausführung mit dem verchromten Kniff in der Seitenlinie, verkörperte der 17 M das neu erwachte »Wir-sind-wieder-wer«-Gefühl seiner Besitzer. Kein Wunder also, dass gerade bei Reisereportagen und Fernweh-Kinofilmen immer wieder 17 M durchs Bild fuhren.

In Serie ging diese zweite Nachkriegsentwicklung der Ford-Werke AG nach den Betriebsferien im August 1957, zur Überraschung aller ohne Panoramascheibe. Ansonsten aber fehlte nichts von dem, was gerade angesagt war: Heckflossen, Chrom im Überfluss, Stoffschiebedach und Weißwandreifen (allerdings beides nur gegen Aufpreis) und dieses atemberaubende Traumwagenstyling, das eigentlich einen halben Meter mehr Außenlänge erfordert hätte, um richtig nach Straßenkreuzer auszusehen.

Fords neue Pkw-Baureihe entstand nach dem damals üblichen Strickmuster: Motor vorn, Antrieb auf die Hinterachse, Blattfedern – tausendfach gebaut und zehntausendfach erprobt, kein Grund, in Euphorie zu verfallen, es gab damals insgesamt schon deutlich fortschrittlichere Wagen. Hoch innovativ war allerdings das korbförmige Sicherheitslenkrad und die an der Vorderachse verwendeten McPherson-Federbeine, die von englischen und französischen Ford übernommen und erst Jahre später durch den BMW 1800/2000 zum Standard bei sportlichen Limousinen wurden. Jedoch hatte Ford mit dem 17 M eine Marktlücke entdeckt, so groß, dass 239.973 P2 darin parken konnten: Es gab nicht wenige Spesenritter, die gerne eine Wagen der 1,5- bis 2,0-Liter-Klasse fahren wollten, aber keinen Borgward, Opel oder Mercedes-Benz mochten – und mehr Auswahl in der oberen Mittelklasse gab es damals nicht, zumindest wenn es ein deutsches Fabrikat sein sollte. Und alle waren mindestens 300 Mark teurer als der Taunus, der in der zweitürigen, einfarbigen Standard-Variante mit 6850 Mark zu Buche schlug. Normale Arbeitnehmer konnten sich allerdings weder einen Opel noch einen Ford leisten; das durchschnittliche Jahreseinkommen lag 1957 bei 3337 Mark; ein neuer Käfer war teurer.

Zum Motor des Fortschritts avancierte der aus dem 15 M entwickelte Reihen-Vierzylinder. Aufgebohrt, höher verdichtet und mit mehr Hub an der hohl geborten Kurbelwelle versehen, leistete er nun 60 PS bei 4250/min. Wie bei Ford üblich, war auch dieses Triebwerk kein Muster an Laufkultur und Höchstleistung, bot aber im Vergleich zum 15 M eine deutlich

Kennzeichen der de Luxe-Varianten waren der andere Kühlergrill und die gezackte Zierleiste. Hier der edel ausstaffierte Kastenwagen.

In kleiner Stückzahl gebaut wurde des 17 M Cabriolet von Deutsch, dessen Verdeck vollständig hinter der Rückenlehne verschwand. Der Preis belief sich auf rund DM 10.500,–.
Foto: Gerald Lehman, AFF

P2 in Normal-Ausführung, zu erkennen am Kühlergrill, der Seitenzierleiste und den Heckleuchten.

verbesserte Spurtkraft, die aufgrund des 150 kg höheren Fahrzeuggewichts im Vergleich zum 15 M auch erforderlich war. Der Motor präsentierte sich frei von Kinderkrankheiten, ein Kostverächter war er allerdings nicht. Im Kurzstreckenverkehr oder im flotten Tempo zog der Vierzylinder auch mal 12 Liter auf 100 km durch die Düsen des 32er Solex-Vergasers, dann reichte der Inhalt des 45-Liter-Tanks noch nicht einmal 400 Kilometer weit. Von Anfang an daneben lag Ford mit der Bremsanlage, obwohl der Bremstrommel-Durchmesser im Vergleich zum 15 M von 200 auf 230 mm gewachsen war: »Die Bremsen waren schlecht und blieben schlecht«, urteilte ein Tester, starkes Bremsfading und Bremsrubbeln trieben allen Italien-Urlaubern bei Passfahrten den Angstschweiß auf die Stirn.

Nicht nur die Heckflossen-Optik, auch das Fahrverhalten orientierte sich an den Standards jenseits des großen Teichs. Weich, leise, ein wenig schaukelig vielleicht, aber ansonsten tadellos, so dass selbst die *mot*-Tester drei Jahre nach dem Produktionsauslauf immer noch befanden: »Die Fahreigenschaften sind gut.« Auch wenn sie »nicht besonders bemerkenswert«, sondern »einfach in Ordnung« waren, so lässt sich daran ablesen, wie euphorisch die Urteile sechs Jahre zuvor bei der Taunus 17 M-Premiere ausgefallen waren. Geräumig war er wie kaum ein anderer Wagen seiner Klasse, und dass die durchge-

hende, zwar mit einem hübschen Mix aus Skai und Stoff bezogene Sitzbank wenig Seitenhalt bot, vermochte Linkskurven eine ungeahnt pikante Note zu verleihen, besonders wenn eine hübsche Beifahrerin daneben saß. Der Taunus swingte um die Kurven wie der Saxophonist in einer Jazzband, aber nie überzogen: Man wusste noch, was sich gehörte im wirtschaftswunderlichen Deutschland.

Taunus 17 M (P3, 1960–1963)
Die Badewanne

»Eine der interessantesten Neuerscheinungen der letzten Zeit« urteilte *auto motor und sport* über den: Ford Taunus P3, die Badewanne.

»Wem es Spaß macht, der kann sich hier an sportlichen Fahrleistungen erfreuen, für die sonst wesentlich mehr Geld ausgegeben werden müsste.« *ams*, 1961, über den 17 M TS.

Dem Gelsenkirchener Barock folgte die neue Sachlichkeit, das Traumwagenstyling der 50er wich weichen Rundungen und glatten Seitenflächen ohne Schnickschnack: Mit dem neuen Taunus brachen ausgerechnet die konservativen Rheinländer mit dem Fünfziger-Jahre-Muff. Designchef W.P. Dahlberg und sein Assistent Uwe Bahnsen, der als Vater dieser dritten Nachkriegsentwicklung aus dem Hause Ford gilt, verzichteten auf Panorama-Scheiben, Heckflossen und Chromzierrat, sie formten daraus die Linie der Vernunft, die Spötter despektierlich als Badewanne titulierten. Doch ob nun in Blech gepresste Nüchternheit oder rollende

Nasszelle: Der Taunus 17 M war so neuartig, wie der Vorgänger verquast gewirkt hatte. Statt Chrom-Rüschen und funktionslosen Blechfalten hielt nun schlichte, sachliche Bauhaus-Architektur Einzug.

Die so erfrischend andere Optik erfreute aber nicht nur die Freunde sachlichen Designs, sondern hatte auch praktische Vorteile wie die vorzügliche Aerodynamik: Der Luftwiderstandsbeiwert von cW 0,40 bedeutete einen um 20 Prozent verringerten Luftwiderstand gegenüber dem P2, kein Wunder also, dass der 17 M mit dem alten 1500er-Motor bessere Fahrleistungen lieferte als ein P2 mit 1,7 Litern. Den P3 gab es selbstverständlich auch mit dem bekannten 1,7-Liter-60-PS-Motor. Damit ausgerüstet, erreichte er laut Werk eine Spitzengeschwindigkeit von 135 km/h bei moderaten Verbräuchen. Zwischen acht und neun Liter auf 100 Kilometer galten damals als sehr guter Wert und lassen sich auch heute noch sehen.

Kein Blöße gab sich der Kölner auch in Sachen Innenausstattung; mit gepolsterter Armaturenbrett-Oberkante und schüsselförmigem Lenkrad (also tief liegender Nabe) und neuen Sitzen präsentierte sich der Ford einmal mehr als absolut auf der Höhe der Zeit. Obwohl die Kabine kleiner ausfiel als beim P2-Taunus (und der Radstand lediglich um 25 Millimeter gewachsen war), übertraf der P3 seinen Vorgänger in der Länge gleich um gute 60 Millimeter. Dennoch lobten alle Tests das Platzangebot für Fahrer und Beifahrer, ebenso den hohen Fahrkomfort: Der Taunus anno 61 war eine Sänfte. In der Kurve lag der nur 960 Kilogramm schwere P3 dennoch ganz passabel, sein Fahrverhalten sei »respekterheischend«, ließ *Das Auto, Motor und Sport* die Leserschaft wissen und bezeichnete das Chassis als Musterbeispiel eines simplen, aber effektiven Fahrwerklayouts. Die Konkurrenz vom Mercedes oder Opel erreichte trotz höherem Aufwand auch nicht mehr.

Und das war um so erstaunlicher, weil Fahrwerk und Technik im Prinzip unverändert aus dem Vorgänger übernommen worden waren. Es blieb bei der Einzelradaufhängung an Querlenkern mit McPherson-Federbein und Querstabilisator vorn, während sich hinten eine – leicht trampelige – Starrachse an Halbelliptik-Federn um Spurhaltung mühte. Neu war lediglich der Boge-Stoßdämpfer, der zudem stärker geneigt eingebaut worden war. Noch weniger der Rede wert waren die Motor-Modifikationen; sie umfassten Änderungen an Öl- und Luftfilter und an der Motorlagerung.

Zu überzeugen vermochte auch die außergewöhnlich leichtgängige Lenkrad-Schaltung; erstmals war auch eine Viergang-Übersetzung (sie kostete 95 Mark

Neben dem Kombi-Wagen gab es auch für gewerbliche Nutzer den Kastenwagen mit verstärkter Hinterachse.

Familienidylle: Picknick mit P3, irgendwo in Italien 1964. Thermoskanne und karierte Picknickdecke gehören einfach mit dazu. Foto: Günther

Aufpreis) lieferbar. Die gute Vorstellung rundete eine zielgenaue Schneckenrollenlenkung ab. Attribute wie »mühelos« und »leichtgängig« waren seinerzeit in jedem Testbericht zu lesen, auch auf das »absolut neutrale Fahrverhalten« wurde immer wieder gerne hingewiesen. Selbst die schon fast traditionell schlechten Trommelbremsen vermochten die Begeisterung der Fahrer kaum zu dämpfen.

Am Taunus-Modellmix änderten die Kölner wenig. Anders als den P2, gab es den P3 aber auch mit zwei und vier Türen sowie als Kombi-Modell Turnier. Charakteristisch für diese Variante waren die in der hinteren Dachkante platzierten Schlussleuchten. Wie der Turnier-Käufer das gut zwei Quadratmeter große Ladeabteil erreichen wollte, blieb ihm überlassen: Entweder beließ er es bei der serienmäßigen nach oben öffnenden Klappe oder er entschied sich für die US-Variante mit nach unten klappbarer Hecktür samt versenkbarer Heckscheibe. Die dritte, gerne von Handwerkern genutzte Möglichkeit bestand in einer seitlich angeschlagenen Ladeluke mit verchromtem Kühlschranktür-Klappgriff. Überdies bot der freundliche Ford-Händler auch die Möglichkeit, eine auf 510 kg aufgelastete Taunus-Variante zu ordern. Verstärkte hintere Federn und größere Reifen machten den normalerweise mit 325 Kilogramm zu beladenden Turnier zum echten Handwerker-Express. Für sportlich ambitionierte Fahrer war eine TS-Version erhältlich. Der 70 PS starke Motor, um 60 ccm aufgebohrt und höher verdichtet, basierte auf dem bisherigen Vierzylinder, benötigte allerdings Superkraftstoff.

Knapp zwei Jahre lang verkaufte sich die »Badewanne« ausgesprochen gut, kein anderer Ford war bislang vom Publikum so gut angenommen worden wie dieser. Dann allerdings holte Opel zum Gegenschlag aus. Als 1963 der neue Rekord erschien (der sich vom Vormodell eigentlich auch nur durch die Karosserie unterschied) begannen die Zulassungszahlen zu bröckeln. Opel verkaufte in jenem Jahr über 168.000 Einheiten, während Ford noch nicht einmal auf 84.000 Taunus kam – und das, obwohl er im Vergleich in seiner Klasse am wenigsten außerplanmäßige Werkstattstopps einlegen musste und die wenigsten nicht zu behebenden Mängel aufwies. Das zumindest hatte das Institut für Demoskopie in Allensbach im Rahmen einer großen Käuferbefragung heraus gefunden.

Nur in wenigen Exemplaren gebaut wurde das Deutsch-P3-Cabriolet. Die Aufnahme entstand Mitte der Achtziger auf einem Veteranenmarkt. Foto: Kuch

Ford 17/20 M (P5, 1964–1967)
Die Wanne in der Wanne

Ein geräumiger, braver Familienwagen« – der 17 M im Urteil der Zeitschrift *hobby*, 1965. In jenem Jahr stieg Ford nach Volkswagen zum zweitgrößten deutschen Automobilproduzenten auf.

Der P5, der Nachfolger der Badewanne, war wahlweise mit 1,5 Liter oder Zweiliter-V6-Motor lieferbar. Das Schiebedach kostete extra.

Der Mann hatte Humor: »Wie langweilig wäre auch ein Auto, an dem alles funktioniert!«, schloss P.S. in H. seinen *mot*-Leserbrief, in dem er über seine Erfahrungen mit damals vier P5-Taunus berichtete. Der erste, ein 1700er/70 PS-Modell mit aufpreispflichtiger Viergangschaltung, kam kurz nach Serienanlauf am 1. Oktober 1964 in seinen Besitz. Nach drei Tagen stand er erstmals, Schäden an Lichtmaschine und Batterie wechselten in fröhlicher Reihenfolge, dann brachen die Schlüssel im Türschloss ab, und zu guter Letzt verunglückte der 3500 km alte Wagen auf einer Werkstatt-Probefahrt: »Nicht nur ich atmete erleichtert auf…«. Beim nächsten 17 M ebenfalls mit Viergangschaltung, funktionierte alles so problemlos, dass Herr S. in H. wohl übermütig wurde und 6500 km später seinen Taunus gegen einen 20 M eintauschte: »Ich hätte es lassen sollen, die Strafe folgte auf den Fuß«: Fünfmaliger Werkstattbesuch wegen des schlechten Ansprechverhaltens des Vergasers, Lackschäden, wohin man sah, 150 km/h Spitze und mit 11,5 Litern ein mächtig hoher Benzinverbrauch – kein Wunder also, dass nach 15.500 Kilometern der nächste 20 M folgte, diesmal mit Dreigang: Saubere Lackierung, weiche Vergaserübergänge, Verbrauch mit einer zehn davor – aber: »es klappert, knirscht, dröhnt und vibriert fröhlich mit dem Radioprogramm um die Wette«, der Motor brauchte Öl (»was ich von Ford-Wagen sonst nicht kenne«) und in der Elektrik rumorte der ominöse Kupferwurm.

Nun sollte man sich allerdings nicht der Illusion hingeben, dass die Käufer anderer Marken mehr Grund zur Zufriedenheit gehabt hätten: In einer Zeit, als selbst Fiat-Wagen deutschen qualitativ gleichwertig oder überlegen waren, gehörten solche Klagen zum Tagesgeschäft. Gleichwohl: Gerade im Fall des P5 überraschte diese Pannenserie allerdings doch, denn im Grunde genommen handelte es sich dabei um die Facelift-Version der guten alten Badewanne. Gewiss ein umfangreicher Facelift, doch auf Grundlage ausgereifter Komponenten. Mit modifizierter Front- und Heckpartie, abgesenkter Gürtellinie (was größere Fensterflächen ergab) und einem erklecklichen Plus an Breite und Höhe kam der neue Taunus auf stattliche 4,59 Meter Länge. Ford aber hätte sich den scheinbaren Rückschritt in der Form nicht gestattet, wenn das Fahrwerk darunter nicht rundherum aufgemöbelt worden wäre: Jeweils 135 mm mehr Spurbreite vorn und hinten verbesserten die Fahrstabilität, modifizierte Stoßdämpfer optimierten Fahrkomfort und -stabilität, während eine Kugelumlauflenkung für

»Nur wenige Autos bieten für ihren Preis einen so reellen Gegenwert«, schrieb *auto motor und sport* 1964, und das galt auch für den Kombi. Die Ford-Werbung jener Zeit wies zweifelsohne amerikanische Stilelemente auf.

Überraschung bildete der neue Zweiliter-Sechszylinder (»Tornado-V6«), quasi ein Vierzylinder mit zwei zusätzlichen Zylindern. Den kurzen und sehr kompakt bauenden V6 (er wog lediglich 10 kg mehr als der 1700er-V4) gab es in zwei Leistungsstufen mit 85 und 90 PS, letztere serienmäßig mit einer Viergang-Mittelschaltung kombiniert. Der neue Sechszylinder hatte eine vierfach gleitgelagerte Kurbelwelle, die durch ihre ungewöhnliche, sechsfach gekröpfte Form mit 60-Grad-Gabelwinkel einen hohen Fertigungsaufwand erforderte. Der Massenausgleich war dadurch aber entschieden besser, so dass eine Ausgleichswelle entbehrlich war. Während die Vierzylinder über Einrohrvergaser verfügten, wurde der sehr kultivierte V6 mit einem 32er Solex-Doppelvergaser ausgerüstet. Übernommen wurde die bisherige (beispielhaft leichtgängige und exakte) Dreigang-Lenkradschaltung, ebenso die vorzügliche Viergangbox; neu dagegen war das ab Frühjahr 1965 lieferbare Taunomatic-Getriebe, eine Adaption der Cruisomatic aus dem Ford Falcon.

In punkto Fahr- und Federungsverhalten erwies sich der Taunus als typisches Kind seiner Zeit: Eine gutmütige, sanfte und sehr komfortable, wenn auch ein wenig lärmende Mittelklasse-Limousine, mit der sich auf Autobahnen und Bundesstraßen vorzüglich vorankommen ließ. Auf dem Fahrwerkssektor waren die Fortschritte gegenüber dem P3 unverkennbar, und im direkten Vergleich konnte er auch gegenüber dem Erzrivalen Opel Rekord punkten: Der Taunus hatte den besseren Fahrkomfort, die bessere Straßenlage (zumindest im normalen Fahrbetrieb), die besseren Fahrleistungen und das bessere Platzangebot. Kein Wunder also, dass das Fazit von Herrn S. aus H. aus dem eingangs erwähnten Leserbrief so positiv ausfiel: »Glauben Sie mir«, beteuerte er, »meine Begeisterung für Ford ist ungebrochen.«

mehr Lenkpräzision sorgte. Als wichtigster Fortschritt in Sachen Fahrkomfort galt aber die verbesserte Belüftung, kenntlich an den entsprechenden Schlitzen in der C-Säule und den beiden Luftdüsen am Armaturenbrett.
In die vorderen ATE-Dunlop-Scheibenbremsen verbissen sich nun die wirkungsvolleren, weil aufgepressten Bremsbeläge von Textar. Die Bremsleistung ließ sich wahlweise durch den Einsatz eines Bremskraftverstärkers von Teves noch weiter steigern. Nur beim 20 M TS war dieser serienmäßig mit an Bord. Hinten verzögerten, wie gehabt, Trommelbremsen, wobei diese bei den 20 M-Modellen anders dimensioniert waren.
Um in den Genuss der verbesserten Bremsleistung zu gelangen, musste man allerdings erst tüchtig die Sporen geben, und das war dank der Güte der jetzt verwendeten V4-Motoren ein rechtes Vergnügen. Die Ablösung der zwölf Jahre alten Vierzylinder-Reihenmotoren folgte in Gestalt der bereits aus dem 12 M bekannten V-Vierzylinder mit 60-Grad-Gabelwinkel. Im Grundmodell mit 1500 Kubikzentimetern und 60 PS stark, gab es jetzt auch einen 1,7 Liter mit 70 PS, der ursprünglich für den Cardinal entwickelt worden war. Eine echte

Spitzenmodell der Reihe war der 20 M TS mit Automatik-Getriebe als Hardtop-Coupé. Foto: Kuch

Ford 17/20 M (P7, 1967–1968)
Die Kummerfalte

Viel Kummer mit der neuen Falte: Der kantige große Taunus, der nach den Werksferien 1967 vom Band lief, war ein Flop. Bei unverändertem Radstand von 2705 mm hatte der P7 vor allem eine neue, größere Karosserie aufzuweisen. Schiere Größe allein war allerdings keine Tugend mehr, dann schon eher die um sieben Millimeter breitere Spur vorn und vier mm hinten (der Werbe-Klassiker vom »Breitspur-Fahrwerk«, hier passte er) und die Zweikreis-Bremsanlage (die eine Folge der geänderten Gesetzeslage war): »Ford hat hier das Kunststück fertiggebracht, mit viel Aufwand wenig zu erreichen«, lästerte die Journaille, wobei die Kritik sich vor allem an der Karosserieform entzündete.

Wenn der neue große Ford wenigstens technisch überzeugt hätte, aber auch das tat er nicht: »Anschluss verpasst«, »lauwarme Aufgüsse der vorherigen Typen« – die Kommentare fielen nicht gerade schmeichelhaft aus. Außer den typischen Ford-Tugenden wie viel Auto fürs Geld und Zuverlässigkeit hatte die Ex-Badewanne anscheinend nur wenig von dem zu bieten, was Ende der 60er Jahre ein Auto aufweisen sollte: Vom Karosseriebombast hatten weder Fahrer noch Mit-Fahrer etwas (innen bot er nicht mehr Raum als sein Vorgänger), der Hüftschwung vor den Hinterrädern wirkte antiquiert, die Sicht nach hinten war schlecht und das Fahrverhalten nur auf guten Straßen in Ordnung. Bei Nässe attestierte ihm die Tester ein nachgerade unsicheres Fahrverhalten, und weder in Sachen Fahrleistungen noch Verbrauch waren gegenüber dem P5 wesentliche Fortschritte zu verzeichnen: Die Absatzzahlen brachen

dramatisch ein, obwohl Ford von Anfang an sechs Motoralternativen und vier verschiedene Karosserien anbot.

Ganz und gar auf der Höhe der Zeit präsentierte sich lediglich das Motorenangebot. Der im P5 noch optionale 1700er in der 65 PS starken LC (Low-Compression) Variante rückte nun ins reguläre Modellprogramm. Die 20 M waren ausschließlich mit Sechszylinder-Motor ausgestattet, während es die 17-M-Ausstattung auch in Verbindung mit dem Zweiliter-V6 gab. Von außen zu unterscheiden am Kühlergrill, hatten die 20 M außerdem eine Lufthutze auf der Haube und eine entsprechende Typenbezeichnung am Heck. Das 20-M-Grundmodell hatte den 2000 N mit 85-PS-Motor unter der Haube. Alternativ und gegen 39,60 Mark Aufpreis kam der 2000 S-Motor (90 PS) zum Einsatz. Zum Topmodell der Reihe avancierte der 20 M 2300 S. Sein 108 PS starkes Triebwerk war ausschließlich in der TS-Ausstattung lieferbar. Normalerweise mit dem 90 PS starken V6 ausgerüstet, ließ sich Ford die 18 PS stärkere TS-Variante mit knapp 1000 Mark zusätzlich vergüten – gut angelegte Taler, denn im Fahrbetrieb machte diese Sechszylinder-Variante besonders viel Freude: »Er zieht den Wagen mühelos in den oberen Gängen aus jenen engen Kurven, in denen man beim 2 Liter zum Herunterschalten gezwungen wird«, resümierte *auto motor und sport* nach einem ersten kurzen Kennenlernen. Die Mehrleistung machte sich auch an der Zapfsäule bemerkbar. Während die 90-PS-Maschine laut Werk 9,2 Liter Super durch die Düsen sog, zerstäubten die 35er Solex-Doppelvergaser des 2,3 Liter 9,9 Liter Sprit – und das hemmungslos schön gerechnet, denn unter 13 Litern dürfte kein TS gelaufen sein.

Trotz der günstigen Preise (der 20 M schlug als zweitürige Limousine mit 7947,50 Mark zu Buche) war der P7 kein Erfolg, was ihm intern den Spitznamen Kummerfalte eintrug. Allerdings wäre es ungerecht, nur ihm die Schuld daran zu geben: Sein Erscheinen stand unter einem unheilvollen Stern. Die Rüsselsheimer hatten im August 1966 den Opel C-Rekord aus dem Hut gezaubert, der formal viel besser ankam. Außerdem war die Konjunktur schlecht. Erstmals in ihrer jungen Geschichte litt das Wirtschaftswunderland Deutschland unter einer Rezession.

Die Neuzulassungen in der Bundesrepublik sanken 1967 mit 2,48 Millionen Einheiten auf den Stand von 1950, über eine halbe Million weniger als im Vorjahr. In Köln standen über 45.000 P7 auf Halde, fast ein Drittel der insgesamt gebauten 155.780 P7(a).

Der neue große Ford, der 1967 erschien, kam nicht so gut an, wie erhofft. In den ersten Prospekten dominierte die gezeichnete Grafik. 17- und 20 M waren äußerlich lediglich am Kühlergrill zu unterscheiden.

Ford 17/20/26 M (P7, 1968–1972)
Amerikanische Verhältnisse

Modifizierte Optik und verbesserte Technik: Die neuen großen 17 M des Jahres 1968. Die Karosserie verzichtete auf den funktionslosen Hüftschwung über den Hinterrädern. Bei den Sechszylindern entfiel die Blechhutze auf der Haube.

Das hatte weh getan: Vom Kunden kräftig abgestraft, hatten sich die Kölner schnell zu einer Ablösung der P7-Baureihe entschlossen. Nach nur einem Jahr war der P7 schon Schnee von gestern. Und endlich, endlich hatten die Kölner wieder ein Fahrzeug, das so gut ankam, wie es sich seine Väter erhofft hatten – und der Wagen auch verdiente. Der schnelle Modellwechsel (und die wieder anziehende Konjunktur) trieb die Verkaufszahlen nach oben und bekräftigte »Bunkie« Knudsens These, dass Europa nun reif sei für schnellere Modellwechsel. Fords neue Nummer 2, gerade von Opel-Mutter GM abgeworben, sah goldene Zeiten für die europäischen Ford-Töchter anbrechen: Amerikanische Verhältnisse, so sein

Alle Karosserieformen, alle Motorversionen und alle Ausstattungen zusammengerechnet, konnte der Kunde zwischen 50 verschiedenen 17 M wählen. Und dabei waren die 13 Außenfarben und die zahlreichen Extras noch gar nicht berücksichtigt.

Credo, also die organisierte Alterung mit jährlichen Modellwechseln seien die Zukunft. Und nur die größten Hersteller könnten die Innovationszyklen noch mitgehen. Und der P7 schien ihm Recht zu geben: Das Facelift-Modell (zur Unterscheidung vom Vorgänger auch als P 7b bezeichnet) ersetzte nach kaum einem Jahr Laufzeit den glücklosen Vorgänger. Die Limousinen kamen auf nun auf eine Außenlänge von 4,72 Metern. Detailänderungen innen wie neue Rundinstrumente und ein Dreispeichen-Sicherheitslenkrad mit gepolsterten Speichen kamen mit dazu. Eine Sicherheitslenksäule, wie bei anderen Herstellern (und vor allem beim Rekord) bereits Standard war, hielt Ford allerdings nicht für nötig.

Unter dem überarbeiteten Blechkleid verbarg sich eine neue Hinterachsaufnahme. Bislang an Längsblattfedern geführt, hing die Starrachse nun an Längslenkern, den so genannten »Journalistenstäben«, weil sie angeblich auf Drängen der Journalisten eingebaut wurden, und den jetzt fünf Zoll breiten Felgen. Achsführung und breitere Felgen sollten die Straßenlage entscheidend verbessern, und die Tester nahmen es dankbar zur Kenntnis: »Keine Frage, die Straßenlage der neuen Typen hat wirklich gewonnen...«, lobte der *Tagesspiegel* aus Berlin, die *Hamburger Morgenpost* berichtete von einer guten Straßenlage, einer straffen, aber nicht unkomfortablen Federung (die alte Achse sei zu weich aufgehängt worden) und lobte die Richtungsstabilität, die »auch bei Vollbremsungen« gewahrt bliebe. Und selbst die kritische *mot* aus Stuttgart klatschte verhalten Beifall.

Wenig geändert gegenüber dem Vormodell hatte sich am Modellmix, Ford bot ein ausgetüfteltes Baukasten-Programm mit schier unbegrenzten Wahlmöglichkeiten. Den 17 M gab es in den bekannten Karosserie- und Motor-Varianten. Die 20 M kamen ausschließlich mit Sechszylinder. Wichtigstes Unterscheidungsmerkmal zu den schwächeren V4 war der Kühlergrill, der beim 20 M acht statt der beim 17 M üblichen drei waagrechten Chromleisten aufwies, sowie das verchromte Heckwandblech.

Die vielleicht wichtigste Änderung auf dem Motorsektor betraf die Sechszylinder-Palette. Neu im Programm war der 1800-S-Motor, der bis dato kleinste V6 des Hauses. Die 82 PS starke Maschine (Fritz B. Busch im *stern*: »Deutschlands erster Volks-Sechszylinder«) kostete in Kombination mit der zweitürigen 17-M-Limousine keine 8000 Mark – mehr Zylinder fürs Geld gab es sonst nirgends. Nicht so gut kam der kleine Sechszylinder bei *auto motor und sport* weg. Verglichen mit dem um 205 Mark günstigeren 1,7 Liter-V4 (der als rau, sparsam und

Modelle:	Limousine zwei-, viertürig, Kombi zwei-/viertürig, Kastenwagen zweitürig, Coupé zweitürig
Bauzeit:	1968-1972
Motoren:	1488 ccm / 60 PS bei 4800/min
	1688 ccm / 65 PS bei 4800/min
	1688 ccm / 75 PS bei 5000/min
	1797 ccm / 82 PS V6 bei 5100/min
	1998 ccm / 85 PS V6 bei 5000/min bis 7/70
	1998 ccm / 90 PS V6 bei 5000/min
	2293 ccm / 108 PS V6 bei 5100/min
	2293 ccm / 125 PS V6 bei 5500/min bis 7/70
	2520 ccm / 125 PS V6 bei 5300/min ab 8/69
Ausstattung:	17 M: Lenkradschaltung (60 PS), Mittelschaltung (65 PS), Kugelumlauflenkung, Scheibenbremsen vorn, Bremskraftverstärker, Gummimatten innen, 2 Rückfahrscheinwerfer, elektr. Uhr , Parklicht, Einzelsitze vorn, verstellbar; Zigarettenanzünder.
	20 M: 85 PS, Einzelsitze, Liegesitzbeschläge, heizbare Heckscheibe, Leselampe hinten, Kofferraum/Handschuhfachbeleuchtung, Teppichboden, Drehstrom-Lichtmaschine.
Varianten:	17 M/RS/XL, 20 M/RS/XL/2300 S, 26 M
Preise:	von DM 7581,30 (17 M Kasten 60 PS) bis DM 12.992,55 (26 M)

Chronik:

1968	September: Präsentation Baureihe P7 (b): Karosserie überarbeitet und gestreckter, Front- und Heckpartie überarbeitet. Stoßstangenenden nach oben gezogen, Rückstrahler und -scheinwerfer im hinteren Stoßfänger. Grill mit Gittermuster beim 17 M, waagrechte Leisten beim 20 M. Überarbeiteter Innenraum, Sicherheitslenkrad, 5-Zoll-Felgen, Hinterachse an Längslenkern. XL-Ausstattung (Holzfurnier-Folie innen) ersetzt TS-Paket. 1700 S-Motor mit 75 PS und Register-Vergaser; Einführung 1800 V6/82 PS und 2300 V6/125 PS.
1969	Januar: Deutsch in Köln/Braunsfeld stellt seine Cabriolets auf Basis von 17 M- und 20 M vor. Der Umbau kostet ca. 4000 Mark und erfolgt nur nach Bestellung.
	September: IAA-Premiere für Spitzentyp 26 M: Schwarz lackierter Kühlergrill mit zwei verchromten Querstreben, Radlaufchrom, Halogen-Doppelscheinwerfer, verchromte Sportfelgen, seitlichen Rallye-Streifen, mattschwarz lackierte Heckblende. Nur als Limousine und Hardtop-Coupé. Ausstattung Radio mit zwei Lautsprechern, Stahlschiebedach, Kunstlederdach, heizbare Heckscheibe, getönte Scheiben. Dreigang-Automatik, DM 12.992,55. Alle Modelle: Warnblinkanlage serienmäßig, Aufpreis DM 25,53. 17 M/ V6: Drehstrom-Lichtmaschine serienmäßig, Servolenkung gegen Aufpreis. Präsentation 17 M RS.
	November: Auslieferungsbeginn 26 M.
	Dezember: 26 M auch mit 125 PS/2300 S-Motor lieferbar.
1970	August: Wegfall 2,0/85 PS; Einführung des 2,6-I-V6 im 20 M RS.
1971	September: 2,3-I-V6 und 2,6-I-V6 mit neuer Vergaseranlage
	Dezember: Produktionseinstellung

elastisch galt), wurde der V6 als kultiviert und leise, aber »kraftlos« bezeichnet. Kein Diskussionen dagegen gab es über die neue Sechszylinder-Variante mit 125 PS. Eine Spitzengeschwindigkeit von rund 180 km/h machten den spurtstarken 20 M 2300 S zum Hecht im Karpfenteich der braven Familienlimousinen.

26 M (1969–1972)

Zur IAA 1969 erweiterte Ford die P7-Modellpalette ein letztes Mal: Die Bühne gehörte ganz dem neuen Top-Modell 26 M, mit dem Ford gegen den erfolgreichen Opel Commodore in den Ring stieg. Prunkstück des High-End-Fords (»damit kann der Karnevalist ... standesgemäß zu Prunksitzung fahren«, spottete *auto motor und sport*) war der neue Sechszylinder-Motor, der aus dem bekannten 2,3 Liter weiter entwickelt worden war: Ein Traktor von einem Motor, dem die Tester nicht nur

einen famosen Antritt, sondern auch ein vergleichsweise hohes Maß an Laufkultur bescheinigten. Die Kraftübertragung war Aufgabe der Dreigang-Automatik, wer unbedingt wollte, konnte den 26 M auch mit der Viergang-Handschaltung ordern. Normalerweise für DM 12.992,55 angeboten, reduzierte sich der Anschaffungspreis dann um 733 Mark. Damit wurde das üppig ausstaffierte Ford-Flaggschiff noch interessanter. Schließlich fehlte bei diesem Spitzenmodell nichts von dem, was das Auto fahren angenehm machte, von der Radioanlage bis hin zum Stahlkurbeldach und Vinylbespannung war alles bereits serienmäßig mit an Bord. Entsprechend kurz fiel hier die Aufpreisliste aus: Getriebe-Ölkühler (empfehlenswert beim Gespannbetrieb), Vollkunstlederbezüge, Rückenstützen und ein Elektroantrieb für die Dachluke – viel mehr war nicht zu bekommen. Die Servolenkung, bei den anderen V6-Modellen auf Wunsch erhältlich, gehörte beim 26 M zur Serienausstattung. Mit dem Erscheinen des 2,6-Liter-Motors geriet der gleich starke 2,3 Liter ins Hintertreffen und fiel alsbald aus dem Programm – kein Wunder: Bei 83 möglichen Motor- und Ausstattungs-Kombinationen durfte mit Fug und Recht von amerikanischen Verhältnissen gesprochen werden. Insgesamt wurden von der zweiten P7-Serie 567.842 Fahrzeuge hergestellt, davon 8.991 Einheiten vom Typ 26 M.

Der 20 M RS hatte serienmäßig den 2,3-Liter-V6 unter der Haube, auf Wunsch und gegen Mehrpreis gab es ihn auch mit 125 PS. Lieferbar in den Farben Rot und Silbermetallic, war der als Limousine und Coupé lieferbare RS auch ohne die schwarzen Seitenstreifen erhältlich.

Starkes Stück: Der üppig ausstaffierte 26 M hatte den neuen 2,6 Liter unter der Haube und bot ein bislang nicht gekanntes Maß an Laufkultur. Schon kurz über Leerlaufdrehzahl schob der 26 M gewaltig nach vorn. Der Vergleich mit den anderen deutschen Sechszylindern von Opel und Mercedes war eine klare Sache, der Ford bot am meisten.

Ford Consul/Granada (1972–1977)
In den Schluchten des Balkan

Luxus für alle:
Zwischen 1972 und 1975 standen die Consul-Typen im Ford-Programm. Die Nachfolger der alten 17-M-Modelle unterschieden sich in Motorleistung und Ausstattung von den luxuriöseren Granada-Typen.

Nirgendwo gab es mehr Zylinder für weniger Geld: Wer auf Sechszylinder-Prestige, Ausstattung und Platzangebot Wert legte, war mit dem Granada gut bedient. Im Bild ein Granada GXL, 1972.

Später, als längst schon der Scorpio vom Band lief, und die meisten Granada von der braunen Pest dahingerafft worden waren – und sie wütete heftig – , entstand die Mär vom Türken-Benz. Von bis unters Dach (und darüber hinaus) mit Tüten und abgestoßenen Lederkoffern vollgestopften Ford, die weich schaukelnd von Bottrop bis zum Bosporus (und wieder zurück) fuhren. Von unzähligen Taunus- und Granada-Wracks links und rechts des »Autoputs«, gestrandet auf dem Weg nach Griechenland oder die Türkei, weil die übernächtigten Fahrer die Kontrolle über ihre Wagen verloren hatten. Und von einer Zeit, als man in Osteuropa und Kleinasien mit einem Ford beinahe so viel Eindruck schinden konnte wie mit einem Mercedes. Dazu bei trugen auch einige handfeste Vorteile, die um so wichtiger wurden, je weiter die nächste Werkstatt entfernt war. Ein Ford war, erstens, verdammt groß und unglaublich komfortabel. Zweitens, billig. Seine Motoren, drittens, zuverlässig und unkaputtbar, und sollte, viertens, der Wagen doch streiken, war er so unkompliziert aufgebaut, dass ihn ein geschickter Dorfschmied mit nicht viel mehr als einem Zahnstocher und Draht wieder in Gange kriegte.

Modelle, Varianten, Preise

Modelle: Limousine zwei-/viertürig, Coupé, Kombi viertürig
Bauzeit: 1972–1977
Motoren: 1699 ccm / 48 kW (65 PS) 4800/min von 3/73–3/75
1699 ccm / 51 kW (70 PS) bei 5000/min ab 3/75
1699 ccm / 55 kW (75 PS) bei 5000/min
1993 ccm / 73 kW (99 PS) bei 5500/min
1998 ccm V6 / 66 kW (90 PS) bei 5000/min ab 3/75
2293 ccm V6 / 79 kW (108 PS) bei 5000/min
2550 ccm V6 / 92 kW (125 PS) bei 5000/min
2993 ccm V6 / 102 kW (138 PS) bei 5000/min
2792 ccm V6 / 110 kW (150 PS) bei 5700/min ab 11/76
Ausstattung: Consul: Rechteck-Scheinwerfer, Kombi-Instrument, gepolstertes Armaturenbrett. Mittelschaltung, offenen Ablagen, Mittelkonsole, Mittelschaltung, Zigarettenanz., geschlossenes Handschuhfach. Scheibenwisch/ Waschanlage per Fußdruck. L: Einzel-Liegesitze, Teppichboden, heizb. Heckscheibe, Zeituhr, Tages-Kilometerzähler. GT: 6-Zoll-Räder, Zusatzscheinw., Sportlenkrad, Lederschaltknauf, Zusatzinstr., schw. Kühlergrill. Granada: anderer Kühlergrill, Zierleisten mit Gummieinlage. Drehzahlm., Mittelkonsole mit Klappfach. GXL: get. Scheiben, Verbundglas-Scheibe, Servo, Radio, Kunstlederdach, Stahlkurbeldach.
Varianten: Consul L/GT, Granada L/GXL/Ghia
Preise: von DM 9830,– (Con. 1,7) bis DM 13.395,– (Gran. 2,3)

Chronik

1972 März: Neue Modellreihe Consul/Granada. Völlig überarbeitetes Fahrwerk: vorn Doppelquerlenker, hinten Schräglenker. Zahnstangenlenkung, Motoren aus dem bisherigen Produktionsprogramm, neu der 3,0 Liter V6 aus England, Formgebung mit langer Motorhaube und kurzem Heck. Modellversionen: Consul (1,7-1-V4/75 PS; 2,0-1-OHC/ 99 PS; 2,3-1-V6/108 PS), Granada (2,3-1-V6/108 PS; 2,6-1-V6/125 PS; 3,0-1-V6/138 PS). Ausstattungsvar.: L, GT (beim Consul) GXL (beim Granada). Karosserien: Limousine 4-türig, zweitürige Fastback-Limousine, fünftüriger Turnier (Kombi).

1973 März: Neue Modellvariante: zweitürige Stufenhecklimousine, Fließheck-Variante heißt Coupé. Kopfstützen auf Wunsch ab Werk, 65 PS-V4-Motor (Normalbenzin) im Programm. September: Straffere Fahrwerksabstimmung durch Änderung der Federn und Stoßdämpfer. Weichere Motoraufhängung in Silentblocks zur besseren Schwingungsisolation. Alle Modelle: Sicherheitsgurte vorn; Consul: Luftdüsen aus dem Capri, geänderter Türöffner innen, Liegesitze Serie. Consul 2,3 Textilgürtelreifen, Granada: Stahlgürtelreifen. A.W.: Klimaanlage für 2,3-l/2,6-l-V6, Aufpreis DM 1980,–.

1974 Januar: Alle Modelle serienmäßig mit Gürtelreifen. Neue Coupéversion ohne Hüftknick, hintere Seitenfenster. L/GT: Innenraum-Modifikationen (Zeituhr und Zigarettenanzünder, Mittelkonsole). Elektr. Wisch/Waschanlage, Schalter am Armaturenbrett (vorher: Fußschalter). Granada-Basis nun als XL bezeichnet; GXL: ohne Vinyldach und get. Scheiben. Februar: Granada Ghia lieferbar (Automatic, Servolenkung, Kurbeldach, Radio). Viertürer, DM 19.995,– September: Einführung der Zusatzausrüstung für Anhängerbetrieb (Anhängerpaket) mit Sachs-Niveaulift-Stoßd. Oktober: Coupé auch in Ghia-Ausstattung lieferbar.

1975 März: Modellangebot gestrafft, Grundausstattung verbessert. Granada (Stahlgürtelreifen, heizbare Heckscheibe), Granada L (Kopfstützen, H 4-Scheinwerfer, Sportfelgen), Granada GL (Nebelscheinwerfer, Stahlkurbeldach, Gasdruck-Stoßdämpfer, Servolenkung), Granada Ghia (Scheinwerfer-Waschanlage, künftig serienmäßig ohne Getriebeautomatik). Vordersitze höher. Wagenfront 12 mm abgesenkt, verbesserte Geräuschisolation, übersichtlicheres Armaturenbrett, geänderte Fahrwerksabstimmung. Modellbezeichnung Consul entfällt. Sonderausstattung S-Paket (nur ab 2.3 l): hinten tiefer gelegt, härtere progressive Federn, größer dimensionierte Stabilisatoren (24 statt 21 mm), Servolenkung, LM, Reifen 195/70 HR 14, Gasdruckstoßd., Lederlenkrad, Drehzahlm., Zusatzscheinw.. Motoren: 1,7-1-V4/70 PS; 1,7-1-V4/75 PS; 2,0-1-V6/90 PS; 2,3-1-V6/108 PS; 2,6-1-V6/ 125 PS; 3,0-1-V6/138 PS. Juli: Nachrüst-Klimaanlage für alle V-6, DM 1528,–. August: Turnier als GLS lieferbar.

1976 Februar: Automatik-Sicherheitsgurte vorn serienmäßig. März: Alle Modelle Verbundglas-Windschutzscheibe. September: Besserer Wasserschutz bei den Türschlössern, Stahlkurbeldach mit verbesserter Dichtung. November: Vorstellung des Granada 2.8 i mit Bosch K-Jetronic-Einspritzanlage: 2,8 Liter, 150 PS bei 5700/min, Vmax 190 km/h. Zweitürer, DM 18.630,–.

1977 April: Kopfstützten für Basis-Modelle serienmäßig. September: Die Granada-Baureihe wird erheblich überarbeitet auf der Frankfurter Automobilausstellung vorgestellt.

Dabei hatten die Ford-Oberen eine ganz andere Klientel im Auge, als sie 1968 den Startschuss für die neue Oberklasse-Modellreihe gaben, die die britische Zephyr/Zodiac-Reihe und die deutschen P7 ersetzen sollte. Für die Entwicklung taten sich die deutsche und die britische Ford-Tochter zusammen, das sparte Kosten. Dennoch verschlang die Gemeinschaftsentwicklung rund eine halbe Milliarde Mark, so teuer war bislang nach noch kein europäischer Ford geworden. Und so modern auch nicht: Der Granada schockierte die Konkurrenz durch eine hoch moderne Schräglenker-Hinterachse.

Zu den unbestreitbaren Vorzügen von Fords feiner Autowelt gehörte das fürstliche Platzangebot, der vorzügliche Fahrkomfort und die wahrhaft Oberklassewürdige Ausstattung. Nur schade, dass die Verarbeitung nicht in jedem Fall dem Premium-Anspruch gerecht

Chrom raus, Schwulst weg: Der neue Chef der Ford-Werke AG, Robert A. Lutz, sorgte für ein gelungenes Facelift. Das, und die Verdoppelung der Garantieleistungen, beendete die mageren Jahre für die deutsche Ford-Tochter.

Luxus im Überfluss: Granada Ghia, 1974.

Ein geräumiger, komfortabler und leistungsfähiger Kombi: Granada Turnier 3,0 GLS, 1975.

wurde, die Fahrwerksabstimmung arg weich geraten war und Designchef Uwe Bahnsen beim Versuch, eine repräsentative Limousine zu schaffen, etwas arg dick aufgetragen hatte: »Amerikanischer Hillibilly-Stil«, ätzte der spätere Bestseller-Autor Günter Ogger. Er konnte ja nicht ahnen, dass dieser Protz einmal Kult werden sollte. Fords Einstieg in die Luxusklasse wurde dennoch ein voller Erfolg. Die Rüsselsheimer erbebten unter dem Granada-Ansturm bis in die hinteren Starrachsen. Im ersten Jahr verließen über 100.000 Exemplare die Produktionshallen in Köln-Niehl, Fords Marktanteil in jenem Segment stieg auf über fünf Prozent. Dass es nicht noch mehr wurden, lag nicht nur an der wirtschaftlichen Situation, sondern auch an der verfehlten Modellpolitik: Ford bot den Stufenheck-Granada zunächst ausschließlich als Viertürer an. Die viel gefragtere zweitürige Stufenheck-Limousine kam erst zum Genfer Salon 1973. Übrigens hieß das zweitürige Fließheck-Modell jetzt offiziell Coupé, um Verwechslungen mit der neuen Karosserievariante auszuschließen.

Etwas mehr Übersichtlichkeit wünschten sich Granada-Käufer auch im Durcheinander der zahllosen Ausstattungs- und Karosserievarianten. Dabei war der Durchblick – theoretisch! – gar nicht so schwer: Der 20/26-M-Nachfolger Granada war als Spitzenmodell mit drei verschiedenen Sechszylinder-Triebwerken in drei verschiedenen Karosserieformen und in drei verschiedenen Ausstattungen lieferbar. Die automobile Grundversorgung stellte der Granada L mit dem 2,3-Liter-Sechszylinder aus dem Vormodell sicher. Dieser pumpte 108 PS und 177 Newtonmeter Drehmoment zu den Hinterrädern. Scheibenbremsen vorn und ein Viergang-Getriebe waren Standard.

Ford Consul (1972–1975)

Die Volksausgabe des Granada – nach Ford-Lesart »der bequeme Reisewagen« – hieß Consul. Dieser 17-M-Nachfolger unterschied sich in Kühlergrill und etwas einfacherer Ausstattung von Fords Luxusklasse. Unter ihrer Haube kamen normalerweise zwei Vierzylinder (ein V4 und ein Reihenmotor) und der kleinste Sechszylinder aus dem Granada-Programm zum Einsatz. Ford wäre allerdings nicht Ford gewesen, wenn sich diese eigentlich klare Hierarchie nicht durch eine Vielzahl von Ausstattungs- und Kombinationspaketen hätte verkomplizieren lassen. Wie schon seit Jahren üblich, gehörte das stundenlange Studium seitenlanger Aufpreis- und Zubehörlisten zum notwendigen Kauf-Prozedere. Doch egal für welche Kombination sich ein Interessent letztlich auch entschied: Er erhielt für relativ kleines Geld ein insgesamt stimmiges Gesamtpaket – für Fahrten nach Ingolstadt wie auch nach Istanbul.

Ford Granada (1977–1985)
Schattenkrieger

Robust, zuverlässig und ausgereift, mit befriedigendem Federungskomfort und unproblematischen Fahreigenschaften: Der Granada war auch in der Neuauflage ein ausgesprochen guter Kauf. Im Bild ein Granada 2,0 GL, 1977.

1978 erschien der erste Selbstzünder von Ford: Der in diesem Granada 2,1 D L installierte Diesel stammte von Peugeot.

Seine Premiere lag in unruhiger Zeit: Deutschland befand sich im Umbruch, Herbst 1977. Buback-Mord, Ponto-Erschießung, Raketen auf die Bundesanwaltschaft in Karlsruhe und die Entführung von Arbeitgeber-Präsident und Daimler-Benz-Vorstand Hanns Martin Schleyer machten Politiker und Industriebosse gleichermaßen nervös. Schwer bewaffnete Polizei-Hundertschaften, offen getragene MPis, hyperaktive Leibwächter – die IAA stand unter keinem guten Stern. Die RAF schien die Republik aus den Angeln heben zu wollen, und besonders die Auto-Bosse wähnten sich gefährdet. Die einen wie VW-Boss Schmücker umgaben sich mit einem Kordon von Leibwächtern, andere suchten das Duell Mann gegen Mann: Ford-Europa-Chef Bob Lutz erschien auf der Messe mit einer großkalibrigen Pistole am Gürtel – für den Fall, dass die RAF es auch auf ihn abgesehen haben sollte. Die IAA und mit ihr das Automobil schienen die ideale Zielscheibe für terroristische Wirrköpfe zu sein. Und mittendrin, über-

Heizte in manchem Vergleichstest der deutschen Sechszylinder-Konkurrenz gehörig ein: Granada 2.8i von 1982.

schattet von all dem Trubel, stand der neue Granada. Unscheinbar trotz seiner frisch ins Blech gepressten Kanten, fiel er so wenig auf wie ein Schuhkarton bei Salamander.

Daran neu war in erster Linie die Karosserie. Um sieben Zentimeter auf stattlich 4,72 Meter angewachsen, aber um gut 45 Kilogramm leichter, nutzte die zweite Granada-Generation die Plattform und zahlreiche Baugruppen des Vormodells: Die kontinuierliche betriebene Modellpflege der letzten Jahre ersparte den Ford-Werken teure Neuentwicklungen, der Granada belastete das Budget mit lediglich 88 Millionen Mark. Geräumig wie eh und je, aber dank der neuen Optik und des flacheren Vorderwagens sehr viel übersichtlicher, punktete der Luxus-Ford durch eine verbesserte Innenausstattung und, nicht zu vergessen, die konkurrenzlos gute Heizung mit 30 % höherer Leistung.

So wie Raumangebot und Kofferraumvolumen praktisch gleich geblieben waren, so wenig hatte sich auch unter der Haube getan: Der Antriebsstrang entstammte nahezu unverändert dem bisherigen Programm, neu hinzu gekommen war lediglich eine 135 PS starke Vergaser-Version des bekannten 2,8-Liter-Einspritzers. Letzterer leistete übrigens, dank der auch im Sauger verwendeten neuen Zylinderköpfe, jetzt 160 PS. Dafür fielen die 2,6- und 3,0-Liter-V6 aus dem Programm. Von Anfang an stand der Granada als zwei- und viertürige Limousine sowie als fünftüriger Kombi zur Verfügung. Das heute so gesuchte Coupé verschwand damals in der Versenkung.

Auch so hatten Granada-Interessenten noch die Wahl zwischen 63 möglichen Kombinationen, darunter erstmals auch mit Diesel-Triebwerk. Dieses stammte aus dem Peugeot-Programm, Ford hatte entschlossen, statt einer 350 Millionen Mark teuren Eigenentwicklung erst einmal die Akzeptanz eines Selbstzünders mit Ford-Pflaume zu erproben. Gründlich überarbeitet zeigte sich lediglich das optionale S-Paket, das über straffere Bilstein-Gasdruckdämpfer und Schraubenfedern mit progressiverer Federkennlinie an der Schräglenker-Hinterachse verfügte. 20 Millimeter tiefer gelegt und mit stärkerem Stabilisator vorn versehen, gehörten neue TRX-Niederquerschnittsreifen von Michelin zum Lieferumfang. Diese führten zwar zu einem »bemerkenswerten präzisen und sicheren Fahrverhalten« und sorgten für ein »angenehm direktes Lenkgefühl«, stellten ihre Eigner aber vor massive Probleme, wenn neue Reifen aufgezogen werden mussten: Auf diese Felgen passten nur TRX-Reifen, ein Fabrikatwechsel war nicht möglich.

Ford Granada (1982–1985)

Szenenwechsel: Vier Jahre später, September 1981, Frankfurt. Die Autobosse sorgten sich weniger um ihre Sicherheit, sondern eher um die Nachwirkungen der zweiten Ölkrise 1980; VW-Boss Toni Schmücker kämpfte mit gesundheitlichen Problemen und Ford in Köln hatte mit Daniel Goeudevert wieder einmal einen neuen Vorstandsvorsitzenden. Die Bodyguards hielten sich im Hintergrund und die Polizei war in erster Linie damit beschäftigt, das Chaos rund um das Frankfurter Messegelände in den Griff zu bekommen. Nur für den Granada hatte sich nichts geändert: Er stand wieder einmal im Schatten – diesmal in dem des Escort Cabriolets, das die Aufmerksamkeit am Ford-Stand auf sich zog. Dabei hätte gerade der Oberklasse-Ford einen längeren Blick verdient. Kantig wie eh und von außen lediglich am neuen Kühlergrill, den größeren Heckleuchten und den modifizierten Stoßfängern zu erkennen, steckten unter den Kanten rund 2200 Detailmodifikationen. Ein Modell mit dem 1,6-Liter-Reihenmotor aus dem Taunus bildete die neue Einstiegs-Motorisierung. Diese Demokratisierung des Luxus drückte natürlich die Attraktivität der Topmodelle, selbst der Top-Granada mit 2,8-Liter-Einspritzer (der in früheren Zeiten schon Vergleichstests etwa gegen Sechszylinder-BMW gewonnen hatte) war erst auf den zweiten Blick von den sehr

viel günstigeren, aber nur mäßig verkauften Vierzylindern zu unterscheiden: Granada-Fahrer trugen den Nerz nach innen und freuten sich am seidenweichen Motorlauf, den hohen Fahrleistungen – Spitze 190 km/h, 0-100 km/h 9,9s –, dem komfortablen Fahrwerk und der üppigen Ausstattung. In seinen letzten Baujahren entwickelte sich der Granada zum echten Geheimtipp, vor allem in der riesigen Turnier-Variante. Der Zeitgeist wie auch die hohen Verbräuche (15,5 Liter Super bei den Einspritzern waren keine Seltenheit) stempelten ihn aber im heraufdämmernden Katalysator-Zeitalter zum Auslaufmodell: Nachdem die Ford-Werke ab 1972 insgesamt 1.642.084 Consul- und Granada-Modelle produziert hatten, fiel im Frühjahr 1985 der letzte Vorhang. Die Bühne gehörte dem Scorpio.

In 2200 Punkten verbessert zeigte sich der Granada des Jahres 1982. Der neue Kühlergrill unterschied die Granada-Neuauflage auf den ersten Blick von ihrem Vorgänger.

Riesig: GL Turnier, 1982.

Ford Scorpio (1985–1995)
Verzockt

Zu mutig für die Oberklasse: Zunächst kam der Scorpio nur mit Schrägheck, dieses Konzept war schon zehn Jahre zuvor beim Renault 20/30 gescheitert.

Rechts: Trotz Allrad ABS: Scorpio 4x4 GL, 1985

Den variabel nutzbaren Kofferraum verdankte der Scorpio dem verschiebbaren Rücksitz mit der (im Ghia) elektrisch verstellbaren Lehne. Das Volumen variierte zwischen 550 und 669 Litern: »Mehr als in manchem Kombi«, betonte Ford-Vorstand Goeudevert.

Gewöhnungsbedürftig: Was Ford im März 1985 als Granada-Nachfolger vorstellte, war eine echte Zumutung für die Freunde des klassischen Schuhkarton-Stylings. Mit nur angedeutetem Stufenheck und großer Heckklappe – laut Ford eine Synthese aus Fließ- und Stufenheck – orientierte sich das Unternehmen am Aero-Heck von Escort und Sierra. Die Entscheidung war auch innerhalb des Hauses umstritten, doch Fords

Europa-Chef Lutz pokerte: Die geplanten Stufenheck- und Kombivarianten wurden vorerst einmal auf Eis gelegt. Und die Branche wartete gespannt, ob sich diese Karosserieform auch in der eher konservativ orientierten Oberklasse durchsetzte.

Tat sie nicht. Trotz aller Qualitäten, die der Granada-Nachfolger aufwies. Der hochmoderne Entwurf, gut 50 Kilogramm leichter als der Granada, mit ausgesprochen guten aerodynamischen Qualitäten und einem serienmäßigen ABS-System gesegnet, war nie so erfolgreich, wie es seine Väter gerne gesehen hätten. Besonders bemängelt wurde der Verzicht auf den Kombi. Gegenüber seinem seit 1977 gebauten Vorgänger hatte der Scorpio in der Länge praktisch nicht zugelegt und in der Breite sogar um fünf Zentimeter eingebüßt. Innen war davon kaum etwas zu spüren, Kopf- und Beinfreiheit reichten auch dann noch aus, wenn hinten Basketballspieler saßen. Das großzügige Raumangebot gehörte zu den unbestrittenen Vorzügen des großen Kölners.

Das technische Rückgrat der gut 1,5 Milliarden Mark teuren Neukonstruktion war dabei konventionell gestrickt: Der neue Scorpio blieb der traditionellen Granada-Bauweise mit Frontmotor und Heckantrieb treu. Auch das Fahrwerkskonzept mit vorderer Einzelradaufhängung und hinterer Mehrlenker-Achse übernahm Ford prinzipiell vom Vorgänger. Die Einzelteile des Fahrwerks wurden allerdings neu konzipiert.

Teilweise aus dem bestehenden Ford-Programm übernommen wurden die Motoren: Den 1,8-Liter-Vierzylinder stammte aus dem Sierra, den 105 PS starken Zweiliter-Vierzylinder gab es jetzt auch mit Einspritzung und 115 PS. Beim Diesel-Triebwerk handelte es sich um den bekannten Selbstzünder von Peugeot. Die gleichfalls avisierten Sechszylinder-Einspritzer mit 2,4 und 2,9 Litern waren Weiterentwicklungen bestehender Triebwerke. Komplett neu war das Bremssystem des Scorpio, ein zusammen mit der Firma Teves entwickeltes ABS.

Ursprünglich hatte Ford den Scorpio noch 1984 einführen wollen, musste aber kurz vor Serienanlauf noch die Bodengruppe abändern, um Platz für den in absehbarer Zeit vorgeschriebenen Katalysator zu schaffen. Daher war auch klar, dass die zur Weltpremiere auf dem Genfer Salon im März 1985 gezeigten Motoren ohne Katalysator nur eine Übergangslösung darstellten. Schon zur IAA im September folgte der nächste Motorenschwung, zum Teil mit Entgiftung, und in den folgenden Jahren wurde die Auswahl an Vier- und Sechszylindern, Diesel- und Turbodiesel-Triebwerken, an Heck- und Allradmodellen reichlich unübersichtlich. Mit Beginn der Neunziger erweiterte Ford die

Modelle:	Limousine viertürig, Schrägheck-Limousine viertürig, Kombi viertürig
Baujahr:	1985–1994
Motoren:	1796 ccm / 66 kW (90 PS) bei 5400/min bis 6/87
	1993 ccm / 77 kW (105 PS) bei 5200/min 12/86–12/89
	1993 ccm / 85 kW (115 PS) bei 5500/min bis 12/89
	1993 ccm U-Kat / 85 kW (115 PS) bei 5500/min von 5/89 bis 12/89
	1993 ccm U-Kat / 74 kW (100 PS) bei 5200/min 4/87–12/89
	1993 ccm G-Kat / 74 kW (100 PS) bei 5100/min von 9/85 bis 12/89
	1998 ccm DOHC G-Kat / 88 kW (120 PS) bei 5500/min ab 3/89 bis 3/92
	1998 ccm DOHC G-Kat / 85 kW (115 PS) bei 5500/min ab 3/92
	2394 ccm V6 / 96 kW (130 PS) bei 5800/min von 11/86 bis 3/89
	2394 ccm V6 G-Kat / 92 kW (125 PS) bei 5800/min ab 4/89 bis 6/92
	2792 ccm V6 / 110 kW (150 PS) bei 5800/min bis 12/86
	2933 ccm V6 / 110 kW (150 PS) bei /min 11/86–12/89
	2933 ccm V6 G-Kat / 107 kW (145 PS) bei 11/86–6/92
	2933 ccm V6 G-Kat / 143 kW (195 PS) bei 5750/min ab 3/91
	2498 ccm D / 51 kW (69 PS) bei 4200/min 10/85–6/90
	2498 ccm TD / 68 kW (92 PS) bei 4150/min 4/89–6/93
	2498 ccm TD / 85 kW (115 PS) bei /min ab 9/93
Ausstattung:	CL: ABS, verstellbares Lenkrad, Scheibenbremsen rundum, H4-Licht. GL: EFH vorn, mehrfach verstellbarer Fahrersitz, Zusatzinstrumente, separates Belüftungs- und Heizungssystem hinten. Ghia: Leselampen, elektr. verstellb. Rücksitzlehnen, getönte Scheiben, Heck-Scheibenwischer, höhenverstellbare Sicherheitsgurte, ZV, Nebelscheinwerfer
Varianten:	Scorpio CL/GL/Ghia/ GL4x4/Ghia4x4
Preise:	von DM 24.560,– bis DM 40.725,–

Chronik:

1985 März: Vorstellung Granada-Nachfolger Scorpio. Technik teilweise vom Vorgänger übernommen. Nur eine Karosserieform, drei Ausstattungen, vier Motoren. Scorpio-Produktion für alle Märkte erfolgt in Köln-Niehl.
A. W.: beheizte Frontscheibe (Weltneuheit, DM 593,–), Visko-Sperrdifferenzial (DM 640,–). In England als Granada Scorpio verkauft.
Mai: Markteinführung.
Juli: Scorpio 4x4. Basis GL oder Ghia 2,9; Radstand 2765 mm statt 2761 mm. Permanent Allrad, Zentraldifferenzial, ViskoSperre hinten, Sportsitze, Servolenkung, 6x15-LM-Räder, Reifen 205/670 VR 15, 4x4-Schriftzug am Heck. DM 44.080,–/48.5601,–.

1986 Scorpio wird zum Auto des Jahres gewählt

1987 März: Scorpio CL/GL: Basis-Motor 1,8 durch 2,0-1-U-Kat-Motor ersetzt, Ghia: 2.0i mit G-Kat-Motor; Ghia 2.0-115-PS ohne Kat gegen Preisabschlag auf Wunsch. Alle Modelle: höhenverst. Fahrersitz und Heckscheiben-Scheibenwischer/Wascher. GL/Ghia: Servolenkung serienmäßig.
Juli: Scorpio Ghia 2,9i in den USA als Merkur Scorpio angeboten. 144 SAE-PS, 23.248 Dollar.
September: Scorpio GL/CL: 185er Reifen, Radio mit

Heckscheibenantenne. 2,0-G-Kat-Motoren Serie für Ghia, CL und GL mit 74 kW/100 PS U-Kat.
2,9-I-V6 G-Kat (107 kW/145 PS) ersetzt bisherigen 2,8i. (a.W. auch ohne Kat, dann 110 kW/150 PS); 2,4-I-V6 mit 96 kW/130 PS neu.
Dezember: Designpreis des Landes Nordrhein-Westfalen für »herausragende gestalterische Leistung«

1989 März: Vorstellung 2,5-Liter-TD: Basis Saug-Diesel, aber Garrett-T3-Turbolader, neue Nockenwelle, Spritzöl-Kühlung der Kolbenböden. Leistung 69 kW/92 bei 4150/min. Ab DM 32.365,–.
Vorstellung Scorpio 2,4i: Neuer V6 mit 92 kW/125 PS G-Kat. 0-100 km/h 11 s, Vmax 190 km/h. Lieferbar für alle Varianten CL, GL und Ghia. Ab DM 30.605,–.
Vorstellung 2,0 DOHC: Vierzylinder-Reihenmotor, G-Kat 88 kW/120 PS bei 5500/min.
April: Sondermodelle CL/GL »Exclusiv«. Ab DM 32.100,–.
September: Neue Außenspiegel, überarbeitete Be- und Entlüftung. Teilelektr. A4LDE-Automatik auch für V6 lieferbar (2,9 Liter 107 kW/145) und 2,4 l. (92 kW/125 PS)

1990 Januar: Vorstellung Scorpio mit Stufenheck. Länge 4,74 m (Fließheck: 4,69 m). Alle Modelle: neue Stoßfänger in Wagenfarbe, neuer Kühlergrill mit Ford-Emblem (Ausnahme. TD). Ausstattung CL: ZV, Drehzahlmesser, Digitaluhr, Seitenblinker. Neue Typenbezeichnung ohne Angabe von Motor- und Ausstattung. GL: EFH vorn, elektr. Verstell- und beheizb. Außenspiegel, Kurbel/Hubdach aus Glas. Ghia: EFH hinten, Fußraumbeleuchtung, Verzögerungsschaltung f. Innenbeleuchtung, Lendenwirbelstütze Fahrer/Beifahrerseite.
November: Auslieferung Limousine viertürig. Kofferraumvolumen VDA 490 Liter, Rücksitzlehne asymmetrisch teilbar. Neuer 2,0-DOHC-G-Kat-Motor mit 120 PS.

1991 März: Vorstellung Scorpio 24V. 2,9-I-24V, 143 KW/195 PS (Cosworth-Zylinderkopf). 0-100 km/h 8,8 s, Vmax 225 km/h, Automatik-Getriebe Serie. Fahrwerksmodifikationen, Querstabilisator, größer dimensionierte Bremsen. Reifen 205/50 ZR 16 auf 6,5 J x 16. CL/Ghia: DM 53.060,–/61.100,–.
Juni: Sondermodell »Saphir«; LM-Räder 6 J x15, Metallic-Lack, Kurbel-Hubdach, Nebelscheinw., Seitenschutzleiste in Wagenfarbe, Stereo-Kassette, Velours, EFH, ZV.

1992 März: Premiere Scorpio Turnier: Ladevolumen 550-1600 Liter, Zuladung 540-620 kg. Laderaumabdeckung und Niveauregulierung Serie. Neue Hinterradaufhängung (Feder und Dämpfer auf Fahrschemel), Reifen 195/70 x 14. Ab DM 37.680,– (CLX); Turnier GLX 4x4: DM 53.100,–, Ghia: DM 55.620,–.
Alle Modelle: niedrigere Motorhaube, geänderte Kühlermaske, neue Scheinwerfer, weiße Blinkleuchten, neues Cockpit, Vierspeichen-Lenkrad, Gasdruckstoßdämpfer, hinterer Querstabi. Limousine: verdunkelte Rückleuchten. Ausstattungslinien jetzt: CLX, GLX, GLX 4x4, Ghia. Motor 2,0 dohc jetzt 85 kW/115 PS.
September: Modellpflege Scorpio: Low-HIC-Lenkrad Serie (Sicherheitslenkrad mit gepolster Kranz, Prallplatte), Warnsummer für Licht im Scorpio CLX.

1993 September: Einführung 2,5-I-TD mit 85 kW/115 PS. Turnier als CLX und Ghia mit 2,9-I-V6 (143 kW/192 PS) lieferbar.
November: Sondermodell »Topas«. Limousine/Turnier (115 PS, 145 PS, 115 PS TD). EFH vorn, getönte Scheiben, Lederlenkrad, Servo, Velours, Armaturenbrett im Holz-Look, ZV, LM-Räder, mit 195/65 R15. Ab DM 39.600,–.

Scorpio-Modellpalette um die Stufenheck-Limousine (die besonders in Großbritannien immer wieder verlangt worden war), zwei Jahre später kam endlich dann die Kombi-Variante »Turnier«. Leider viel zu spät, um

die Scorpio-Absatzzahlen merklich zu beflügeln: Robert A. Lutz (der 1987 den Chefsessel von Ford of Europe verlassen hatte und bei Chrysler anheuerte) hatte zu hoch gepokert.

Links: Die Einführung der Stufenheck-Variante nutzte Ford zu einem Facelift. Im Bild ein Scorpio GL, 1990.

Rechts: Der Scorpio Turnier wurde auf verschiedenen Messen zunächst als Studie präsentiert, bevor er im März 1992 serienreif war.

Ford Scorpio (1994–1998)
Geschmacksachen

Mehr als nur ein Facelift: der Scorpio 1995. »Die neue Abstimmung von Federung und Dämpfung hat die beim alten Modell üblichen Roll- und Stampfbewegungen weit gehend eliminiert«, berichtete *auto motor und sport.*

Er gefiel nicht jedem, und das sollte er auch gar nicht: der neue Scorpio, den Ford Anfang 1995 auf die Rampe schob. Scorpio-Designer Gerd Hohenester hatte der Grauen Maus in der Oberklasse Charakter und Gesicht gegeben, eines, das sich der »Überbetonung von Klassensymbolik« (Pressemappe) zu entziehen suchte. Anders ausgedrückt: Entweder man mochte den neuen Scorpio – oder eben nicht. Die zweite Gruppe befand

sich eindeutig in der Überzahl. Die heftigsten Diskussionen lösten der Fischmaul-Kühlergrill und die Glubschaugen-Scheinwerfer nach US-Vorbild aus, doch auch das schmale Leuchtenband mit der breiten Chromleiste am Limousinen-Heck polarisierte. Und über all den Diskussionen geriet vollkommen in Vergessenheit, dass aus dem neuen Scorpio ein richtig gutes Auto geworden war.

Denn bei einem Facelift hatten es die Kölner nicht bewenden lassen. Sie hatten die Fahrgastzelle versteift, die Schräglenker-Hinterachse verfeinert und an der Vorderhand eine neue Dreiecks-Querlenkerkonstruktion anstelle der McPherson-Federbeine eingesetzt, so dass das Scorpio-Chassis kaum mehr Wünsche offen

Modelle, Varianten, Preise	
Modelle:	Stufenheck-Limousine 4-türig, Kombi viertürig
Bauzeit:	1994–1998
Motoren:	1998 ccm / 85 kW (115 PS) bei 5500/min
	2295 ccm 16V / 108 kW (147 PS) bei 5600/min ab 6/96
	2935 ccm V6 24V / 142 kW (207 PS) bei 6000/min
	2500 ccm D / 85 kW (115 PS) bei 4200/min bis 8/97
	2500 ccm TD / 92 kW (125 PS) bei 4200/min ab 9/97
Ausstattung:	Höhen-/längsverstellbares Lenkrad, Servo, ZV Ghia: Stabilisator v/h verstärkt, LM-Räder, Klima, EFH vorn, elektr. verstellb./heizb. Außenspiegel, Bordcomputer, selbstabblendender Innenspiegel, Radio-/Kassette. Turnier: Dachreling, Gepäckraumabdeckung
Varianten:	Scorpio/Ghia/Ghia 24V
Preise:	ab DM 40.470,–

Chronik

1995	Januar: Einführung des neuen Scorpio. Verlängerte Überhänge, Karosserie 15% torsionssteifer als zuvor. Identischer Radstand, Länge und Breite erheblich gewachsen, 170 kg schwerer als der Vorgänger. Neue Front- und Heckgestaltung, neue Scheinwerfer. Nur noch Stufenheck und Turnier-Version, Schrägheck und Allrad nicht mehr lieferbar. Zwei Ausstattungen, Spitzenmodell Ghia V6 mit ASR und 4-Gang-Automatik A4LDE serienmäßig. Völlig neue Innenraum- und Sitzgestaltung, hydraulische Kupplungsbetätigung. Insgesamt 20 verschiedene Kombinationen möglich, Ausstattungspakete: Komfort, Memory, Plus, Winter. Gegenüber der im Oktober 94 angekündigten Preise um DM 900,– teurer.
1996	Februar: Alle Modelle: Hinterachs-Modifikationen zur Geräuschreduzierung.
	Juni: Einführung DOHC 2,3-l-Motor (147 PS; 202 Nm bei 4500/min. Cosworth-Entwicklung, Direktzündung, zwei Ausgleichswellen. Gesunkener Innengeräuschpegel, länger übersetzter fünfter Gang. Preis wie 2,0 16V: DM 42.460,–.
	September: Einführung 2.5 TDI Diesel (125 PS); Wegfall Diesel mit 115 PS. Modifikationen am Schaltgetriebe.
1997	September: Modellpflege an Kühlergrill und Frontpartie, abgedunkelte Scheinwerfer, modifizierte Heckleuchten. Kopfstütze hinten und Dreipunkt-Sicherheitsgurt für mittleren Rücksitz Serie. Wegfall Chromleisten hinten. 2,5-Liter-Turbodiesel (92 kW/125 PS) jetzt auch in Kombination mit Automatik lieferbar.
1998	Februar: Seitenairbags lieferbar für alle Modelle. Juni: Produktionsende, insgesamt 98.587 Fahrzeuge gebaut.

ließ. Vom Vorgänger trennten ihn Welten. Das Geräuschniveau war erfreulich niedrig, in Sachen Fahrkomfort und Fahrsicherheit erreichte der Scorpio zweifelsohne Oberklassen-Niveau. Ruhig lag er auf der Straße und rollte dabei sanft wie ein Luftkissenboot voran. Die Lenkung war direkt und dennoch gefühlvoll, die straffe, aber komfortable Federung vermittelt jederzeit einen guten Fahrbahnkontakt. Wohl gab es auch kritische Stimmen, doch im Grunde waren sich alle einig: »Der Erfolg des Scorpio wird zur reinen Formsache«, denn »an der Technik liegt es nicht«.

Nicht nur der formale, auch der technische Anspruch war hoch angesiedelt. Das bewies die optionale Antischlupf-Regelung ASR oder die serienmäßige »Multiplex-Bordelektrik« (die dank ihrer Modulbauweise die Zahl der Kabel und Steckverbindungen reduzierte und die Zuverlässigkeit erhöhte). Unter der Motorhaube war allerdings nicht alles taufrisch. Anfangs standen vier überarbeitete Triebwerke zur Wahl. Basis-Motorisierung bildete der Zweiliter-Vierzylinder mit 115 PS. Darüber angesiedelt war der bisher noch nicht im Scorpio angebotene Zweiliter-Sechzehnventiler aus dem Escort RS, der in seiner neuen Rolle 136 PS abdrückte. In Lauf-

kultur und Geräuschentwicklung passte er aber nicht zur Oberklasse und wurde alsbald durch einen laufruhigen 2,3 Liter ersetzt. Der 2,9-Liter-V6 mit Einspritzung und vier Ventilen pro Zylinder brachte 207 PS und ging 225 km/h. Ihn gab es ausschließlich in Verbindung mit der feinen Vierstufen-Automatik. Eine Nummer gemächlicher ließ es der 115 PS starke Turbodiesel aus italienischer Produktion angehen – drehmomentstark, aber dennoch nicht die beste Wahl, wenn man zeitgenössischen Tests glauben möchte: Etwas unkultiviert und träge, mochte er nicht so recht zum feinen Ford-Zwirn passen.

Nach vier Millionen Test-Kilometern, dem Bau von 260 Prototypen und rund 60 Crashtests liefen am 10. Oktober 1994 die Fließbänder in Köln-Niehl an. Im Januar 1995 gelangten die ersten Scorpio dann in den Handel. Das bisherige Schrägheck mit der großen Klappe wurde geopfert, es blieben die klassische Stufenheck-Limousine und der Turnier. Vier von fünf Käufern entschieden sich für die Kombi-Variante, denn Ford bot beide im Rahmen seiner Marketing-Kampagne zum gleichen Preis an. Und zumindest das hatte allen gefallen.

Fein herausgeputzt: der Scorpio in der Basis-Variante. Schon dazu gehörten Servolenkung, Fahrersitzhöhenverstellung und eine Zentralverriegelung mit Fernbedienung. Und das Wuzelholz-Imitat am Armaturenbrett, das so verdammt echt aussah (»Ein Banknotenfälscher wäre stolz, wenn er eine ähnlich perfekte Illusion zustande brächte«, so *auto motor und sport*) war auch mit an Bord.

Ford Puma (1997–2001)
Chefs nerven

Chefs nerven manchmal, Jac Nasser machte da keine Ausnahme. Damals Vizepräsident bei der Produktentwicklung von Ford Europa, verlangte er die Entwicklung eines Sportwägelchens auf Fiesta-Basis. Das Designerteam saß aber zu dem Zeitpunkt gerade an der Ka-Entwicklung, für Nassers Geistesblitz war gerademal ein Wochenende Zeit, an dem ein halbes Hundert Freihandskizzen entstand. In der nächsten Wochen ging es an die Grafik-Computer – Paintbox heißt das System –, wo sechs dieser Skizzen zur virtuellen Realität wurden. Zwei davon wurden weiter verfolgt. Ende Januar 1994 entstand dann letztendlich das dreidimensionale Tonmodell. Mitte März, 135 Tage nach Nassers Einfall, war der Sport-Fiesta innen wie außen praktisch fertig. Der knapp vier Meter lange Bonsai-Sportler feierte dennoch erst auf dem Genfer Salon 1997 seine Premiere.

In der Zwischenzeit waren die Entwickler natürlich nicht untätig gewesen. Unter der New-Edge-Karosserie versteckten sie eine komfortable, sensibel abgestimmte Fahrmaschine mit Motorrad-Qualitäten. Als direkter Ableger des Fiesta stützte sich das Ford-Coupé auf des-

Weltpremiere: Der neue Ford Puma feierte seine Weltpremiere auf dem Genfer Automobilsalon im März 1997. Das Sportcoupé im New-Edge-Design wurde von einem neuen 1,7-l-Zetec-Motor mit variabler Ventilsteuerung angetrieben und war auch für sportliche Umtriebe gut geeignet.

Breitensport: Der Puma ersetzte in den Cup-Wettbewerben den betagten Fiesta. Im Bild: Ulrich Tiemeier beim Puma-Lauf in Oschersleben, April 1999.

Modelle, Varianten, Preise

Modelle:	Coupé dreitürig
Bauzeit:	1997–2001
Motoren:	1388 ccm / 66 kW (90 PS) bei 5500/min ab 1/98
	1596 ccm / 76 kW (103 PS) bei 6000/min ab 7/2000
	1679 ccm / 92 kW (125 PS) bei 6300/min
Ausstattung:	ABS, ASR, 2 x Airbag, EFH, ZV, Wegfahrsperre, Lederlenkrad, elektr. verstell/beheizb. Außenspiegel, Heckscheibenwischer, LM-Räder.
Varianten:	Puma 1.7i 16V/1.4i 16V/1.6i 16V
Preise:	DM 31.490,–

Chronik:

1997	März: Weltpremiere auf dem Genfer Salon. Fiesta-Plattform, 70 % der Bauteile stammen vom Fiesta. Nur eine Ausstattungs- und Motorvariante. Zetec SE 1.7 mit stufenlos verstellbare Einlass-Nockenwelle. Produktionsstandort Köln, Kapazität 160 Autos pro Arbeitstag.
	Oktober: Auslieferungsbeginn, zur Einführung mit Kennen-lern-Paket (DM 1350,–): Frontscheibenheizung, Alarmanlage, Klima.
1998	März: Auslieferung Puma 1.4: 66 kW (90 PS). V_{max} 180 km/h, 0-100 11,9 s. DM 29 000,–; keine LM-Räder, kein ASR.
	April: Puma-Cup ersetzt Fiesta-Cup.
1999	August: Einführung Sondermodell Puma »SE«: Basis 1.7, aber Alarmanlage, Klima, Leder, Radio.
2000	Januar: Sondermodell SE nicht mehr im Programm. Einführung Sondermodell Puma Futura: LM-Räder 195/50 auf 6J x15, Metallic, Sportsitze mit Teilleder (1.4i) oder Recaro-Leder (1.7i), Titan-Dekor innen, Klima, Veloursfußmatten mit Puma-Logo vorn, Audiosystem.
	Juli: Einführung Puma 1.6: 76 kW/103 PS, Ausstattung wie 1.7i ohne Sporträder und elektr. Rückspiegel.
	September: Sondermodell Puma »Futura Edition«: 125 PS, Recaro-Sportsitze mit Leder, Fahrersitz elektr. höhenverstellb., Metallic, Klima, Edelstahl-Einstiegszierleisten, Teppichfußmatten mit Schriftzug.
2001	Januar: Sondermodell Puma »Futura2«: Sportfahrwerk, ASR, Klima, Audiosystem, Ledersitze, LM-Räder. DM 35.303,–.
	Dezember: Produktionseinstellung.

sen Fahrwerks-Komponenten. Im Zuge der Entwicklung allerdings wurde es von den Fahrwerkstechnikern gründlich überarbeitet, die Änderungen schlossen eine breitere Spur, größere Stabilisatoren und härtere Federn mit ein. Im Endergebnis vereinte das Puma-Chassis auf ideale Weise Handlichkeit und Richtungsstabilität. Dass die Bremsanlage – innenbelüftete Scheibenbremsen, Trommeln hinten – den 203 km/h schnellen Puma auch optimal verzögerten, verdankte der Ford dem wirkungsvollen Vier-Kanal-ABS und der serienmäßigen Antischlupfregelung: Nicht von ungefähr, dass der frühere Fiesta-Cup nun Puma-Cup hieß. Der Puma steuerte auf ungemein direkte Weise dorthin, wo der Pilot das mochte und vermittelte stets das souveräne Gefühl, einen ausgesprochen spurstabilen Viersitzer zu pilotieren: »Macht süchtig«, notierten die Tester, und: »Fahrspaß ohne Ende«.

Im kleinen Puma schlug ein großes Herz: Der langhubige Vierzylinder mit 1679 Kubikzentimetern Hubraum machte bei 6300 Touren immerhin 125 PS mobil. Der 16ventilige Reihenmotor stammte aus der Zetec-SE-Familie und basierte auf dem 1,4 Liter. Ein Plus an Bohrung und Hub, eine geschmiedete Kurbelwelle und Pleuel mit schwimmend gelagerten Kolbenbolzen gehörten ebenso zu den Besonderheiten jenes Triebwerks wie die Nickel-Silizium-Beschichtung der Zylinderbohrungen, die bei Yamaha aufgebracht wurde. Das neue Aggregat war der erste Ford-Motor mit voll variabler Ventilsteuerung. Diese Verstellung der Ein-

lassnockenwelle (VCT, Variable Camshaft Timing) verbesserte das Drehmoment über das ganze Drehzahlregister. Außerdem, so Ford, sorge es für günstige Verbrauchswerte und den Abgas-Ausstoß. Papier ist ja bekanntlich geduldig, doch die Pressemappe hatte wirklich nicht zu viel versprochen: Dank VCT lagen bei 1500 Touren bereits 133 Newtonmeter an, der Kraftzwerg lederte die Konkurrenz von Opel Tigra bis Toyota Paseo ab. Ein Ausdrehen der Gänge und fleißige Arbeit im butterweich zu schaltenden IB5-Fünfganggetriebe vorausgesetzt, beschleunigte der Puma aus dem Stand zur 100 km/h-Marke in 9,2 Sekunden, was auf dem Niveau deutlich teurerer Wagen lag. Dabei erzeugte er eine bullige Geräuschkulisse im besten Sportwagen-Stil – durchaus gewollt übrigens, weil Entwicklungsziel. Alles in allem: »Das kleine Raubtier hat einen bissigen Motor, und sein Handling ist ebenso vorzüglich wie die Bremsen. Dazu kommen sehr gute Sitze und ein frischfröhliches Ambiente« (mot). Manchmal ist es doch gut, einen nervenden Chef zu haben .

Neue Kraft für den Puma: das erfolgreiche Sportcoupé war zum Modelljahr 2001 mit einem 1,6-Liter-Motor zu haben. Der Antrieb aus dem Fiesta Sport erfüllte die Euro 4-Norm. Im Bild der Puma als Sondermodell »Futura2«.

Kein Sondermodell ohne Sonderausstattung: Zum Futura-Paket gehörte unter anderem auch eine Klimaanlage und eine leistungsstarke Audioanlage.

Ford OSI 20 M TS (1966–1968)
Sushi von Aldi

Taunus-Technik und italienisches Flair: Der im Auftrag der Ford-Werke AG gebaute OSI auf P5-Basis gehört zu den aufregendsten Coupés der Sechziger.
Foto: M. de Vries

Feinkost im Supermarkt an der Ecke? Was damals völlig undenkbar, wagte Ford 1967: Der OSI brachte einen Hauch von Ferrari in die Schaufenster der Händler mit der Pflaume.

O.S.I. – dahinter verbarg sich Officine Stamapaggi Industriali in Turin. Sie gehörte Ghia-Inhaber Luigi Segre und erledigte für Ghia den Karosserie- und Werkzeugbaubau. Später wurden dort ganze Fahrzeuge gefertigt, wie etwa das Fiat 2300 S-Coupé, das ab 1962 in Deutschland ausgeliefert wurde. Segre starb überraschend im Jahre 1963, die Firma OSI mit ihren rund 800 Mitarbeitern wurde selbstständig und baute im Ghia-Auftrag weiterhin Spider und Coupés. Bevorzugte Basis des Turiner Unternehmens bildeten Fiat-Wagen; die von NSU-Fiat in Deutschland verkauften »Neckar«-Sonderserien auf Fiat 1200-Bodengruppe waren bei OSI entstanden. Nähe zu Ford bewiesen die Italiener durch die Produktion des Ford Anglia Torino, der im Auftrag von Ford GB gebaut wurde. 1966 produzierte OSI rund 15.000 Einheiten, einige davon auch für den Ford-Stand auf dem Genfer Salon: Im Vorjahr hatten sich Ford und OSI auf die Produktion eines Kleinserien-Coupés verständigt, und das geschah eher zufällig, wie sich Ford-Produktplaner Werner Gausch im Gespräch mit *Motor Klassik*- Redakteur Christian Steiger erinnerte, nicht

wegen der Nähe zu Ghia oder Ford: »OSI wählten wir aus, weil es bei der Produktion keine Probleme mit laufenden Verträgen anderer Hersteller gab.«

Die Probleme kamen für Fort erst später. Zunächst aber entpuppte sich das exklusiv für Ford/Köln gebaute OSI 20 M Coupé als der erhoffte Publikumsmagnet für die Showrooms der Händler. Rund 1000 Bestellungen konnte Ford noch während des Salons entgegen nehmen, es sah ganz so aus, als ob der Mustang-Effekt auch in Deutschland eintreten könnte. Und das Beispiel Mustang hatte bewiesen, dass ein Imagebringer die ganze Modellpalette mit nach oben zog.

Nicht dass Ford das 1966 so unbedingt nötig gehabt hätte, noch war die Welt in Köln in Ordnung: Mit 275.898 Neuzulassungen lag man praktisch auf Vorjahres-Niveau, und das Jahr 1967 begann auch nicht schlecht: Am 10. Januar stellte die Ford-Werke AG auf Schloss Georghausen bei Köln das OSI-20 M TS Coupé vor. »Ein Wagen, der höchsten Ansprüchen an Komfort und Eleganz gerecht wird«, wie Prof. Dr. Ing. G. Bianco, der OSI-Generaldirektor betonte.

Das Coupé zum Discount-Preis übernahm aus Kostengründen eine bestehende, in Großserie gebaute Bodengruppe. Der größte zur Verfügung stehende Wagen war der Taunus 20 M P5, eine ausgereifte und zuverlässige

Konstruktion, die aber wirklich nicht im Verdacht überbordender Sportlichkeit stand. Kein Wunder also, dass die Fahrleistungen des OSI, Liebhaberstücke mit Seltenheitswert schon zu Lebzeiten, nicht zu halten vermochten, was die sportliche Optik versprach. Der Vortrieb im OSI-Coupé endete schon bei einer Höchstgeschwindigkeit von gut 165 km/h. »Für die Optik 100 km/h zu langsam«, urteilte *auto motor und sport* in einem dennoch überraschend wohlwollend ausgefallenen Fahrbericht. Andererseits war das OSI-Rezept in Zeiten, in denen noch immer ein simpler Käfer im Sportanzug mit Namen Karmann-Ghia als halber Sportwagen durchging, ein echter Leckerbissen. Ein Hauch Ferrari, ein Stückchen Maserati, ein Touch Mustang-Fastback – die Karosserieschneider hatten ganze Arbeit geleistet: »Breitschultrig und flach, so müssen Autosexbomben gebaut sein!«.

Der OSI war aber nicht nur schön, sondern auch vernünftig: »Wahrscheinlich ist er das zuverlässigste und anspruchsloseste unter den schönen Autos«, schrieben die Tester, »der OSI ist trotz seines extravaganten Auftretens voll alltagstauglich«.

Doch das war nicht genug. Viele OSI-Aspiranten ließen sich vom schönen Schein blenden und tappten in jene Falle, vor der Manfred Jantkes Fahrbericht gewarnt hatte: Wer auf Fahrleistungen hoffte, die der sportlichen Optik entsprachen, war unweigerlich enttäuscht. Dazu kamen einige handwerklichen Tücken: Während die OSI-Coupés im Neuzustand einen durchaus solide und routiniert verarbeiteten Eindruck machten (die Endmontage erfolgte in Köln), ließen die Langzeitqualitäten erheblich zu wünschen übrig: In einer Zeit, da die Hersteller die durchschnittliche Lebenszeit eines Autos auf fünf Jahre veranschlagten, war Rostschutz ein Fremdwort. Nach rund 2200 gebauten TS-Coupés endete die Zusammenarbeit, die Firma kam nicht mehr dazu, das geplante Cabriolet zu verwirklichen. Ein Großbrand vernichtete 1968 die Produktionsstätten und sämtliche Werkzeuge, die Firma OSI gehörte der Vergangenheit an. Und Ford hatte sowie so ganz andere Probleme: Dem Hoch von 1966 folgte der Absturz von 1967 auf 226.279 Neuzulassungen und 1968 auf 190.964 Einheiten. Und das hatte auch der OSI nicht verhindern können. Aldi, nicht Sushi, so lautete das Gebot der Stunde.

Der Italo-Ford war bestimmt kein Sportwagen für den beinharten Racer mit dem Messer zwischen den Zähnen.
Foto: M. de Vries

Ford Capri (1969–1974)
Goldrausch

Deutsch-britische Gemeinschaftsentwicklung mit italienischem Namen: Mit dem Capri versuchten die europäischen Ford-Töchter, den Erfolg des Mustang auch auf ihre Märkte zu übertragen.

Die Sicke in Form eines Hockeyschlägers entsprang einer Laune der Designer, und die Luftschlitz-Attrappen vor den Hinter-rädern hatten auch keine Funktion, es sei denn den Hinweis darauf, dass der Capri-Eigner sich mehr leisten konnte als das Basis-Modell: einen 1700 GT zum Beispiel.

Alle Wege führen zu Lee: Iacoccas Meisterstück, der Mustang, sorgte für eine in der Geschichte des Automobilbaus einmalige Hysterie. Am ersten Wochenende, als der Mustang bei den Händlern stand, stürmten vier Millionen Interessenten die Schauräume wie weiland die Goldsucher den Klondike. Kein Wunder also, dass ein halbes Jahr nach dem Mustang-Blitzstart Dearborn auch den europäischen Ford-Töchtern einen entsprechenden Wagen verordnete: Ford hatte eine Goldader entdeckt. Die ersten Projektstudien entstanden 1965/66, Ende 1967 hatte der Capri (der damals noch Colt hieß) seine Form gefunden und Anfang 1969 hob sich der Vorhang – die Pressevorstellung erfolgte allerdings nicht, wie geplant, auf der gleichnamigen Insel, dort war das Wetter zu schlecht, sondern in Neapel. Die deutsche Presse konnte das erste deutsche Pony-Car in Bonn unter die Lupe nehmen.

Bevor die Konkurrenz erwachte, hatte Ford damit schon seinen Claim abgesteckt. Lange Schnauze, kurzes Heck – so sahen, in Kurzform, die Nuggets aus, die beinahe 18 Jahre lang die Ford-Bilanzen vergoldeten.

Das stärkste Argument für den Familiensportler war, neben der Optik, sein sensationeller Grundpreis. Im günstigsten Fall wanderten 6993 Mark über den Tresen. In diesem Fall erhielt der Capri-Cowboy aller-dings keinen Rasse-Mustang, sondern einen ziemlich lahmen Klepper.

Anders aber als der Mustang, der auf Limousinen-Bodengruppe des Falcon basierte, entstand der Capri auf einer neuen Plattform. Die vordere Einzelradaufhängung an unteren Querlenkern, McPherson-Federbeinen und Querstabilisator bildete ein Vorderachs-Ensemble, das im Prinzip auch bei anderen Ford-Modellen jener Zeit Verwendung fand. Ebenso einfach geriet die Hinterachs-Konstruktion an Halbelliptik-Längsblattfedern, Stoßdämpfern und Schubstreben. Zeitgenössische Testberichte bescheinigten dem Capri trotz des vergleichsweise simplen Fahrwerksets eine bemerkenswert gute Straßenlage. Das Fahrverhalten – insbesondere bei den kleinen Hubraum-Größen – blieb weit gehend neutral. Man brauchte auch bei schnellem Fahren weder mit einem Überschieben der Vorderräder noch mit einem Herumschwenken der Heckpartie zu rechnen: »Der zur Zeit bestliegende Ford«, notierte Manfred Jantke im ersten großen Test von Capri 1500/1700 in *auto motor und sport*.

Möglichst niedrige Produktionskosten erfordern den Zugriff auf bestehende Technik, in dem Fall wurde der

Die Zahnstangenlenkung galt als ausreichend präzise, wurde aber im Alter schwammig. Wenig auszusetzen gab es an den Bremsen; vor allem bei den größeren Capri-Typen (hier ein 2300 GT). Hier waren Bremskraftverstärker und vergrößerte Bremsen serienmäßig.

Unter der Haube der ersten US-Capri befand sich ein 1,6-Liter-Reihenvierzylinder aus britischer Produktion, weil dieser »Kent-Motor« bereits im Cortina eingesetzt worden war und daher schon das amerikanische Zulassungsverfahren hinter sich gebracht hatte.

Die englischen Capri trugen Reihenmotoren aus der Cortina-Produktion, die längst nicht so laufruhig waren wie die deutschen V-Motoren. Unterschiede gab es auch in Bremsen und Fahrwerksabstimmung. Die optischen Unterschiede zwischen britischen und deutschen Versionen (hier ein GXL, Modelljahr 1973) waren gering.

Nach dem Facelift: Die Capri-Heckansicht mit den größeren Heckleuchten des Modelljahres 1973.

klar der 75 PS starke 1700er Motor, denn ab dieser Hubraumgröße gab es auch die zweiteilige Kardanwelle, die noch einmal für ein Mehr an Laufruhe sorgte. Später folgten noch die Sechszylinder – Erkennungszeichen: der Buckel auf der Haube – mit 2,0 und 2,3 Litern aus dem P7-Programm.

Die Cockpit-Ausstattung hing wesentlich von dem jeweiligen Motor- und Ausstattungspaket ab: Beim günstigsten 1300er Spar-Capri sah sie Taunus-ärmlich aus, also runder Tacho mit Kilometerzähler, rundes Kombi-Instrument für Tankuhr und Kühlwasser-Temperatur sowie die unabdingbaren Kontrollleuchten. Eine Holzfolie am Armaturenbrett bemühte sich um einen Hauch von englischer Noblesse; die größeren Capri waren entsprechend aufgewertet worden: »Sachlich und doch nicht langweilig, weil … erfreuliche Kleinigkeiten wie Runduhren, Schalterchen, Schalthebelsack, Mittelkonsole und Lederlenkrad (nur R-Modell) nicht fehlten.« Manfred Jantkes Einschub in Klammern deutet schon darauf hin: Getreu der Mustang-Devise, dass alles möglich ist, sofern es der Kunde zu zahlen gewillt ist, hatte Ford den Capri mit einer ellenlangen Zubehör- und Sonderausstattungsliste gesegnet. Die Ausstattungen waren in fünf Paketen zusammengefasst, die teilweise nur in Verbindung mit bestimmten Motoren zu beziehen waren. Theoretisch waren ein X, ein L, ein XL und ein R-Paket zu haben, wobei letzteres (Kennzeichen: die schwarz lackierte Motorhaube, konnte allerdings auch wieder abbestellt werden) wiederum nur in Verbindung mit der GT-Version zu haben war. Nicht zuletzt wegen dieser Vielfalt kamen auch die Händler voll auf ihre Kosten, noch nie hatten sie so volle Schauräume erlebt. Die Lieferzeiten wurden immer länger, nach nur neun Monaten Produktionszeit lief im September 1969 der 75.000. Capri vom Band, der Marktanteil kletterte in Deutschland auf 3,5 Prozent. Pro Tag wurden 425 Capri hergestellt, im britischen Halewood noch einmal rund die gleiche Anzahl. Nach dem ersten vollen Verkaufsjahr waren rund 250.000 Capri produziert worden. Ein nicht unerklecklicher Teil ging auch in den Export, wichtigster Absatzmarkt waren die USA. Dort begann der Verkauf im April 1970 über die Lincoln-Mercury-Händler.

Zum Modelljahr 1973 – inzwischen war Opel mit dem Manta in die Stadt geritten und hatte zahlreiche Digger auf seine Seite gezogen – überarbeitete Ford den Capri in »151 Details«, wie die Presseabteilung verkündete. Zu den Modifikationen gehörte ein neu abgestimmtes Fahrwerk (»Der Capri fährt sich jetzt viel komfortabler«), ein überarbeiteter Innenraum mit neuen Instrumenten, Sitze mit besserem Seitenhalt und »einem ganzen Haufen kleiner Aufmerksamkeiten« machten den Capri fit für das Duell mit Manta und dem kurz vor der Serieneinführung stehenden VW Scirocco. Die alten Vierzylinder V-Motoren wichen den Reihen-Triebwerken aus dem Taunus/Cortina-Programm mit 1,3 und 1,6 Litern Hubraum und 55, 72 und 88 PS; die bewährten 2,3- und 2,6-Liter-V6 standen weiterhin auf der Extra-Liste. Neues Spitzenmodell war der Dreiliter mit Sechszylinder-V-Motor und 140 PS; stärkster Capri der RS 2600 als Basis für den Tourenwagensport.

neue Capri um die bestehenden V-Motoren herum aufgebaut. Zu Beginn standen die drei Vierzylinder-Motoren aus dem Taunus zur Auswahl – mit 1300, 1500 und 1700 Kubik. Alle drei gehörten zur bewährten V4-Familie, die 1962 beim P4 erstmals verwendet worden war. Gerade die kleinen Maschinen wirkten recht verloren im Capri-Motorenabteil, denn sie waren bewusst kompakt gehalten worden. Ihre dreifach gelagerte Kurbelwelle war lediglich 340 mm lang und verfügte über vier Kröpfungen auf zwei Ebenen, die im 60-Grad-Winkel zueinander standen. Das, zusammen mit einer zusätzlichen Ausgleichswelle (welche Wasserpumpe und Lichtmaschine antrieb) sollte nicht nur für einen kultivierten Motorlauf sorgen, sondern auch möglichst raumsparend unterzubringen sein. Mit dem 50 PS starken 1300er Aggregat war der Capri allerdings schlichtweg untermotorisiert, auch der 1500er mit 60 PS war keine echte Empfehlung: Wenn Vierzylinder, dann ganz

Ford Capri II (1974–1978)
Jagdszenen vom Niederrhein

Im Prinzip alles beim alten blieb unter dem gefällig geformten Blech, gründlich revidiert zeigte sich dagegen das Capri-Cockpit und der Innenraum. Die bequemeren Sitze wie auch die serienmäßig umklappbare Rücksitzlehne waren Details, die den Auto-Alltag angenehmer machten. Zur Vergrößerung der Ladefläche war die Rücksitzlehne (beim GT und Ghia geteilt) umklappbar.

Nomen est Omen: Die Capri-II-Entwicklung lief unter dem Codewort Diana, der griechischen Göttin der Jagd. Und die Jägerin machte Jagd – auf all jene, die dem Capri I das Leben schwer machten, vor allem den Manta: Dass sich der Capri-Marktanteil von 3,5 auf 1,5 Prozent nahezu halbierte, lag am Flügelrochen aus Rüsselsheim. Seine Absatzzahlen stiegen in dem Maße, in dem die des Capri sanken. Also spendierte Ford seiner Diana eine neue Garderobe und schickte sie ab Februar 1974 auf die Jagd. Zur stärksten Waffe der schönen Jägerin gehörte die neue, glattflächige Karosserie ohne sinnloses Blechgefältel und, noch wichtiger, eine große Heckklappe. Am besten Kaufargument für den Erwerb eines Capri, der sportlichen Silhouette mit langer Schnauze und kurzem Heck, änderte sich aber nichts. Im Vergleich zum Vorgänger legte der Nachfolger um 20 Millimeter in der Länge, 53 Millimeter in der Breite und 25 Millimeter in der Höhe zu. Radstand und vordere Spurbreite wurden dagegen vom Vormodell übernommen, die Spurbreite hinten legte um 56 Millimeter zu.

Dianas neue Kleider ließen tief blicken: Wohl war die Frontscheibe gleich geblieben, doch die restlichen Glasflächen hatten erheblich zugelegt. Vor allem die Fond-Passagiere (die jetzt auch einfacher nach hinten durchsteigen konnten), freuten sich über schmalere C-Säulen und ein um gut 25 Prozent größeres Seitenfenster. Bekanntlich vermag ein schöner Rücken zu entzücken, so auch hier. Die Umstellung auf die praktische Heckklappe vergrößerte die rückwärtige Scheibe um 15

Prozent. Ein Heckscheibenwischer war dringend angebracht, doch gab es den nur gegen Aufpreis, und das auch nur für bestimmte Versionen. Der nun gut zugängliche Gepäckraum – rund ein Meter breit und rund 80 Zentimeter tief – schluckte nach Werksangaben 232 Liter, bei umgelegten Rücksitzen 530 Liter.

Trotz der nur mäßig überarbeiteten Fahrwerkskonstruktion – hinten kam noch immer eine Starrachse an Blattfedern zum Einsatz – wirkte das Capri-Chassis (noch!) keineswegs überholt. Gut, es gab schon damals

Capri XL 3.0 V6

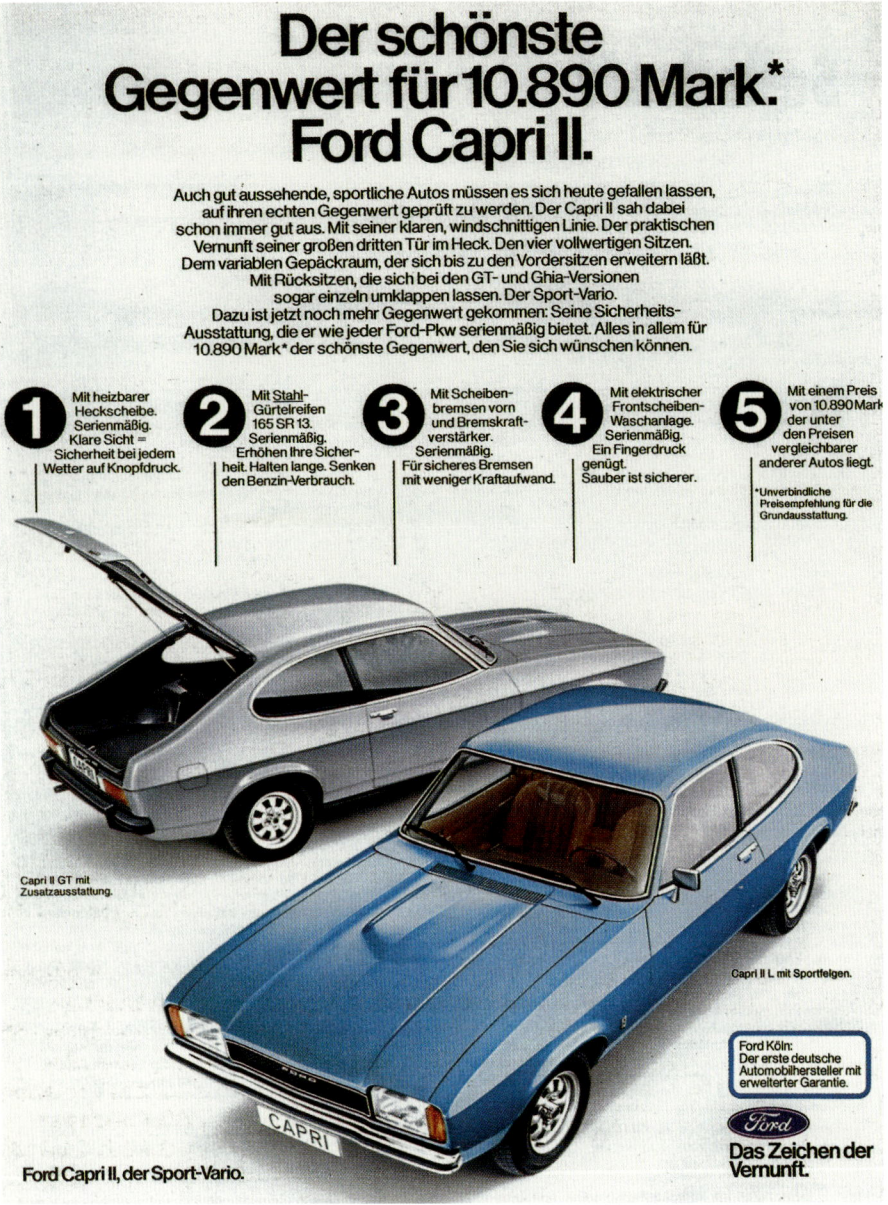

Der schönste Gegenwert für 10.890 Mark.* Ford Capri II.

Auch gut aussehende, sportliche Autos müssen es sich heute gefallen lassen, auf ihren echten Gegenwert geprüft zu werden. Der Capri II sah dabei schon immer gut aus. Mit seiner klaren, windschnittigen Linie. Der praktischen Vernunft seiner großen dritten Tür im Heck. Den vier vollwertigen Sitzen. Dem variablen Gepäckraum, der sich bis zu den Vordersitzen erweitern läßt. Mit Rücksitzen, die sich bei den GT- und Ghia-Versionen sogar einzeln umklappen lassen. Der Sport-Vario. Dazu ist jetzt noch mehr Gegenwert gekommen: Seine Sicherheits-Ausstattung, die er wie jeder Ford-Pkw serienmäßig bietet. Alles in allem für 10.890 Mark* der schönste Gegenwert, den Sie sich wünschen können.

1 Mit heizbarer Heckscheibe. Serienmäßig. Klare Sicht = Sicherheit bei jedem Wetter auf Knopfdruck.

2 Mit Stahl-Gürtelreifen 165 SR 13. Serienmäßig. Erhöhen Ihre Sicherheit. Halten lange. Senken den Benzin-Verbrauch.

3 Mit Scheiben-bremsen vorn und Bremskraft-verstärker. Serienmäßig. Für sicheres Bremsen mit weniger Kraftaufwand.

4 Mit elektrischer Frontscheiben-Waschanlage. Serienmäßig. Ein Fingerdruck genügt. Sauber ist sicherer.

5 Mit einem Preis von 10.890 Mark der unter den Preisen vergleichbarer anderer Autos liegt.

*Unverbindliche Preisempfehlung für die Grundausstattung.

Capri II GT mit Zusatzausstattung.

Capri II L mit Sportfelgen.

Ford Köln: Der erste deutsche Automobilhersteller mit erweiterter Garantie.

Ford
Das Zeichen der Vernunft.

Ford Capri II, der Sport-Vario.

Auf einen Blick: die Neuheiten der zweiten Capri-Generation in einer Anzeige von 1975 in *auto motor und sport*.

deutlich besser liegende Starrachser, doch in der Regel hielt der Capri sauber die Spur, auf lang gezogenen Autobahnkurven ebenso wie in engeren Landstraßenkehren. Scharf rangenommen und in den Grenzbereich geprügelt, entwickelte er allerdings ein ausgeprägtes Eigenleben, etwas mehr Feinarbeit bei der Fahrwerksabstimmung hätten bestimmt nicht geschadet. Ebenso kritisierten Tester auf unebener Fahrbahn eine trampelnde Hinterachse und bemängelten einen unruhigen Geradeauslauf bei der Hochgeschwindigkeitshatz.

Natürlich konnte man von der Grundmotorisierung mit 1300 Kubikzentimetern und 55 PS Leistung keine Beschleunigungs- und Durchzugwunder erwarten, zumal der kleinste Capri auch nicht gerade der sparsamste war. Auch mit dem darüber angesiedelten Normalbenzin-1600er und 72 PS stellte sich kein rechter Fahrgenuss ein. In Zeiten der Ölkrise waren nicht wenige Capri 1300/1600 unterwegs, und die zogen kaum die Wurst vom Teller: »Als Sportwagen«, spottete *auto motor und sport*, »hat ja den Capri nie einer so richtig ernst genommen.«

Der hubraumgleiche Vierzylinder mit 88 PS im Capri GT marschierte schon recht ordentlich, doch erst mit den beiden Sechszylindern agierte der Wagen mit standesgemäßer Souveränität. Zur Wahl standen der 2,3 Liter aus deutscher und der Dreiliter aus britischer Produktion. Dieser war in der Leistung leicht zurückgenommen worden, die bei älteren Dreilitern häufigen Lagerschäden gehörten der Vergangenheit an. Die schon etwas betagteren Sechszylinder-Konstruktionen wussten mit sattem Durchzug schon aus niedrigen Drehzahlen zu begeistern, unterstützt durch ein optimal abgestimmtes Viergang-Handschaltgetriebe. In punkto Durchzug und Beschleunigung rangierten so ausgerüstete Capri S im Vorderfeld der sportlichen Coupés, schade, dass die so dringend erforderliche Servolenkung noch zusätzlich geordert werden musste.

Ford Capri (1978–1985)
Abschied auf Raten

Der lange Abschied von Fords Kult-Coupé begann mit dem schönen Namen Karla. Karla, so lautete die Ford-interne Bezeichnung für den Capri-Nachfolger. Und Karla kostete nicht viel: Die Entwicklung der dritten Capri-Auflage war eine Affäre von noch nicht einmal 18 Monaten und verschlang kaum zehn Millionen Mark. Nach den Maßstäben der Automobilindustrie gemessen konnte man da außer Kosmetik nicht viel erwarten. Der Wechsel vom Capri II zum Capri anno '78 beschränkte sich im Wesentlichen auf Modifikationen an Bug und Heck.

Die neue Front mit flacherer Grillpartie, Doppelscheinwerfern und angedeutetem Frontspoiler sorgte für eine Verbesserung des Luftwiderstandbeiwerts um fünf Prozent und verringerte den Auftrieb an der Vorderachse. Am Heck kamen neue Rückleuchten im Mercedes-Stil zum Einsatz, die Riffelung sollte einer Verschmutzung vorbeugen. Unter dem Blech blieb praktisch alles beim bewährten alten. Federn und Dämpfer wurden neu und härter abgestimmt und die Vorderachse bekam einen Stabilisator, doch ansonsten war diese Großmutter der deutschen Viersitzer-Coupés so charakterstark wie eh und je: Mit hinterer Starrachse und Blattfedern geriet der Capri zusehends in den Ruf des harten Männerautos, das mit fester Hand geführt werden wollte.

Was aber Anfang der Siebziger noch als erträglich galt, war das Ende des Jahrzehnts schon völlig ungenügend. »Verblüffen muss, dass ein Auto mit blattgefederter, angetriebener Hinterachse in den achtziger Jahren dennoch verkäuflich ist«. Mehr noch zeigte sich die Zeitschrift *mot* verblüfft, dass trotz der harten Federung, der trampeligen Hinterachse und der hakeligen Schaltung der Umgang mit dem Capri immer noch richtig Spaß machte. Wen kümmerte schon, dass ein Scirocco mit seinem straffen Frontantriebs-Fahrwerk die problemloseren Fahreigenschaften aufwies und die moderneren Motoren? »Mit seiner bulligen Frontpartie und dem sportlichen Cockpit zählt ein V6-motorisierter Capri noch immer zu den sportlichen Attraktionen im tristen Straßenalltag.«

Doch egal mit welchem Triebwerk unter der Haube: Alltagstauglich war der Capri trotz seines Alters allemal, und dank der großen Heckklappe und den umklappbaren Rücklehnen variabler als mancher jüngere Konkurrent. Je nach Motorisierung als Familienkutsche oder Sportgerät lieferbar, hatte Ford den Image-schädigenden 1300er (auf den zuletzt sowieso nur zwei Prozent der Zulassungen entfielen) aus dem Programm genommen. Capri, das bedeutete seit Frühjahr 1978 nun

mindestens 1600 trinkfreudige Kubik unter der Haube, Marke hart aber herzlich. Die Kaufempfehlungen rieten aber in jedem Fall zum Kauf eines Capri mit V6, in diesem Fall passten Auftritt und Leistung zusammen – um so mehr, wenn unter der langen Haube der 2,8-Liter-Einspritzer aus dem Granada steckte.

Diese Capri-Version präsentierte Ford im Februar 1981, zur IAA im gleichen Jahr erschien die 2,8-Liter-RS-Version mit Abgasturbolader und 188 PS. Letzte spektakuläre Neuheiten folgten 1984 mit dem Super GT (2,0

Nur mäßig überarbeitet präsentierte sich die Capri-Neuauflage des Jahres 1978. In den folgenden zehn Jahren sollte sich in Sachen Optik kaum mehr etwas ändern. Oben ein Capri 1,6 GT, 1981, unten ein Capri L, 1978.

Modelle, Varianten, Preise

Modelle:	Coupé dreitürig
Bauzeit:	1978-1987
Motoren:	1593 ccm / 50 kW (68 PS) bei 5500/min bis 7/80
	1593 ccm / 53 kW (72 PS) bei 5200/min bis 4/83
	1593 ccm / 54 kW (73 PS) bei 5200/min ab 10/79
	1993 ccm / 74 kW ((101 PS) bei 5200/min ab 10/79
	1998 ccm V6 / 66 kW (90 PS) bei 5000/min bis 7/81
	2294 ccm V6 / 79 kW (108 PS) bei 5000/min bis 5/79
	2294 ccm V6 / 84 kW (114 PS) bei 5000/min ab 5/79
	2993 ccm V6 / 101 kW (138 PS) bei 5000/min ab 4/84
	2792 ccm V6 / 118 kW (160 PS) bei 5700/min ab 2/81
Ausstattung:	Ghia: Schalensitze, Automatik-Sicherheitsgurte, Ablage-fach zwischen den Vordersitzen' hintere Ausstellfenster, Gummi-Stoßstangenhörner, Seitenzierleiste mit Gummi-einlage, H4-Halogenscheinwerfer, Heckscheibenwischer und -wascher, 5,5-Zoll-LM-Sportfelgen. S: Spoiler hinten, schwarze Stoßfänger, Klebedekor seitlich, karierte Sitz-bezüge, Recaro-Sportsitze mit Netz-Kopfstützen, Nebel-schlussleuchte, Heckscheibenwischer, Stoßstangen-hörner, von innen verstellb. Außenspiegel, Gasdruck-stoßdämpfer hinten.
Varianten:	Capri L/XL/GT/Ghia/S/2.8i/Turbo
Preise:	ab DM 12.000,–

Chronik:

1978	März: Modellpflege: Weiter nach vorn und nach unten gezogene Motorhaube, Lamellenkühlergrill mit Halogen-Doppelscheinwerfern. Stoßstangen mit Kunststoffecken bis zu den Radausschnitten herumgezogen, vordere Blinker in den Stoßstangen integriert. Heckleuchten mit geriffelten Abdeckgläsern, ovale Ford-Embleme vorn und hinten. Alle Modelle mit Frontspoiler, schwarzen Fenstereinfassungen, einzeln umklappbaren Rücksitzlehnen. Gasdruckstoß-dämpfer hinten. L- und GL-Ausstattung mit dem Dreispei-chen-Lederlenkrad, Capri GL und Ghia mit breiten Seiten-schutzstreifen, Capri S mit Heckspoiler und seitlichen Zierstreifen sowie Recaro-Schalensitzen vorn mit Netz-Kopfstützen. 1,3-Liter-Motor nicht mehr lieferbar.
1979	Juni: 2,0- und 2,3-Liter-Motoren überarbeitet (Vergaser mit Startautomatik, Zylinderkopf, Kühlsystem), Leistung 2,3 Liter 84 kw/114 PS, 2,0 Liter jetzt Normalbenzin (vorher: Super).
	Oktober: 1,6 Liter mit VV-Gleichdruckvergaser. Neu im Programm ist der 2-Liter-Reihenvierzylinder mit 74 kW/101 PS (L, GL, S). Alle Motoren mit thermostatisch gesteuertem Kühlerventilator.
1980	Juli: L, GL: Räder 5,5 J x 13 (vorher: 5 J x 13); S-Modell: 6 J x 13 (vorher: 5,5 J x 13); Wegfall Capri 1,6 (68 PS).
1981	Februar: Einführung Capri 2,8 Injection, ersetzt bisheri-gen 3,0 S: 160 PS, 0-100 km/h 8,0 s, Vmax 210 km/h. Einspritzanlage Recaro-Sportsitze, Radio-Kassette, auf der Beifahrerseite elektr. verstellbar. Verstärkte Querstabilisatoren, straffere Federung der Vorder- und Hinterachse. Vorn innenbelüftete Scheibenbremsen und Breitreifen 205/60 VR 13 auf 7 Zoll LM. DM 25.950,–.
	Juli: Wegfall Capri V6 mit 2,0 und 3,0 Liter. Vorstellung Capri Turbo mit dem 2,8-Liter-V6 aus dem Granada, aber mit Turbo-Lader, 188 PS, V_{max} 215 km/h. Kotflügelverbreiterung, Breitreifen 235/60, Spoiler an Front und Heck, modifiziertes S-Fahrwerk mit Bilstein-Gasdruckstoßdämpfer, straffere Federn, Querstabi ver-stärkt, innenbelüftete Scheibenbremsen vorn, Sperrdiff. auf Wunsch. DM 33.300,–.
1983	April: Alle Modelle 5-Gang, GT: 2,0 Liter ersetzt bisherigen 1,6 Liter. Ausstattungsverbesserungen: von innen verst. Außenspiegel Fahrerseite, 2. Außenspiegel. Abblendbarer Innenspiegel, Handbremskontrollleuchte, Schlüssel mit Leuchte Serie. Karo-Sitzbezüge. Capri S jetzt mit 2,3-l-V6, 2,0-Liter-Vierzylinder a.W. Wegfall Ghia und 1600er Modell. Preissenkung um bis zu 2700 Mark.
	August: Capri-Programm besteht aus: GT (101 PS, DM 16.731,77), Capri S (114 PS, DM 19.637,25), 2,8 i (160 PS, DM 28.600,89).
1984	April: Capri Super GT: 101 PS, 5-Gang, Gasdruckstoß-dämpfer hinten, Stabilisator, Reifen 185/70 auf 6 J x 13 LM. Basis Capri S; Kühlergrill, Außenspiegel in Wagen-farbe, Sonderdekor und -sitzbezüge. Capri Super injection: 160 PS, Sportfahrwerk, innenbel. Scheibenbremsen vorn, Servolenkung, Sperrdiff. 205/60 VR 13 auf 7 x 13 LM; Stahlkurbeldach, get. Scheiben, elektr. verstellb. Außenspiegel, Scheinwerfer-Waschanlage. Teilleder innen, Radio-/Cassette.
1985	April: Produktionseinstellung der Modelle für den deut-schen Markt.
1987	Auslaufen der Modellreihe.

Einer für alle: Ende 1975 stellte Ford in Halewood die Capri-Fertigung ein, die Sport-Ford entstanden nun auf den Bändern in Köln. Die letzten Coupés wurden dort im April 1987 gebaut, zwei Jahre nach dem Verkaufs-stopp in Deutschland. Mit dem Modellwechsel zum Capri III kam das wichtige USA-Geschäft zum Erliegen, immerhin hatten die Mercury/Lincoln-Händler knapp eine halbe Million Capri I/II verkauft - aber kei-nen Boliden wie den Capri Turbo von 1981...

Liter/101 PS) und dem Super Injection (2,8 Liter/160 PS). Ab 1985 tauchte der Capri in keiner deutschen Lieferliste mehr auf, für den englischen Markt wurde Kölns größte Schnauze bis April 1987 weiter produziert. Insgesamt waren in den 17 Jahren und elf Monaten 1.886.447 Capris gebaut worden (andere Quellen spre-chen von 1.922.847) Einheiten. Geblieben ist die Legende und viele Enthusiasten, die ihre Youngtimer mit Hingabe pflegen.

Geblieben sind auch die Erinnerungen an die großen Sporterfolge, die der Capri in den 18 Jahren bei zahl-losen Wettbewerben errungen hat durch Jackie Stewart, Emerson Fittipaldi, Niki Lauda, Jochen Mass, Hans-Joachim Stuck, Dieter Glemser und Rolf Stommelen, um nur einige zu nennen: In den 70er Jahren prägten ihre Duelle mit BMW die Glanzzeit der Tourenwagen-Europameisterschaft.

Ford Probe (1991–1997)
Klassiker für morgen

Keine Aufführung ohne Probe, und im Falle des Ford-Sportwagens gingen gleich deren fünf voraus: Zwischen 1979 und 1986 präsentierte Ford auf der Detroiter Motor Show unter diesen Namen (Probe = amerikanisch für Versuch, auch Sonde) Experimental- und Studienfahrzeuge. Diese hatten zwar mit dem späteren Coupé herzlich wenig zu tun, sorgten allerdings für so viel Aufsehen, dass der Name kurzerhand übernommen wurde.

Der Probe erschien ursprünglich für den amerikanischen Markt und ersetzte den EXP-Typ, ein sportives Derivat des US-Escorts. Mittelfristig sollte der Probe eventuell auch den Mustang ersetzen, falls das Pony-Car doch einmal lahmen sollte. Europäische Ford-Fans dagegen hofften, im Probe endlich den legitimen Capri-Nachfolger zu finden, und die Ford-Händler, dass man ihnen endlich etwas gegen all jene sportlichen Toyota, Honda und Mitsubishi bescherte.

In Deutschland bot Ford den Keilsitzer ab Dezember 1990 an, da hatte der US-Probe schon ein leichtes Facelift hinter sich. Die Bühne gehörte aber in jenem Sommer den Rüsselsheimern, sie brachten im August den Manta-Nachfolger Calibra auf den Markt. Im Gegensatz aber zum Calibra, der auf dem Vectra basierte und in Deutschland produziert wurde, war der Probe ein waschechter Ami, wenn auch ein japanisch sprechender. Es hat ihm nicht geschadet. Fahrwerk und Motor des seit 1988 in den USA lieferbaren Coupés fanden auch beim Mazda-Coupé 626 Verwendung, und das tat der Fahrfreude im Ford keinen Abbruch. Außerdem wurde der Zweipluszwei-Sitzer im Mazda-Werk Flat Rock (Michigan) gebaut, was ihm wiederum Qualitäts-Desaster wie beim Opel ersparte. Angesehene amerikanische Fachzeitschriften wie *Car and Driver* und *Autoweek* zählten den Probe GT zu den besten Autos des Jahres 1989.

In den USA in drei Ausstattungslinien lieferbar, verließ der Probe für Deutschland ausschließlich in der Top-Version GT die Autofähren. Ihn beflügelte ein Vierzylinder-Reihen-Zwölfventiler mit 2,2 Liter Hubraum, Abgas-Turbolader und Ladeluftkühlung. Damit leistete das dezent säuselnde Coupé stramme 147 PS – zweifelsohne das beste Stück am Probe, weil mit bärigem Antritt und beeindruckenden Drehmoment gesegnet. Und da das berüchtigte »Turboloch« hier klitzeklein ausfiel, ließen sich beim Ampelsprint Calibra, Celica, Corrado und Co. allemal demütigen. Sogar die notorisch optimistischen Werksangaben (0-100 km/h: 8,6 s, Spitze 220 km/h) übertraf der Probe in vielen Tests leicht und locker.

Pferde die laufen, saufen – der Probe machte da keine Ausnahme: Im Testbetrieb stäubten bis zu 15 Liter Super durch die Einspritzdüsen, und der 57 Liter große Tank fiel da leicht trocken. Kein erfreuliches Kapitel auch das Fahrverhalten. Trotz Einzelradaufhängung – vorn an McPherson-Federbeinen und unteren Dreiecksquerlenkern, hinten an doppelten Querlenkern – und adaptiver Dämpferverstellung per Knopfdruck vom Cockpit aus swingte der Probe über kurze Bodenwellen und grätschte um schnelle Kurven, dass empfindliche Gemü-

Der Probe erwies sich als absolut vernünftiges Alltags-Auto mit bewährten Japan-Komponenten. In den USA belegte der neue Probe einen Marktanteil von 13,3 Prozent in seinem Segment, gleich hinter dem Mustang. In Europa wurde der Probe GT zunächst ausschließlich in der Schweiz angeboten.

Probe-Lauf: Fließende Linien kennzeichneten die Karosserieform des im amerikanischen Mazda-Werkes gebauten Coupes. Der überkomplett ausgestattete Probe stand ab Dezember 1993 beim Ford-Händler.

Gegenüberliegende Seite: Der sportliche Mazda-Ableger mit Mondeo-Technik war eine gelungene Alternative zu Toyota Celica und anderen Coupés. Dennoch blieb der schnittige Ford in deutschen Gefilden so gut wie unbekannt. Der 16V war optisch kaum vom Sechszylinder-Coupé zu unterscheiden.

Gegenüber unten: Das Cockpit im Probe 24V stellte seine Piloten vor keinerlei Rätsel.

Die Hauptscheinwerfer fuhren nur im Betrieb aus, die Scheiben waren bündig verklebt.

Modelle, Varianten, Preise

Modelle:	Coupé dreitürig
Importzeit:	1991-1998
Motoren:	2184 ccm / 108 kW (147 PS) bei 4300/min bis 12/92
	1991 ccm / 85 kW (115 PS) bei 5500/min ab 12/93
	2497 ccm V6 / 120 kW (163 PS) bei 5400/min ab 1/93
Ausstattung:	ABS, Radio/Kassette, elektr. verstellb. Außenspiegel, EFH, ZV, get. Scheiben, Lederlenkrad, Lordosenstütze, Gepäckraumabdeckung, beleuchtetes Türschloss und Innenlichtbetätigung über Türgriff, Fernentriegelung für Tankverschluss und Heckklappe, Staufach unter dem Beifahrersitz, Smogschaltung.
Varianten:	Probe GT/16V/24V
Preis:	ab DM 41.960,-

Chronik:

1988	Mai: Parallelmodell zum Mazda 626-Coupé vorgestellt. Drei Austattungslinien, jeweils mit 2,2-Liter-Mazda-Motor. Topmodell GT mit 2,2-Liter-Turbo.
1990	Dezember: Vorstellung der Europa-Version Probe GT. A. W.: Klimaanlage, Glas-Hubdach. Nur als 2,2-Liter-Turbo angeboten.
1993	Januar: Neuauflage der Modellreihe. Neue Karosserie, neues Motorenangebot: V6-Vierventiler aus US-Produktion, kein Turbo. DM 47.150,-.
	Dezember: Einführung Probe 2,0 16V: Vierzylinder-Reihenmotor, Trommelbremsen hinten, Reifen 205/55 auf Felgen 6 J x 15. DM 39.900,-.
1995	Februar: Sondermodell »Highlight«: Elektr. Schiebedach, LM-Räder 6 J x 15, Schriftzüge.
1996	Sondermodell »Medici«: LM-Räder, Spiegel und Zierleisten in Wagenfarbe, Audiosystem.
1997	Import eingestellt, ersetzt durch Cougar.

ter ganz grün im Gesicht wurden. Eine saubere Sportwagen-Abstimmung sah anders aus.

Aber halt: Den beinharten Sportskerl sollte der Probe ja gar nicht mimen. »Trotz hoher Fahrleistungen«, so John Hardiman, Vorstandsvorsitzender der Ford-Werke AG, »tritt der Probe nicht direkt in Konkurrenz zu europäischen Sportwagen oder Sportcoupés.« Zu den Kunden zählten deshalb jene Coupé-Freunde, denen ein Calibra zu alltäglich, ein Celica zu lahm und ein vergleichbarer Corrado zu teuer war: All das waren gute Gründe für Anschaffung eines Probe GT.

Ford Probe (1993–1997)

Probe, die Zweite: Nach der gelungenen Generalprobe - weltweit waren knapp eine halbe Million Fahrzeuge verkauft worden – brachte Ford für 1993 eine komplett überarbeitete Neuauflage. Wieder kombinierte das neue Sportcoupé amerikanisches Styling mit japanischer Technik, den Unterbau steuerte der Mazda MX-6 bei, der Coupé-Ableger des neuen 626er Modells. Für das Design verantwortlich war diesmal übrigens eine Frau – vielleicht weil in den USA die meisten Probe-Fahrer weiblichen Geschlechts gewesen waren?

Die Neuauflage hatte gegenüber dem Vorgänger in Länge und Breite jeweils um rund fünf Zentimeter zugelegt – und in Sachen Fahrverhalten ganz erheblich gewonnen. Eine angenehm exakte Servolenkung und ein straffes Fahrwerk, das den Vorgänger zum Kurvenkapser degradierte, kündeten von gründlich erledigten Hausaufgaben.

Unter der Haube des Capri-Enkels schlug neuerdings ein Sechszylinder mit 2,5 Litern Hubraum und 163 PS. Das seidenweich laufende Sechszylinder-Schnurrwerk beschleunigte den Probe samtpfötig bis zur Spitze von 220 Stundenkilometern. Und wenn es dann ungebührlich laut im Innenraum zuging, lag das entweder an der aufgedrehten Stereo-Kassetten-Radiokombination Ford 2006 oder an den rahmenlosen Seitenscheiben, die bei Tempi jenseits der Autobahn-Richtgeschwindigkeit zu flattern begannen. Verschiedentlich kritisiert wurde auch die lange Übersetzung der einzelnen Fahrstufen der Handschaltung, doch andererseits stand in jeder Lebenslage genügend Kraft zur Verfügung. Das allerdings durfte der Ende 1993 verfügbare Probe 16V nun nicht von sich behaupten: Sein etwas träger Zweiliter-Vierzylinder konnte in Sachen Durchzug natürlich nicht mithalten. Dennoch war er erste Empfehlung für

Sparfüchse, denn abgesehen vom Hubraum unterschieden sich die beiden Coupés praktisch nicht. Selbst Kenner konnten den 47.000 Mark teueren 24V von dem um 5000 Mark günstigeren 16 V nur an den schmaleren Reifen unterscheiden. Gut ausgestattet war das Auto sowieso, egal was sich unter der Haube abspielte, die Aufpreisliste umfasste nur zwei Positionen, ein elektrisches Hub-Schiebedach sowie eine Klimaanlage.

Die Probe-Ära ging 1997 zu Ende, an ihrem Ende steht ein Exote mit Klassiker-Qualitäten. Er erfüllt fast alle Ausstattungswünsche. Er hat einen familientauglichen 400-Liter-Kofferraum, ist selten, sieht gut aus und ist vollkommen alltagstauglich. Er ist schnell, hat einen elastischen, drehfreudigen Motor und beweist dies mit ausgeprägtem Fahrspaß, auch auf Landstraßen, die sich durch hügeliges Gelände schlängeln. Schon damals zuverlässig wie ein Japaner, spendet selbst der TÜV heute, da die ersten Exemplare bald die halbe Wegstrecke zum Oldtimer-H-Kennzeichen zurückgelegt haben, noch Beifall: Der Dreiviertel-Mazda ist auch nach Jahren noch kerngesund, erfreut durch moderate Verbräuche (rund elf Liter beim Sechszylinder) und eine anspruchslose Technik: Extravaganzen sind diesem Understatement-Coupé weit gehend fremd. Alles in allem eine geglückte Vorstellung.

Ford Cougar (1998–2002)
Im Reich des Berglöwen

Dynamisch, sportlich, selbstbewusst: Der Probe-Nachfolger Cougar brachte das New-Edge-Design in die Coupe-Klasse. Sowohl bei rasanter Autobahnfahrt wie auch auf kurvigen Landstraßen lag der europäisch-straff abgestimmte 2+2-Sitzer wie angeklebt.

Dynamik und Eleganz vermittelte auch das Cougar-Cockpit. In der Mitte des Volants prangte das Mercury-Label, nicht das Ford-Oval. Im Bild das Futura-Cockpit, April 2000.

Mit Coupés ist's wie mit der Mode: In ihrer ersten Saison jung, frisch und gefragt, in der zweiten Saison bleibt sie schon mal öfter am Ständer hängen, und in der dritten Saison landet sie auf dem Grabbeltisch. So ähnlich erging es auch dem Probe-Nachfolger Cougar: In ersten Jahr unverhohlene Neugier, im zweiten noch mildes Interesse, und im dritten der Ladenhüter schlechthin.

Schade drum. Am Auto selbst hat es bestimmt nicht gelegen. Der von Design-Chef Claude Lobo geschaffene New-Edge-Keil, das dritte nach Ka und Puma, war ein echter Hingucker. Oder auch Weggucker. Das Gesicht des neuen Ford-Coupés jedenfalls war klar, markant und unverwechselbar. So, als wollte Ford mit neuem Selbstbewusstsein zum Ausdruck bringen, dass es die Firma leid sei, immer als graue Maus in der Masse unterzugehen. Und diese Gefahr bestand nun wirklich nicht, auch wenn die Ford-Designer eine etwas schmeichelhaftere Beschreibung bevorzugten als jene, die *sport auto* fand: »Die Knubbel auf den Scheinwerfergläsern wölben sich wie Basedowaugen, die Frontschürze wirkt in der

Seitenansicht ein bisschen wie die hängende Unterlippe eines überzüchteten Goldfischs, und nach hinten verwirrt ein unentschiedenes Nebeneinander von Kanten und Rundungen das Auge des Betrachters.« Nun ja. Jenseits aller Polemik räumten auch die Tester gerne ein, dass der Cougar ein rundum geglücktes Auto darstellte. Erstmals im Rampenlicht stand er auf der Detroit Motor Show im Januar 1998. Dort bildete er die Hauptattraktion bei Mercury, der Marke für die anspruchsvolleren Ford-Käufer. Die anvisierte Zielgruppe hatte bislang um die Mercury-Händler einen weiten Bogen gemacht: Aktive, Freizeit-orientierte 25- bis 40-Jährige, die Hälfte davon weiblich, sollten sich für den in Europa entwickelten und gestylten Berglöwen interessieren.

Diese hatten die Wahl zwischen zwei Cougar-Varianten, nämlich einem Vier- und einem Sechszylinder, den Cougar 16V wie auch den 24V. Seine Kraft bezog die Raubkatze wahlweise aus dem 2,0-Liter-16V-Zetec-Motor (96 kW/130 PS) oder dem 2,5-Liter-24V-Duratec-Motor (125 kW/170 PS). Beide Antriebe waren für den Einsatz in sportlicher Mission leicht modifiziert worden und kamen serienmäßig mit dem Fünfgang-Schaltgetriebe MTX75, später waren sie auch in Kombination mit dem Automatik-Getriebe CD4E erhältlich. Die Sechszylinder-Variante verfügte über polierte 16-Zoll-Leichtmetallräder mit 215/50er Bereifung. Ab

Modelle, Varianten, Preise	
Modelle:	Coupé dreitürig
Importzeit:	1998–2001
Motoren:	1998 ccm / 96 kW (130 PS) bei 5600/min
	2544 ccm V6 / 125 kW (170 PS) bei 6250/min
Ausstattung:	4 x Airbags, ABS, elektr. Wegfahrsperre, Alarmanlage, Servo, 16-Zoll-LM-Räder, Lederlenkrad,–Schaltknauf, elektr. einstell/beheizb. Außenspiegel, Klima, Radiosystem. Cougar 24V: ASR, Nebelscheinwerfer, CD-System, Leder, beheizb. Sitze, höhenverst. Fahrersitz, polierte LM-Räder. Breitere Reifen mit niedrigerem Querschnitt – 205/60 x 16 für die Modelle mit 2,0-Liter-Motor und 215/50 x 16 für die Fahrzeuge mit 2,5-Liter-Motor.
Varianten:	Cougar 16V/24V
Preise:	DM 42.700,- / DM 48.800,-

Chronik:	
1998	Januar: Premiere auf der Detroit Motor Show, dort als Mercury Cougar vorgestellt. September: Europa-Auslieferung des Cougar. Dreitüriges Sportcoupé auf modifizierter Mondeo-Basis. Zwei Motorvarianten, eine Ausstattung. Vollständige Sicherheitsausstattung, u.a. mit neuartigen Seitenairbags, die den Kopf der Passagiere ebenso schützen wie den Brust- und Seitenbereich.
1999	Januar: Lieferbeginn Automatikgetriebe. März: Sondermodell »Cosmopolitan«: 16V/24V, Metallic (Eis-Silber), Rimowa-Kofferset, silberner Schlüsselanhänger, Emblem an der B-Säule, Leder, beheiz. Vordersitze, LM-Räder poliert, Schiebe/Hubdach elektrisch.
2000	Februar: Sondermodell »Futura«: Lederpolster zweifarbig, Handbremshebel im Metallic-Look, Velours-Teppichmatten.
2001	September: Import eingestellt, in den USA weiterhin lieferbar.

Werk – in diesem Fall wieder das Gemeinschaftswerk von Ford und Mazda – erhielten die Cougar ein Vierkanal-ABS von Bosch mit elektronischer Bremskraftverteilung. Scheibenbremsen an allen vier Rädern waren Standard, beim 24V waren sie größer (278/252 mm, 16V: 260/252 mm) und auch hinten innenbelüftet. Ein ASR-System gehörte zum Serienumfang.

In Sachen Leistung machte die Großkatze ihren Vätern also keine Schande, und auch wenn eng geschwungene Serpentinenstraßen nicht ihr bevorzugtes Revier darstellten: Gerüstet dafür war sie allemal und bügelte so ziemlich alles glatt, was ihr unter die Pfoten kam. Die komfortable Abstimmung ging aber ein wenig zu Lasten der Lenkpräzision. Die um die Mittellage gefühllose Lenkung ließ mitunter den direkten Kontakt zur Fahrbahn vermissen, im Kurvengeschlängel fehlte die Leichtfüßigkeit. Artgerecht bewegt aber, als ruhiger

Gleiter, nicht als hektischer Sprinter bewegt, entpuppte sich der Cougar als wahrer Gran Turismo. Ein Wagen, mit dem man schnell, bequem und stressfrei von A nach B gelangen konnte. Dass das so war, verdankte die grimmig blickende Raubkatze ihrer bürgerlichen Verwandtschaft: Wenn man beim Probe durchaus noch die Meinung hatte vertreten können, dass er den Mondeo beeinflusst habe, war es beim Cougar umgekehrt: Plattform, Radaufhängungen und Antriebsstrang stammten vom Mondeo. Wohl wurden diese überarbeitet und neu kalibriert (die steiferen Federn und Stabilisatoren verbesserten die Rollsteifigkeit und verringerten Lastwechselreaktionen), doch konnte der Cougar seine gutbürgerlichen Gene ebenso wenig verbergen wie andere Großserien-Coupés. Unter der großen Heckklappe wartet immerhin ein Gepäckraum von beachtlichen 410 Litern, der bei umgeklappten Rücksitzlehnen sogar 930 Liter fasste. Das reichte zur Not auch für einen längeren Familienurlaub, womit einmal mehr bewiesen wäre: Mit einem Cougar ist man in jeder Lebenslage gut angezogen. Mode hin oder her.

Sehnsucht nach Freiheit und Abenteuer: Nach dem Erfolg des TV-Werbespots mit Kult-Biker Dennis Hopper zierten im Rahmen einer gemeinsamen Marketing-Aktion Cougar und Harley gemeinsam die Schaufenster von zahlreichen Ford- und Harley-Davidson-Händlern. Die Aktion lief fast das gesamte Jahr 1999 hindurch, ohne dass das die Bekanntheit des Cougar spürbar verbessert hätte. Das Ford-Coupé blieb ein Exote. Unten im Bild das Sondermodell Futura, 2000.

Ford Fusion (seit 2002)
Das ist die Höhe

An so viel Überblick kann man sich gewöhnen: Der Ford Fusion, der Minivan auf Fiesta-Plattform, erschien 2002.

Der Fusion wurde mit dem Ziel entwickelt, auf der Basis eines Kleinwagens mehr Raum für die Insassen und das Gepäck zu schaffen. Allerdings interessierten sich nicht so sehr die jungen Großstadt-Singles für den Fusion, wie es die Marketing-Strategen vielleicht erhofft hatten, sondern eher die älteren Semester, die die Bequemlichkeit, Handlichkeit und Übersichtlichkeit dieses Kleinwagenkonzepts zu schätzen wussten.

Wer zu spät kommt, den bestraft das Leben. Wer zu früh kommt, möglicherweise auch. Und Ford war mit dem Fusion eher früh als spät dran: »Überall in Europa«, glaubte Ford erkannt zu haben, »ist in den vergangenen Jahren eine neue Stadtkultur entstanden«, und dort verbinde sich »überwältigende Architektur mit lebensfrohen Menschen«, die dank neuer Ideen und Einflüsse »moderne und erfrischende Lebensräume« schafften.

Von Ampeln, Staus und Parkplatzmangel war in diesem Zusammenhang zwar keine Rede, doch wenn schon in der Großstadt unterwegs, dann auf hohem Niveau: Der Fusion stand für den Stilmix aus Kleinwagen, Kombi und Geländewagen. Fords Trendforscher kreierten dafür den Namen »Urban Adventure Vehicle«.

Bei dessen Entwicklung hatte sich Ford of Europe mächtig ins Zeug gelegt. Hoher Aufbau, riesige Heckklappe und ein variabler Innenraum mochten zwar in der Kompaktklasse ein alter Hut sein, doch das Ganze im

Modelle, Varianten, Preise

Modelle:	Fünftürige Hochdach-Limousine
Bauzeit:	ab 2002
Motoren:	1388 ccm / 59 kW (80 PS) bei 5700/min
	1596 ccm / 74 kW (100 PS) bei 6000/min
	1399 ccm TD / 50 kW (68 PS) bei 4000/min
Ausstattung:	Ambiente: ABS, höhenverstellbarer Fahrersitz, IPS, 5 Kopfstützen, Lederlenkrad, Drehzahlmesser, Servo, getönte Scheiben, Rücksitzbank asymmetr. umklappbar. Trend: elektr. verstell./beheizb. Außenspiegel, Beifahrersitz umklappbar mit Arbeitsplatte, EFH vorn, ZV. Elegance: Klima, Chromleiste um Kühlergrill, Kartenleselampe, Lederschaltknauf.
Varianten:	Fusion Ambiente/Trend/Elegance.
Preise:	von DM 13.950,– bis Euro 16.975,–

Chronik:

2001	September: Premiere auf der IAA Frankfurt als Studie auf Fiesta-Basis.
2002	März: Premiere der Serienausführung auf dem Genfer Salon. Fusion-Studienmodell im Offroad-Look mit Benzin-Direkteinspritzer wird gezeigt. Juni: Einführung; drei Motorvarianten, drei Ausstattungen, eine Karosserieform. Radstand, Plattform und Technik von Fiesta, aber größere Karosserie mit höherer Sitzposition. Bremsassistent nur in Verbindung mit 100-PS-Motor.
2003	März: Premiere auf dem Genfer Salon für den Ford Fusion Plus: Aerodynamik-Paket, 16-Zoll-LM-Räder, getönte hintere Seitenfenster und Heckscheibe.; zusätzliche, 10,7 Liter fassende Multifunktionsbox für die Fondpassagiere, zusätzliche Ablagen für Kleinzeug, Klimaanlage. Optional: MultiMedia-System mit im Dachhimmel installiertem und aus DVD-, CD- und MP3-Player bestehenden Entertainment-Paket. September: Vorstellung Ford Fusion 4x4.

Bonsai-Format und garniert mit einem kräftigen Schuss Geländewagen-Optik war tatsächlich neu. Der Fiesta für alle Fälle war zum Zeitpunkt seiner Premiere praktisch ohne Konkurrenz. Am ehesten kamen noch der Daihatsu Gran Move oder Opels Agila in die Nähe, doch letzterer, eigentlich ein Suzuki, geriet deutlich kleinwagenhafter als der Hochdach-Fiesta. Nun also steuerte Ford mit Vollgas in das – hoffentlich – lukrative Geschäft mit den multifunktionalen Kleinst-Bussen. Insgesamt keine schlechten Voraussetzungen also für den Fiesta-Ableger, den dritten von insgesamt fünf Fahrzeugen, die auf dieser Plattform erscheinen sollten.

Ungewöhnlich waren in erster Linie seine Proportionen. Mit seinen vier Metern Außenlänge und einem 1,50 Meter hohen Scheitel wirkte der Fusion richtig erwachsen. Und damit man auch im dicksten Großstadt-Gewühl den Überblick behielt, hievte der Fusion seine Besatzung in luftige Höhen, man fühlte sich wie in einem Geländewagen. Die Übersichtlichkeit war vorzüglich, dass die stämmige Motorhaube von praktisch jedem Fahrer gut überblickt werden konnte, gehörte mit zu den Entwicklungszielen. Vorn wie hinten spürten selbst Passagiere mit Gardemaß keine Enge. Ablage gab es an allen Ecken und Enden. Das Ladeabteil erreichte ein Volumen von 337 bis 1175 Litern – das reichte auch für den Großeinkauf am Wochenende, zumal die Ladekante noch nicht einmal 50 Zentimeter über dem Boden lag. Obendrein ließ sich der Beifahrersitz nach vorn packen und zur Tischplatte umfunktionieren. Nur schade, dass das Fusion-Cockpit ein wenig lieblos zusammenstellt wirkte.

Für Fahrspaß dagegen sorgten beim Hochdach-Fiesta die angenehm direkt reagierende Lenkung und das knackige, aber dennoch komfortable Fahrwerk. Geringe Innengeräusche und eine nicht zu straffe Federung sorgten für ein Wohlfühlaroma. Gute, standfeste Bremsen (innenbelüftete Scheiben vorn, Trommeln hinten), ein wirkungsvolles ABS mit elektronischer Bremskraftverteilung sowie vier Airbags für die Frontpassagiere ließen kaum Wünsche offen. Die elektronische ESP-Fahrhilfe war dagegen nur in Verbindung mit dem 1,6 Liter gegen Aufpreis lieferbar – lediglich ein kleines Manko, denn der Fusion hatte ein narrensicheres Fahrwerk.

Dazu hatte er die modernsten Motoren des Konzerns unter der Haube. Neben den auf Sparsamkeit getrimmten Duratec-Einspritzern mit 1,4 und 1,6 Litern Hubraum sollte auch der Duratorq-Direkteinspritzer mit Common-Rail-System Diesel-Fahrer locken. Der in Zusammenarbeit mit PSA/Peugeot entwickelte Vollaluminium-Selbstzünder mit 68 PS schaffte allerdings nur die Euro-3-Norm, die Benziner erreichten bereits die saubere Abgasnorm Euro 4. Die modernen Motoren milderten ein wenig den Nachteil von höherem Fahrzeuggewicht (rund 100 Kilogramm) und größerer Stirnfläche gegenüber dem Fiesta. Nutzte man das sportliche Potenzial des 100 PS starken Sechzehnventilers, waren Verbrauchswerte bis zu neun Litern drin. Wer sich etwas Zurückhaltung auferlegte (was zugegebenermaßen nicht ganz einfach fiel, denn der Duratec hing innig am Gas und setzte auch kleine Zuckungen des Gaspedals spontan in Vortrieb um) durfte sich über eine sparsame Fünf vor dem Komma freuen: Zumindest in dieser Beziehung lag der Fusion voll im Trend.

Zusammen mit dem Fiesta gehört der Fusion zu den Rennern auf dem deutschen Markt. In 2002 brachten es beide Kleinwagen-Baureihen zusammen auf fast 60.000 Neuzulassungen, wie die Modellstatistik des Kraftfahr-Bundesamtes verriet.

Ford Focus C-Max (seit 2003)
Maxi-Mal

Konzern-Plattform: Der C-Max ist der erste Wagen auf Basis der nächsten Focus-Generation. Bis zu 15 Ford-, Volvo- und Mazda-Modelle könnten auf dieser gemeinsam mit Volvo entwickelten P1-Plattform entstehen.

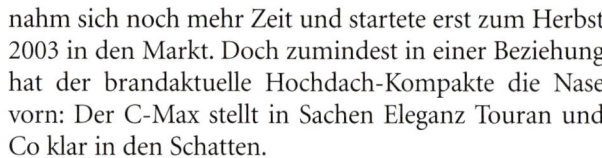

Variabel, aber nur als Fünfsitzer lieferbar ist der C-Max. Sein Innenraumkonzept verspricht ein ungeahntes Maß an Variabilität.

Gut Ding will Weile haben: Renault Scenic und Opel Zafira hatten den Markt der Minivans bereits fest im Griff, selbst Volkswagen ließ sich recht lange bitten, kam aber schließlich doch im Frühjahr 2003 mit einem Golf-Van namens »Touran« auf den Markt. Ford allerdings nahm sich noch mehr Zeit und startete erst zum Herbst 2003 in den Markt. Doch zumindest in einer Beziehung hat der brandaktuelle Hochdach-Kompakte die Nase vorn: Der C-Max stellt in Sachen Eleganz Touran und Co klar in den Schatten.

Doch das sind nicht die einzigen Pluspunkte, mit denen der Neuzugang punkten wird: Schon der bisherige Focus hat ein Fahrwerk der Spitzenklasse, und der C-Max steht auf der Plattform des Focus II, die, so seine Väter, noch einmal einen deutschen Fortschritt gegenüber dem seit 1998 gebauten Modell bietet.

Der komplett neu entwickelte Kompaktvan mit dem eigentümlichen Namen C-Max ist Teil einer breiten, 45 neue Modelle umfassenden Produktoffensive, mit der Ford die Attraktivität der europäischen Angebotspalette verbessert und um dringend benötigte Modellvarianten erweitert.

Bereits das im Oktober 2002 auf dem Pariser Autosalon vorgestellte Concept Car machte klar, dass Ford die Lücke zwischen Fusion und Galaxy mit einem Focus-Ableger schließen würde – mit einem MAV (Multi Activity Van), wie die Marketingstrategen wissen ließen. Die positiven Reaktionen auch auf den Namen der Studie – C-Max – bewogen Ford, ihn auch für das Serienmodell zu übernehmen. Dabei soll der Buchstabe

»C« nicht nur auf das Marktsegment hinweisen, in dem sich die kompakte Mittelklasse von Ford bewegt, sondern auch »Comfort« (Komfort), »Confidence« (Verlässlichkeit) sowie »Control« (Fahreigenschaften) signalisieren. Max schließlich symbolisiert, was Ford jeweils erreichen wollte: das Maximum.

Das neue Modell zeichnet sich insbesondere durch sein Platzangebot, den variablen Innenraum sowie große Komfortqualitäten aus. Zugleich profitierte der neue Van vom vielfach ausgezeichneten Fahrwerk des Ford Focus sowie von der aktuellen Motoren- und Getriebe-Generation von Ford.

»Der Ford Focus C-Max ist der Beweis, dass niemand Abstriche in punkto Fahrvergnügen hinnehmen muss, nur weil er sich für ein Familienfahrzeug entscheidet«, erklärt Derrick Kuzak, Vice President Produktentwicklung Ford of Europe. »Ford Focus-Kunden schätzen es, dass sich dieses sichere und robuste Modell mit seinen anerkannten fahrdynamischen Qualitäten vom Rest des Marktes abhebt. Der C-Max baut auf diesen Stärken auf.«

Mit seinen erhöhten Sitzpositionen und der damit einher gehenden guten Rundumsicht ist der Focus ein typischer Vertreter seiner Zunft, das gilt auch für die Van-typischen Eigenschaften »Geräumigkeit« und »Variabilität«. Im Gegensatz zur Konkurrenz ist der Focus aber ausschließlich als Fünfsitzer lieferbar: »Wir sind uns sicher, dass der neue Ford Focus C-Max als Fünfsitzer die Erwartungen unserer Kunden vollauf erfüllt«, so Derrick Kuzak. »Sitzen nur zwei Personen im Fond, können sie dank des neuartigen Sitzsystems »Komfort« den vorhandenen Raum noch optimaler nutzen. Nur wenige Käufer eines MAV transportieren tatsächlich sieben Personen. Vor allem wollten wir keine Kompromisse bei denjenigen Fahrzeugeigenschaften eingehen, auf die unsere Kunden größten Wert legen: elegantes und modernes Design und ebenso hervorragendes Fahrverhalten wie eine Limousine.«

Das variable Sitzkonzept mit drei Einzelsitzen hinten, die individuell umzuklappen und herausnehmbar sind, wird ab der Ausstattungsversion »Trend« mit dem Sitzsystem »Komfort« noch optimiert. Zusätzlich lässt sich dann der mittlere Sitz nach hinten klappen und die beiden äußere Sitze diagonal nach hinten verschieben. Dies bietet zusätzliche Bein- und Schulterfreiheit für zwei Passagiere. Der griffgünstig im Armaturenbrett integrierte Schalthebel schafft in Verbindung mit der elektronischen Feststellbremse Platz für die Mittelkonsole »Premium«, die optional mit einer Kühlbox ausgestattet werden kann, die bis zu zwölf Getränkedosen oder eine bis zu zwei Liter große Getränkeflasche aufnehmen kann.

Zur Markteinführung erscheint der Kompaktvan mit zwei komplett neu entwickelten Common Rail-Turbodieseln, einem neuen 6-Gang-Schaltgetriebe sowie einem neuen Duratec HE-Benzinmotor.

Ford Galaxy (seit 1995)
Von der Nische zum Trend

Gemeinschaftswerk: Der Galaxy entstand in Zusammenarbeit mit Volkswagen. Beide Varianten unterschieden sich nur geringfügig in der Optik. Unter dem Blech waren beide gleich.

Zur Auswahl standen zunächst ein 2,0-Liter-Vierzylinder, ein 2,8 Liter V6 und ein 1,9 Liter TDI. Nur beim Zweiliter handelte es sich um einen Ford-Motor (ihn gab es nicht für den Ghia, sondern nur für GLX oder im Basis CLX), die anderen beiden kamen von Volkswagen.

Mut zur Lücke: Je kleiner die Nische, desto höher die Kosten. Und Minivans waren hierzulande eine Nische. Die 45.000 Großraumlimousinen, die etwa 1988 in Westeuropa zugelassen wurden, hätten die Ford-Werker in Genk gerademal sechs Wochen beschäftigt. Dennoch, kein Automobilhersteller konnte es sich länger leisten, diesen Trend (in den USA kamen jährlich 800.000 Vans neu auf die Straßen) zu ignorieren, und wenn die Rechnung allein nicht aufging, dann vielleicht mit einem Partner – wie etwa Volkswagen.

Auch die Wolfsburger hatten diesen Markt fest im Blick, alle Versuche aber, den VW Bus entsprechend herunterzuschrumpfen, schlugen fehl: Es wäre immer nur ein Transporter gewesen. 1991 vereinbarten beide Unternehmen eine entsprechende Zusammenarbeit, die ungewöhnliche Ehe führte zur Gemeinschaftsgründung AutoEuropa Automóveis Lda. im portugiesischen Palmela unweit von Lissabon. Auf einem Gelände von 200.000 m² entstand eines der modernsten Automobilwerke Europas samt Presswerk, Karosserie-Rohbau, Lackiererei und Endmontage. Von den Bändern, die Fords Projekt »VX62« und Volkswagens »EA305« entließen, lief später auch der Seat Alhambra. Im neuen Joint Venture zeichneten die Wolfsburger für die Konstruktion verantwortlich, während Ford Design, Materialbeschaffung, Produktion und Logistik steuerte. Galaxy und Sharan unterschieden sich vor allem im Front- und Heckbereich voneinander, bei den Rädern, einigen Ausstattungsdetails und der Basis-Motorisierung. Die Liaison stand unter keinem guten Stern. Der Serienanlauf verzögerte sich um ein dreiviertel Jahr – weil die Fertigungsqualität nicht stimmte, sagten die einen, weil der von VW konstruierte Van einen viel zu hohen Fertigungsaufwand erfordere, meinten die anderen. Und alle waren der Ansicht, dass die ganze, fast vier Milliarden Mark teure Firmenanlage mit einer Jahreskapazität von 180.000 Einheiten zu groß dimensioniert sei.

Mag sein, dass die Prognosen in diesem Punkt etwas zu optimistisch waren, doch mit dem Entwurf selbst bewiesen die Ford-Designer Augenmaß: Ihre 4,62 m lange Großraumlimousine war kein Raumkreuzer im US-Stil geworden, sondern ein eleganter Fünf- bis Siebensitzer, der auf mittelklasseüblicher Grundfläche ein für deutsche Wagen bislang ungeahntes Maß an Variabilität und Nutzraum ermöglichte. Die meisten Galaxy waren mit fünf Sitzen unterwegs, dann fasste der Laderaum ein Volumen von 850 Litern nach VDA-Norm. Mit komplett aufgestellten Sitzen (die beiden Sitze der dritten Reihe waren je nach Ausstattung aufpreispflichtig) schrumpfte der Gepäckraum auf Kleinwagen-kümmerliche 256 Liter. Sobald die hintere Sitzreihe aber in der Garage verschwand – kein Vergnügen, denn das Gestühl wog 32 Kilogramm und war sperrig – stand einem vierwöchigen Familienurlaub nichts mehr im Wege, und fiel auch noch die zweite Reihe, ersetzte der Galaxy bei einer Laderaumlänge von 2,12 m beim nächsten Umzug den Möbelwagen.

Für den problemlosen Zugang sorgten insgesamt vier Türen, auf Schiebetüren wie etwa beim VW Transporter oder den Euro-Vans von Peugeot, Citroen, Fiat und Lancia wurde verzichtet. Dafür aber punktete der Euro-Van in Styling und Aerodynamik, Deutschlands erste Großraumlimousine im »One-Box-Design« wies einen hervorragenden cW-Wert von 0,33 auf. Nicht aufregend, aber praktisch war das übersichtliche Cockpit, die Galaxy-Kommandozentrale leistete sich kaum Schwächen. Nicht nach jedermanns Geschmack geriet die weite schwarze Plastiklandschaft der Armaturenbrett-Oberseite, die schräg stehende Frontscheibe schränkte auch die Übersichtlichkeit ein. Ansonsten aber stimmten Wohlfühlfaktor und Raumgefühl, Feingeister hätten sich etwas sympathischere Sitzbezüge und freundlichere Stoffe gewünscht.

Den dynamischen Fronttriebler gab es zunächst in drei verschiedenen Motorisierungsstufen. Die Basis bildete der Ende 1989 in Sierra und Scorpio eingeführte 2,0-l-Vierzylinder mit 115 PS/85 kW, der den Galaxy auf knapp 180 km/h beschleunigte. Darüber hinaus erschien der Großraumtransporter auch mit dem aus dem VW-Regal stammenden 1,9-l-TDI mit 90 PS/66 kW. Top-Motorisierung bildete der Galaxy mit dem 2,8-l-VR6, ebenfalls von Volkswagen. Für die Kraftübertragung sorgte normalerweise ein Ford-Fünfgang-Getriebe, wahlweise brachte auch eine neue Vierstufen-Automatik mit Wandler-Überbrückung das Drehmoment auf die Straße. Ab Dezember 1996 gab es den Galaxy auch als 4x4 (permanenter Allradantrieb, VR6) mit Getriebeautomatik. Der 174 PS starke Allradler beschleunigte in rund 13 Sekunden von 0 auf 100 km/h, die Spitzengeschwindigkeit lag bei 195 km/h. Klimaautomatik, Sitz-

und Frontscheibenheizung kosteten aber extra. Mit fadingfreien Bremsen, umfangreicher Sicherheitsausstattung und einem ausgezeichneten Antrieb fuhr der Galaxy geradewegs auf den Treppchenplatz bei vielen Vergleichstests – der Mut zur Nische machte sich einmal mehr bezahlt.

Ford Galaxy (seit 2000)

Nachdem sich die Partner VW und Ford zusehends auseinander gelebt hatten, betonte die neue Generation die jeweiligen Unterschiede noch mehr. Allerdings handelte es sich dabei nicht um komplette Neukonstruktionen, sondern um ein (umfangreiches) Facelift. Die stark überarbeitete Galaxy-Neuauflage gelangte im Juni 2000 zur Auslieferung. 62 Prozent aller Teile waren verändert worden. Das neue Gesicht mit den Klarglas-Scheinwerfern betonte die Familienähnlichkeit zum Focus, auch war das Heckfenster größer geworden. Innen fiel vor allem das neue Cockpit ins Auge. Das verwendete

Souverän unterwegs: Galaxy Ghia 4x4. Bei vergleichbarer Ausstattung war das Ford-Modell stets einige Tausender billiger als das Pendant von Volkswagen.

Alle CL- und GLX-Ausstattungen waren mit den gleichen Bodenbefestigungen ausgestattet, so dass sich die Anordnung der Sitze auf einfache Weise verändern ließen. In dieser Kombination fasste der Laderaum 3,5 Kubikmeter. Im Bild: Galaxy Ghia 4x4, 1997.

In neuem Design und mit zahlreichen technischen Neuerungen rollte Anfang Juli 2000 der neue Galaxy zu den Händlern. Zu den Highlights zählte ein völlig neuer 2,8-Liter-V6 mit Vierventil-Zylinderköpfen und einer Leistung von 204 PS.

Komplett ausgestattet: Galaxy Ghia. Nebelleuchten; Außenspiegel, Tür- und Heckklappengriffe in Wagenfarbe, Reifen 215/55 auf polierten 16 Zoll-Rädern im Fünfspeichendesign sind Serie.

Material sah nun längst nicht mehr so sehr nach Plastik aus, Alu-Applikationen setzten optische Akzente und das Armaturenbrett war noch übersichtlicher geworden. Kaum Änderungen gab es vom Fahrwerk zu vermelden, wie eh und je flitzte der Galaxy wie auf Schienen um die Kurven, um so mehr in der 2,8-Liter-Sechszylinder-Variante, bei der das Antischleudersystem ESP serienmäßig mit an Bord war. Zunächst war er in vier Motorisierungsstufen lieferbar, zwei Otto- (2,3 l, 2,8 V6) sowie zwei Dieselmotoren (1,9 TDI, 1,9-l-TDI Pumpe-Düse). Der überarbeitete Zweiliter-Motor mit 115 PS stand erst zum Jahresende 2000 zur Verfügung. Die von Volkswagen übernommenen Motoren (die VW-Diesel bekam Ford erst mit großer Verspätung) gab es mit Sechsgang-Schaltgetriebe, je nach Ausführung auch mit einer neu entwickelten Tiptronic mit vier oder fünf Fahrstufen. Die Allrad-Galaxy fielen aus dem Programm.

Die Ausstattungspakete wiesen die üblichen Ford-Bezeichnungen und -Umfänge auf, neben der Basis (Ambiente DM 48.270,–) gab es den Galaxy als »Trend« (ab DM 50.520,–) und als »Ghia« (DM 55.280,–).

Modelle, Varianten Preise

Modelle:	Großraumlimousine viertürig
Bauzeit:	Seit 1995
Motoren:	1998 ccm / 85 kW (115 PS) bei 5500/min
	2295 ccm / 107 kW (145 PS) bei 5500/min ab 1/97
	2295 ccm / 107 kW (145 PS) bei 5500/min ab 7/2000
	2792 ccm V6 / 128 kW (174 PS) bei 5800/min
	2792 ccm V6 / 150 kW (204 PS) bei 6200/min ab 7/2000
	1896 ccm TDI / 66 kW (90 PS) bei 4000/min bis 7/2000
	1896 ccm TDI P-D / 66 kW (90 PS) bei 4000/min ab 7/2000
	1896 ccm TDI / 81 kW (110 PS) bei von 11/97 bis 7/2000
	1896 ccm TDI P-D / 85 kW (115 PS) bei 4000/min ab 7/2000
Ausstattung:	CL: 5 Sitze, Pollenfilter, Wegfahrsp., ZV, CL: Airbags, ABS, getönte Scheiben, Servo, Scheibenbremsen rundum, heizb. Heckscheibe. GLX: 5 Sitze, Vordersitze um 180 Grad nach hinten drehbar, Tabletts in den Rückenlehnen, Fahrersitz m. Lordosenstütze, Zusatzheizung hinten, EFH vorn, beleuchtete Kosmetikspiegel, elektr. beheizb./verstellb. Außenspiegel. Ghia: 6 Sitze, Klima, Motorraumleuchte; Fußraumleuchten, Dachreling, LM-Räder
Versionen:	Galaxy CL/GLX/Ghia
Preise:	ab DM 40.550,-

Chronik:

1995	Januar: Presse-Vorabpräsentation für die erste deutsche Großraum-Limousine. Gemeinschaftsprod. Ford/VW. Einzelradaufhängung rundum an Fahrschemeln. Sicherheitslenksäule in Neigung u. Länge verstellbar, Wendekreis 11,7 m. Als Fünf-, Sechs- oder Siebensitzer. Serienanlauf wegen Abstimmungsschwierigkeiten. immer wieder verschoben. September: Serienanlauf, drei Motoren (Ford-Fünfgang-Handschaltung), drei Ausstattungsvarianten. V6: innenbelüftete u. vergrößerte Bremsscheiben vorn, ABS, ASR. A.W.: adaptives Viergang-Automatikgetriebe für 2,0-/2,8-Liter. Ankündigung Sondermodell »Galaxy Ultima«: Ghia-Basis, Leder, LM-Räder, Lackierung Mondstein-Metallic, Audiosyst. mit Lenkrad-Fernbedienung, Tempomat.
1996	September: Einführung Galaxy 4x4 als Ghia in Verb. mit 2,8-l-V6 und Viergang-Automatik. Visko-Allradantrieb (von VW). Gewicht inkl. Fahrer 1915 kg, zulässiges Gesamtgewicht 2,5 t. 0-100 km/h 11,6 s, Vmax 193 km/h. Verbrauch lt. Werk 13,8 l Super. DM 62.960,– Ausstattungsvariante »Ultima« erhältlich: wie oben, Alarmanlage, Kühlergrill mit Chromeffekt, Instrumententafel beige unterlegt, Klimaautomatik, Audioanlage Komfort-Paket 2, Winterpaket. Ab DM 61.240,–. Dezember: Einführung Galaxy GLX 4x4.
1997	Januar: Einführung 2,3-l-16V: 107 kW/145 PS, 0-100 km/h 10,7 s (Automatik: 11,9 s), Vmax 192 (187) km/h. Verbrauch 10,1 (11,0) Liter Super bleifrei auf 100 km. Mehrpreis gegenüber Basis DM 1650,–; Ghia nicht mehr mit 2,0 Liter. Ghia 2.3 DM 49.990,–. Alle Modelle: neue Ausstattung Family Plus a.W.: Radio/Kass., integ. Kindersitze, EFH, elektr. verstell/beheizb. Außenspiegel; GLX/Ghia: EFH, Ausstellfenster, ZV mit Fernbed. Aufpreis DM 1500,–. August: Sondermodell »Sport«: Styling-Paket, Einstiegsleisten aus Edelstahl, LM-Räder Sportsitze, silberfarben umlegte Instrumententafel, Lederschaltknauf, Lederlenkrad. 145/174 PS, ab DM 47.890,– November: Einführung 1,9 l TDI 81 kW/110 PS f. alle Ausstattungen. Aufpreis gegenüber TDI 90 PS: DM 1950,–. Preise: ab DM 43.640,–. Sondermodell »Kool«: Basis CLX, Klima, in Wagenfarbe lackierte Stoßf., Aufpreis gegenüber Basis: DM 2650,–.
1998	September: Neuordnung der Modellpalette, Ausstattungslinien jetzt: Galaxy, Ambiente, Trend, Ghia
1999	Februar: Sondermodell »Style«: Basis GLX, Schieb/Hubd., Klima, schw. Kühlergrill, get. Scheiben ab 2. Sitzreihe. August: Sondermodell »Concept«: Audiosystem, Komfortpaket (EFH, elektr. Außenspiegel, Dachreling), Travel-Paket (Chrom-Kleiderbügel an der Sitzrückseite, Gepäckrückhaltenetz, 2 integrierte Kindersitze).
2000	Juni: Facelift, Ausstattungslinien nun Ambiente, Trend, Ghia. Ausstattungsverbesserungen, überarbeiteter 2,0 DOHC; 2,8-l-V6 mit 150 kW/204 PS, neu auch 1,9-l-TDI Pumpe-Düse, 66 kW/90 PS und 85 kW/115 PS. Sechsgang-Getriebe und Fünfgang-Automatik m. Tiptronic (»Select Shift«) und ESP Serie im V6 und 2,8i.
2001	VW übernimmt das bisherige Gem.-Werk in Portugal; der Galaxy wird dort nun im Lohnauftrag für Ford produziert.
2003	März:Premiere auf dem Genfer Salon für den Ford Galaxy TDi: 1,9-l-TDI, Leistung 96 kW/130 PS. 2,3-l-Duratec-16V erfüllt jetzt Euro4-Abgasnorm. A.W.: Kopf-Seiten-Airb. vfg.

Ford Windstar (1995–2001)
Der Straßenzeppelin

Alles eine Frage der Perspektive. Für die Amerikaner rangierte er in der Kategorie Minivan. In Europa dagegen kam er gleich nach dem Schulbus: der Windstar. Mit ihm startete Ford im Frühjahr 1995 in den wachsenden Markt der Großraumlimousinen. Der in den USA entwickelte und in Kanada produzierte Siebensitzer sollte »im oberen Teil des Marktsegmentes« in erster Linie jene Kunden ansprechen, die »repräsentative amerikanische Größe in Verbindung mit ausgesprochener Komfortbetonung« suchten. Allzuviele schien man in Deutschland nicht davon zu vermuten, die Manager schätzten, sehr realistisch übrigens, das Potential auf 2000 Windstar im ersten Jahr.

Respektheischend schon in seinen Abmessungen, versprach das Windstar-Konzept ein großzügiges Raumangebot und hohe Variabilität, kombiniert mit den Fahreigenschaften und der Handlichkeit eines Pkw. Der Radstand, mit 3,06 Metern länger als beim Transit, und die Spurbreite von 1,64 Meter ließen überdurchschnittlich großzügige Platzverhältnisse erwarten. Außerdem verfügte der Maxivan über Frontmotor und Frontantrieb, der beim Standardantrieb notwendige Mitteltunnel entfiel, was einen durchgehend flachen Fahrzeugboden ermöglichte und großzügigen Beinraum verhieß. So weit zumindest in der Theorie, in der Praxis dagegen ging es im Windstar weit weniger geräumig zu, da mit der weit vorspringenden, ICE-förmigen Schnauze eine ganze Menge Raum verschenkt wurde: Ein Chrysler Voyager bot in dieser Beziehung trotz deutlich geringerer Abmessungen mehr. Andererseits sorgte gerade dieser lange Vorbau für Bestnoten bei diversen Crashtests, und so machte diese Sechszylinder-Luxussuite dann doch irgendwie Sinn.

Ihre Möblierung war, nun, typisch amerikanisch. Weich, plüschig, vielleicht ein wenig nachlässig verarbeitet, aber nicht – ja, unnett wäre vielleicht der richtige Ausdruck: Entweder man mochte es – oder eben nicht, der Windstar war kein Auto der Kompromisse. Sind Luftschiffe nie. Unter seinem Blech steckte solide amerikanische Hausmannskost. Quer im Bug eingebaut, saß ein 3,0-Liter-V6-Motor mit einem Zylinderwinkel von 60 Grad; für die Kraftübertragung sorgte eine Vierstufen-Automatik, der Wählhebel befand an der Lenksäule. Eine Handschaltung gab es nicht, hektisches Herumgestochere im Getriebe hätte zu diesem Cruiser auch nicht gepasst. Der etwas antiquierte Sechszylinder wirkte bei hohen Drehzahlen angestrengt und hatte sichtlich mit dem hohen Gewicht zu kämpfen: Reisen, nicht rasen lautete die Devise im Windstar. Flotte Gangart in Kurven quittierte der Fronttriebler mit ausgeprägter Seitenneigung und haltlos auf den Sitzen herumrutschenden

Wer ein Faible für amerikanische Cruiser hatte und viel Platz benötigte, kam am Windstar (hier das Modell 1995) nicht vorbei. Notfalls beförderte er eine siebenköpfige Familie samt Gepäck in den Urlaub.

Zu den Vorzügen gehörten die hohe Sitzposition, jede Menge Ablagen, verschieb- und herausnehmbare Sitze, Klimaanlage und elektrische Ausstellfenster hinten. Ebenfalls serienmäßig: die dritte Sitzreihe mit zwei Dreipunkt- und einem Beckengurt.

Modelle, Varianten, Preise

Modelle:	Großraumlimousine
Importzeit:	1995-2001
Motoren:	2986 ccm V6 / 109 kW (148 PS) bei 5000/min
	2986 ccm V6 / 108 kW (147 PS) bei 5000/min ab 4/99
Ausstattung:	2 x Airbag, ABS, elektr. einstell-/beheizb. Außenspiegel, get. Scheiben, Tempomat, Klima, EFH vorn, ZV, LM-Räder, Audio, Metalliclack.
Varianten:	Windstar
Preise:	DM 52.130,–

Chronik

1995	April: Einführung Großraumlimousine Windstar aus kanadischer Produktion. Siebensitziger Maxivan, nur eine Motorisierung, Vierstufen-Automatik serienmäßig. Dreitürer mit Heckklappe, seitliche Schiebetür rechts.
1997	April: Facelift neuer Grill, Scheinwerfer, Motorhaube. Neue Zierleisten, überarbeitetes Cockpit. Breitere Fahrertür, nach vorn verschiebbarer Fahrersitz. Ausschaltbares ASR, Deckenkonsole mit Kompass und Außentemperaturanzeigen. DM 53.560,–
1998	Oktober: Sondermodell »Traveller Edition«: RDS-Radio samt Navi-System, Dachbox samt Reling und Querträger, Leder, Thermobox mit 32 Liter Inhalt.
1999	April: Facelift (Chrom-Kühlergrill, nach innen spitz zulaufende Scheinwerfer, um die Ecke greifende Blinkleuchten, Schiebetüren beidseitig), Seitenairbags. DM 61.300,–
2002	Januar: Import eingestellt.

Auch bei voller Bestuhlung verblieb hinter der weit aufschwingenden Heckklappe ein formidabler Stauraum von 550 Litern (nach VDA-Norm, bis Fensterunterkante) übrig. Die Einzelsessel ließen sich relativ einfach entfernen, da sie dank eines Magnesiumrahmens vergleichsweise leicht waren. Das Reserverad befand sich unter dem Kofferraumboden.

Passagieren. Sein Revier waren die langen, geraden Autobahnabschnitte – Länge läuft bekanntlich.

Stichwort Fahrwerk: Der Windstar hatte eine Einzelradaufhängung an McPherson-Federbeinen, Querlenkern mit Gasdruckstoßdämpfern und Querstabilisator. Die Fahrwerksabstimmung der für den Export nach Europa vorgesehenen Modelle unterschied sich von jenen für den US-Markt. Feder- und Dämpferelemente wurden straffer und für die Verhältnisse auf europäischen Straßen und Autobahnen gänzlich neu ausgelegt. Auch die Hinterräder waren einzeln aufgehängt. Die Lenkung des Windstar arbeitete servo-unterstützt, erhielt viel Lob wegen ihrer Leichtgängigkeit und erntete Tadel, weil sie kein präzises Lenkgefühl vermittelte und ein wenig teigig wirkte. Beifall erhielt er dagegen für seine Längslenker-Hinterachse, bei der eine Luftfederung für einen automatischen Niveauausgleich sorgte: Andere Vans boten dieses hier serienmäßige Feature noch nicht einmal gegen Aufpreis. Das Bremssystem war zwar mit Scheibenbremsen an allen Rädern auf ein Gesamtgewicht von fast 2,4 Tonnen und eine Zuglast von 1,5 Tonnen ausgelegt, dennoch empfahl sich eine vorausschauende Fahrweise. Für Windstar-Käufer war das sicher kein Problem, der american way of drive erzieht schließlich zur Gelassenheit. Auch und gerade mit einem solchen Straßenzeppelin.

Im Unterhalt war der Raum-Riese nicht billig. Leider war dieser typische US-Van nur mit dem durstigen 3,0-Liter-V6-Benziner zu haben. Ein Diesel stand nicht in der Lieferliste. Darüber konnte auch der Chrom-Grill von 1999 kaum hinwegtrösten.

Ford Maverick (1993–1997)
Gemischtes Doppel

Alleskönner für Gelände und Straße: der im spanischen Nissan-Werk gebaute Maverick, hier in GLX-Ausstattung, April 1993.

Viele Köche, so heißt es, verderben den Brei. Manchmal aber verleihen diese ihm erst die richtige Würze, wie etwa beim Maverick, der eigentlich ein Nissan war, in England entwickelt und in Spanien gebaut wurde.

Nach dem aus den USA importierten Explorer war der Maverick der zweite Geländewagen in der europäischen Ford-Modellpalette und basierte technisch auf dem Ur-Terrano von 1986. Der High-Tech-Anteil hielt sich daher in überschaubaren Grenzen, der Maverick sah zwar wie ein zu groß geratener Kombi aus, war aber mit seinem soliden Leiter-Kastenrahmen samt aufgesetzter Karosserie noch ein Offroader von echtem Schrot und Korn

Von Anfang an als Drei- oder Fünftürer lieferbar, kam hinten eine an Längslenkern geführte Starrachse zum Einsatz. Federung und Dämpfung waren Aufgabe zweier Schraubenfedern samt Hydraulik-Stoßdämpfer. An der Vorderachse des gut 1,6 Tonnen schweren Offroaders vervollständigte eine Einzelradaufhängung an doppelten Querlenkern, Drehstäben und Hydraulik-Stoßdämpfern das Chassis-Layout.

In Deutschland standen Maverick/Terrano ab Ende 1993 im Angebot und machten damit den GM-Zwillingen Isuzu/Opel das Leben schwer. In Schwung brachte den kleinen Bruder des Explorer wahlweise ein 2,4-Liter-Dreiventil-Vierzylinder mit 91 kW/124 PS oder ein 2,7 Liter Turbodiesel mit 74 kW/100 PS, beide stammten aus dem ersten Terrano-Programm. Die Kraftübertragung erfolgte über ein handgeschaltetes Fünfgang-Getriebe im Normalfall auf die Hinterachse, per Hebel konnten – bei Geschwindigkeiten bis 40 km/h – auch die Vorderräder zur Arbeit gerufen werden. Die Vorderräder verfügten über automatische Freilaufnaben; das Reduktionsgetriebe wies ein Untersetzungsverhältnis von 2,02:1 auf. Ein selbsttätiges Sperrdifferential an der Hinterachse sorgte für die stets gleichmäßige Haftung eines Rades: Auch ambitionierteren Kraxeleien jenseits der Piste war der Hochdach-Kombi gewachsen. Dabei bot der Ford eine Bodenfreiheit von 215 Millimetern, und Angst vor nassen Füßen musste auch niemand

Mit dem Benzinmotor erreichten Drei- und Fünftürer eine Höchstgeschwindigkeit von 160 km/h, mit dem Turbodiesel 145 km/h. Im Bild ein GLS von 9/95 mit optionalem »Bullbar«.

Dank großer Bodenfreiheit von 22 (Fünftürer: 21) Zentimeter bewegte sich der Maverick problemlos durch unwegsames Gelände. Eindrucksvoll auch die Nutz- und Anhängelasten zwischen 730 und 830 Kilogramm bzw. 2,58 Tonnen. Im Bild: Maverick GLS 5/96.

Nach dem Facelift: Das markante Vieraugen-Gesicht mit der Chrombrille prägte die Optik der letzten Maverick-Modelle Mitte 1996. Der Geländetauglichkeit dieses GLS hat sie nicht geschadet.

haben: Die Wat-Tiefe betrug 45 Zentimeter; Motor, Getriebe und der 70- (beim langen Radstand: 80) Liter-Tank waren per solidem Unterschutz vor Beschädigungen gesichert. Ford hatte nicht zu viel versprochen, wenn es den Maverick-Modellen »hervorragende Off-Road-Eigenschaften« attestierte, mit »dem Komfort und der Wendigkeit eines Pkw«. Und mit seinem Elf-Meter-Wendekreis passte der Maverick tatsächlich in jede anständige Parklücke, das Einparken selbst erleichterte die serienmäßige Servolenkung (fünf Umdrehungen von Einschlag zu Einschlag). Offroad-typisch saß man vorne sehr hoch, das Gestühl war straff gepolstert, aber nicht unbequem. Nur schade, dass der Maverick ein wenig unübersichtlich geraten war. Nicht ganz befriedigen konnte auch die Bremsanlage, der Kombination aus vorderer Scheiben- und hinterer Trommelbremse fehlte der letzte Biss.

Wer einen Geländewagen kaufte, erwartete aber noch andere Qualitäten, vorrangig nämlich Nutzwert und Zugvermögen. Und auch in dieser Beziehung enttäuschte der Spanier mit amerikanischem Pass nicht. Unter der rund 1,80 Meter hohen Hülle wartete eine mehr als passable Raumausnutzung. Obwohl selbst als Fünftürer

Modelle, Variante, Preise

Modelle:	Geländewagen drei-/fünftürig
Bauzeit:	1993-1997
Motoren:	2389 ccm / 96 kW (124 PS) bei 5200/min
	2389 ccm / 85 kW (116 PS) bei 4800/min ab 11/96
	2389 ccm / 87 kW (118 PS) bei 4800/min ab 11/96
	2663 ccm TD / 74 kW (100 PS) bei 4000/min
	2663 ccm TD / 92 kW (125 PS) bei 3600/min ab 11/96
Ausstattung:	Maverick: Servolenkung, verstellbare Lenksäule, Heckscheiben-Wisch/Waschanlage, abschließb./ beleuchtetes Handschuhfach, Mittelkonsole, Kartentaschen, Ablagefächer am Armaturenträger, geteilt klappbare Rücksitzlehne. GLX: beheizb. Außenspiegel, ZV, Scheinwerferwaschanlage, EFH, Nebelscheinwerfer, höhenverstellb. Fahrersitz mit Lendenwirbelstütze, Hecktür-Fernentriegelung.
Varianten:	Maverick 4x4, Maverick GLX
Preise:	von DM 37.490,– bis DM 48.850,–

Chronik:

1993	März: Premiere auf dem Genfer Salon für den Maverick 4x4, Parallelmodell zum Nissan Terrano II. Technische Basis Terrano I, Zwei Radstände, zwei Ausstattungen, zwei Motoren (Nissan-Konstruktion). A. W.: elektr. Schiebe/Hubdach, Dachgepäckträger, LM-Räder. Fünftürer/Siebensitzer: 2. und 3. Sitzbank umklappbar; Verzurrösen im Laderaum Serie. Entwickelt im britischen Nissan-Entwicklungszentrum Cranfield, Produziert in Barcelona bei Nissan Iberica, Motoren in Madrid, Design IDEA. November: Auslieferung.
1996	Oktober: Doppel-Rundscheinwerfer statt Rechteckscheinwerfer; Frontgrill mit Chromeinfassung, Räder 235/75 R 15, Kotflügelverbreiterungen. 2,7 Liter Turbodiesel jetzt mit Ladeluftkühler, elektronische Einspritzung, 92 kW/125 PS; 2,4 Liter Benziner mit überarbeiteter Abgastrakt. Dreitürer mit 85 kW/116 PS; Fünftürer mit längerem Radstand wegen größerer Auspuffanlage 87 kW/118 PS. Fahrer-Airbag, Gurtstraffer. Fünftürer/Siebensitzer: Hintere Sitzbank komplett herausnehmbar, neue Mittelkonsole, neu gestaltete Sitzbezüge und -stoffe; Getränkehalter; Wegfahrsperre. Modellbezeichnungen nun Maverick GL/GLS. Nur 2,7 TD: Lufthutze auf der Motorhaube. DM 38.430,– bis DM 50.550,–. Dezember: Auslieferung.
1997	Importende, Parallelmodell Nissan Terrano II auch 2003 noch lieferbar.

kürzer als ein Scorpio, gehörte der Maverick zu den Großen im Lande. Der bärenstarke Kombi bewältigte eine Anhängelast von bis zu 2580 Kilogramm, und bis zu 830 Kilogramm durften zugeladen werden – was natürlich dem am besten gelang, der die Rückbank umklappte und die dann 1,60 m lange und 1,30 m breite Ladefläche nutzte.

Das Innenraum-Ambiente war so nüchtern, praktisch und durchdacht, wie das von einem japanischen Auto zu erwarten war, lediglich mit der Zahl der Ablagen hatten die Japaner gegeizt. Die Variabilität des Innenraums gewann durch die im Verhältnis 50 zu 50 klappbare Rücksitzbank, leider aber ließ sie sich in der Länge nicht verschieben. Doch auch so schluckte der Kofferraum bis zu 335 Liter.

Fords Adoptivkind war, wie beschrieben, in zwei Versionen verfügbar: als Dreitürer mit kurzem Radstand (2,45 Meter) und fünf Plätzen und als fünftüriger Siebensitzer mit langem Radstand (2,65 Meter), jeweils als Grundmodell und in gehobener GLX-Version. Auf dem deutschen Markt waren die Maverick stets beliebter als ihre japanischen Pendants. In seinem besten Verkaufsjahr, 1995, kam der Maverick auf rund 35.000 Einheiten – alles in allem ein respektables Ergebnis, das die Fans gespannt auf eine Neuauflage warten ließ.

Ford Maverick (seit 2001)
Für den Cowboy im Mann

Koproduktion: Mazda Tribute und Ford Maverick waren baugleich. Wegen der Einzelradaufhängung vorn und hinten wie auch der selbsttragenden (und daher nicht so verwindungssteifen) Karosserie war der zweite Maverick nicht so geländetauglich wie sein Vorgänger.

In jedem steckt ein Marlboro-Mann – die Sehnsucht nach Freiheit, Weite und Abenteuer, vor allem in der Rush-Hour. Und deshalb gibt es die SUVs, die »Sports Utility Vehicles«. Im Großstadtdschungel bieten sie dank ihrer hohen Sitzposition einen guten Überblick. Beim genüsslichen Landstraßenbummel erfreuen sie mit bulliger, durchzugstarker Motorcharakteristik und PKW-ähnlichem Fahrkomfort, und auf der Autobahn können die Hochbeinigen auch überzeugen. Und für den gelegentlichen Trip ins Gelände sind sie auch nicht zu schade. Kein Wunder also, dass aus der trendigen Lifestyle-Nische längst schon ein stabiles Marktsegment geworden ist. 1999 wurden in Deutschland erstmals über 100.000 Einheiten verkauft – gut 60 Prozent mehr als noch 1997, 80 Prozent mehr als 1995. Und in den USA waren diese geländegängigen Freizeitgefährte sowieso der große Renner. Logisch, dass auch Ford da nicht länger abseits stehen wollte. Nach dem Auslaufen der Kooperation mit Nissan 1998 entstand in Zusammenarbeit mit Mazda ein kompakter Allradler, der in den USA Ford Escape, in Europa Ford Maverick (was eigent-

lich ein herrenloses Vieh bezeichnete) und beim Mazda-Händler Mazda Tribute hieß.

Ford und Mazda unterschieden sich nicht nur im Brandzeichen voneinander. Ford nutzte die Zeit bis zur Deutschland-Premiere im Oktober 2001 (der Tribute war ein Jahr zuvor der deutschen Presse vorgestellt worden) zum Feinschliff an Fahrwerk und Lenkung.

Im Grunde war der Maverick ein Fronttriebler. Im normalen Fahrbetrieb schaltete sich der permanent verfügbare Allradantrieb (»Select 4Wdrive« bei Mazda, »ControlTrac« bei Ford) nur bei Bedarf zu, was für den Fahrer unbemerkt vonstatten ging. Auf unbefestigten oder verschneiten Straßen empfahl es sich, denn Antriebswahlschalter »4x4 ON« auf der Mittelkonsole zu drehen. Dann sperrte ein Elektromagnet die in Silikonöl laufende Lamellenkupplung vor dem Hinterachsdifferenzial, die Antriebskraft gelangte nun hälftig an Vorder- und Hinterräder. Eine zusätzliche Geländeuntersetzung war allerdings nicht verfügbar, wer einen Haudegen fürs Rodeo im Gelände suchte, war mit dem Maverick/Tribute sicher falsch bedient. Der normale

Straßenverkehr mit gelegentlichen Country-Ausflügen passte dagegen optimal zum leichtgewichtigen Allrad-Kombi: »Man ist bass erstaunt, dass man tüchtig steile Schotterberge hochkommt, sofern sie nur einigermaßen eben sind.« (*Off Road*).

Für den deutschen Markt gab es den Maverick in zwei Motorversionen und – anders als den Mazda, den es auch als Fronttriebler gab – ausschließlich mit Allradantrieb. Die Basis bildete der bekannte Zweiliter-Zetec-Vierzylinder mit 91 kW (124 PS); das Top-Aggregat war der ebenfalls aus dem Mondeo bekannte Duratec-V6, der hier drei Liter Hubraum aufwies und eine Leistung von 145 kW (197 PS) entwickelte. Beide Motoren erfüllten die Euro 3-Norm. Die Kraftübertragung beim Vierzylinder erfolgte über ein Fünfgang-Schaltgetriebe, beim Sechszylinder über ein vierstufiges Automatikgetriebe mit Wandler-Überbrückung. Der Automatik-Wählhebel befand sich, wie in den USA üblich, im Bereich der Lenksäule.

Freiheit braucht Freizeit – und jede Menge Platz in den Satteltaschen. Daher verfügte der Marlboro-Maverick über üppigen Stauraum, angefangen vom Platz für Kleinkram wie die Mundharmonika für die Blaue Stunde am abendlichen Lagerfeuer bis hin zum großen, abschließbaren Handschuhfach mit 6,5 Litern Inhalt, in die problemlos die verbeulten Blechbecher für den Kaffee im Morgengrauen passten. Das Heckfenster ließ sich, wie bei US-Typen üblich, separat öffnen.

Ausgesprochen gut saß es sich im Maverick-Sattel. Der Fahrersitz war höhenverstellbar, hatte eine Lendenwirbelstütze, eine höhenverstellbare Kopfstütze und ließ sich um 240 mm vor- oder zurückschieben, so dass auch langbeinige Cowboys kommod unterkamen: So ließ es sich im Feierabend-Stau, wenn mal wieder gar nichts ging, bestens träumen. Von Freiheit, Weite und Abenteuer. .

Modelle, Varianten, Preise	
Modelle:	Fünftürer Geländewagen
Bauzeit:	seit 2001
Motoren:	1989 ccm / 91 kW (124 PS) bei 5300/min 2967 ccm V6 / 145 kW (197 PS) bei 6000/min
Ausstattung:	ABS mit EBS, Allradantrieb, Audiosystem, elektr. einstellb. Außenspiegel, EFH, ZV, Klima, LM, 4 x Airbag. Highclass: Tempomat, Leder, Schiebe-/Hubdach, Fahrersitz elektr. verstellbar. Limited: V6, Automatik, CD-Wechsler, LM 7Jx16, 235/70 R 16
Varianten:	Maverick/Highclass/Limited V6
Preise:	Euro 24.375,– bis Euro 30.675,–

Chronik:

2000	Oktober: Deutschland-Premiere für die Gemeinschaftsentwicklung Ford Maverick/Mazda Tribute. Fünftüriger SUV, zwei Motoren, drei Ausstattungsstufen. Die Linkslenker werden im Ford-Werk in Kansas (USA) gefertigt, die Rechtslenker im Mazda-Werk Hofu.
2001	Juli: Auslieferungsbeginn.
2002	September: Maverick/ Maverick Highclass: LM-Räder mit 215/70 R 16 H; CD-Player. Maverick Limited: Sechsfach-CD-Wechsler, elektr. beheizbare Vordersitze (auch Highclass).

Allrad auf Anforderung: Der Maverick verfügte über einen zuschaltbaren Allradantrieb. Der Gepäckraum fasste nach VDA-Standard zwischen 368 und 842 Liter.

Ford Explorer (1992–2001)
Auf Entdeckertour

Der Jeep ist der Vater aller Dinge – zumindest wenn es um Geländewagen geht, und das auch bei Ford: Schon beim ersten Willys-Jeep der Kriegszeit war Ford mit im Boot und baute auch später für die Army Allrad-Geländewagen; zivile Allrad-Fords gab es aber erst ab dem Modelljahr 1966. Damals erschien der erste Bronco – zunächst nicht mehr als ein Nischenfahrzeug, alle Allrad-Hersteller zusammen kamen auf rund 35.000 Neuzulassungen im Jahr.

Das Zeitalter des Explorer dagegen beginnt ein Viertel Jahrhundert später im März 1990, als der zwischen 1984 und 1990 gebaute Bronco II auslief, seinen (weiter entwickelten) Motor aber nebst Haube seinem Nachfolger vermachte. Das gusseiserne Aggregat erinnerte in den Tiefen seiner Ölwanne immer noch an die Taunus-Sechszylinder anno Tobak und brachte in der letzten Ausbaustufe satte vier Liter Hubraum. Trotz seiner langen Vorgeschichte präsentierte sich der nach wie vor in Köln gebaute Sechszylinder-Veteran mit Hydrostößeln, Mehrpunkt-Einspritzung und EEC-Motormanagement auf dem aktuellsten Stand der Technik.

Kein Muster an Handlichkeit: der bis zu 170 km/h schnelle Explorer. Erkennungsmerkmal der ersten Generation waren die schmalen Rechteck-Scheinwerfer. Im ersten vollen Verkaufsjahr, 1991, wurden 282.837 Drei- und Fünftürer zugelassen, der Explorer kletterte zeitweise auf Rang 7 der US-Charts.

Der Luxus-Offroader zeigte sich 1996 in stark überarbeiteter Form. Die verchromte Front signalisierte den Modellwechsel. Der Highclass vom Dezember 1996 hatte den neuen Vierliter-V6 unter der bulligen Haube.

Modelle, Varianten, Preise

Modelle:	Fünftüriger Geländewagen
Importzeit:	1992-2002
Motoren:	3958 ccm V6 / 121 kW (165 PS) bei 4400/min
	3958 ccm V6 / 115 kW (156 PS) bei 4200/min von 4/95-12/96
	4011 ccm V6 / 152 kW (205 PS) bei 5000/min ab 12/96
Ausstattung:	Automatik, Allrad, ABS, Servo, Nebelscheinwerfer, get. Scheiben, beheiz. Heckscheibe, geteilt öffnende Heckklappe, Heckwischer, Zweifarb-Lackierung, EFH, ZV, Lederlenkrad, Radio/Cassette
Varianten:	Explorer 4x4/Highclass/Limited
Preise:	DM 53.470,–

Chronik:

1990	März: Beginn Explorer-Verkauf in den USA. Meistgekaufter Geländewagen in den USA.
1992	Oktober: Modelleinführung Explorer mit 4,0-Liter-V6/165 PS in Deutschland. Gebaut in Louisville/Kentucky (USA), Motor aus Kölner Produktion, Automatik-Getriebe serienmäßig, zuschaltbarer Allradantrieb, automatische Freilaufnaben vorn. Tankinhalt 72 Liter. Unterschiede zum US-Modell: Leuchtweitenregulierung, Gurtsystem, spezielle Rückleuchten, klappbare Außenspiegel, Steinschlagschutz, Zweifarbenlackierung. Eine Ausstattungsvariante, gegen Aufpreis: Klimaanlage (DM 2970,–), Ledersitze (DM 1660,–).
1995	April: Vorstellung Explorer II. Neue Frontpartie, Chromstoßfänger, neue Heckleuchten, neuer Innenraum, zwei Airbags, Allradantrieb per Drehschalter elektronisch zuschaltbar (drei Programme), neue Vorderachse, neue Bremsen, Außenlänge um elf Zentimeter gewachsen. Motor jetzt 156 PS, Tankinhalt 80 Liter. DM 59.890,–. Einführung Ausstattungsvariante »Highclass«.
1996	Dezember: Einführung 4,0-Liter-V6/205 PS (obenliegende Nockenwelle), Fünfgang-Automatik, Allradantrieb automatisch zuschaltend. Preise: DM 63.400,–; Highclass DM 66.900,–.
1999	Einführung Ausstattungsvariante Limited: Sitzheizung, Holzdekor, keinerlei Chromteile.
2000	Oktober: Deutschland-Premiere für die Explorer-Neuauflage: 2 neue Motoren, neue Karosserie, 50 mm mehr Radstand, 50 mm mehr Spur. Ausstattungen Explorer, Explorer Limited. Stoßfänger in Wagenfarbe. Alle Modelle: Ledersitze beheizbar, neue Instrumententafel, Klimaautomatik, 16-Zoll-Räder. Nur TD: Fünfgang-Handschaltung.
2001	September: IAA-Premiere für den Explorer III. 65 mm breitere Spur, 54 mm längerer Radstand, 3. Sitzbank. Modifikationen an Fahrwerk, Rahmen und Karosserie. Kopf-Schulter-Airbag. Motoren 4,0 Liter V6 oder 4,6 Liter V8. Kein Deutschland-Import.

Der in Köln gebaute Vierliter-V6, Fünfgang-Automatik und das optimierte Allradsystem »Control Trac« gehörten zu den technischen Highlights der Explorer des Jahrgangs 1997.

Da der Explorer bereits in Komplettausstattung vom Band rollte, fiel es schwer, das noch zu toppen. Mit dem Ltd, Modelljahr 2000, unternahm Ford dennoch den Versuch.

Das Fahrwerk bot keine Überraschungen. Ein stabiler Leiterrahmen, lange Federwege und eine insgesamt sehr gelungene Feder- und Dämpferabstimmung prädestinierten den Ford auch für gröbere Touren abseits aller Straßen. Einzelradaufhängung vorn samt Gasdruck-Stoßdämpfer und die hintere, an Blattfedern geführte Starrachse steckten erstaunlich viel weg. Im Normalfall kam das Drehmoment auf die Hinterräder, bei erschwerten Fahrbedingungen im Gelände oder auf rutschiger Fahrbahn konnten die Vorderräder per Knopfdruck elektronisch zugeschaltet werden. Für extremen Geländeeinsatz ließ sich ein Reduktionsgetriebe zuschalten. Automatische Freilaufnaben an der Vorderachse, Querstabilisatoren vorn und hinten, ein hinteres Sperrdifferenzial und eine Servolenkung vervollständigten das Explorer-Chassis. Natürlich war der fast 1,9 Tonnen schwere Explorer nicht so handlich wie die leichteren Konkurrenten aus Japan, dafür aber war der Ford auch bei höheren Geschwindigkeiten – und er

erreichte eine Höchstgeschwindigkeit von immerhin 170 km/h – kaum aus der Ruhe zu bringen. Hektik kam nur auf, wenn plötzlich der Anker geworfen werden musste, trotz elektronischem ABS war die Bremsleistung nicht besser als bei der günstigeren Konkurrenz. Auch Beschleunigung und Verbrauch waren nicht mehr als guter Durchschnitt.

Nichts für schwache Nerven war auch das Kosten-Kapitel: Mit einem Grundpreis von 53.500 Mark gehörte er mit zu den teuersten Geländewagen, steigende Haftpflicht-Prämien und steigende Benzinpreise taten ein übriges, um den ohnehin nicht all zu großen Explorer-Interessentenkreis weiter einzuschränken. Was nun die Ausstattung anlangte, hatte der Explorer eine ganze Menge zu bieten und war dazu angetan, auch deutsche Käufer auf Entdeckertour zu locken. Lediglich eine Klimaanlage und die Lederpolster mussten separat geordert werden, der Rest war serienmäßig.

Ford Explorer (1995–2001)

Im April 1995 brachte Ford seinen überarbeiteten Explorer auf den Markt, wichtigste Neuerung war das »Control Trac«-Allradsystem. Statt Hinterrad-Antrieb mit zuschaltbarem Vorderrad-Antrieb wurde die Antriebskraft nun dorthin geschickt, wo sie gerade gebraucht wurde: Im »4WD-Auto«-Modus schalteten sich, sensorgesteuert, die Vorderräder per Öldruck-Lamellenkupplung selbsttätig zu. Den richtigen Zeitpunkt bestimmte die Elektronik selbst, der Fahrer bekam davon nichts mit. Im 4WD-LOW-Modus waren alle vier Räder permanent bei der Arbeit, zusätzlich trat die elektrisch zugeschaltete Untersetzung als Geländegang in Aktion: Traktionsprobleme waren bei dieser Art der Kraftverteilung ein Fremdwort.

Eindeutig eher für den Straßenbetrieb konzipiert zeigte sich das neue Fahrwerk. Eine neue Querlenker-Vorderachse, die neue Zahnstangenlenkung wie auch Modifikationen an der Hinterachse sowie größere Reifen (255/70 R 16) optimierten Geradeauslauf und Lenkpräzision. Weniger wirkungsvoll: die neue Bremsanlage mit hinteren Scheibenbremsen. Die Karosserie selbst war etwas runder und länger geworden, viel wichtiger allerdings waren die jetzt serienmäßigen Airbags für Fahrer und Beifahrer. Gar nicht gut bekamen dem Explorer die Änderungen am 60-Grad-V6. Er

leistete nun 115 kW/156 PS, was für einen Zweitonner schlicht zu wenig war. Nur gut, dass es Ende 1996 beim Ford-Händler um die Ecke etwas Neues zu entdecken gab: Den Explorer 4.0 Highclass mit dem neuen, 205 PS starken OHC-Sechszylinder und neuer, gut abgestimmter Fünfgang-Automatik. Neu auch die Modifikationen am »Control Trac«; der bisherige Auto-Modus war nun der Normalzustand. Wenn das nicht mehr genügte, ließ sich per Drehschalter der High-Modus zuschalten, der die Kraft zu jeweils 50 Prozent auf die vordere und hintere Achse verteilte. Und sollte es noch dicker kommen, musste der Drehschalter auf »4x4 Low« gestellt werden: Dann wurde zusätzlich noch die Geländereduktion zur Arbeit gerufen. Um die letzten Traktionsreserven ausschöpfen zu können, war die Hinterachse mit einem permanenten selbstsperrenden Differenzial bestückt.

In den letzten Jahren wurde es still um den Gelände-Jumbo, der gestiegene Dollarkurs machte den Import zusehends unrentabel. Auch Faktoren wie die nach oben kletternden Benzinpreisen, die steigenden Versicherungsprämien und, nicht zu vergessen, die schlagzeilenträchtige Rückrufaktion der Firma Firestone, die die Erstbereifung stellte und hunderttausende von Explorer-Reifen zurückholen musste, waren seiner Beliebtheit ebenfalls nicht gerade zuträglich.

Ford Ranger (seit 1999)
Keiner für Alle

Ein Nutzfahrzeug, das seinem Namen alle Ehre macht: Der Mazda-Zwilling Ford Ranger feierte im März 1999 seinen Einstand in Deutschland. Sowohl als Einzel- wie auch als Extra- und Doppelkabine fasste der Eintonner über 1000 Kilogramm Nutzlast. Zwei verschiedene Dieselmotoren sorgten für Vortrieb.
Unten: Ein Blick auf den Ranger-Arbeitsplatz in der XLT-Variante.

Der erste zivile Pick-Up des Herstellers lief 1959 vom Band. Er war unverkennbar noch ein dreisitziger Truck, ein echtes Arbeitstier, das 1967 die ersten zaghaften Schritte hin zu mehr Personenwagen-Bequemlichkeit unternahm. Die Luxusvariante hieß »Ranger«, eine Bezeichnung, die auch eine neue Generation von Pick-Ups erhielt, die 1983 auf den US-Markt kam und zwischen 1987 und 1999 in ununterbrochener Folge der bestverkaufte Pick-Up seiner Klasse darstellte.

Und nun erschien, kurz vor der Jahrtausendwende, der neue Ranger. Ehrlich gesagt: Sonderlich Zukunft-weisend war sein Konzept nicht. Grundlegend neu an diesem Leichttransporter war eigentlich nur die Tatsache, dass er jetzt auch unter Ford-Label in Europa zu haben war. Die Technik selbst mit Leiterrahmen-Chassis, Längsmotor, Heckantrieb und hinterer Starrachse entsprach dem in bald 100 Jahren Lastwagenbau erprobtem Rezept. Sein Vorgänger, der Ranger von 1993, war als Mazda B 2500 seit 1997 in Deutschland angeboten worden. Und schon damals hatte er – aus steuerlichen Gründen – nicht mehr als 2,5 Liter Hubraum. Damals wurde er in den USA gebaut, jetzt kamen Mazda wie Ranger aus Thailand.

Den Ranger gab es in drei verschiedenen Ausführungen: Mit zweisitziger Einzelkabine und Heckantrieb, mit vier-

Modelle, Varianten, Preise

Modelle:	Pick-Up mit zwei, vier oder fünf Sitzen
Importzeit:	seit 1999
Motoren:	2498 ccm D / 57 kW (78 PS) bei 4200/min bis 12/01
	2498 ccm TD / 80 kW (109 PS) bei 3500/min
	2498 ccm TD / 62 kW (84 PS) bei 3500/min ab 4/02
Ausstattung:	2 x Airbag, höhenverst. Kopfstützen, Servo, heizb. Heckscheibe, get. Scheiben, Schmutzfänger. Extracab: Allradantrieb, Freilaufnaben, Kühlergrill verchromt, Seitenschutzleiste, Radhausverbreiterung, EFH vorn, Ausstellfenster hinten, ZV, Außenspiegel elektr. einstellb., Teppich. Doppelkabine: 3er-Sitzbank hinten, Kindersicherung. Differential mit begrenztem Schlupf. Nur 4x4: Zuschaltbarer Allradantrieb mit Freilaufhaben an der Vorderachse.
Varianten:	Ranger Einzelkabine/Extrakabine/Doppelkabine
Preise:	ab DM 26.200,-

Chronik:

1999	Juni: Einführung Pick-Up-Modell Ranger in drei Versionen. Basisversion nur mit Heckantrieb, Einzelkabine und 78 PS; Extra- und Doppelkabine nur in Verbindung mit 109 PS und zuschaltbarem Allrad-Antrieb.
	Ausstattung Royal: LM-Räder 15 Zoll, Edelstahl-Stylingpaket (Trittbretter, Sportbügel auf Pritsche, Unterfahrschutz hinten), Dekorstreifen.
	XLT: Wie Royal, dazu: Klima, Stoßfänger vorn in Wagenfarbe, Velours, Chromzierteile, Velours-Teppiche.
	XLT Limited: Sumatrablau-Metalliclack, Leder, Hardtop, Kunststoff-Frontbügel in Stoßfänger, Laderaumschutzwanne, Schriftzug mit Seriennummer.
2002	September: Modellpflege: überarbeitete Frontpartie mit höherer Motorhaube, vergrößerter Chrom-Kühlergrill (bei Modellen mit Einzelkabine silber lackiert), modifiziertem Frontstoßfänger, neuen Scheinwerfern. Alle Modelle: ABS serienmäßig, vergrößerte Scheibenbremsen vorn, überarbeitete Lenkung, vergrößerte Zuglast. Verbesserte Sitze, neue Bezüge, Extra- und Doppelkabiner mit ZV und Fernbedieung. Extrakabine: Doppelflügel-Tür Serie. XLT: zusätzliche Extras (neue LM-Räder, Seiten-Trittstufen, Frontstoßfänger, hinterer Unterfahrschutz, Pritschen-Sportbügel, Zweifarben-Lackierung).

für Truck-Enthusiasten bereit hielt. Gleichstand herrschte auch in der Motorenauswahl: Alle Pickups hatten Selbstzünder mit 2,5 Litern Hubraum. Im Falle des Ranger kam der obligate Vierzylinder als Saug- (57 kW/80 PS) oder Turbodiesel (80 kW/109 PS) zum Einsatz. Der kernige Selbstzünder war zwar kein Muster an Laufruhe, kam aber dank der kurz übersetzten Fahrstufen überraschend zügig von der Ampel weg. Längere Autobahnpassagen waren allerdings nicht sein Ding, die temperamentfördernde Getriebeübersctzung verabreichte ihm dann die volle Dröhnung. Man »bekommt regelrecht Mitleid mit dem bedauernswerten Motor, der hier mit hohen Drehzahlen operieren muss«, barmte *Auto Bild*.

Im Kreise der Konkurrenz allerdings konnte sich der Ranger jederzeit sehen lassen. Das galt auch für das Fahrwerk. Trotz brettharter Federung – logisch, immerhin durfte er gut eine Tonne schleppen – bot er ein Mindestmaß an Fahrkomfort, der mit zunehmender Beladung immer besser wurde. Als Vier- und Fünfsitzer verfügte der Ford über eine Geländereduktion. Um auch die Vorderräder zur Arbeit zu rufen, musste der Ranger-Fahrer aber anhalten, bei den anderen Pickups war der Hebel für das Verteilergetriebe während der Fahrt umzulegen. Technik und Fahrwerk entsprachen – abgesehen von den Allrad-typischen Besonderheiten wie zweistufigem Verteilergetriebe an der Hinterachse und den Freilaufnaben an den Vorderrädern – dem Ranger mit Heckantrieb und Normalkabine.

Im Kreise seiner eher auf Lifestyle getrimmten Konkurrenz spielte er die Rolle des Raubeins, für seine Anschaffung sprachen der günstige Basispreis, die niedrigen Versicherungstarife und die hohe Zuladung von bis zu 1,1 Tonnen, dagegen die nur bedingte Geländetauglichkeit und der eingeschränkte Fahrkomfort: Der Ranger war zwar ein Auto für alle Fälle, aber nicht für Alle.

sitziger, aber zweitürige Extrakabine und zuschaltbarem Vierradantrieb sowie als Viertürer mit fünfsitziger Doppelkabine und zuschaltbarem Vorderradantrieb. Das war exakt jener Modellmix, den auch die Konkurrenz – Toyota Hilux, Mitsubishi L200, Nissan KingCab – für Truck-Enthusiasten

Nach der Überarbeitung endlich auch mit ABS erhältlich: Ranger Doppelkabine, Modelljahr 2003.

Ford Econovan (1985–1992)
Kleine Laster

Der Ford Econovan schloss die Lücke zwischen Express und Transit. Er wurde bei Mazda gebaut, sein japanisches Pendant mit langem Radstand lief als Mazda E-Serie und wird heute noch gebaut.

Kaum größer als ein Escort war der Econovan, der kleine Bruder des Transit, den Ford im September 1985 in sein Lieferprogramm für Deutschland, Dänemark und Norwegen aufnahm. Kasten und Kombi waren weit gehend identisch, lediglich die Seitenfenster und die zusätzliche Sitzreihe (die natürlich nach vorn zu klappen war) unterschieden die beiden Versionen. In jedem Fall aber machte der nur 4,03 Meter lange und 1,90 Meter hohe Kleintransporter, der seine Vorzüge vornehmlich im Stadtverkehr ausspielte, eine gute Figur, wozu auch die Technik des konventionell aufgebauten Kleintransporters beitrug. Wie sein großer Bruder verfügte der Mini-Laster über Frontmotor und Heckantrieb, jegliche Ähnlichkeit aber endete beim Fahrwerk: Die Econovan-Basis bildete eine Einzelradaufhängung an Doppelquerlenkern, hinten fand eine ungeteilte Starrachse an Halbellipitik-Längsblattfedern und asymmetrisch angeordneten Stoßdämpfern Verwendung. Ein Querstabilisator sollte die durch den hohen Schwerpunkt beding-

Fein gemacht: Der Econovan XLT Kombi als Sharan-Vorläufer. Groß gewachsene Europäer fühlten sich allerdings ein wenig beengt, der Econovan war in erster Linie eben doch für ein japanisches Publikum bestimmt.

te Wankneigung bei Kurvenfahrt vermindern. Serienmäßig waren alle Versionen mit 14-Zoll-Stahlrädern und schlauchlosen Reifen der Dimension 165 R 14 ausgerüstet.

Ebenso neu war der Motor, ein 65 PS starker Vierzylinder-Reihenmotor mit einem Hubraum von 1,4 Litern, ein Fünfgang-Getriebe stellte den Kraftschluss zur Hinterachse sicher. Der Antriebsstrang war zwar schon fünf Jahre alt, im Programm für Deutschland

allerdings neu. Er hatte sich schon hunderttausendfach im Mazda 323 bewährt, was wiederum niemanden erstaunte, denn der Econovan war ein waschechter Japaner und wurde auch auf den Mazda-Bändern in Honshu gebaut. Der wendige Cityrutscher (Wendekreis 9,60 Meter) schaffte eine Spitze von gut 125 km/h. Als Transporter packte der Kastenwagen eine Nutzlast von 835 Kilogramm, der Kombi durfte 75 Kilogramm mehr zuladen, und um diese gut verstauen zu können, war der Mazda von Ford mit Schiebetüren an beiden Seiten und einer nach oben schwingenden Heckklappe ausgerüstet.

Die fernöstliche Herkunft machte sich auch in anderer Hinsicht bemerkbar: Die Ausstattung war Mazda-typisch komplett, so dass auf der Aufpreisliste lediglich eine Dreier-Sitzbank (ab DM 480,–.) auftauchte.

In der Bundesrepublik stand der Econovan (der beim Mazda-Händler mit längerem Radstand als E 2000 angeboten wurde) zunächst in zwei Varianten zur Auswahl. Als zweisitziger Kastenwagen sowie als Kombi, der sich gegen Aufpreis mit einer zweiten Sitzbank samt Sicherheitsgurten zum Fünfsitzer hochrüsten ließ. Im Frühjahr 1986 folgte dann das besser ausgestattete XLT-Bus-Modell mit sieben Sitzen, ebenso gab es ab 1987 einen Diesel-Motor als wirtschaftliche Alternative zum 1,4-Liter-Benziner. Letztmals zur IAA 1991 am Ford-Stand ausgestellt, war der Kombi (verschiedentlich modellgepflegt) beim Mazda-Händler als E 2200 noch bis zu Beginn des neuen Jahrtausends erhältlich.

Modelle, Varianten, Preise

Modelle:	Kombiwagen, Kastenwagen
Importzeit:	1985-1992
Motoren:	1405 ccm / 48 kW (65 PS) bei 5500/min
	1998 ccm D / 44 kW (60 PS) bei 4000/min ab 4/87
Ausstattung:	Verbundglas-Windschutzscheibe, Schiebefenster seitlich, integrierte Kopfstützen, Ablagefach zwischen den Vordersitzen, Fernentriegelung für die Tankklappe, abblendbarer Innenspiegel, 2 Außenspiegel, zwei Rückleuchten, Heckscheiben-Heizung.
Varianten:	Kombi, Kastenwagen
Preise:	DM 18.411,– (Kasten) / 19.038,– (Kombi)

Chronik:

1985	September: Premiere für die in Japan gebaute Transporter-Reihe Econovan. Nutzlastklasse bis 800 kg, als Kombi oder Kasten. Eine Motorisierung, Radstand 2220 mm, Laderaum-Kapazität 4,3 cbm. Nicht als Pritsche od. Fahrgestell.
1986	März: Premiere Luxus-Bus XLT: Siebensitzer, Sitze umklappbar, so dass eine durchgehende Liegefläche entsteht. Umlaufende Seitenschutzleiste, teillackierte Stoßfänger, EFH vorn get. Scheiben, Sonnendach.
1987	Einführung Diesel-Variante
1990	Januar: Leuchtweitenregulierung serienmäßig

Ford Transit/Tourneo Connect (seit 2003)
Über kurz oder lang

Transporter des Jahres: der Ersatz für die nicht mehr gebauten Express- und Courier-Modelle hieß zwar mit dem Vornamen Transit, hatte mit diesem aber nichts zu tun. Es gab ihn als Kombi und Kasten, gebaut wurde er in der Türkei.

Ein Auto wie Schokolade: Quadratisch, praktisch, gut. Fords neue Nutzfahrzeug-Baureihe – die nur dem Namen nach etwas mit den Transit-Modellen zu tun hatte – ersetzte Escort Express und Fiesta Courier. Gleichzeitig wollte Ford damit im Segment der Pkw-ähnlichen Kleintransporter ein gewichtiges Wörtchen mitreden. Im Gegensatz zu Berlingo, Kangoo und Co. war der quasi um eine Euro-Palette herumgebaute Kasten (*lastauto omnibus*) in erster Linie ein Nutzfahrzeug, kein Lifestyle-Kombi. Und das sollte schon der Name verdeutlichen: Der Transit (in der Bus-Version: Tourneo) Connect basierte auf eigenständiger Plattform, trotz deutlicher Anklänge an die Transit-Bauweise. So kam hinten, wie beim Transit auch, eine an Doppel-Blattfedern geführte Starrachse zum Einsatz, während vorn die anerkannt gute Vorderachse mit reibungsoptimierten Lenkkomponenten und McPherson-Federbeinen aus dem Ford Focus Pate stand. Vorn wie hinten vervollständigten Querstabilisatoren ein Fahrwerk-Layout, das ein überraschend hohes Maß an Fahrkomfort bot.

Unabhängig: Der Connect entstand auf einer separaten, eigens konzipierten Plattform. Und, anders als beim Transit, gab es zum Frontantrieb keine Alternative.

Standfeste Bremsen – Scheiben vorn, Trommelbremsen hinten beim Transit, Scheiben rundum und ABS beim Tourneo – rundeten die gelungene Vorstellung des Neuzugangs in der Gewichtsklasse bis 0,75 Tonnen ab. Zur Einführung standen drei 1,8-Liter-Motoren zur

Verfügung. Das Grundmodell verfügte über das Duratorq-TDDi-Triebwerk mit 55 kW (75 PS), höhere Leistungsansprüche bediente ein 66 kW (90 PS) starker Duratorq-TDCi-Motor mit Common Rail-Technik, der in ersten Fahrberichten durch Drehfreude und Laufruhe, weniger durch flotten Antritt überzeugte. Wer keinen Selbstzünder mochte, entschied sich für den Duratec-Vierventiler mit 85 kW (115 PS). Auf Sicht gesehen, sollte noch eine Version mit Benzin/Erdgasantrieb dazu kommen.

Die Schokoladenseite des Connect aber war sein Ladevolumen: Bereits in der Ausführung mit kurzem Radstand nahm der Transit Connect zwei Euro-Paletten auf und offerierte ein üppiges Ladevolumen dank des geringen Karosserie-Einzuges im Dachbereich und annähernd senkrechter Seitenwände. Auch besonders lange Ladegüter bereiteten beim Transit Connect keine Probleme: Die Kastenwagen-Versionen wurden in Deutschland serienmäßig mit einem zusammenklappbaren Beifahrersitz ausgeliefert, wodurch sich die effektive Ladelänge um über 70 Zentimeter verlängerte. Für die kurze Kastenwagen-Variante wurde zusätzlich eine Leiterklappe angeboten.

Die Markteinführung in Deutschland begann im Frühjahr 2003 mit der langen Version, im Herbst folgt dann die kurze Version. Im ersten Jahr will Ford 3000 Connect in Umlauf bringen – es werden aber bestimmt noch einige mehr. Über kurz oder lang.

Modelle, Varianten, Preise:

Modelle:	Kastenwagen zweitürig, Kombi dreitürig
Motoren:	1796 ccm / 85 kW (115 PS) bei 5750/min
	1753 ccm TDDi / 55 kW /75 PS) bei 4000/min
	1753 ccm TDCi / 66 kW (90 PS) bei 4000/min
Ausstattung:	Transit: 1 x Airbag, 6-fach verstellb. Fahrersitz, verstellb. Lenksäule, Servo, ZV, Diebstahlschutz, get. Scheiben, abschließb. Handschuhfach, zusammenklappbarer Beifahrersitz, 15-Zoll-Räder. Tourneo: 2 x Airbag, ABS mit EBD, Scheibenbremsen hinten, 1/3 zu 2/3 geteilte hintere Bank, mehrfach verstellb. Lenkrad, Seitentür rechts.
Varianten:	Transit Connect, Tourneo Connect
Preise:	ab 11.725 Euro (zzgl. Mwst, Connect Kasten kurz)
	ab 12.590 Euro (zzgl. Mwst, Tourneo Kombi kurz).

Chronik:

2002	Februar: Weltpremiere für den Transit Connect auf der RAI in Amsterdam. Frontantrieb, Einzelradaufhängung vorn, Starrachse hinten. Drei Motoren, zwei Radstände. Langer Radstand mit Hochdach, kurze Version mit Normaldach.
	Mai: Präsentation Kombi/Bus-Version Tourneo Connect: Fünfsitzer, Scheibenbremsen rundum, ABS. Zwei Radstände.
	Juli: Auslieferungsbeginn in Großbritannien und der Türkei.
2003	Februar: Einführung Transit Connect lang: Hochdach, drei Motoren, Nutzlast bis 750 kg, Auflastung bis 825 kg.
	Oktober: Einführung Transit Connect kurz.

Ford FK 1000 (1953–1965)
Solo für Alfred

So rollte das Wirtschaftswunder: Der Vater des VW-Transporters entwickelte auch Fords »Eilfrachter«, den FK 1000.

Neben der Stahlpritsche gab es den Ford auch mit Holzpritsche. Unter der Pritsche befand sich ein abschließbarer Laderaum. Als TT 1000 kostete diese Ausführung 6425 Mark.

Er brachte praktisch im Alleingang das Wirtschaftswunder in Fahrt: Dr. Alfred Haesner, der schon für Volkswagen den Transporter entwickelt hatte, heuerte bei Ford-Köln an und entwarf dort den schärfsten Konkurrenten des Typ 2, den »Eilfrachter«. Beide Konstruktionen zusammen kamen auf einen Marktanteil von über 80 Prozent.

Dabei war die Idee, einen kastenförmigen Kleinlastwagen zu bauen, weder neu noch originell. Den hatten praktisch alle Hersteller, die sich in den Jahren des Wiederaufbaus mit dem Automobilbau beschäftigten: Industrie und Handwerk suchten händeringend nach schnellen und wenigen Transportern. Und Haesner hatte so ein Fahrzeug schon vor dem Krieg in Form des Phänomen-Transporters konstruiert.

Und der Erfolg des VW Transporters brachte zusätzliche Bewegung in den Transportbau in Köln. Dann wechselte Dr. Haesner als Chef-Ingenieur Ende 1951 die Fronten, und seine Erfahrungen mit dem Transporter von Volkswagen beeinflussten maßgeblich die Ford-Entwicklung unter der Konstruktionsvorgabe: Niedriges Eigengewicht bei einer Tonne Nutzlast.

1952 formte sich daraus schließlich der erste Transporter-Prototyp, der noch ziemlich unfertig wirkte. In Zusammenarbeit mit der Karosseriebaufirma Drauz in Heilbronn und der französischen Ford-Tocher in Poissy (die dann an Simca ging) wurde dann doch ein ganz ansehnlicher Transporter daraus.

Und ein schneller noch dazu: Der »Eilfrachter« machte seinem Namen alle Ehre, weil er mit einer Spitzengeschwindigkeit von bis zu 95 Stundenkilometern die Konkurrenz klar überholte. Offiziell hieß der »Eilfrachter« FK 1000. Der Name sprach für sich, das Kürzel machte Herkunft und Tragfähigkeit klar: FK für Ford Köln, 1000 für 1000 Kilo Nutzlast. Der Volkswagen durfte nur 750 Kilogramm schleppen..

Konzeptionell unterschied sich der Kölner Transporter vom Volkswagen-T2 vor allem durch den Frontmotor, der sich hinter dem Kühler noch vor der Vorderachse versteckte. Um möglichst viel Platz zu gewinnen, hatte Haesner der Motor vielleicht ein wenig zu weit nach vorne gesetzt, zeitgenössische Tester bemängelten stets ein gewisse Kopflastigkeit des FK-Typs, vor allem in unbeladenem Zustand. Im Bug werkelte der 38 PS starke 1,2-Liter-Reihenmotor aus dem im Vorjahr eingeführten Taunus 12 M. Knapp zwei Jahre später rückte der Motor um rund 20 Zentimeter nach hinten, was die Fahreigenschaften spürbar verbesserte.

Wie den VW-Transporter auch, gab es den im März 1953 in Frankfurt gezeigten FK 1000 mit einer Vielzahl von Aufbauten. Das Werk bot ihn zunächst als Kasten, Kombi, Achtsitzer-Bus und Pritsche an. Tester lobten den »ladungsgerecht gestalteten Eintonner«, der mit einer 2,60 Meter langen, durchgehenden Ladefläche, 1,60 Meter Breite und 1,35 Meter Höhe dem großen Konkurrenten Volkswagen klar überlegen war: Angesichts des Ladevolumens von 5,4 Kubikmetern erschien die Werbung mit dem Slogan »FK 1000, der fahrende Raum« nicht zu viel zu versprechen. Beladen wurde per großer Heckklappe, auf Wunsch gab es den FK auch mit Seitentür. Unpraktisch: Die Seitentür war, anders als beim VW, nicht zweiflügelig, was, je nach Platzver-

Modelle, Varianten, Preise

Modelle:	Zweitüriger Kasten/Kombiwagen mit Heckklappe, zweitüriger Kombi, Pritsche
Bauzeit:	1953–1965
Motoren:	1172 ccm / 23 kW (38 PS) bei 4250/min
	1498 ccm / 40 kW (55 PS) bei 4250/min ab 4/55
	1698 ccm / 44 kW (60 PS) bei 4250/min 9/63
Ausstattung:	Zweispeichen-Lenkrad, Lenkradschaltung, Abblendschalter als Fußschalter, Kombiinstrument mit Tacho und Kilometerzähler, Öldruck-, Fernlicht und Ladestrom-Kontrollleuchte. Fahrersitz nach vorne klappbar. Fußstütze und Haltegriff für Beifahrer.
Varianten:	FK 1000/FK 1250
Preise:	von 6275,– (Kasten) bis 6875,– (Kombi)

Chronik:

1953	März: IAA-Premiere für den Ford-Eilfrachter FK 1000. 1000 kg Nutzlast, selbsttragende Karosserie, Starrachsen vorn/hinten, eine Motorisierung, vier Aufbauten: Kasten, Kombi, Bus (mit neun festen Sitzen), (Stahl-)Pritsche. Produktionsstandort Köln, Karosseriebau erfolgt bei Drauz in Heilbronn. Seitentür für Kombi/Kasten gegen Aufpreis.
	September: Serienanlauf. Selbsttragender Kastenwagen, Ladevermögen 5,4 cbm, Autobahn-Dauergeschwindigkeit 95 km/h.
1954	März: Auf Wunsch Viergang-Getriebe
1955	April: Einführung FK 1000/1.5 mit dem Motor des 15 M. Motor um 20 cm nach hinten verlegt, um mehr Beinraum zu gewinnen und dem Fahrer den Durchstieg nach rechts zu ermöglichen. Verbessertes Fahrverhalten. Insgesamt 16 ab Werk lieferbare Modelle.
1958	Januar: Moderne Blinker statt Winker; Erweiterung der Modellpalette um den FK 1250 (55 PS) für 1,25 to Nutzlast. Ab DM 6855,– (Kasten).
1960	Januar: FK 1000/1,2 ausschließlich als Kasten/Kombi erhältlich. FK 1000/1,5 und FK 1250 auch breiter Holzpritsche (Ladefläche 2600 x 1700 mm) lieferbar.
1961	Januar: Bisherige FK-Baureihen werden als Taunus Transit 1000 bzw. 1250 weitergeführt. Vierganggetriebe vollsynchronisiert. Ab DM 6825,–.
	September: Vordere Türen mit Schwenkfenstern. Programm ergänzt durch Luxus-Bus (Achtsitzer-Spezial mit Luxus-Ausstattung, lieferbar ab 3/62), Tiefchassis für Sonderaufbauten und Campingwagen mit Wilk-Ausbau. Grundtypen jetzt: Kasten, Kombi, 7-/8-Sitzer Spezial, Holzpritsche, Stahlpritsche, Fahrgestell mit Fahrerhaus, Doppelkabine (ab 12/61), Luxusbus. Preise: TT 1250 Kasten DM 7005,–; Pritsche DM 6605,–; Doppelkabine DM 8080,–; Kombi DM 6875,–.
1962	April: Einführung Taunus Transit 800 mit 0,8 to Nutzlast. Mit allen Aufbauformen lieferbar, ab DM 5875,–. Nur Kasten: Seitentür serienmäßig.
1963	September: Einführung Taunus Transit 1500 mit Kastenrahmen und 17-M-Motor. Hintere Doppelbereifung, ab DM 8950,– (Holzpritsche) bzw. DM 11.250,– (Kofferaufbau). Alle Modelle: Mittelschalthebel statt Lenkradschaltung, Innenraum-Modifikationen.
1964	Karosseriefertigung in Genk läuft an.
1965	November: Produktionseinstellung, gleichzeitig Ende der Transit-Produktion in Köln.

hältnissen, das Beladen erschwerte. Starrachsen vorn und hinten wiesen eindeutig auf den Verwendungszweck als Nutzfahrzeug hin, die Straßenlage des Niedersachsen war besser. Dafür hatte der Eintonner aus Köln Vorteile in der Technik und Ausstattung. Der Vierzylinder-Motor, Instrumente und Dreigang-Lenkradschaltung stammten aus dem Taunus und hatten daher Pkw-Niveau.

Die reguläre Serienproduktion begann im November 1953, von Anfang an nahmen sich auch zahlreiche Aufbautenhersteller seiner an. So entstanden Feuerwehren und Krankenwagen, Polizeifahrzeuge, Abschleppwagen und Verkaufsmobile.

Später folgten Modelle, die größere Lasten trugen, 1,5-Liter-Motoren mit zunächst 55, dann 60 PS. Damit gehörten Klagen über mangelndes Temperament der Vergangenheit an. An der mäßigen Straßenlage, der hohen Seitenwind-Empfindlichkeit und der bei tiefen Temperaturen ungenügenden Innenraum-Aufheizung änderte sich allerdings nichts. 1960 wurde der Eilfrachter umbenannt (»Ford Taunus Transit«), was nichts am umfangreichen Programm änderte: Zwei Taunus Transit 1,2 mit 1000 oder 1250 kg Nutzlast, vier Varianten vom TT 1000/1,5 und fünf TT 1250. Anfang der 60er Jahre erweiterte Ford sein Angebot um einen kleinen Variante namens Taunus Transit 800 (1,5 Liter-Motor) und einen großen Anderthalbtonner namens TT 1500 mit 17-M-Motor und klassischem Leiterrahmen.

Der nunmehrige Taunus Transit hielt sich bis Ende 1965 im Programm, insgesamt waren 255.832 Fahrzeuge in zuletzt 21 Serienversionen entstanden. Der VW Transporter stand zu diesem Zeitpunkt bei 1.535.595 Exemplaren: Alfred Haesner hatte ganze Arbeit geleistet.

Sehr beliebt: Taunus Transit mit Stahlpritsche und Spriegel. Nach Beobachtungen der Ford-Verkäufer bevorzugten vor allem Baumschulen diese Variante. Nutzlast und Belademöglichkeit waren besser als beim VW Transporter.

Einer der letzten: FK 1250 Krankenwagen. Bevor dieser Eiltransporter in die Hände von Martin Prinz von den Alt-Ford-Freunden gelangte, war er in Diensten des Katastrophenschutzes. Foto: Prinz.

Ford Transit (1965–1986)
Rotkäppchen

Transit-Strecke: Der neue Transit ersetzte den britischen Thames-Transporter ebenso wie den betagten deutschen »Eilfrachter«. Um allen Anforderungen gerecht zu werden, wurde von Anfang an eine breite Palette von Nutzungsmöglichkeiten vorgesehen. Einen Teil davon zeigt dieses Gruppenbild. Im Vordergrund: Der fein ausstaffierte Luxusbus mit Dachrandverglasung und das Wohnmobil mit dem seitlich klappbaren Polyester-Faltdach. Insgesamt stellte der Prospekt 46 Modellvarianten vor.

Diese Werbeaufnahme sollte wohl die Eignung eines Transit auch abseits der Piste belegen. Die meisten Weltreisenden fuhren trotzdem einen VW Transporter.

Henry Ford II war sauer. Stinksauer. Und sprach ein Machtwort: Wenn weder die deutsche noch die englische Ford-Tochter bereit waren, sich auf einen gemeinsamen Nachfolger für die jeweiligen Lieferwagen-Modelle zu einigen, dann musste eben Dearborn eingreifen. Basta. Und so kam es, dass die Pläne für den Transit-Nachfolger in den USA gezeichnet wurden und dann über den großen Teich nach Southampton geschickt wurden, wo die britische Nutzfahrzeug-Fertigung stattfand – Projektname »Redcap«, vielleicht wegen Henry Fords vor Ärger puterrotem Gesicht.

Im wesentlichen übernahmen Briten wie Deutsche den amerikanischen Entwurf, brachten ihn zur Serienreife und verlegten seine Produktion (zumindest für Deutschland) von Köln ins neu erbaute Werk Genk in Belgien. Im Gegensatz zum Taunus Transit gelangte der neue Transit als Kurzhauber zu den Kunden. Außerdem, so argumentierte Fords Produktpresse und machte aus der Not eine Tugend, bot die längere Schnauze eine verbesserte Chrash-Sicherheit und bessere Möglichkeiten, den Motorlärm auszusperren. Letzteres ändert allerdings nichts an der Tatsache, dass die frühen Transit immer ein wenig als Rappelkiste galten, die sich von der Solidität eines Volkswagen-Transporters ruhig hätten eine Scheibe abschneiden können.

Modelle, Varianten, Preise

Modelle: Kasten, Kombi, Bus, Panorama-Bus, Hoch-/Tiefladepritsche, Doppelkabine, Fahrgestell
Bauzeit: 1965–1985
Motoren: 1183 ccm / 45 PS bei 4500/min
1288 ccm / 50 PS bei 5000/min ab 10/66-1/71
1498 ccm / 60 PS bei 4500/min
1699 ccm / 65 PS bei 4500/min
Ausstattung: Verstellbarer Fahrersitz, Kunstleder-Polsterung, Heizung, Scheibenwaschanlage, gepolsterte Sonnenblende, Lenk-zündschloss, Ablagefach, Dachhimmel im Fahrerhaus, Beifahrer-Haltegriff, Dreieck-Ausstellfenster vorn.
Varianten: FT 600/900/1100/1300/1500/1750
Preise: von DM 6190,–/ 6565,– (FT 600 Kasten/Kombi kurz) bis DM 10.050,–/10.625,– (FT 1750 Kasten/Kombi lang)

Chronik:

1965 Dezember: Vorstellung der 2. Transit-Generation. Fahrwerk aus dem Vorgänger übernommen, Motoren aus aktuellem Pkw-Programm. Sechs Nutzlastklassen, zwei Radstände. FT 600/900/1100: Radstand 2692 mm, Tankinhalt 42 Liter; FT 1300/1500/1750: Radstand 2997 mm, Tankinhalt 68 Liter, Hinterachse Zwillingsreifen.
1966 Oktober: FT 600 jetzt 1288 ccm/50 PS.
1969 Januar: Durch Auflastung mutiert der FT 900 zum FT 1000. Neunsitzer-Bus erhält serienmäßig rechts eine zweite Seitentür mit angelenkter Trittstufe sowie mehr Beinfreiheit durch größeren Abstand der Sitzreihen. Alle Transit-Modelle mit Zweikreis-Bremsen, gepolsterte Beifahrer-Sonnenblende, Kipp- statt Zugschalter am Armaturenbrett, Heizungsbetätigung näher beim Fahrer, Zünd-Lenkschloss oben auf der Lenksäule verlegt. Kombi mit Bestuhlung: Innenraumverkleidung Serie. Bus: seitliche Schiebefenster, verbesserte Insassensicherheit.
1970 Textilgürtelreifen für die leichteren Transit-Modelle.
1971 Januar: Modellpflege (Kühlergrill), Neuordnung der Modellreihe, neues Bezeichnungsschema. Einführung Transit mit 2,0-Liter-V4; Wegfall 1,3-Liter-V4. Einheitliche Pritschenform ersetzt bisherige Modelle. Detailverbesserungen am Fahrwerk.
1972 April: Alle Modelle: a.W. 2,4-Liter-Diesel (längere Schnauze). Nur Pritsche: a.W. Alu statt Holz.
1973 Juni: FT 75/100: 2,0-Liter-V4 a. W.
September: Modellpflege, Einführung FT 100 L lang mit Einzelbereifung hinten. 1,7-l-Motor, 68-l-Tank. Alle Modelle: Stahlgürtelreifen Serie, Holzdekor am Cockpit.
1976 September: Alle Modelle: Scheibenbremsen vorn, Modelle mit langem Radstand: Bremskraftregler hinten. FT 190 ersetzt FT 175.
1977 Dezember: Produktionseinstellung nach Bau von 487.669 Ford Transit (Produktion in Genk).
1978 März: Neuauflage der Modellreihe, Einsatz neuer Reihenmotoren. Sieben Modellreihen, 0,8 bis 1,9 Tonnen Nutzlast.
1980 Oktober: a.W. Overdrive-Getriebe für dritten oder vierten Gang. Kraftstoffersparnis 10 %, Innengeräuschpegel um bis zu 2 dB reduziert. Für Overdrive-Modelle zwei verschiedene Hinterachsübersetzungen. Mehrgewicht 11 kg. Nicht für 1,6-l-Motor und FT 100 L, Mehrpreis DM 1290,–.
Nur 2,4-l-Diesel: Viscoe-Lüfter Serie.
1981 Januar: Einführung Transit Clubmobil: 78 PS, Breitreifen 245/60 VR 14, 7-Zoll-LM, Frontspoiler, Doppelflügel-Hecktür, Reserverad außen, Servo, get. Scheiben, Teppich-Velours, vier Innenraumleuchten, drei drehbare Sitze, Heckfenster (»Bullauge«), Vorhänge, vier Lautsprecher, DM 34.995,–.
Mai: Sondermodell Transit Treffer: Basis FT 80 Kombi/Kasten, aber Rundscheinwerfer.
1983 Modellpflege: Breitere Kühlergrilllamellen, Lufteinlässe in Stoßstangenhöhe.
1985 März: 42 Modellvarianten, 9 Hinterachsübersetzungen, 10 mögliche Türkombinationen.
Juli: Lt. Prospekt 41 Varianten.

Die kurze Haube mit dem Motor vor dem Fahrerhaus, der Einstieg hinter der Vorderachse, ein geräumiger Laderaum, die gute Zugänglichkeit von hinten und der Seite (nur 65 Zentimeter Ladehöhe!) – das alles war klar besser gelöst als beim VW Transporter. Nur schade, dass Ford nichts aus der Tester-Schelte gelernt hatte und es

bei den bisherigen Radaufhängungen (Starrachsen vorn und hinten, geführt an Längsblattfedern) beließ. Jede Menge Beifall dagegen verdiente das Rotkäppchen wegen seiner unglaublichen Typenvielfalt. Grundmodell war der FT 600 (FT = Ford Transit, Ziffern = Nutzlast in kg) mit 1,2-Liter-Motor, Topmodell der FT 1750 mit langem Radstand, Zwillingsbereifung und 1,7-Liter-Triebwerk. Der Löwenanteil der Zulassungen entfiel auf die Typen FT 900 und 1100 mit 1500er-Motor.

Das Spiel mit Ausstattungen und Varianten ließ sich schier endlos weitertreiben. Zwei Radstände, sechs Typenreihen bzw. Nutzlastklassen, 18 wählbare Türkombinationen ergaben summa summarum 46 verschiedene

Schweineschnauze: Der Transit erhielt 1971 ein Facelift, bei der Gelegenheit wurde auch ein Dieselmotor eingeführt. Das britische Aggregat fand in Deutschland aber nur wenig Zuspruch.

Ein Transit-Bus der ersten Serie, kenntlich an der weißen Kühlerblende. Unter der Haube saßen die bekannten V4-Motoren aus dem Taunus-Programm.

Modellvarianten. Unter der gut zugänglichen Stummelhaube der deutschen Transit werkelten die drei V4-Benzinmotoren aus dem Taunus-Programm mit 1,2 bis 1,7 Litern Hubraum und 45, 60 und 65 PS, die britischen Modelle verfügten über Reihen-Vierzylinder aus dem Anglia/Cortina-Sortiment. Auf der letzten Rille gefahren, waren da schon gut 120 Stundenkilometer möglich – ein Bulli schaffte das noch nicht einmal mit Anlauf. Vier Jahre später hielt ein 2,0-Liter-V4-Motor mit 56 kW/75 PS Einzug ins Motorenabteil und machte den

Oben rechts: Mattschwarz ist Trumpf: Die nächste Transit-Generation, gebaut in den Jahren 1975 bis 1977, zeichnete sich durch mattschwarze Zierteile aus.

Men at work:
In Großbritannien war die Bandbreite der Transit-Einsatzmöglichkeiten womöglich noch größer als auf dem Kontinent. Oben ein Diesel beim Arbeitseinsatz im Hafen, rechts eine typisch englische Szenerie mit einem Transit-fahrenden Milchmann.

Transit-Kombi FT 125 mit 125 km/h zum schnellsten Neunsitzer der Welt.

Fünf Jahre nach seiner Premiere folgte ein erster Facelift. Kennzeichen dieser Generation war die neue Front mit dem nun nicht mehr um die Ecke greifenden Grill. Die Modellreihe wurde gestrafft und neu gegliedert, und ein neues Bezeichnungsschema trat in Kraft.

1972 folgte ein britischer 2,4-Liter-Dieselmotor mit 38 und 46 kW (51/62 PS), der vor allem für den Export bestimmt war. Der Diesel-Motor erforderte Änderungen am Vorbau, »Schweineschnauze« wurde dieser wenig geglückte Vorbau alsbald genannt. Der Diesel war in Deutschland zu dieser Zeit allerdings kein Thema, für Ölbrenner interessierte sich damals kein Mensch.

Im September 1975 bot der Transit »Mehr Gegenwert für Ihr Geld«: Kenntlich an den schwarzen Stoßstangen, Scheinwerfern- und Kühlerblende, kamen Ausstattungsverbesserungen und eine – endlich – routinierte Verarbeitung. Nach 1,2 Millionen gebauten Exemplaren rollte das Rotkäppchen 1978 dann in Rente. Henry Ford hatte sich längst wieder abgeregt..

Ford Transit (1978–1986)

Sieben Jahre nach der letzten Überarbeitung legte Ford einmal mehr Hand an und Deutschlands Nummer zwei (in England war der Transit sogar klar der Marktführer) unter die Lupe. Was dabei heraus kam, war ein gründlich modernisierter und renovierter Lieferwagen mit neuer Technik und aufgefrischter Optik. Wichtigster Schritt auf dem Motorsektor war der Wechsel von den antiquierten V4- auf die aktuellen Reihen-Vierzylinder aus dem Pkw-Programm. Die neuen Motoren brauchten mehr Platz, was eine neue Schnauze erforderte. Bei der Gelegenheit wurde die Frontpartie auch dem aktuellen Familiengesicht – schwarzer Lamellen-Kühlergrill – angepasst. Angenehmer Nebeneffekt der größeren Haube: Der Service war einfacher geworden. Benziner und Diesel ließen sich nun von außen nicht mehr unterschieden.

1978 kam der gründlich überarbeitete Transit auf den Markt. Für Vortrieb sorgten hier die in dieser Modellreihe neuen Vierzylinder; die Transit-Familie deckte nun die Nutzlastklassen von 0,8 bis 1,9 Tonnen ab.

Oben zu sehen: der Transit mit Schutzgittern für den Polizeieinsatz (in Deutschland so nicht eingesetzt), in der Mitte der klassische Kastenwagen und unten das ab 1981 verkaufte Clubmobil.

Leider aber passte die moderne Optik nicht so recht zur antiquierten Basis: Noch immer setzte Ford auf Starrachsen vorn und hinten. Gewiss, die neuen Transit hatten nur noch wenig mit den Rumpelkisten von damals zu tun, doch von der personenwagenartigen Geschmeidigkeit der Konkurrenz (VW!) war man immer noch weit entfernt.

Die so dringend notwendige Servolenkung gab es zunächst weder für Geld noch gute Worte, und die Bremsanlage ließ viel zu wünschen übrig.

Die Transit-Familie umfasste nunmehr sieben Modellreihen von 0,8 bis 1,9 Tonnen Nutzlast, die Vielfalt war so groß, dass die Ford-Werber selbst ein wenig den Überblick verloren. Die Angaben schwankten innerhalb eines Jahres zwischen 37 und 42 Ausführungen, – und dabei waren noch gar nicht die verschiedenen Aufbauten mit eingerechnet, die unabhängige Zulieferer auf Transit-Basis anboten. Belassen wir es bei der Aussage: Es gab für so ziemlich jeden Zweck und jede Gelegenheit den passenden Transit. Sogar mit Turbo-Aufladung und Diesel-Direkteinspritzer.

Ford Transit (1986–2000)
Von Lastenesel zum Freizeitstar

Mit Pkw-Komfort: Die Transit-Neuauflage des Jahres 1986 bot ein bis dahin nicht gekanntes Maß an Fahrkomfort für Fahrer und Beifahrer. Sechs Grundmodelle, drei Benzin- und ein Diesel-Direkteinspritzer boten mehr Vielfalt als jeder VW-Transporter.

Das Gegenstück zu den Caravelle-Luxusbussen von Volkswagen hieß bei Ford »Euroline«. Hier ein Exemplar aus dem Jahre 1991.

Das wurde aber auch Zeit: Drei Jahrzehnte nach dem Eiltransporter selig kam endlich ein grundlegend neuer Transit. Und diesmal machten die europäischen Ford-Töchter Nägel mit Köpfen, schoben ihren kantigen Klotz in den hauseigenen Windkanal von Köln-Merkenich und rollten ihn erst wieder hinaus, als ein cW-Wert von 0,37 erreicht war. Rekordverdächtig auch die Entwicklungskosten des im Sommer 1983 begonnenen Projekts VE-6: 1,25 Millionen Mark kostete der neue Transporter, der – wie zuvor – in den beiden Transit-Werken Genk/Belgien und Southampton/ England, produziert werden sollte.

Wie stets, war die Vielfalt enorm: Sechs Grundmodelle, drei Radstände, drei Dachhöhen, drei Motoren (zwei Benziner mit 1,6 Liter/63 PS und 2,0 Liter/78 PS), der 1984 im Vormodell eingeführte Diesel-Direkteinspritzer (2,5 Liter/68 PS), sieben Nutzlastklassen, sechs Getriebe, zwei Vorder- und vier Hinterachsen ergaben über 40

Modelle, Varianten, Preise

Modelle: Kasten, Kombi, Bus, Pritsche, Doppelkabine, Fahrgestell
Bauzeit: 1986–2000
Motoren: 1593 ccm / 46 kW (63 PS) bei 4750/min bis 12/91
1993 ccm / 57 kW (78 PS) bei 4500/min
1993 ccm / 55 kW (75 PS) bei 4500/min
1994 ccm G-Kat/ 57 kW (78 PS) bei 4900/min ab 12/88
1994 ccm / 66 kW (88 PS) bei 5000/min
1994 ccm G-Kat / 72 kW (98 PS) bei 5250/min ab 9/91
2933 ccm V6 / 110 kW (150 PS) bei 5700/min
2935 ccm V6 / 107 kW (145 PS) bei 5700/min
2496 ccm D / 50 kW (68 PS) bei 4000/min bis 12/91
2496 ccm D / 51 kW (70 PS) bei 4000/min
2496 ccm D / 59 kW (80 PS) bei 4000/min ab 9/91
2496 ccm TD / 74 kW (100 PS) bei 4000/min ab 9/91
2496 ccm TD / 63 kW (85 PS) bei 4000/min

ab 8/95: 1998 ccm / 84 kW (114 PS) bei 5000/min ab 8/95
2496 ccm D / 52 kW (70 PS) bei 4000/min
2496 ccm D / 56 kW (76 PS) bei 4000/min
2496 ccm TCi / 63 kW (85 PS) bei 4000/min
2496 ccm TCi / 85 kW (115 PS) bei 4000/min
2496 ccm TCi / 74 kW (100 PS) bei 4000/min

Ausstattung: Zahnstangenlenkung, Scheibenbremsen vorn m. Bremskraftverstärker, Viergang-Getriebe, Fahrersitz und Doppelsitzbank, zwei Außenspiegel, Einschlüssel-System, dreistufiges Gebläse, offenes Handschuhfach, Schiebetür seitlich, Zigarettenanzünder. L: höhenverstellb. Fahrersitz, Ablage in den Türen, Tageskilometerzähler, umschäumtes Lenkrad, Stoffsitzbezüge. Bus: Schiebefenster seitlich, Seitenwandverkleidung innen.

Varianten: FT 80/100/120/100 L/130/160/190
Preise: ab DM 19.930,–

Chronik

1986 Februar: Einführung Ford Transit. Völlige Neuentwicklung, aerodynamische Form (cW 0,37), Einzelradaufhängung vorn bzw. Starrachse. Als Kasten, Kombi und Bus auf zwei und als Pritsche/Fahrgestell drei Radständen. Ladevolumen von 6,0 bis 8,4 m³, Leergewicht von 1340 bis 1765 kg, zulässiges Gesamtgewicht von 2,1 bis 3,5 to; Radstände: 3472 mm, 3020 mm, 2815 mm.
Mai: Auslieferung Busse 12/15 Sitze.
Juli: Auslieferung FT160/190 Fahrgestell und Pritsche mit verlängertem Radstand (3,47 m).
September: Auslieferung Fahrgestelle mit Doppelkabine.

1987 März: Prototyp Transit Nugget mit Solarzellen-Dach.
Mai: Alkoven-Wohnmobil auf Transit-FT 100-Basis wird zum Motorcaravan des Jahres gewählt.
Ab DM 56.950,–.
September: FT 100 L, FT 130/160/190: Servo serienmäßig. Stylingstudie Transit Chasseur. Basis FT 100, Ledersitze.

1988 Januar: Sondermodelle »Plus« FT 100 Kombi/Kasten: Verbesserte Ausstattung m. Doppelbeifahrersitz, Stoffbezüge, umschäumtes Lenkrad. 78-PS-Motor, ab DM 21.560,–.
Oktober: Modellpflege: Neues 5-Gang-Getriebe, neue Sitze, Stoffbezüge, Lenkrad. Wegfall 1,6 Liter FT 80/100 jetzt 2,0-I-Benziner serienmäßig, 4-Gang-Automatik (vorher: Dreigang), Kasten: volle Laderaum-Trennwand, Wisch/Waschanlage mit Intervallschaltung und Scheibenheizung für Heckschwingtür (Kasten/Kombi). Neu im Programm: GL-Bus Neunsitzer, Kastenwagen mit Teilverglasung und Pkw-Zulassung, Hochdach 1,85 m für alle Kombi, FT 120 Kombi jetzt auch als Diesel.

1989 Januar: Alle Benzin-Modelle werden auf bleifreien Betrieb umgestellt.
Juli: Alkoven-Wohnmobil auf Transit-FT 100-Basis wird zum Motorcaravan des Jahres gewählt. Typ Rhein-Star (fa. Hehn, Duisburg), Klasse bis DM 40.000,–.
August: Leuchtweitenregulierung serienmäßig, Beifahrer-Haltegriff. A.W: FT 80/100/120 mit Servolenkung, Metalliclack. Doppelkabiner mit dritter Tür, neu: Doppelkabiner mit extralangem Radstand (3472 mm).
September: IAA-Premiere für Luxusbus Topline (acht Sitze, Hersteller: Karmann), 13-Sitzer-Bus, Kastenwagen mit Pkw-Zulassung.

1990 Januar: Alle Modelle: Fahrer-Komfortpaket serienmäßig (Zeituhr, Tageskilometerzähler, Ablagefächer Türinnenseite). Kombi: heizbare Heckscheibe, Wisch-/Waschanlage mit Intervallschaltung. GL-Bus: Neunsitzer, serienmäßig mit Radio/Kassette. Viergang-Automatik jetzt auch für 78-PS-G-Kat.
September: Vorstellung Transit Euroline: Fünfsitzer, Basis GL-Bus. Konferenz/Freizeitmobil, Radio-Vorbereitung, schwenkbare Sitze. Produziert bei Karmann, ab DM 32.550,–.

1991 Januar: 2,0-I-Benzinmotor (72 kW/98 PS) nur noch mit G-Kat.
März: 3. Seitentür Serie bei Transit-Doppelkabiner.
September: Facelift zum Transit 92 (breiterer Stoßfänger). Verbesserte Karosseriestruktur, verbessertes Crash-Verhalten. Nur FT lang: Radstand jetzt 3570 mm, einzelbereifte Hinterachse Ausnahme: Fahrgestell/Pritsche 3,5 to GG mit Zwillingsreifen. Einzelradaufhängung vorn, modifizierte Zahnstangenlenkung, Servo.
Alle Modelle: a.W. Viergang-Automatik, ABS; erhöhte Anhängelasten. Neu Bezeichnungen gemäß der neuen Nutzlastklassen. Einführung 2,5 l Diesel-Direkteinspritzer, Abgasrückführung, Oxi-Kat: 57 kW/80 PS. Einführung 2,5 l Turbo-D mit 74 kW/100 PS; 2,0-Liter-Benzinmotor mit G-Kat 72 kW/98 PS.
Modelle mit PKW-Zulassung: FT 80/100/150 kurz: Kombi, Busse (nur FT 100: CL/GL/Topline), Euroline. LKW-Zulassung: FT 80/100/150 kurz: Kasten (auch Pkw), Pritsche, Fahrgestell; FT 100/150/190 T/TE lang: Kombi (nur FT 100/150), Kasten, Pritsche, Fahrgestell; T/TE nur Pritsche und Fahrgestell.
Busse: 9-Sitzer-«CL»-Bus, 9-Sitzer-«GL»-Bus, 8-Sitzer-«Topline»-Bus und Mehrzweck- und Freizeitfahrzeug »Euroline«.

1992 April: Einführung FT 120 kurz Kasten/Kombi. Vorstellung Transit-Bus 14-Sitzer, Aufbau: Rappold, Wülfrath. Einführung neuer Motor: 51 kW/70 PS TD-DI.

1993 September: Premiere auf der IAA, Ford stellt einen neunsitzigen Transit Kombi mit vier Sitzreihen vor (FT 100 lang und FT 100 lang HD).

1994 September: Modellpflege: Neue Front (ovaler Kühlergrill), neu gestaltetes Armaturenbrett, Türverkleidungen aus Kunststoff, bessere Sitze, Sicherheitsausstattung mit Gurtstraffer/-stopper, Servolenkung. A.W. EFH, ZV, Klima, Beifahrer-Airbag. Motoren: 2,0 DOHC (114 PS), 80 PS Diesel entfällt, Einführung 76 PS-Triebwerk.
Busbaureihe jetzt als Tourneo geführt, Versionen Basis, LX, GLX. Radstand 2835 mm, Acht-/Neunsitzer, Ausstattungsverbesserungen.

1995 Einführung der Branchen-Modelle; Fahrer-Airbag und ABS serienmäßig für alle Modelle.

Drei Jahrzehnte Dieselentwicklung.

Varianten. Den Kasten gab es ebenso wie den Kombi mit kurzem wie mit langem Radstand, erstmals auch mit Hochdach und kurzem Radstand. Die Busse rollten als Neun-, Zwölf- und 15-Sitzer, die Pritschenfahrzeuge gab es mit Einfach- und Doppelkabine, ebenso die Fahrgestelle mit Fahrerhaus, die an Aufbauhersteller abgegeben wurden und die Nutzlastklassen zwischen 1000 und 1900 Kilogramm abdeckten.

So weit die Pflicht, das war bei einem neuen Transporter auch zu erwarten. Viel wichtiger aber für Transit-Käufer: Die ewige Nörgelei wegen des unkomfortablen Starrachsen-Fahrwerks war nun Geschichte. Wie die Konkurrenz verfügte der Transit endlich über eine zeitgemäße vordere Einzelradaufhängung und eine präzise

Mit zahlreichen Verbesserungen startete der Transit in das Modelljahr 1992. Im Angebot standen auch zwei »Nugget«-Wohnmobile, jeweils mit Hoch- oder Aufstelldach. Der Auf- und Ausbau erfolgte bei Westfalia in Wiedenbrück, wo auch die VW-Wohnmobile entstanden.

Zum Modelljahr 1995 unterzog Ford seinen Allzweck-Transporter einer erneuten Modellpflege. Die Front zierte nun das für die Marke jener Zeit typische Oval.

Rechts: Der Transit war der erfolgreichste Transporter in Europa, die Stückzahlen waren beträchtlich. Im September 1994 feierte man in Genk den Bau des dreimillionsten Wagens.

Zahnstangenlenkung. Bei den Modellen mit langem Radstand und Nutzlasten bis 1885 Kilo kam eine Starrachse mit Längsblattfedern und Kugelumlauflenkung zum Einsatz. Kleiner Wermutstropfen: Die empfehlenswerte Servolenkung gab es serienmäßig nur bei einigen wenigen Modellen (meist langer Radstand, und das auch nicht von Anfang an), für die anderen (kurzer Radstand, Pkw-Zulassung) war sie immerhin auf Wunsch erhältlich. Dazu kam ein sorgsam durchdachter Arbeitsplatz für den Fahrer (»ist für einen Transporter optimal. Er

hat eher die Ergonomie eines Pkw als eines Transporters« *ACE Lenkrad*), einen Innenstadt-tauglichen Wendekreis (11,2 Meter bei kurzem Radstand), eine wirkungsvolle Motorkapselung und viele gute Ideen, die den Umgang mit dem Preisbrecher (der als Neunsitzer-Bus gerade 31.000 Mark kostete) zu einem echten Vergnügen machten.

Im Laufe seiner über ein Dutzend Jahre umfassenden Bauzeit wurde der Transit immer wieder überarbeitet und verfeinert, ohne dass sich am grundsätzlichen Konzept etwas geändert hätte. Auch die Optik änderte sich in all den Jahren nur wenig, nur die Transit des Jahres 1995 erhielten eine modifizierte Front mit dem für Ford typischen ovalen Kühlergrill. Wesentliche technische Neuerungen betrafen unter anderem die Einführung eines ABS-Systems und eines Fahrer-Airbags.

Auf Basis des Transit entwickelte Ford außerdem zahlreiche Freizeitfahrzeuge und Reisemobile. Wer sich als Privatmann für einen Transit interessierte, stand allerdings bis Mitte der neunziger Jahre so ziemlich auf verlorenem Posten, die Vielfalt der Varianten, Modelle und Möglichkeiten überforderte mitunter sogar das Verkaufspersonal. Ein erster Schritt zu etwas mehr Transparenz

führte zur Ausgliederung der für Großfamilien besonders interessanten Bus-Modelle, die ab 1994 auch in Tourneo-Ausstattung geführt wurden.

Gewerbliche Nutzer, etwa beim Bau, griffen zum Prospekt, der Kasten, Kombi und Fahrgestelle FT 80/100/150 kurz sowie FT100/190 lang auflistete. Handwerker und Kurierdienste hatten die Wahl zwischen den FT 80/100 der City Line (ab 1997), der Express Line (FT 100/190 lang) und der Service-Line (FT 100) mit Einbauten für die Gewerke Elektrik und Sanitär. Überwiegend für private Nutzer gedacht waren die Bus- und Wohnmobil-Reihen Tourneo (Acht-/Neunsitzer) sowie Euroline (Fünf-/Siebensitzer). Und mit dem hier ebenfalls aufgeführten Nugget (Aufstell-/Hochdach) hatten die Kölner eine preisgünstige Alternative zu den Atlantic- und California-Wohnmobilen auf Basis der Volkswagen-Transporter T3/T4.

Der Erfolg blieb nicht aus: Der Ford Transporter war in deutschen wie europäischen Zulassungsstatistiken stets ganz vorn zu finden. So war er zum Beispiel zwischen 1987 und 1990 vier Jahre lang ununterbrochen das meistverkaufte Modell in seinem Segment in Europa. Und der neue Transit setzt diese Erfolgsstory fort.

Behörden und technische Dienste in ganz Europa schätzen den Transit wegen seiner Zuverlässigkeit und seiner Preiswürdigkeit. Auch die Bundespost fuhr zeitweise Transit.

Ford Transit/Tourneo (seit 2000)
Die Qual der Wahl

Mit dem Transit des Modelljahres 2000 bot Ford erstmals die Wahl zwischen Front- und Heckantrieb, letzterer empfehlenswert für die Baubranche und überall dort, wo schwere Lasten weggeschleppt werden mussten.

Aller guten Dinge sind – zwei. Zumindest im Falle des Transit: Kein Hersteller bietet seinen Transporter wahlweise mit Front- oder Heckantrieb an. Ford schon. Die größte Herausforderung für die Ingenieure unter Federführung des Truck-Vehicle Center in Dearborn/USA bestand allerdings nicht in der Konzipierung eines »nur« besseren Transporters, sondern in der Entwicklung eines Fertigungskonzeptes, das die Produktion der Transit-Versionen auf dem selben Band ermöglichte: Eine harte Nuss, weil das je nach Antriebskonfiguration längs oder quer eingebaute Triebwerke erfordert. Nachdem diese aber erst einmal geknackt war (ob Längs- oder Quermotor, die Aufhängungspunkte des Antriebs sind identisch), war der Rest beinahe Routine,

und auch das Problem der unterschiedlichen Plattformen auf einer gemeinsamen Produktionslinie – mit niedrigem (Frontantrieb) beziehungsweise höherem Laderaumboden (Heckantrieb) – konnte gelöst werden. Der Rest fiel weniger innovativ aus. McPherson-Federbein-Vorderachse und eine ebenso robuste wie spurstabile Starrachse mit Parabol-Blattfedern hinten gab es schon beim Vorgänger, ebenso Gasdruck-Stoßdämpfer rundum, Servo-Zahnstangenlenkung und ein leistungsfähiges Bremssystem (innenbelüftete Scheiben vorn, Trommeln hinten) mit Vierkanal-ABS und elektronischer Bremskraftverteilung EBD.

Als Motorisierung standen für alle Ford Transit-Versionen Turbodiesel-Direkteinspritzer der Duratorq DI-Baureihe zur Verfügung. Das Leistungsangebot der 2,0 Liter-Motoren für die frontgetriebenen Modelle staffelte sich in die Ausführungen mit 55 kW (75 PS), 63 kW (85 PS) und 74 kW (100 PS), wobei die Basismotorisierung und das stärkste Aggregat bereits ab Markteinführung verfügbar waren. Für die heckgetriebenen Modelle mit höherer Nutzlast standen ebenfalls drei Leistungsstufen des mit 2,4 Liter hubraumstärkeren Motors zur Verfügung: 55 kW (75 PS), 66 kW (90 PS) sowie 88 kW (120 PS). Bei den Fronttrieblern kam das seilzugbetätigte VXT 75-Getriebe aus dem Galaxy zum Einsatz, in den heckgetriebenen Modellen arbeitete eine überarbeitete Version des bewährten Getriebetyps MT 75. Optional stand für diese Antriebsvariante ab 2001 das kombinierte Automatik-/Schaltgetriebe Durashift EST zur Verfügung.

Der Transit-Arbeitsplatz orientierte sich an gängigen PKW-Standards, hier fand sich jeder gleich auf Anhieb zurecht. Das Armaturenbrett sei zwar »wenig aufregend«, biete aber »konkurrenzlos viele, sinnvolle Abla-

Modelle, Varianten, Preise

Modelle:	Kasten, Kombi, Bus, Wohnmobil, Pritsche, Doppelkabine, Fahrgestell
Bauzeit:	ab 2000
Motoren:	
Frontantrieb:	1998 ccm TD / 55 kW (75 PS) bei 3250/min
	1998 ccm TD / 63 kW (85 PS) bei 3800/min
	1998 ccm TD / 74 kW (100 PS) bei 4000/min
	1998 ccm TD / 92 kW (125 PS) bei 3800/min ab 9/02
Heckantrieb:	2402 ccm TD / 55 kW (75 PS) bei 3500/min
	2402 ccm TD / 66 kW (90 PS) bei 4000/min
	2402 ccm TD / 88 kW (120 PS) bei 3800/min
	2402 ccm TD / 92 kW (125 PS) bei 3500/min ab 7/01
	2295 ccm / 107 kW (145 PS) bei 5500/min ab 7/01
Ausstattung:	2 x Airbag, ABS, Servo, Wegfahrsperre PATS, Tourneo: Veloursbezüge, Armlehne, Teppichboden, Schiebefenster seitlich, Dachhimmel mit Deckenleuchten, Fenster-/Seitenwandverkleidung. Euroline: 6/7 Sitze /z.T. drehbar, Gardinen einknöpfbar, 2 seitl. Schränke, Tisch an Seitenwand montierbar, Kühltasche, Steckdosen.
Varianten:	FT 260 K/280 K,M/300 K,M,L/330 M,L/350 M,L/Nugget
Preise:	ab Euro 17.850,–

Chronik:

2000	**März:** Vorstellung neuer Transit. Heckantrieb, drei Radstände, drei Dachhöhen. Aufbauten: Kasten (2-3 Sitze), Kombi (2-9 Sitze), Bus (8-9 Sitze), Pritschen (EK 2-3 Sitze, DK 2-7 Sitze), Fahrgestelle (EK 2-3 Sitze, DK 2-7 Sitze). Radstände Kasten/Kombi: 2.933, 3.300, 3.750 mm ; Pritschen/Fahrgestelle: 3.137, 3.504, 3.954 mm. Nutzlastklassen bei Produktionsstart: FT 320 (1,5 Tonnen) – FT 350 (1,7 Tonnen). Branchenmodelle (Werkstattfahrzeug »Service Line«, Kühlfahrzeug »Fresh Line«, Kurierdienstfahrzeug »Express Line«) ab Werk lieferbar.
	September: Weltpremiere für den Transit mit Frontantrieb. Daneben feiern auf der IAA der Tourneo, das neue Reisemobil Ford Transit Nugget und der Ford Transit Euroline (beide Aufbau Karmann) ihre Weltpremiere. Fünf Nutzlastklassen, Frontantrieb für FT 260/-280/-300; FT 260 = 2,6 to GG; FT 330/350 mit Heckantrieb. A.W: Kastenwagen mit 2 Schiebetüren seitlich; Pkw-Zulassung möglich, dann mit Sitzbefestigungspunkten und festen Scheiben im mittleren Fahrzeugbereich, durchgehender Dachhimmel, dritte Bremsleuchte.
	Nur Fzg. mit Heckantrieb und 100/125-PS-Fronttriebler: serienmäßig elektronische Differenzialsperre EDS.
2001	**Juli:** Transit m. Heckantrieb FT 330/350 a.W.: automatisiertes Schaltgetriebe »Durashift EST«, zwei neue Motorisierungen (125 PS Turbodiesel, 2,3-l-16V Benziner, 145 PS), Luftfederung hinten.
	Dezember: Ford Transit (Heckantrieb) mit 2,3 Liter-DOHC-Benzinmotor a.W. mit Erdgas-Anlage. 80-l-Gastank, Montage quer zur Fahrtrichtung an der Trennwand oder längs an der linken Seitenwand. Bei Kombimodellen werden die Behälter im Gepäckraum quer hinter der letzten Sitzreihe untergebracht, während bei Fahrgestellen und Pritschenfahrzeugen in vielen Fällen Unterflurkonstruktionen zum Einsatz kommen. Aufpreis ab Euro 3.579,–.
2002	**Februar:** Präsentation FT430 mit 4,25 to GG. Langer Radstand, verlängerter hinterer Überhang, Hochdach, Zwillingsbereifung. 66 kW (90 PS) bzw. 92 kW (125 PS); a.W. mit Durashift EST (90 PS).
	September: Vorstellung Ford Transit (Frontantrieb) mit 2,0 Liter-Turbodiesel »Duratorq-TDCi« (92 kW/125 PS). Neu auch: Transit 17-Sitzer Bus (Heckantrieb, Zwillingsbereifung, langer Radstand, 3,5 to GG). Parallel dazu erhältlich: Ford Transit 13-Sitzer (Basis FT 350 L, mittelhohes Dach, Heckantrieb).

serienmäßige Fahrer- und optionale Beifahrerairbag (Serie bei den Modellen Tourneo, Euroline und Nugget) sowie Gurtstraffer vorne.

Während die heckgetriebenen Ausführungen des Ford Transit die Transporterkategorie bis 4,25 Tonnen Nutzlast bedienten, waren für die Nutzlastklassen bis drei Tonnen der Frontantrieb ein Thema: Frontantrieb stand für Agilität und gute Traktion bei geringerer Beladung, Heckantrieb für hohe Fahrstabilität mit hohen Nutzlasten. Eine Gleichteilrate von 96 Prozent sowie die Möglichkeit, beide Antriebsvarianten auf identischen Fertigungslinien zu bauen, sorgten für eine effiziente Produktion und hohe Qualitätsstandards.

Insgesamt bot Ford werkseitig über 400 Grundvarianten des Ford Transit an – ein beeindruckender Wert, der sich durch das extrem reichhaltige Angebot an Ausstattungs- und Zubehöroptionen fast beliebig multiplizieren ließ, theoretisch ermöglichte der Transit-Baukasten rund 900 Varianten.

Ein Transit-Kombi mit Heckantrieb, mittellangem Radstand und mittelhohem Dach.

Das Gesicht des Ford-Schritts: Der neue Transit markierte einen großen Schritt nach vorne und bot eine nie gekannte Vielfalt: Über 900 Varianten waren denkbar.

gen«, lobten die schweren Jungs von *lastauto omnibus*, »Raumangebot und Sitzposition setzen Maßstäbe«. Auch in Sachen Insassenschutz gehörte der Transit in die Erste Liga: Die Dekra-Unfallforscher setzten einen langen Transit-Kastenwagen mit 50 km/h vor eine Betonwand: »Insgesamt ein sehr gutes Ergebnis«, stellte Dekra-Mann Rücker fest, den Chrash hätten alle Insassen ohne ernsthafte Blessuren überstanden.

Die Basis der passiven Insassensicherheit bildeten unter anderem die crashoptimierte Karosseriestruktur, der

Ford Lastwagen (1926–1988)
Aller Laster Anfang

Wie alles begann: der TT-Halbtonnen-Lieferwagen auf Basis des ungekröpften Rahmenfahrgestells des T-Modells. Gegenüber dem Pkw war der Radstand länger und die Bereifung größer. In Berlin entstanden rund 3000 TT-Wagen.

Mit dem »Fordson« fing alles an: Dem »Sohn des Ford« sollte das gelingen, was Henry Ford schon mit dem T-Modell geglückt war – nämlich die Massen-Motorisierung. Und mit dem Fordson beginnt auch die Ford-Geschichte in Deutschland; das erste Verkaufsbüro wurde installiert, um den Import von 1000 dieser modernen Schlepper in richtungsweisender Blockbauart zu organisieren.

Ausgangspunkt der Ford-Nutzfahrzeugfertigung in Deutschland stellt aber das berühmte T-Modell dar, das

ab 1926 als Lieferwagen mit Fremdaufbauten angeboten wurde. Mit stabilem Unterbau folgte 1928 der erste Lkw-Typ »AA«, der den Motor aus der Pkw-Baureihe A besaß. Da das damalige Deutsche Reich den Import kompletter Fahrzeuge zum Schutz der eigenen Automobilindustrie behinderte, führte Ford über Kopenhagen die Bauteile im Rahmen eines besonderen Zollabkommens vom August 1925 ein (»Milchkannen-Position«). Die Montage erfolgte in Berlin, und es war ein Lastwagen vom Typ AA, der als erstes Fahrzeug 1931 vom Kölner Fließband rollte.

1931 löste der »BB-Typ« mit leistungsgesteigertem Motor und verschiedenen Radständen den AA-Laster in der Nutzlastklasse bis 2,5 Tonnen ab; der »BB Spezial« mit kurzem Radstand erschloss den Markt der Leichtlastwagen.

Nachdem 1935 die Achtzylinder-Produktion angelaufen war, konnte Ford dem soliden Vierzylindermotor einen leistungsstarken Vergasermotor zu Seite stellen, der dann im inzwischen als 3-Tonner geführten BB-Lastwagen Verwendung fand. Mit seiner Motorleistung von 90 PS war dieser Dreitonner beträchtlich stärker als die Konkurrenz, auch wenn dieser feine V8 nicht unbedingt zum harten Lastwagen-Alltag passen mochte.

Durch den Einsatz der inzwischen in Köln gefertigten Motoren, des zumindest 72 prozentigen Anteils an deutschem Material für Chassis und Karosserie sowie des 75 prozentigem Anteils an »deutscher Wertarbeit« erhielten die Ford-Erzeugnisse das Prädikat »Deutsches Erzeugnis« (kenntlich am Schriftzug unter dem Ford-Emblem) und konnten dadurch auch von Reichsbehörden gekauft werden, ein Umstand, der schließlich Ford zu einem großen Lieferanten für die Wehrmacht aufsteigen ließ. Im Jahre 1938 stattete Ford seine Lastwagen endlich mit zwei vorderen Längsblattfedern aus, anstelle der bis dahin üblichen Querblattfedern, und die unzeitgemäßen Seilzugbremsen wichen Hydraulik-Bremsen der Marke Teves. Stärkere Modelle erhielten zusätzlich eine Saugluft-Bremskraftverstärkung.

Im Rahmen des Schell-Plans fand der Ford-Dreitonner mit vier wie auch acht Zylindern Aufnahme in die Dreitonnen-Klasse. Das bedeutete: Ford durfte (oder musste, je nach Betrachtungsweise), ausschließlich Lastwagen in dieser Tonnageklasse produzieren. Dafür wurden die entsprechenden Rohstoffe zugeteilt, dafür gab es Material. Eine Ausweitung der Modellpalette war nicht möglich.

In den nächsten Jahren baute Ford Pritschenwagen, Allrad-Laster und Halbkettenfahrzeuge für die Wehrmacht, genau so wie die englischen und amerikanischen

Ford-Werke die Alliierten versorgten, während die sowjetische Armee mit Lizenz-Ford unterwegs war. Rund 75.000 Lastwagen dienten an allen Fronten der Wehrmacht. Gegen Ende des Krieges erhielten auch die Ford-Laster, das Einheits-Holzfahrerhaus, gleichzeitig wurde das Fahrzeug »entfeinert«, um Material und Montagezeit zu sparen.

Neben dem Büssing-Werk konnte Ford unmittelbar nach der Kapitulation mit der Montage der Laster, allerdings für die Besatzungsmächte, fortfahren. Der uralte V8-Motor der ersten Generation kam hier wieder zum Einsatz. Nach einem recht erfolgreichem Start stagnierte durch Materialmangel im Jahre 1947 die Produktion; mit der Währungsreform stieg die Fertigung der nun als Typ »Ruhr« (BB-Modell) und »Rhein« (V8-Modell) bezeichneten Typen wieder an. Sie fanden im beginnenden Wirtschaftswunder reißenden Absatz. Von großem Vorteil war dabei der gute Kontakt zu den amerikanischen, britischen, französischen und belgischen Besatzungsbehörden. Außerdem waren die Ford-Lastwagen robust, sehr preiswert und günstig mit vorhandenen Ersatzteilen zu versorgen.

Zu Beginn der 50er Jahre war es für Ford aber nicht mehr damit getan, die produzierten Lastwagen nur zu verteilen, die Ansprüche stiegen, und der V8-Motor war bekanntermaßen kein Kostverächter. Am wirtschaftlichen Dieselmotor führte kein Weg vorbei, daher griff das Kölner Werk auf den amerikanischen Hercules-Dieselmotor zurück, den die Süddeutsche Bremsen AG im Auftrag fertigte. Gleichzeitig erhielten alle Fahrzeuge eine neue Frontgestaltung unter Beibehaltung des alten Fahrerhauses. Nun hatte der Ford-Kunde die Wahl zwischen drei Triebwerken: dem neuen Diesel, dem uralten BB-Vierzylinder oder dem Achtzylinder.

Die Ford-Laster, darunter auch wieder Allradfahrzeuge, trugen jetzt in einer vorderen Zierleiste die Bezeichnung »FK« (für Ford-Köln) sowie die Angabe der Tonnage in Kilogramm ausgedrückt. Neben den Lastern stellte Ford, zum Teil in Zusammenarbeit wieder mit der Firma Clerck, erneut Unterbauten für Omnibusse zur Verfügung.

Nur für wenige Baujahre hielt Ford die 4-Tonner-Baureihe mit einer eigenwilligen Karosseriegestaltung im Programm. Technische Finesse war dabei die Eaton-Doppelschaltachse, die über Druckluft gesteuert, die Hinterachsübersetzung der Ebene oder der Steigung anpaßte, jedoch nicht für Baustellenfahrzeuge geeignet war.

Die letzte deutsche Ford-Lkw-Generation erschien unangekündigt auf der Frankfurter IAA von 1955. In einem einheitlichen Erscheinungsbild präsentierte Ford die neuen FK 2500-, FK 3500- und FK 4500-Modelle. Aus der amerikanischen Baureihe war die moderne Vorderhaubengestaltung mit dem auffallenden Haifischgesicht als Lufteinlaß und dem vollkommen neuen und ansprechenden Fahrerhaus mit der Panoramascheibe sowie seitlichen, ausstellbaren Dreiecksfenstern übernommen worden. Auch die Innengestaltung hielt jedem Vergleich stand. Um den deutschen Kunden endlich einen absolut modernen, leistungsfähigen und spar-

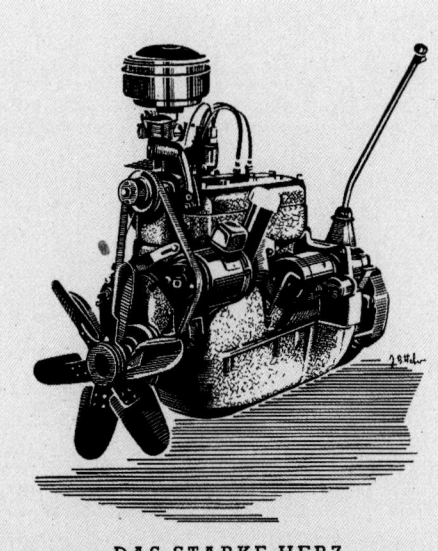

DAS STARKE HERZ
UNSERES NEUEN 1,5-2 to SCHNELLASTWAGENS

Auf diesen Vierzylinder-Motor schwören Millionen FORD-Freunde, Männer in allen Ländern der Erde, die begeistert sind von seiner robusten Kraft und absoluten Zuverlässigkeit. Mit einem Hubvolumen von 3,2 Liter und einer Leistung von 57 PS verbraucht die Maschine 17 Liter Brennstoff auf 100 km. Sie verleiht unserem neuen Schnellastwagen den besonderen Wert. Hinzu kommen die bekannten Vorzüge all unserer Lastkraft-

wagen — stabile Achsen und Rahmen, gute Federn und Bremsen, leichte Bedienung und Lenkung. Die Wirtschaftlichkeit dieses neuen Nutzfahrzeuges, mit einer Ladefähigkeit von 2 Tonnen und einer gleich hohen Zugkraftreserve, erfährt durch den Preis eine wesentliche Unterstreichung. Das Chassis mit Windlauf kostet z. B. DM 7800.— ab Werk. Ihr FORD-Händler erklärt Ihnen unverbindlich unsere neuen Zahlungspläne.

DER NEUE 1,5-2 to SCHNELLASTWAGEN

MIT KASTEN | MIT FAHRERHAUS IN GANZSTAHL | MIT PRITSCHE

Unser Lieferprogramm
Personenwagen · Lieferwagen · Lastkraftwagen · Omnibusse
Kommunalfahrzeuge · Austausch- und Industrie-Motoren

FORD-WERKE AG KÖLN

samen Motor anzubieten, übernahm das Kölner Ford-Werk die Zweitakt-Motorenkonstruktion des Grazer Konstrukteurs Hans List, die im Baukastensystem als V4- oder als V6-Zylinder zum Einsatz kommen sollte. Die »Hochleistungsmaschine« besaß ein Spülluftgebläse, das eine saubere Füllung der Zylinder im Ansaugtakt garantieren sollte. Im Dauergebrauch erwies sich aber gerade dieses Spülluftgebläse als sehr anfällig (wie übrigens auch die für die ÖAF in Wien entwickelten List-Zweitakter). Ständige Reklamationen zehrten an dem bisher guten Ruf der Ford-Laster.

Erheblich standfester, aber völlig veraltet, war der weiterhin angebotene V8-Motor. Er sorgte vor allem bei Fahrzeugen für Vortrieb, die nur bei Bedarf eingesetzt wurden, also Feuerwehren oder Katastrophenschutz-Fahrzeugen. Seinen letzten großen Auftritt erlebte der preiswerte, aber durstige V8-Vergasermotor im Nato-oliv: Die neu gegründete Bundeswehr fuhr Fords

Werbung 1948: Der Lastwagen mochte vielleicht neu sein, die Motoren waren es nicht.

Linke Seite, unten: Fords AA-Lieferwagen als Service-Wagen für den Einsatz in jenen Gebieten, in denen der Ford-Import von Deutschland aus gesteuert wurde.

Keine überzeugende Leistung: Die »Nato-Ziege«, Fords Allrad-Dreitonner mit V8-Motor, bewährte sich nicht im Bundeswehr-Alltag.

Der intern als G 987 T bezeichnete BB-Lastwagen konnte auch mit Imbert-Holzgasanlage ausgerüstet werden. Der Gaskühler stand vor der Motorhaube, der Absitzbehälter unter der Blattstoßstange. Die Firmen Harmening in Bückeburg und Kässbohrer in Ulm erstellten in den ersten Kriegsjahren solche »Leichtstabilbusse« mit integrierter Generatoranlage.

»NATO-Ziege«. Dieser mittlere Laster wurde in über 8000 Stück gebaut, ohne sich sonderlich zu bewähren. Dabei hätten es das Beschaffungsamt besser wissen können: Das im Prinzip aus dem Zweiten Weltkrieges stammende Modell litt wie schon die Ford-Wehrmachtslaster an dem für den Nutzfahrzeugbetrieb wenig geeigneten Motor (und der wohl rauhen Behandlung durch ständig wechselnde Fahrer) und wurde schon gegen Ende der 60er Jahre ausgemustert. Aufgearbeitete Fahrzeuge gingen aufgrund der hohen Bodenfreiheit und des Benzinmotors nach dem Sechstagekrieg nach Israel oder als NATO-Hilfe in die Türkei.

Das Fiasko mit dem List-Zweitaktdiesel und sicher auch das fehlende Interesse, den Motor standfest zu machen, führten 1961 zur Einstellung der Lkw-Produktion im Kölner Werk, zumal der Pkw- und der Transporterbau sich erheblich lukrativer entwickelten.

Bis zum Ende des Weltkriegs (erfasst bis Ende 1945) hatte das Kölner Ford-Werk (einschließlich der in Berlin montierten 10.970 Modellen) 143.002 Lastwagen hergestellt; bis 1961 folgten weitere 68.048 Exemplare. Ford hatte sich dabei stets darauf konzentriert, nur das Fahrgestell mit dem Fahrerhaus an die Aufbautenhersteller zu liefern. Aus Kapazitätsgründen stammten die Fahrerhäuser größtenteils aus dem Karosseriebau des Nordwestdeutschen Fahrzeugbaus.

Einen erneuten Einstieg wagte das deutsche Ford-Unternehmen mit dem Vertrieb der englischen »A«- und »N«-Modelle ab 1973 auf dem deutschen Markt. Aus dem Amsterdamer Ford-Werk folgte 1975 der vor allem als Sattelzugmaschine eingesetzte »Transkontinental«, so dass Ford ein lückenloses Programm aufweisen konnte. 1982 führte Ford das dreistufige Programm in dem modernen »Euro-Cargo«-Modell zusammen, das mit entsprechender Ausstattung den Bereich von 2,5 bis 40 Tonnen abdecken sollte. Das zu geringe Servicenetz und der zu geringe Marktanteil führten zum Verkauf des »Cargo«-Geschäftes an die Firma IVECO.

Omnibusse

Natürlich bot Ford auch Omnibusse an, ohne diese allerdings in größerer Stückzahl selbst zu produzieren. Das erledigten normalerweise, im Ford-Auftrag, verschiedene Aufbautenhersteller. Die bekannteste, die Firma Erich Clerck in Wuppertal-Elberfeld, steuerte für die Ford-Omnibusse verlängerte Fahrgestelle sowie Tiefrahmen-Chassis bei. Nach der Währungsreform bot Ford auch Frontlenker-Fahrgestelle an, die zum Teil wieder von der Firma Clerck stammten. Allerdings war das Lastwagen-Chassis den gestiegenen Anforderungen des Omnibus-Baus nicht länger gewachsen, und als Ford

endlich ein Langrahmen-Fahrgestell anbieten konnte, war der Markt nicht mehr daran interessiert: Der Hauptkunde Drauz war zum eigenen selbsttragenden Bus übergegangen. Einzig die Besatzungsmächte waren weiterhin an den kleineren Rahmenfahrgestellen für Frontlenker- und Haubenbusse interessiert, doch auch dieses Thema hatte sich Mitte der fünfziger Jahre erledigt. Die ersten Busse der Bundeswehr stammten zwar nicht von Ford, sondern dem Nordwestdeutschen Fahrzeugbau (NWF) in Wilhelmshaven, waren aber ebenfalls mit dem uralten 3,9-Liter-V8 bestückt.

Text: Wolfgang Gebhardt

Ford bot zwar Omnibusse an, den Ausbau übernahmen in der Regel aber Aufbautenhersteller. Zu den interessanten Konstruktionen gehörte dieser Drauz-Frontlenker von 1952.

Ford Lastwagen
Die Vierzylinder-Baureihen (1932–1955)

BB-Typ (1932–1947)

Mit dem Typ »BB« legte Ford eine Baureihe auf Band die mit den Nachfolgemodellen über 20 Jahre im Programm blieb. Am Anfang dieses bunten Reigens der Modell- und Motorvarianten stand der auch bei dem Personenwagen Typ Modell B eingesetzte 3,2-Liter-Motor mit 50 PS. Während es aber vom B-Modell immerhin sechs Ausführungen gab, beschränkte sich Fords Doppel-Be-Angebot auf eine Standard-Ausführung mit 2,5 Tonnen Nutzlast und eine aufgelastete Variante mit knapp 3 to Nutzlast, die als »Fordson« vermarktet wurde. Schließlich ergänzte noch eine »Spezial«-Version mit kurzem Radstand das Nutzfahrzeug-Angebot der Kölner. Und nachdem das Unternehmen 1933 alle Bestimmungen der Reichsregierung erfüllt hatte und seine Lastwagen nun als »Deutsches Erzeugnis« verkaufen durfte, bestanden auch Aussichten auf lukrative Behördengeschäfte.
In Details weiter entwickelt – so kamen 1939 die längst überfällige Hydraulik-Bremsanlage statt der unbefriedigenden Gestängebremsen sowie Halbelliptikfedern statt

Die ab 1928 gebauten Lastwagen wurden mit Motoren gleicher Bauart ausgestattet. Typisch für Ford war die an einer Querblattfeder aufgehängte Vorderachse. Die Bremsbetätigung erfolgte mechanisch per Gestänge. Oben ein »Spezial«-Typ, wie er 1933 auf der Berliner Automobilausstellung zu sehen war; rechts ein BB-Bus mit Clerck-Aufbau.

Nach 1948 lieferte Ford den bewährten Vierzylinder-Lastwagen B3000 (»Schnelllastwagen«) als Typ Ruhr wieder aus.
Der Kunde hatte die Wahl zwischen einem Vier- oder Fünfgang-Getriebe.

Querblattfederung vorn – gehörte der BB zu den Standard-Lastwagen der Wehrmacht. Vier- und Achtzylinder-Lastwagen waren von außen kaum zu unterscheiden, Ford baute praktisch nur eine Lastwagentype. Dieser »Einheitslastwagen« erhielt die schon seit 1938 in den USA verwendete ovale Kühlerpartie mit gewölbten Kotflügeln. Anders als die US-Modelle hatten die deutschen Vier- und Achtzylinder-Lastwagen aber eine einteilige Frontscheibe. Der intern als G 987 T bezeichnete Laster konnte wahlweise auch mit einer Imbert-Holzgasanlage ausgerüstet werden; Ford hatte mit der Verwendung »heimischer Brennstoffe« seit 1934/35 experimentiert und in den Prospekten des Jahres 1936 tauchen bereits die ersten Holzvergaser-Modelle auf.

Die BB-Baureihe wurde nach 1942 als B 3000 weiter gebaut, eine neue Bezeichnung, die das Schell-Typenbegrenzungsprogramm vorschrieb. Der Radstand wuchs leicht und die Motorhaube wurde vereinfacht. Am Fahrerhaus gab es nichts mehr zu vereinfachen, hierbei handelte es sich schon um das so genannte deutsche, Einheitsfahrerhaus, das auch die Lastwagen-Modelle der anderen Hersteller besaßen. Das vereinfachte Reparaturen im Felde. Auf Drängen der Wehrmacht war die Elektrik auf 12 Volt umgestellt worden, wie sie die anderen Lastwagen in den Fuhrparks auch aufwiesen. Die Leistung stieg auf 52, dann auf 57 PS. Das einsetzbare 4- oder 5-Ganggetriebe war ab dem 2. Gang synchronisiert; die Holzvergasermodelle G 388 TG waren mit 5-Ganggetriebe bis 1946 zu haben; die Einheits-Holzfahrerhäuser mit Pressspanplatten anstelle der Ganzstahlkabine gab es sogar bis 1947. Vorne hatten diese Einfachst-Lastwagen einfach geformte Kotflügel angeschraubt, hinten verzichtete man darauf ganz.

Ford Ruhr/FK-BB-Serie (1948–1955)

1948 erschien der bewährte Vierzylinder-Lkw wieder in solider »Frieden«-Ausstattung. Der nunmehrige Ford »Ruhr« trug sogar Chrom auf der Haube. Nur schade, dass es beim braven, aber veralteten 3,2-Liter-Motor blieb, dessen 57 PS nur im Stadtverkehr noch ausreichten. Die letzte Ausführung des Vierzylinder-Dreitonners bildete die Version »FK 3000 BB« von 1951. Die Unterschiede zum Vormodell beschränkten sich auf eine überarbeitete Karosserie (die der V8 Rhein ebenso wie der neue Diesel-Lkw übernahmen) mit integrierten Scheinwerfern und reichlich Chrom an der neuen Haube. Beibehalten wurde das »personenwagenartig ausgestattete Fahrerhaus« mit der einteiligen, in Chrom eingefassten Frontscheibe.

Ende 1949 gab es ein Wiedersehen mit dem Schnelllaster »BB Spezial«. Mit zwei verschiedenen Radständen konnte das Fahrzeug als 1,5- oder 2-Tonner geliefert werden, steuerliche Vorteile sprachen für die kleinere Version, doch als 1952 der weiter entwickelte G 38 T erschien, war der nunmehrige »FK 2000« ausschließlich auf zwei Tonnen Nutzlast ausgelegt. Sein Karosseriestyling entsprach aktuellen Designströmungen. Die Geschichte der BB-Vierzylinder endete zum Modelljahr 1955, zur IAA stellte Ford seine weiter entwickelte Lkw-Serie vor, die normalerweise mit Zweitakt-Dieselmotor betrieben wurde und nur noch auf ausdrücklichen Wunsch mit Benzin-Triebwerk erhältlich war.

Die letzte Ausführung des Vierzylinder-Dreitonners bildete der FK 3000 BB. Vier- und Achtzylinder wie auch die neuen Diesel hatten das gleiche Fahrerhaus.

Ford Lastwagen
Die Achtzylinder-Baureihen (1935–1961)

Um den (Fast-) Dreitonner mit einem stärkeren Antrieb anbieten zu können, kombinierte Ford 1935 den V8-Motor mit Chassis und Fahrerhaus aus dem BB. Im Bild der Typ 51-V8, 1937.

1939 wurde die Baureihe überarbeitet, kenntlich an der neuen Kühlermaske, den bauchigeren Kotflügeln und der geteilten Frontscheibe. Die Typbezeichnung: G917.

Ford V8-51/V 3000 S/Rhein (1935–1950)

In all den Jahren, in denen Ford Fahrzeuge baute (und dies immer noch tut), hat sich doch eines nie geändert: Ein Minimum an Motoren ergab stets ein Maximum an Modellen. So auch im Falle jener Lastwagen-Reihe, die mit der »Fordson«-Variante des BB-Typs ihren Anfang nahm und ab 1935 als eigenständige Baureihe ständig neue Blüten trieb. Wie auch im Personenwagen-Programm, gab es parallel zu den weiterhin lieferbaren Vierzylindern auch leistungsstarke Achtzylinder-Varianten. Der V8-Laster anno 1935, mit gleicher Haube und gleichem Fahrerhaus wie der »BB«-Typ ausgestattet, besaß also Henry Fords berühmten 3,6-Liter-V8, der maximal 90 PS erzeugte. Da der Motor anfänglich zur Überhitzung neigte, verlegte Ford die an den Zylinderdeckeln angebrachten Wasserpumpen an den unteren Teil des Motorblocks; gleichzeitig erhielt der Motor einen verbesserten Zündverteiler sowie eine kräftigere, geschmiedete Kurbelwelle. Auch die Brennraumform wurde überarbeitet; Ford bot auch entsprechende Nachrüstsätze an. Das Reichsverkehrsministerium stufte 1936 den V8-Laster (die Fahrerhäuser kamen von Ambi-Budd), der inzwischen auch das Prädikat »Deutsches Erzeugnis« trug, entsprechend der Motorleistung und des günstigen Verhältnisses von Eigengewicht zu Nutzlast als »geländefähig« und damit als steuerbegünstigt ein.

Nachdem 1937 leichte Retuschen an der Haube vorgenommen worden waren (Ausnahme: die Holzgas-Laster) folgten zwei Jahre darauf, im Rahmen des Schell-Programms, technische Verbesserungen wie hydraulische Bremsen, eine an Längsblattfedern geführte Vorderachse oder hintere Trichterachsen. Gewölbte Kotflügel und ein großer Ovalkühler mit einer Senkrechtstrebe und Querstreifen veränderten wie auch beim BB-Vierzylinder das bisherige Kühlerdesign. Drei verschiedene Antriebsübersetzungen standen zur Wahl. Zum größten Abnehmer dieses beliebten Lasters avancierte die Wehrmacht, die ihn unter der Bezeichnung G 917 TSt IIIa einsetzte. Trotz (oder besser: wegen) der Kriegshandlungen kam es in den nächsten Jahren zu sporadischen Weiterentwicklungen, gegen Kriegsende schließlich ersetzte das Holz-Einheitsfahrerhaus mit Pressspanplatten die Ganzstahlkabine.

Die ersten Fahrzeuge, die im ehemaligen Deutschen Reich nach der Kapitulation wieder vom Band liefen, waren Ford-V8-Lastwagen, gebaut zunächst ausschließlich für die Alliierten. Dieser Achtzylinder-Dreitonner (G 618 TS) nach britischem Vorbild trug unter seiner Haube den seit 1941 nicht mehr produzierten 3,6-Liter-Motor mit 90 PS, der eigens wieder aufgelegt wurde. Die ersten Modelle erhielten das Einheits-Holzfahrerhaus sowie einfache Kotflügel, erst 1947 konnte das Ganzstahlfahrerhaus wieder aufgesetzt werden.

Damit war der Dreitonner bestens gerüstet für das Wirtschaftswunder: Seit 1948 war der Achtzylinder-Lastwagen unter der Verkaufsbezeichnung »Rhein« in vernünftiger Ausstattung wieder zu haben. Und die Chromstreifen auf der Haube ließen die Tristesse der Kriegsjahre vergessen.

Ford FK 3500/4000/4500 V8 (1951–1955)

Moderne Zeiten: 1951 wehte ein frischer Wind durch das angestaubte Modellprogramm der Kölner, was die Lastwagen-Baureihen durch eine neue Bezeichnung deutlich machten. Sie hießen nun FK (»Ford Köln«) mit einer entsprechenden Nutzlast-Bezeichnung in Kilogramm. Die optischen Ford-Schritte bescherten dem Einheits-Lastwagen (noch immer waren Vier- und Achtzylinder, abgesehen vom Motor, weit gehend baugleich und von außen höchstens an der Nutzlast-Angabe zu unterscheiden) eine neue Haube im Stil des US-Typs »F«, ohne dass sich am Fahrerhaus selbst etwas geändert hätte.

Das Kölner Dom-Wappen zierte anfänglich die Haubenfront, bis wieder das traditionelle FK-Emblem mit den verschlungenen Initialen die Vorderfront auszeichnete. Im obersten Chromquerstreifen war die Typangabe eingeprägt. Hinter den seitlichen Querstreifen saß ein V8-Emblem; in seiner letzten Ausbaustufe brachte es der durstige V8, dank modifizierter Zylinderköpfe, auf stramme 100 PS. Für die Kraftübertragung sorgte wahlweise das ebenso betagte 4- oder 5-Ganggetriebe. Einziges Unterscheidungsmerkmal gegenüber den neuen Diesel-Modellen war der Verzicht auf die Gummieinlagen auf der Stoßstange. Bester V8-Kunde war, wieder einmal, die US-Army, die dann eine größere

Anzahl gebrauchter Fahrzeuge an die 1956 neu aufgestellte Bundeswehr abgab.

Nach 1955 und der Einführung der unzuverlässigen Diesel-Zweitaktmodelle wurde der extrem durstige V8-Motor eigentlich nur noch auf Sonderwunsch eingebaut, lediglich Feuerwehren und Getränkevertriebe zeigten noch Interesse an dieser allerdings recht preiswerten Version. Dazu kamen Großabnehmer wie der Katastrophenschutz, der noch größere Stückzahlen dieses Lasters als Großraumkrankenwagen orderte. Auf den langen Radstand setzten verschiedene Karosseriehersteller NATO-Kofferaufbauten, und die US-Army übernahm 1958/59 noch einmal V8-Pritschenwagen für ihre Unterstützungseinheiten. Darüber hinaus ging der V8-Laster in einer Militärausführung ins Ausland.

Ford V8 mit Holzgasanlage. Ford experimentierte seit 1934 mit dieser Art des Antriebs. Dieser V8 von 1938 erhielt 1942 den Imbert-Generator.

Im Dienste der Stadtreinigung: Der V8-Dreitonner V 3000 S in der ab 1942 gebauten Form. 1948 lief er als Typ »Rhein« wieder vom Band, dann aber mit größeren Scheinwerfern, farbig abgesetzten Kotflügeln und Chrom am Kühlergrill.

Unter Verwendung von Bauteilen aus dem Kriegs-Frontlenker stattete Ford 1952 den FK 3500 mit Allrad-Antrieb aus, der Frontantrieb war abschaltbar. Der FK 3500 V8A ging hauptsächlich an die Bauwirtschaft, an die US-Truppen und in den Export. Ab Ende 1953 wurde der Allrad-FK nur noch für den Export gebaut.

Ende 1953 wieder aus dem deutschen Programm, wer danach unbedingt einen wollte, wurde in Belgien oder den Niederlanden noch fündig.

Zur neuen Haube des Modelljahres 1951 gesellte sich bald darauf auch eine neue Lastwagen-Variante mit vier Tonnen Nutzlast, der FK 4000. Der Achtzylinder-Vergasermotor war gegenüber dem Dieselmotor erheblich preiswerter. Zu den 1953 eingeführten technischen Neuerungen der FK-Reihe gehörte die auf Wunsch verbaute Eaton-Doppelschaltachse, eine Hinterachse mit zwei Untersetzungen, die per Handhebel und Druckluft während der Fahrt zugeschaltet werden konnte: »Das ist famos«, freute sich der *Krafthand*-Tester 1953, »da sind ja eigentlich acht Gänge zur Verfügung und die Möglichkeit, die Getriebeübersetzung so fein abzustimmen, dass in jedem Fall die beste Leistung auf den Boden gebracht wird«. Fahrzeuge mit Eaton-Achse hatten eine höhere Nutzlast von 4,15 Tonnen. Später aber sollte sich erweisen, dass diese Technik vielleicht im Speditionseinsatz ganz brauchbar war, für den harten, schaltungsintensiven Einsatz bei Baustellenfahrzeugen aber nicht taugte. Die 4000er Baureihe komplettierte 1953 der »FK 4500«, natürlich ebenfalls mit 100-PS-V8, eine Auflastung, die im wesentlichen der verwendeten neuen Reifengröße zu verdanken war, die eine größere Tragkraft besaßen. Der Kunde konnte für seine Einsatzzwecke das 4-Getriebe mit der Doppelschaltachse oder das 5-Ganggetriebe ordern. Den Zusatzbuchstaben »L« trug die Langrahmenversion, die eine 4-Meter-Pritsche oder Spezialaufbauten aufnehmen konnte und ab 1953 auch mit dem 5-Ganggetriebe geliefert werden konnte.

Kleinstes V8-Modell war der »FK 3500«, den es zwischen 1952 und 1954 auch mit zuschaltbarem Allradantrieb gab. Gedacht vor allem für die Bauwirtschaft, gehörten zu den Abnehmern dieser Variante FK 3500 V8A die Motor-Pools der US-Besatzungsmacht und die Exportmärkte. Mangels Nachfrage verschwand der Allrad-FK

Der FK 4000 S war Fords erster Viertonner und zeigte eine neue Optik im FK-1000-Stil. Lieferbar mit V8-Maschine oder Diesel, endete die Fertigung mit Einführung der neuen Lkw-Generation im Jahre 1955.

Ford Lastwagen
Die Diesel-Modelle (1951–1961)

Die erste Generation von Diesel-Modellen nutzte amerikanische Lizenzen, die Hercules-Diesel wurden im Test zwar gut benotet und als »elastische Schnell-läufer« gelobt. Im Alltag allerdings zeigten die Wirbelkammer-Aggregate Schwächen, die Zuver-lässigkeit war lange nicht so gut wie erhofft, so dass zum Modelljahr 1956 neue Diesel-Konstruktionen zum Einsatz gelangten. Auch im Bus-Einsatz bewährten sich die Hercules-Diesel nicht. Links ein FK3500, unten ein FK-Bus mit NWF-Aufbau.

FK 3500/4000 D (1951–1955)

Dass die durstigen Vier- und Achtzylinder-Motoren längst abgelöst werden mussten, war klar, und dass als einzig wirtschaftliche Alternative ein Diesel in Frage kam, war ebenso deutlich. Eine Eigenentwicklung kam nicht in Frage, statt dessen entschieden sich die Kölner (oder eher: die Konzernherren), den amerikanischen Hercules-Diesel (»Dix-6-D«) zu übernehmen, der auch die schweren Ford-Lkw in den USA auf Touren brachte. Außerdem baute ihn die französischen Firma Hispano-Suiza für die französischen Drei- und Fünftonner des Hauses. Die deutschen Ford verwendeten zunächst Hispano-Suiza-Sechszylinder, dann aber Lizenz-Diesel, die bei der Südbremse AG in München produziert wurden. Elektrik und Einspritzung stammten in diesem Fall aber von Bosch. Der kurzhubig ausgelegte Hercules-Wirbelkammer-Diesel galt als ausgesprochener Schnell-läufer und lief »verhältnismäßig ruhig«, wie Tester damals schrieben. Dennoch blieb ihm der Durchbruch versagt, die Baureihe war mit zahlreichen Kinder-krankheiten behaftet. Ein seitlicher »Diesel«-Schriftzug

Im September 1955 erschien die neue Ford-Lastwagen-serie. Zu den optischen Besonderheiten gehörte der neue Kühlergrill mit seinen geflechsten Chrom-Zähnen. Ein sehr geräumiges Fahrerhaus mit weit herab gezogener Motorhaube verbesserte die Sichtverhältnisse für den Fahrer. Kleinstes Modell war der FK 2500 mit Viergang-Sperrsynchron-Getriebe und 80 PS, die 3,5 und 4,5-Tonner hatten die Fünfgang-Klauenschaltung. Beim 4,5 Tonner wurden die hydraulischen Bremsen durch eine zusätzliche Luftdruckbremse verstärkt, eine Servo-Lenkhilfe gab es gegen Aufpreis.

an der Motorhaube war die einzige Möglichkeit, den Selbstzünder von den Benzinern zu unterscheiden.
Neben dem normalen FK 3500 D stand zwischen 1952 und 1954 auch ein Allrad-Diesel im Angebot. Für den abschaltbaren Vorderradantrieb hatten die Ford-Ingenieure auf die Allradtechnik des Frontlenker-Wehrmachtslasters zurückgegriffen. Durch das Vorgelege stieg die Zugkraft des Wagens in schwierigem Gelände. Vereinzelt entstanden Feuerlösch-Fahrzeuge auf dem Ford-Diesel-Fahrgestell.
1953 brachte Ford mit dem FK 4000 D einen Lkw heraus, der ein grundlegend neues Fahrerhaus nach amerikanischem Styling auf dem bekannten 4013 mm-Rahmen besaß. Durch die gedrungene Vorderfront mit dem großen Lüftungsgitter im Stil des neuen FK-Transporters konnte das gummigelagerte Fahrerhaus mit seiner zweiteiligen Frontscheibe vorgerückt werden. Mit der dadurch möglichen Vorverlegung des Motors konnte die Nutzlast gleichmäßiger auf die Achsen verteilt und gleichzeitig etwas erhöht werden. Vereinzelt verbaute Ford anfänglich auch noch das bekannte Fahrerhaus hinter der neuen Kompakthaube.

Ford FK 2500/3500/4500 D (1955–1961)

Die IAA im September 1955 nutzte Ford zu einer grundlegenden Neuausrichtung des Programms mit neuem Einheitsfahrerhaus, großer Panoramascheibe, voll versenkbaren Seitenscheiben sowie ausstellbaren Dreiecksfenstern.
Die Lastwagen, so der Originaltext damals, müssten »schneller, bergfreudiger und anzugskräftiger« werden und sich »sowohl durch sein Verhalten im Verkehrsstrom als auch durch besondere Fahrbequemlichkeit mehr und mehr dem Pkw anpassen« – und daher war eine Neuausrichtung des Programms unumgänglich.
Auch wenn man damals sicher etwas ganz anderes darunter verstanden hat als heute: Am Grundsatz hat sich nichts geändert. Auf den ersten Blick ins Auge stach das neue Fahrerhaus, das die Tester als sehr geräumig

---

Modelle und Motoren

Ford Lastwagen 1932–1961: Motoren Vierzylinder-Reihen:
3285 ccm / 50 PS bei 2800/min
3285 ccm / 52 PS bei 2800/min
3285 ccm / 57 PS bei 2800/min

Motoren Ford V8: 3924 ccm / 95 PS bei 3750/min

Motoren Ford Diesel: 2797 ccm V4 D / 80 PS bei 2800/min
4080 ccm Dix-D / 90 PS bei 3000/min ab 1/51
4080 ccm Dix-D / 94 PS bei 3000/min ab 1/51
4195 ccm V6 D / 120 PS bei 2800/min ab 9/55
4462 ccm Dix-D / 95 PS bei 3000/min ab 1/51

Chronik:

1932	Einführung des Lastwagen auf Ford B-Basis zunächst als Modell AAB bezeichnet. Zwei Nutzlastklassen, 2,5 bzw. 3,0 to, dann Bezeichnung »Fordson«. Vierzylinder-Motor, 50 PS, Motor dreifach in Gummi gelagert. 4-Gang-Getriebe, Starrachse vorn mit Querblattfederung, hinten an halbelliptischen Blattfedern plus fünfblättriger Hilfsfeder; Radstand kurz 3342, lang: 3980 mm.
1937	V8: Nach unten spitz zulaufende Kühlerverkleidung im Stil des »Rheinland«.
1941	V8: Einführung 3,9-Liter-V8, 95 PS, Spitzengeschwindigkeit 85 km/h, Dauergeschwindigkeit 75 km/h.
1942	Vierzylinder: Neue Bezeichnung B 3000. 12 Volt-Elektrik (Bosch), neue »Hakennasen«-Motorhaube. V8: Einführung V 3000 S, Bezeichnung gemäß Schell-Plan: längerer Radstand (jetzt 4013 mm), 5-Gang (4 Gang + Geländereduktion), neuer Anlasser, neue Lenkung, 12 Volt-Elektrik (Bosch), neue »Hakennasen«-Motorhaube.
1943	V8: Verwendung 4-Gang-Getriebe, Nutzlast auf 3,5 to erhöht, einfachere Ausstattung.
1944	Aus Materialmangel wird das Ganzstahl-Fahrerhaus durch das Einheits-Fahrerhaus aus Pressspan ersetzt.
1946	V8: Produktion des Dreitonners für die Besatzungsmacht.
1948	Neuauflage des Vierzylinder-Dreitonners unter der Bezeichnung »Ruhr«. 3285 ccm, 52 PS. Tankinhalt 110 Liter, Normverbrauch 23,3 Liter. DM 9925,–. V8: Neuauflage des Dreitonners als Typ »Rhein«. 95 PS V8, Ganzstahl-Führerhaus, neu Kotflügel, Bosch-Anlasser und -Verteiler, Ross-Lenkung, Längsblattfederung mit Stoßdämpfern, verstärkter Rahmen, U-Profilstoßstangen, 110-Liter-Tank, Bereifung 7,60 x 20. Einheitslackierung grau, Kotflügel schwarz. DM 10.925,–.
1949	Neuauflage des Spezial BB. Nutzlastklasse 1,5-2 to, DM 8390,–
1950	Juni: Preisreduzierung »Ruhr« auf DM 8875,–; Preisreduzierung Spezial auf DM 7985,–
1951	Januar: Überarbeitung der Modellreihe, Bezeichnung jetzt FK. Einführung der Eaton-Doppelachse. März: A.W: FK 3000/3500 mit Sechszylinder-Viertakt-Diesel (Reihen-Vierzylinder nach Hercules-Lizenz). Ab DM 14 585,– (Komplettfahrzeug inkl. »Kautschukzuschlag«). Juni: Preisreduzierung um DM 1350,–.
1952	Einführung FK 3500 mit Allradantrieb: Vorderräder zuschaltbar, Zwischengetriebe mit Geländereduktion 1,87:1. Vmax 80 km/h (größter Gang), Bergsteigefähigkeit 57 % (Geländegang). Ab DM 19.040,– (Chassis mit Führerhaus). Alle Modelle: 4-Gang Synchrongetriebe, Heizung serienmäßig, Fahrgestelle mit langem Radstand (4,80 m) mit Druckluftbremsen. Einführung des Vierzylinder-Modells FK 2000, 4-Gang Synchrongetriebe und Frischluft-Heizung,
1953	Einführung FK 4000 S/D, neues Fahrerhaus im US-Stil, Kühlermaske in Anlehnung an den FK 1000 Eilfrachter. Nutzlast 4,3 to, Version »H« mit Eaton-Doppelschaltachse. Ausschließlich mit Diesel-Motor. FK 2500/3500: Unveränderte Optik der Alligator-Haube. Wegfall FK 3500 Allrad-Versionen.
1954	FK 3500 D/DL: Auflastung auf 3,9 to, Bereifung 8.25-20
1955	Zur IAA erneuert Ford die FK-Reihe: Neue V4-/V6-Motoren nach Zweitakt-Prinzip, ohne Ventile, aber mit Umkehrspülung per Gebläse. Vergrößertes Fahrerhaus für drei Personen, verstellbarer Fahrersitz, Lenksäule zum Fahrer hin geneigt. Heizung und Radioschacht serienmäßig. FK 2500: 4-Gang, FK 3500: 5-Gang, FK 4500: 5-Gang, Luftdruckbremse, hydraul. Lenkhilfe a.W. Preise: von 12.885,– (FK 2500) bis DM 19.565,– (FK 4500/kurz); FK 2500/3500: a.W. mit V8-Benzinmotor lieferbar, Minderpreis gegenüber vergleichbarem Diesel-Modell: DM 1695,–.

bezeichneten. Kein Wunder auch, hinter dem chromfletschenden Kühlergrill saßen neuen Vier- und Sechszylinder-Aggregate, die eine hohe Wirtschaftlichkeit versprachen: Ein 80 PS starker Vierzylinder für den 2,5-Tonner FK 2500 und ein 120 PS starker Sechszylinder für die FK 3500/4500-Typen.

Die sehr kompakt bauenden Diesel-V-Motoren ersetzten die wenig überzeugenden Hercules-Aggregate. Bei den neuen Leichtmetall-Dieseln handelte es sich um eine Entwicklung von Professor Dr. Hans List in Graz. Seine ventillose Zweitakt-Konstruktion und Gebläse-Umkehrspülung boten auf dem Papier jede Menge Vorteile, versprachen ein Mehr an Leistung und Drehmoment bei gleichen Hubräumen und Gewichten. Außerdem bauten seine ventillosen Zweitakter dank der V-Form kompakter und schufen mehr Platz im Fahrerhaus. Bei Vier- wie Sechszylindern beschleunigte ein Roots-Gebläse die Gaswechsel. Die Realität allerdings sah anders aus. Zwar zeichneten sich die Motoren durch ein geringes Gewicht, durch die kurze Bauart und ein »unwahrscheinliches Temperament« (*lastauto omnibus*) aus und hatten durch das Zweitakt-Prinzip auch weniger verschleißanfällige Teile, doch diejenigen, die noch übrig blieben, sorgten für reichlich Ärger. So waren

die Flügelräder im Roots-Gebläse nicht sonderlich standfest gelagert, so dass Öl in den Ansaugbereich gelangte, was meist zum Motor-Exitus führte. Und der theoretisch immer noch mögliche Einbau des betagten V8-Benziners war da auch keine echte Alternative.

Aus unverständlichen Gründen versäumten die Ford-Ingenieure die Überarbeitung des Motors, insbesondere des Gebläses. Als der Absatz der Laster eine wirtschaftliche Fertigung nicht mehr zuließ, verlegte Ford die Montage in das englische Werk in Dagenham. Dort wurde das Modell unter dem Namen »Trader« mit leicht geändertem Grill, aber mit zuverlässigen 4- und 6-Zylinder-Vergaser- und Dieselmotoren noch für einige Jahre weiter gebaut.

Das Topmodell der Baureihe, der FK 4500, war ab Werk lediglich als Fahrgestell mit Fahrerhaus in zwei Radständen lieferbar, so auch beim kurzzeitig angebotenen Allrad-FK 4500. Hier sorgte ein ZF-Verteilergetriebe dafür, dass die Vorderachse nur beim Durchdrehen der Hinterräder eingeschaltet wurde. Um der Vorderachse ein größeres Verschränken zu ermöglichen, war das Fahrerhaus höher aufgesetzt worden. Die vorderen Kotflügel sowie der Frontgrill waren leicht verändert worden.

Unter der Haube saß ein ventilloser Zweitakt-Dieselmotor mit Gebläse-Umkehrspülung. Gerade in der 120-PS-Version bot der V6-Zweitakter vorzügliche Leistungswerte, die Höchstgeschwindigkeit von 80 km/h war ebenso bemerkenswert wie die Beschleunigung, die auch mit voller Last »ausgezeichnet« genannt wurde. Leider aber war die Neukonstruktion von Prof. List nicht standfest. Und der auf Wunsch weiterhin lieferbare V8-Benziner war auch keine echte Alternative, so dass Ford die Lastwagenfertigung 1961 einstellte.

Ford Lastwagen
Die mittleren und schweren Baureihen (1973–1988)

Transit-Fahrerhaus mit größerer Haube und neuem Chassis: Mit der in Amsterdam produzierten A-Serie meldete sich Ford 1973 als Lastwagen-Hersteller zurück. Hier der A506 mit Plane und Spriegel.

Ford N-Serie, 1973

Ford A (1973–1982)

Nach zwölfjähriger Unterbrechung meldete sich Ford mit einem Lkw-Programm wieder auf dem deutschen Markt zurück. »Die logische Fortsetzung des Transit-Programms« lobte das Fachblatt *Nutzfahrzeug* die Premiere dieser neuen Lastwagen-Generation zur IAA im September 1973. Gedacht für den innerstädtischen Verteilerverkehr, kombinierte die in England entwickelte und gebaute A-Serie das Transit-Fahrerhaus mit grö-

ßerer Haube sowie einem soliden Leiterrahmen. Fords A-Klasse deckte die Nutzlastklassen von 1,75 bis 2,59 to (3,75 bis 5,2 to Gesamtgewicht) ab. Als Antrieb standen zwei Dieselmotoren zur Auswahl: ein schwächlicher Vierzylinder mit 62 PS und ein viel harmonischerer Sechszylindermotor mit 87 PS. Hinzu kam der Dreiliter-Essex-V6 mit 100 PS aus dem britischen Granada-Programm, der hier für eine Höchstgeschwindigkeit von bis zu 115 km/h sorgte: »Vom wirtschaftlichen Standpunkt aus übermotorisiert«, urteilten manche Tester für den Schluckspecht, interessant vielleicht für schnelle Verteilerdienste in Ballungsgebieten. Dafür allerdings hätte der Wagen einen Kasten- oder Kofferaufbau gebraucht; der stand zum Zeitpunkt der Premiere allerdings noch gar nicht zur Verfügung.

1974 hob Ford das Gesamtgewicht der größeren Version auf 5,6 to an, was den kleinen Vierzylinder-Diesel aus dem Transit-Programm vollends überforderte. Gleichzeitig bot Ford einen Vierzylinder-Vergasermotor in V-Bauweise mit 65 PS an, der jedoch schon 1976 wieder aus dem Programm genommen wurde. Neben den bisherigen Pritschen- und Kofferwagen bereicherte dann auch die heiß ersehnte Kastenwagenversion das Angebot an Leichtlastwagen, wobei anfänglich drei verschiedene Radstände genutzt wurden.

Der Umbruch im Transit-Programm des Jahres 1978 ging an der A-Klasse nahezu spurlos vorüber, der neue Jahrgang war lediglich an den zusätzlichen Lufteinlässen in der Vorderfront vom Vorgänger zu unterscheiden. Das zulässige Gesamtgewicht der größten Ausführung hob Ford auf 6,3 to an, ohne dass sich dadurch am mangelnden Kundenzuspruch etwas änderte. Der Import endete schließlich 1982.

Ford N (1973–1981)

Auf A folgte N: Neben der A-Serie stellte Ford zur IAA 1973 die englischen Leicht- und Mittelklasse-Lkw-Modelle der N-Serie dem deutschen Publikum vor – wohl direkt »auf Geheiß der Chef-Etage aus den USA«, mutmaßte *lastauto ommnibus*. Die Modelle N 0708 bis N 1814 – die ersten beiden Ziffern gaben grob die Gewichtsklasse (Gesamtgewicht in Tonnen), die beiden letzten Ziffern die PS-Leistung an – nutzte Ford das gedrungen wirkende, kippbare und weit vorgesetzte Frontlenker-Einheitsfahrerhaus, das auf die Rahmen für 3,6 und 6,8 to Nutzlast (7 und 14,5 to Gesamtgewicht) gesetzt wurde. Die ersten Test-Urteile fielen überraschend positiv aus, Tester lobten Fahreigenschaften und Fahrkomfort, die günstigen Anschaffungspreise wie auch die Fertigungsqualität. Von Anfang an eine

Die Cargo-Baureihe trat die Nachfolge der reichlich betagten N-Serie an. Im Bild ein 1624, Modelljahr 1986.

Linke Seite, unten: Englische Konstruktion: Fords N-Serie war ebenfalls zum Modelljahr 1974 in Deutschland zu haben. Der Zuspruch war aber eher mäßig.

Schwachstelle waren die Motoren, zunächst standen nur betagte Vier- und Sechszylinder-Dieseldirekteinspritzer von Perkins zur Verfügung, die das Leistungsspektrum zwischen 76 und 144 PS abdeckten. Ford bot die N-Reihe als Pritschen- und als Kastenwagen sowie als Kipper und als Sattelzugmaschine an.

Im Jahre 1976 tauschte Ford die seit 1962 gebauten Motoren gegen einen eigenen Vierzylinder und zwei neue Sechszylinder aus, letztere stammten wiederum von Perkins, passten aber viel besser in die Neuzeit. 1979 erhielt das Fahrerhaus eine leichte Überarbeitung: Die großen eingeprägten Ford-Buchstaben nach US-Styling wichen dem blauen Ford-Emblem auf dem Kunststoffgrill und die Rundscheinwerfer wichen dem Zeitgeschmack entsprechenden Rechteckscheinwerfern.

Ford Cargo (1981–1988)

1981 löste der ansprechend und modern gestaltete Typ »Cargo« bis bisherige N-Baureihe ab. Das erhöhte Fahrerhaus mit klarer Linienführung besaß tiefgezogene vordere Seitenscheiben, die dem Fahrer das Manövrieren erleichtern sollten. Die übersichtliche Form sicherte dem Cargo 1982 die begehrte Auszeichnung »Lkw des Jahres«. Mit zunächst drei verschiedenen Radständen traten die 6- und 6,5-Tonner (Gesamtgewicht) an den Start. Ford- und Perkins-Dieselmotoren mit 80, 113 und 121 PS waren hier eingebaut, die über ein ZF-Getriebe ihre Kraft abgaben. Die Versionen mit 9-, 11-, 13- und 15-Tonnen Gesamtgewicht besaßen den 121-PS-Motor, der in der aufgeladenen Version 150 PS erzeugte. Neben dem ZF-Getriebe kam hier auch ein Ford-Sechsgang-Schaltwerk zum Einsatz. Ab Werk lieferbar war der Cargo als Pritschen-, Koffer- und Kastenwagen sowie als Kipper und als Sattelschlepper.

Schon 1982 kam neben dem 86 PS-Ford-Diesel und den Perkins-Dieselmotoren auch ein luftgekühlter 9,5-Liter-Deutz-Diesel mit 170 oder 204 PS zum Einbau. Gleichzeitig erweiterte Ford die Cargo-Reihe nach oben. Von 5,6 bis 22 to Gesamtgewicht reichte jetzt das Pritschenwagen-Angebot. Damit erreichte diese Baureihe schon in die Lastenklasse des Transcontinental, was durchaus beabsichtigt war, da der Import dieser Baureihe endete. Entsprechend baute Ford seine Cargo-Reihe aus: Nachdem Sattelzugmaschinen für 16, 28,5 und 32-Tonnen Gesamtgewicht zur Verfügung standen, erschien 1985 schließlich auch eine Sattelzugmaschine in der 38-Tonnen-Klasse. Hier sorgte ein Reihensechs-

Nach Auslaufen der H-Reihe (»Transcontinental«) wurde der Cargo auch als Sattelzugmaschine für ein Gesamtgewicht von bis zu 38 Tonnen angeboten.

Die Cargo-Fertigung, zuletzt unter Regie von Iveco, endete 1992. Die Baureihe H (unten und rechts) war bereits 1983 ausgelaufen, das Fahrerhaus wurde bis 1994 bei Renault weiter verwendet.

zylinder von Cummins mit 243 PS samt Fuller-Getriebe für Vortrieb. Wahlweise konnte auch ein aufgeladener Deutz-Diesel mit 244 PS eingesetzt werden, der 1987 seine letzte Steigerung auf 283 PS erhielt. Nachdem 1988 Iveco das Ford-Werk in Langley übernommen hatte, trug das Fahrzeug die Zeichen von Iveco und Ford am Grill. Mit dem Erscheinen des Iveco »Eurocargo« endete

1992 auch die Fertigung dieses einstigen Ford-Cargo-Modells.

Ford Baureihe »H« (1975–1983)

In der Schwerlastklasse bot Ford ab 1975 die Baureihe »H« (für heavy) mit der Zusatzbezeichnung »Transcontinental« an. Die konsequent rechteckig geformte und auffällig hohe Kabine stammte von Berliet in Lyon. Der hohe Bugfront und die hohe Scheibe bescherten diesem Fahrerhaus, nicht ganz zu Unrecht übrigens, den Spitznamen »Rollende Wand«.

Der zunächst im Amsterdamer Ford-Werk gebaute Transcontinental konnte als 4x2- und als 6x4-Sattelzugmaschine sowie in gleicher Konfiguration als Fernlaster für anfänglich 32 bis 38 to Gesamtgewicht geliefert werden. Nach US-Manier verwendete Ford Aggregate verschiedener Hersteller: Der 14-Liter-Sechszylinder-Diesel stammte von Cummins und leistete 273 PS, mit Turbolader 308 oder 340 PS. Das »Roadranger-Getriebe« stammte von Eaton-Fuller und besaß 9/13 Vorwärtsgänge.

Während bis 1979 große Ford-Chrombuchstaben die Vorderfront unterhalb der Scheibe zierten, kam danach das blaue Ford-Emblem am unteren Kunststoff-Grill zur Verwendung. 1981 erhielt der Transcontinental den überarbeiteten Cummins-Diesel, doch der hohe Kraftstoffverbrauch des Cummins-Diesel konnte im harten Wettbewerb mit den deutschen Dieselmotoren nicht überzeugen: Trotz günstiger Preise war ein Ford-Schwerlastwagen letztlich nicht wirtschaftlich genug und das Händlernetz zu weitmaschig geknüpft, um sich auf Dauer im Schwerlastbereich zu etablieren. Und sicher rächte sich auch, dass die Überarbeitung des Motors zu spät erfolgt war.

Dass es trotz des hohen und damit auch aerodynamisch ungünstigen Fahrerhauses anders ging, bewies dann Renault. Die Franzosen verwendeten die ungewöhnlich hohe Hütte der H-Baureihe nach der Integration von Berliet im Rahmen ihrer R-Baureihe weiter, bis sie 1994 durch das neue futuristische Magnum-Fahrerhaus (das auch nicht gerade niedrig war) ersetzt wurde.

Modelle und Motoren

Motoren
Ford A:
2358 ccm D / 45,5 kW (62 PS) bei 3600/min
3537 ccm D / 64 kW (87 PS) bei 3600/min
2993 ccm V6 / 74 kW (100 PS) bei 4650/min
1996 ccm / 48 kW (65 PS) bei 4400/min von 1974-1976

Motoren
Ford N:
4147 ccm D / 56 kW (76 PS) bei 2800/min,
4147 ccm D / 58 kW (79 PS) bei 2800/min ab 1979
5945 ccm D / 76 kW (104 PS) bei 2800/min
5945 ccm TD / 106 kW (144 PS) bei 2800/min
5945 ccm TD / 110 kW (150 PS) bei 2800/min ab 1979
6221 ccm D / 85 kW (116 PS) bei 2800/min
6221 ccm D / 89 kW (121 PS) bei 2800/min ab 1979

Motoren
Ford Cargo:
4090 ccm / 63 kW (86 PS) bei 2600/min
5851 ccm / 81 kW (110 PS)
5851 ccm TD / 110 kW (150 PS)
6135 ccm / 94 kW (128 PS)
9572 ccm / 125 kW (170 PS) bei 2500/min
9572 ccm / 150 kW (204 PS) bei 2500/min
9572 ccm TD / 179 kW (244 PS) bei 2500/min ab 1985
9572 ccm Intercooler / 208 kW (283 PS) bei 2300/min ab 1987
9945 ccm TD / 179 kW (243 PS) bei 2100/min

Motoren
Ford H:
13980 ccm / 200 kW (273 PS) bei 1950/min
13980 ccm Turbo / 226 kW (308 PS) bei 1950/min
13980 ccm Turbo / 250 kW (340 PS) bei 2100/min
ab 1981:
13 980 ccm Turbo / 165 kW/224 PS
13 980 ccm Turbo / 209 kW/284 PS
13 980 ccm Turbo / 235 kW/320 PS
13 980 ccm Turbo / 258 kW/352 PS

Chronik

1973 September: Premiere der A-Reihe mit Transit-Fahrerhaus, aber größerer Haube. Nutzlast bis 2,6 to; zehn Grundmodelle, Radstände 3050, 3300 und 3680 mm, drei Motoren aus britischer Fertigung. Getriebe 4-/5-Gang (a.W.), mehrere Hinterachsübersetzungen, 14-/16-Zoll-Räder, Gürtelreifen. A.W. Doppelbeifahrersitz, Ausstellfenster im Fahrerhaus, verstärkte Federung und Stoßdämpfer, hydraul. Nebenantrieb, Anhängerkupplung, Plane und Spriegel für 4-m-Pritsche.
September: IAA-Premiere für die N-Serie. Brit. Produktion, Montage in Amsterdam. Fünf Radstände, Frontlenker, von 7 to bis 14,5 to GG, Nutzlast 3,6-9,6 to. Motoren (Diesel-Direkteinsp., D-serie : 76, 104, 116, 144 PS. Zunächst Pritsche und Fahrgestell mit Fahrerhaus, Kipper 7,5 bzw. 14,5 to, Sattelzugmaschine (18 to). Motoren 104-144 PS: identisch übersetztes Sechsgang-Getriebe, modifizierte Hinterachs-Übersetzungen. A.W: Servolenkung (N 0812, N 1114). Modell N 1414: Reifen 22,5 Zoll, Motorbremse.

1974 Ford A: Zwölf Grundmodelle, vier Radstände (zus.: 3960 mm). Zulässiges GG jetzt 5,6 to; neue Motoris.: 65 PS-V4.
Ford N: Ausstattungsverbesserung: Servolenkung ab N 1414 Serie, 8-Gang-Getriebe a.W.

1975 Premiere der neuen Schwerlast-Reihe Typ H Transcontinental. Motoren: Cummins-Diesel, Baureihe NTA-855, 6-Zylinder; Radstände: Lkw 4x2: 3937, 4496 mm; Lkw 6x4: 4638+1342 mm, Sattelzug 4x2: 3505 mm, 6x4: 2682+1342 mm.

1976 Ford A: Wegfall des 65-PS-Motors
Ford N: Variante mit Radstand 5212 mm eingeführt.
Ford H: Radstand Lkw 6x4: 4267+1342 mm.

1977 Ford H: Radstand Lkw 6x2: 4267+1232 mm.
1978 Ford A: Modellpflege, Radstand 3300, 3680, 3960 mm.
Ford H: Radstand Lkw 6x4: 4180+1342 mm.

1979 Ford H: Modellpflege, neuer Kühlergrill mit Ford-Logo.
1981 Ford A: Auslaufen der Modellreihe.
Ford H: Modifizierte Cummins-Diesel.
Ford Cargo: Einf. des Cargo als Ablösung der N-Reihe. Drei Radstände, vier Dieselmotoren von Ford und Perkins lieferbar. Gewichtsklassen: 6 bis 15 Tonnen Gesamtgewicht.

1982 Cargo: Einf. Deutz-Diesel-Motor in zwei Leistungsstufen, Erweiterung der Angebotspalette um Sattelzugmaschinen.
Ford H: Verlegung der Fertigung von NL nach UK.

1983 Ford H/Transcontinental: Import eingestellt.
1985 Ford Cargo: Einführung der Sattelzugmaschine für 38-Tonnen-Züge. Cummins-Diesel bzw. Deutz Diesel.
1987 Ford Cargo: Deutz-Diesel mit höherer Leistung.
1988 Ford Cargo: Verkauf der Lkw-Fertigung an Iveco.
1992 Präs. des Iveco Eurocargo als Nachf. des Ford Cargo.

Danksagung

Kein Buch entsteht im luftleeren Raum, und eine solche technische Dokumentation schon gar nicht. Viele Helfer haben zum Gelingen beigetragen, allen voran Stefan Beermann von den AFF, Wolfgang Gebhardt (der die Lastwagen-Geschichte mit der ihm eigenen Akribie erarbeitete), Matthias Gerst (der Fachmann für US-Marken) und Dr. Hans-Hermann Schmitz, der sich seit Jahrzehnten mit dem T-Modell beschäftigt. Auch V8-Spezialist Hermann Kerner sei erwähnt, der Bilder und Unterlagen zur Verfügung stellte, ebenso Eberhard Kittler, Martin-P. Roland, Michel de Vries, Andy Schwietzer, Dr. Jochen Stegemann und Martin Prinz, um nur einige zu nennen.

Ganz besonders möchte ich mich aber bei der Ford-Werke AG bedanken, die mich großzügig unterstützte, allen voran Dr. Wolfgang Riecke und Herrn Horst Sass, die für meine Anliegen stets ein offenes Ohr hatten.

Und ohne die bereitwillige Mitarbeit der Alt-Ford-Freunde AFF wäre die Entstehung dieses Buches sowieso kaum möglich gewesen.

Die Alt-Ford-Freunde e.V.

Seit 1977 gibt es den Alt-Ford-Freunde e.V., den größten Ford-Oldtimer-Club in Deutschland mit seinem Schwerpunkt auf deutschen Ford-Klassikern der Vor- und Nachkriegs-Zeit. Den 60 T-Modellen, 120 A-Modellen oder 40 Eifel stehen entgegen je 50 Taunus 12m G13AL, Taunus 17m P2 oder 17m P3. Die automobile Neuzeit greift Raum mit Kult-Fahrzeugen wie dem Capri und dem Granada. Und es werden immer mehr. Bald wird die Auflage von 500 Stück für die viermal im Jahr erscheinende »Alt-Ford-Freunde-INFO« nicht mehr ausreichen. Der AFF ist überregional; trifft sich aber nicht nur einmal im Jahr zur Jahreshauptversammlung, sondern auch monatlich in regionalen Sektionen.

Sein Anliegen ist es, das automobile Kulturgut der Marke Ford zu pflegen und zu erhalten. Er hilft mit Informationen und Ersatzteilen zu allen Ford-Fahrzeugen. Die vielen Typreferenten sind Spezialisten für das jeweils betreute Modell; das Club-Archiv enthält vieles, was man auf Teilemärkten vergeblich sucht. Die Dienstleistungen sind für Mitglieder kostenfrei, denn der AFF ist gemeinnützig und will keinen Gewinn erzielen.

Aber gewinnen will er doch: Freunde und Freude an alten Fahrzeugen der Marke Ford.

Einmal im Jahr lädt dann irgendwo in Deutschland ein Ford-Autohaus die Alt-Ford-Freunde ein zu ihrem großen Jahrestreffen. Dieses Wochenende steht ganz im Zeichen des Vereins. Kaum ist am Freitagabend die erste Wiedersehensfreude abgeklungen, erfolgt die Jahreshauptversammlung und, im Anschluss, reichlich Benzingespräche. Der Samstag bringt die Ford-Rallye, auf die sich schon alle freuen. Der Start der über 80 Fahrzeuge erfolgt im Minutenabstand nach Baujahren sortiert, beginnend mit den ältesten Fahrzeugen, den T-Modellen, gefolgt von den A-Modellen und den kleinen »Eifel« und »Köln« aus den 30er Jahren. Der Start der Nachkriegsfahrzeuge beginnt mit »Buckel-Taunus«, dem »Weltkugel-Taunus« 12m und 15m und den »Barockengeln« Taunus 17mP2. Für die 60er Baujahre stehen die »Badewanne« Taunus 17m P3 und die frontangetriebenen Taunus 12m P4. Den Abschluss bilden die Fahrzeuge der 70er und 80er Jahre: Ford 17m/20m, Taunus I und Granada.

Die Route führt meist 100 km durch die landschaftlich schönsten Ecken der Umgebung. Zwischendurch sind an Kontrollstationen manche knifflige Fragen zu lösen und Augenmaß ist gefordert. Frisch gestärkt wird nach der Mittagsrast die letzte Etappe unter die Räder genommen, die pünktlich zu Kaffee und Kuchen meist an einem Autohaus mit der Zieleinfahrt endet. Zum großen Fest der Alt-Ford-Freunde am Samstagabend sorgt meist eine Musikkapelle, unterstützt durch manche Überraschung, für Stimmung. Die Siegerehrung versorgt die jeweils Besten der fünf gestarteten Fahrzeug-Klassen mit den begehrten Pokalen. Prämiert werden auch das schönste Fahrzeug, die passendst gekleidete Besatzung, das älteste Fahrzeug, die weiteste Anreise auf eigener Achse und der Pechvogel des Treffens. Aber auch die übrigen Teilnehmer gehen nicht leer aus, denn die begehrte Plakette und Anstecknadel bekommen alle.

Der Sonntag bietet am Autohaus Gelegenheit zu weiteren Benzingesprächen und Austausch von lang gesuchten Ersatzteilen und Erfahrungen. Nach einem letzten Imbiss am Mittag machten sich die Teilnehmer auf die Heimreise. Und im nächsten Jahr sehen sich alle wieder – beim nächsten Jahrestreffen der

Alt-Ford-Freunde
www.alt-ford-freunde.de

Als Spezialisten haben an diesem Buch mitgewirkt:
T-Modell
Dr. Hans-Hermann Schmitz, Pattensen
A-Modell
Thomas Klein,
Ford Eifel
Wolfram Düster, Krefeld
Ford V8
Herrmann Kerner, Hamburg
Buckel-Taunus
Horst Ulrich, Dortmund
Taunus 12m G 13AL
Stefan Beermann, Hagen
Dr. Jochen Stegemann, Kiel

Taunus 15M G4BAL
Dr. Jochen Stegemann, Kiel
FK 1000 / Taunus Transit
Martin Prinz, Stendal
Taunus 17M P2
Gerald Lehmann, Hamburg
Taunus 17m P3
Olaf Jacobsen, Großhansdorf
Taunus 12m P4
Walburga Hillebrand-Albers, Bad Driburg

Taunus 17m-20m P5
Max Gaul, Bad Neustadt
Taunus 12m-15m P6
Manfred Palm, Hagen
Taunus 17m-26m P7
Andreas Dudziak, Dortmund

Ihnen allen sei für ihre Mitarbeit noch einmal recht herzlich gedankt.

Quellenverzeichnis

Folgende Unterlagen wurden zu Rate gezogen:

Boschen, Lothar: Das große Buch der Ford-Typen. Stuttgart, 1986
Behr, Lothar: Die Autobosse. München, 1971.
Berthold, Will: Die mobilen Manager. München, 1966
Flügge, Dr. Eva: Die Automobilindustrie der Vereinigten Staaten. Jena, 1931.
Ford, Henry: Erfolg im Leben. München, 1952
Freund, Klaus: Gebrauchtwagen. Stuttgart, 1973
Garrett, Garet: Rasende Räder. München, o.J.
Halberstam, David: Die Abrechnung. Frankfurt, 1988
Herndon, Bob: Die Ford-Dynastie. München, 1970
Honermeier, Emil: Die Ford Motor Company. Leipzig o.J.
Iacocca, Lee: Eine amerikanische Karriere, Düsseldorf, 1986
Keller, Maryann: Der Krieg der Autogiganten. Frankfurt, 1993
King, Peter: The Motor Men. London, 1989.
Kittler, Eberhard: Deutsche Autos Band 6: Seit 1990. Stuttgart, 2001
Korp, Dieter: Jetzt helfe ich mir selbst, div. Bände. Stuttgart

Mantle, Jonathan: Car Wars, London, 1995.
McNamara, Robert S.: Vietnam. München, 1997
Oliver, John W.: Geschichte der amerikanischen Technik. Düsseldorf, 1959
Oswald, Werner: Deutsche Autos Band 2: 1920–1945. Stuttgart, 2001
Oswald, Werner: Deutsche Autos Band 3: 1945–1990. Stuttgart, 2001
Robson, Graham: Ford Escort RS. London 1981
Roland, Martin-P.: Ford Taunus 1948–1982. Stuttgart 2002
Seherr-Toss. H.C. Graf von: Die Deutsche Automobilindustrie. Stuttgart, 1979.
Tuchen, Bernd: Sprich zuerst mit Ford. Königswinter 2002

Periodika:
ATZ, Stuttgart, div. Jahrgänge.
auto, motor und sport, Stuttgart, div. Jahrgänge
mot-Die Autozeitung, Stuttgart, div. Jahrgänge

Sowie:
Hauszeitschriften, Prospekte, Verkaufsunterlagen und Pressemitteilungen der Ford-Werke AG, Köln.

	T-Modell / 1926	A-Modell; AF / 1928	Rheinland / 1934
Typ /Baujahr	T-Modell / 1926*	A-Modell; AF / 1928*	Rheinland / 1934*
Zylinder / Bauart	4 / Reihe	4 / Reihe	4 / Reihe
Bohrung x Hub (mm)	92,25 x 101,6	98,4 x 108	98,4 x 108
Hubraum (ccm)	2884	3285; 2023	3285
Leistung (kW/PS) bei min^{-1}	17,5/24 bei 1800	29/40 bei 2200; 20/28 bei 2200	37/50 bei 2800
Max. Drehmoment (Nm)/min^{-1}	128/850	155/1200	178/1500
Verdichtung	4,5	4,3	4,6
Gemischaufbereitung	Flachstromvergaser	Flachstromvergaser	Flachstromvergaser
Ventile / Steuerung	8/sv	8/sv	8/sv
Batterie V/ah	6V	6V	6/80
Antrieb	Hinterräder	Hinterräder	Hinterräder
Getriebe	2-Gang	3-Gang	3-Gang
Übersetzungen	2,75 / 1,00 / R 4,0	3,12 / 1,85 / 1,00	2,82 / 1,604 / 1,00
Radaufhängung vorn	Gabelachse, querliegende Blattfeder, Schubsterbe	Gabelachse, querliegende Blattfeder, Schubsterbe	Starrachse, Dreieckstrebe mit Schubkugel, Querfeder
Radaufhängung hinten	Starrachse, querliegende Blattfeder, Schubstrebe	Starrachse, querliegende Blattfeder, Schubstrebe	Starrachse, querliegende Blattfeder, Schubstrebe
Lenkung	Planetengetriebe mit festem Außenrad	Schnecken	Schnecken
Bremsen	Getriebebandbremse, Handbremse, jeweils auf die Hinterräder wirkend	Gestängebremse auf alle vier Räder wirkend	Gestängebremse auf alle vier Räder wirkend
Abmessungen (LxBxH mm)	3500 x 1710 x 1850	3875 x 1710 x 1780	4470 x 1740 x 1750
Radstand (mm)	2540	2629	2845
Spur vorn/hinten (mm)	1270/1270	1405/1420	1422/1422
Felgen	Drahtspeichen	Drahtspeichen	Drahtspeichen
Reifen	4.00-21 Ballon	4.75-19 Ballon	5.50-17 Ballon
Leergewicht (kg)	840	1075	1300
Zul. Gesamtgewicht	1200	k.A.	1715
Höchstgeschwindigkeit km/h	65	100; 85	105
Beschleunigung 0-100 km/h (sec)	k.A.	k.A.	k.A.
Verbrauch (Liter/100 km)	14	14	14
Tankinhalt (Liter)	k.A.	38	50

	Köln / 1934	Eifel / 1935	V8-48 / 1935
Typ /Baujahr	Modell Köln / 1934*	C-Modell Eifel / 1935*	V8-48 / 1935*
Zylinder / Bauart	4 / Reihe	4 / Reihe	V8 / 90 Grad
Bohrung x Hub (mm)	56,6 x 92,5	63,5 x 92,5	77,8 x 95,3
Hubraum (ccm)	921	1157	3620
Leistung (kW/PS) bei min^{-1}	15/21 bei 3500	25/34 bei 4250	66/90 bei 3800
Max. Drehmoment (Nm)/min^{-1}		72,5/2300	210/2250
Verdichtung	6,2	6,6	6,3
Gemischaufbereitung	Fallstromvergaser Solex	Fallstromvergaser	Doppel-Fallstrom
Ventile / Steuerung	8/sv	8/sv	16/sv
Batterie V/ah	6/80	6/80	6/90
Antrieb	Hinterräder	Hinterräder	Hinterräder
Getriebe	3-Gang	3-Gang	3-Gang
Übersetzungen	3,40 / 1,96 / 1,00	3,071 / 1,765 / 1,000	2,82 / 1,604 / 1,00
Radaufhängung vorn	Starrachse, Dreieckstrebe mit Schubkugel, Querfeder	Starrachse, Dreieckstrebe mit Schubkugel, Querfeder	Starrachse, Dreieckstrebe mit Schubkugel, Querfeder
Radaufhängung hinten	Starrachse, Querfeder, Schubstrebe	Starrachse, Querfeder, Schubstrebe	Starrachse, Querfeder, Schubstrebe
Lenkung	Schnecken	Schnecken	Schnecken
Bremsen	Gestängebremse auf alle vier Räder wirkend	Gestängebremse auf alle vier Räder wirkend	Gestängebremse auf alle vier Räder wirkend
Abmessungen (LxBxH mm)	3630 x 1370 x 1630	4000 x 1450 x 1600 Roadster 3850 x 1430 x 1465	4720 x 1780 x 1780
Radstand (mm)	2286	2286	2845
Spur vorn/hinten (mm)	1143/1143	1143/1143	1422/1422
Felgen	Drahtspeichen	Drahtspeichen	Drahtspeichen
Reifen	4.50-17	4.50-17	6.00-16
Leergewicht (kg)	700-750	725-835	1330-1600
Zul. Gesamtgewicht	1000	1150	1820
Höchstgeschwindigkeit km/h	85-90	100	135
Beschleunigung 0-100 km/h (sec)	k.A.	k.A.	k.A.
Verbrauch (Liter/100 km)	7,5	8,5	17
Tankinhalt (Liter)	30	30	50

Ka / 1996

Typ /Baujahr	Ka / 1996
Zylinder / Bauart	4 / Reihe, Endura-E
Bohrung x Hub (mm)	73,96 x 75,48
Hubraum (ccm)	1297
Leistung (kW/PS) bei min⁻¹	37/50 bei 4500; 44/60 bei 5000
Max. Drehmoment (Nm)/min⁻¹	97/2000; 105/2500
Verdichtung	9,5
Gemischaufbereitung	SEFI-Einspritzung, G-Kat
Ventile / Steuerung	8/ohc
Batterie V/ah	12/44
Antrieb	Vorderräder
Getriebe	5-Gang
Übersetzungen	3,15 / 1,93 / 1,28 / 0,95 / 0,76 / R 3,62
Radaufhängung vorn	McPherson-Federbeine, Querstabilisator
Radaufhängung hinten	Verbundlenker
Lenkung	Zahnstangen; servounterstützt
Bremsen	Scheiben vorn, Trommel hinten
Abmessungen (LxBxH mm)	3620 x 1631 x 1827
Radstand (mm)	2448
Spur vorn/hinten (mm)	1395/1411
Felgen	5 J x 13
Reifen	155/70 R 13; 165/65 R 13
Leergewicht (kg)	946; 965
Zul. Gesamtgewicht	1265
Höchstgeschwindigkeit km/h	147; 155
Beschleunigung 0-100 km/h (sec)	17,7; 15,4
Verbrauch (Liter/100 km)	5,9; 6,7 Super
Tankinhalt (Liter)	42
Kofferraumvolumen (Liter)	186-205

Streetka / 2003

Typ /Baujahr	Streetka / 2003
Zylinder / Bauart	4 / Reihe, Duratec
Bohrung x Hub (mm)	82,7 x 75,48
Hubraum (ccm)	1599
Leistung (kW/PS) bei min⁻¹	70/95 bei 5500
Max. Drehmoment (Nm)/min⁻¹	135/4250
Verdichtung	9,5
Gemischaufbereitung	SEFI-Einspritzung, G-Kat
Ventile / Steuerung	8/ohc
Batterie V/ah	12/44
Antrieb	Vorderräder
Getriebe	5-Gang
Übersetzungen	3,15 / 1,93 / 1,28 / 0,95 / 0,76 / R 3,62
Radaufhängung vorn	McPherson-Federbeine, Querstabilisator
Radaufhängung hinten	Verbundlenker
Lenkung	Zahnstangen, servounterstützt
Bremsen	Scheiben vorn, Trommel hinten; ABS
Abmessungen (LxBxH mm)	3650 x 1695 X 1335
Radstand (mm)	2448
Spur vorn/hinten (mm)	1417/1452
Felgen	6 J x 16
Reifen	195/45 R 16
Leergewicht (kg)	1061
Zul. Gesamtgewicht	1285
Höchstgeschwindigkeit km/h	173
Beschleunigung 0-100 km/h (sec)	12,1
Verbrauch (Liter/100 km)	7,9 Super
Tankinhalt (Liter)	40
Kofferraumvolumen (Liter)	214

Fiesta 1,0 / 1976

Typ /Baujahr	Fiesta 1,0 / 1976
Zylinder / Bauart	4 / Reihe
Bohrung x Hub (mm)	73,96 x 55,70
Hubraum (ccm)	957
Leistung (kW/PS) bei min⁻¹	29/40 bei 5500
Max. Drehmoment (Nm)/min⁻¹	64/2700
Verdichtung	8,3
Gemischaufbereitung	Einfach-Vergaser
Ventile / Steuerung	8/ohv
Batterie V/ah	12/35
Antrieb	Vorderräder
Getriebe	4-Gang
Übersetzungen	3,58 / 2,05 / 1,35 / 0,96 R 3,77
Radaufhängung vorn	McPherson-Federbeine, Querlenker, Zugstrebe
Radaufhängung hinten	Starrachse, Längslenker, Panhardstab, Schraubenfedern, Stoßdämpfer
Lenkung	Zahnstangen
Bremsen	Scheiben vorn, Trommel hinten
Abmessungen (LxBxH mm)	3565 x 1567 x 1360
Radstand (mm)	2286
Spur vorn/hinten (mm)	1334/1321
Felgen	4 C x 12
Reifen	135 SR 12
Leergewicht (kg)	730
Zul. Gesamtgewicht	1160
Höchstgeschwindigkeit km/h	132
Beschleunigung 0-100 km/h (sec)	21,5
Verbrauch (Liter/100 km)	8,5 Normal
Tankinhalt (Liter)	34
Kofferraumvolumen (Liter)	215

Fiesta XR2 / 1981

Typ /Baujahr	Fiesta XR2 / 1981
Zylinder / Bauart	4 / Reihe
Bohrung x Hub (mm)	80,98 x 77,62
Hubraum (ccm)	1598
Leistung (kW/PS) bei min⁻¹	62/84 bei 5500
Max. Drehmoment (Nm)/min⁻¹	124/2800
Verdichtung	9,0
Gemischaufbereitung	Doppelvergaser
Ventile / Steuerung	8/ohv
Batterie V/ah	12/43
Antrieb	Vorderräder
Getriebe	4-Gang
Übersetzungen	3,54 / 1,905 / 1,276 / 0,951 / R 3,615
Radaufhängung vorn	McPherson-Federbeine, Querlenker, Zugstrebe
Radaufhängung hinten	Starrachse, Längslenker, Panhardstab, Schraubenfedern, Stoßdämpfer
Lenkung	Zahnstangen
Bremsen	Scheiben vorn, Trommel hinten
Abmessungen (LxBxH mm)	3648 x 1580 x 1370
Radstand (mm)	2286
Spur vorn/hinten (mm)	1378/1337
Felgen	6 J x 13
Reifen	185/60 HR 13
Leergewicht (kg)	800
Zul. Gesamtgewicht	1200
Höchstgeschwindigkeit km/h	172
Beschleunigung 0-100 km/h (sec)	11,5
Verbrauch (Liter/100 km)	10,5 Super
Tankinhalt (Liter)	40

Fiesta 1,1 / 1984

Typ /Baujahr	Fiesta 1,1 / 1984
Zylinder / Bauart	4 / Reihe
Bohrung x Hub (mm)	73,96 x 64,98
Hubraum (ccm)	1117
Leistung (kW/PS) bei min⁻¹	37/50 bei 5000
Max. Drehmoment (Nm)/min⁻¹	83/2700
Verdichtung	9,5
Gemischaufbereitung	Gleichdruck-Vergaser
Ventile / Steuerung	8/ohv
Batterie V/ah	12/35
Antrieb	Vorderräder
Getriebe	5-Gang
Übersetzungen	3,58 / 2,04 / 1,35 / 0,95 / 0,76 / R 3,62
Radaufhängung vorn	McPherson-Federbeine, Querlenker, Zugstrebe
Radaufhängung hinten	Starrachse, Längslenker, Panhardstab, Schraubenfedern, Stoßdämpfer
Lenkung	Zahnstangen
Bremsen	Scheiben vorn, Trommel hinten
Abmessungen (LxBxH mm)	3648 x 1585 x 1376
Radstand (mm)	2292
Spur vorn/hinten (mm)	1360/1321
Felgen	4,5 J x 13
Reifen	135 SR 13
Leergewicht (kg)	795
Zul. Gesamtgewicht	1225
Höchstgeschwindigkeit km/h	145
Beschleunigung 0-100 km/h (sec)	17,5
Verbrauch (Liter/100 km)	8,5 Super
Tankinhalt (Liter)	34

Fiesta 1,4i Kat / 1985

Typ /Baujahr	Fiesta 1,4i Kat / 1985
Zylinder / Bauart	4 / Reihe
Bohrung x Hub (mm)	77,24 x 74,30
Hubraum (ccm)	1392
Leistung (kW/PS) bei min⁻¹	52/71 bei 5500
Max. Drehmoment (Nm)/min⁻¹	103/4000
Verdichtung	8,5
Gemischaufbereitung	Zentraleinspritzung, G-Kat
Ventile / Steuerung	8/ohc
Batterie V/ah	12/43
Antrieb	Vorderräder
Getriebe	5-Gang
Übersetzungen	3,58 / 2,04 / 1,32 / 0,95 / 0,76 / R 3,62
Radaufhängung vorn	McPherson-Federbeine, Querlenker, Zugstrebe
Radaufhängung hinten	Starrachse, Längslenker, Panhardstab, Schraubenfedern, Stoßdämpfer
Lenkung	Zahnstangen
Bremsen	Scheiben vorn, Trommel hinten
Abmessungen (LxBxH mm)	3648 x 1585 x 1376
Radstand (mm)	2292
Spur vorn/hinten (mm)	1378/1337
Felgen	4,5 J x 13
Reifen	155/70 SR 13
Leergewicht (kg)	820
Zul. Gesamtgewicht	1250
Höchstgeschwindigkeit km/h	163
Beschleunigung 0-100 km/h (sec)	13
Verbrauch (Liter/100 km)	10 Super
Tankinhalt (Liter)	40

	Fiesta Dreitürer C 1.1 / 1989	Fiesta Sport / 2000	Fiesta Fünftürer 1.4 16V / 2001
Typ /Baujahr	Fiesta Dreitürer C 1.1 / 1989	Fiesta Sport / 2000	Fiesta Fünftürer 1.4 16V / 2001
Zylinder / Bauart	4 / Reihe	4 / Reihe	4 / Reihe Duratec
Bohrung x Hub (mm)	68,7 x 75,5	79 x 81,4	76 x 76,5
Hubraum (ccm)	1118	1596	1388
Leistung (kW/PS) bei min⁻¹	40/55 bei 5200	76/103 bei 6000	58/80 bei 5700
Max. Drehmoment (Nm)/min⁻¹	86/2700	145/4000	124/3500
Verdichtung	9,5	11,0	11,0
Gemischaufbereitung	Fallstrom-Registerverg.	elektr. Einspritzung SEFI	Elektr. Einspritzung SEFI
Ventile / Steuerung	8/ohv	16/dohv	16/dohc
Batterie V/ah	12/35	12/43	12/43
Antrieb	Vorderräder	Vorderräder	Vorderräder
Getriebe	4-Gang	5-Gang	5-Gang
Übersetzungen	3,58 / 2,04 / 1,32 / 0,95 / R 3,77	3,15 / 1,93 / 1,28 / 0,95 / 0,76 / R 3,62	3,58 / 1,93 / 1,28 / 0,95 / 0,76 / R 3,62
Radaufhängung vorn	McPherson-Federbeine, Querlenker	McPherson-Federbeine, Querlenker	McPherson-Federbeine, Querlenker
Radaufhängung hinten	Verbundlenker, Schraubenfedern, Stoßdämpfer	Verbundlenker, Schraubenfedern, Stoßdämpfer	Verbundlenker, Schraubenfedern, Stoßdämpfer
	Zahnstangen	Zahnstangen, servounterstützt	Zahnstangen, servounterstützt
Bremsen	Scheiben vorn / Trommel hinten	Scheiben vorn / Trommel hinten	Scheiben vorn innenbelüftet / Trommel hinten, ABS
Abmessungen (LxBxH mm)	3743 x 1606 x 1389	3828 x 1634 x 1334	3917 x 1683 x 1432-1463
Radstand (mm)	2446	2446	2486
Spur vorn/hinten (mm)	1392/1384	1429/1373	1477/1444
Felgen	4,5 J x 13	6 J x 15 LM	5,5 x 14
Reifen	145 SR 13	195/50 R 15 H	175/65 R 14
Leergewicht (kg)	785	975	1035
Zul. Gesamtgewicht	1225	1405	1515
Höchstgeschwindigkeit km/h	149	182	168
Beschleunigung 0-100 km/h (sec)	16,3	10,2	13,2
Verbrauch (Liter/100 km)	5,8 Super	7,1 Super	6,4 Super
Tankinhalt (Liter)	42	40	45
Kofferraumvolumen (Liter)	250	250	284

	Escort 1100; 1300 Zweit. / 1968	Escort Sport 1972; RS 2000 1973	Escort Zweitürer / 1975
Typ /Baujahr	Escort 1100; 1300 Zweitürer / 1968	Escort Sport 1972; RS 2000 1973	Escort Zweitürer / 1975
Zylinder / Bauart	4 / Reihe	4 / Reihe	4 / Reihe
Bohrung x Hub (mm)	80,98 x 53,29; 80,98 x 62,99	80,98 x 62,99;	80,98 x 53,29 / 80,98 x 62,99 / 80,98 x 77,62
Hubraum (ccm)	1098; 1298	1263; 1993	1071 / 1263 / 1566
Leistung (kW/PS) bei min⁻¹	40 bei 5300; 48 bei 5000	72 bei 5500; 100 bei 5700	32/44 b. 5500 / 40/54 b. 5500 / 42/57 b. 5500 / 52/70 b. 5500 / 62/84 b. 5500
Max. Drehmoment (Nm)/min⁻¹	69/2800; 87/2500	94/4000; 149/3750	71/3000; 85/3000; 91/3000; 92/4000; 125/3500
Verdichtung	8,0	9,2	8,0; 8,0; 9,2; 9,2; 9,0
Gemischaufbereitung	Vergaser Ford	Vergaser Weber; Solex-Register	Fallstrom; Doppel-Register
Ventile / Steuerung	8/ohv	8/ohv; 8/ohc	8/ohv
Batterie V/ah	12/44	12/44	12/35 (Turnier); 12/45; 12/55
Antrieb	Hinterräder	Hinterräder	Hinterräder
Getriebe	4-Gang	4-Gang	4-Gang
Übersetzungen	3,656 / 2,185 / 1,425 / 1,00 / R 4,235	3,337 / 1,995 / 1,418 / 1,00 / R 3,867	3,65 / 2,185 / 1,425 / 1,000 / R 3,867
Radaufhängung vorn	McPherson-Federbeine, Querstabilisator	McPherson-Federbeine, Querstabilisator	McPherson-Federbeine, Querstabilisator
Radaufhängung hinten	Starrachse, Längsblattfedern, Teleskopstoßdämpfer	Starrachse, Längsblattfedern, Längslenker, Teleskopstoßdämpfer	Starrachse, Längsblattfedern, Stoßdämpfer, ab 1,3: Stabilisator
Lenkung	Zahnstangen	Zahnstangen	Zahnstangen
Bremsen	Trommel vorn/hinten; Scheiben vorn, Trommel hinten	Scheiben vorn, Trommel hinten	Scheiben vorn, Trommel hinten
Abmessungen (LxBxH mm)	3978 x 1572 x 1380	4051 x 1570 x 1400	3978 x 1596 x 1398; Turnier: 4056 x 1564 x 1414
Radstand (mm)	2400	2400	2407
Spur vorn/hinten (mm)	1257/1282	1270/1340	1270/1296
Felgen	4.00 C x 12	5,0 J x 13; 5,5 J x 13	4,5 J x 13; GL/Sport: 5 J x 13; Ghia: 5,5 J x 13 LM
Reifen	6,00-12	165 SR 13	155 SR 13; 175/70 SR 13
Leergewicht (kg)	825	830; 915	880-910; Turnier: 920
Zul. Gesamtgewicht	1265	1265	1320-1365; Turnier: 1360
Höchstgeschwindigkeit km/h	125; 145	156; 175	127-150; Turnier: 127-135, Sport: 162
Beschleunigung 0-100 km/h (sec)	25,0; 17,2	15,5; 9,3	29; 25; 22
Verbrauch (Liter/100 km)	10,0; 10,5 Normal	11, 12 Super	8,0-9,5; Turnier: 7,9-9,1 Normal/Super
Tankinhalt (Liter)	41	41	41
Kofferraumvolumen (Liter)	k.A.	k.A.	411

	Escort RS 2000 / 1976	Escort 1.1 L Fünftürer / 1981	Escort XR 3i / 1983
Typ /Baujahr	Escort RS 2000 / 1976	Escort 1.1 L Fünftürer / 1981	Escort XR 3i / 1983
Zylinder / Bauart	4 / Reihe	4 / Reihe	4 / Reihe CVH
Bohrung x Hub (mm)	90,82 x 76,95	73,96 x 65,98	73,96 x 65,98
Hubraum (ccm)	1993	1087	1087
Leistung (kW/PS) bei min^{-1}	81/110 b. 5500	37 / 50 bei 5000	77 / 105 bei 6000
Max. Drehmoment (Nm)/min^{-1}	164/3750	83 / 2700	138 / 4800
Verdichtung	9,2	9,5	9,5
Gemischaufbereitung	Registervergaser	Gleichdruckvergaser	Einspritzung K-Jetronic
Ventile / Steuerung	8 / ohc	8 / ohv	8 / ohc
Batterie V/ah	12/55	12 / 35	12 / 43
Antrieb	Hinterräder	Vorderräder	Vorderräder
Getriebe	4-Gang	4-Gang	5-Gang
Übersetzungen	3,65 / 1,97 / 1,37 / 1,00 / R 3,66	3,58 / 2,04 / 1,35 / 0,95 / R 3,62	3,15 / 1,91 / 1,28 / 0,95 / 0,76 / R 3,62
Radaufhängung vorn	McPherson-Federbeine, Stabilisator	McPherson-Federbeine, Querlenker, Querstabilisator	McPherson-Federbeine, Querlenker, Querstabilisator
Radaufhängung hinten	Starrachse, Längsblattfedern, Längslenker, Stoßdämpfer, Stabilisator	Querlenker, Längslenker, Schraubenfedern, Stoßdämpfer	Querlenker, Längslenker, Schraubenfedern, Gasdruckstoßdämpfer
Lenkung	Zahnstangen	Zahnstangen	Zahnstangen
Bremsen	Scheiben vorn, Trommel hinten	Scheiben vorn, Trommeln hinten	Scheiben vorn (innenbelüftet), Trommeln hinten
Abmessungen (LxBxH mm)	4150 x 1410 x 1583	4010 x 1640 x 1384	4010 x 1640 x 1369
Radstand (mm)	2407	2402	2402
Spur vorn/hinten (mm)	1289/1315	1400/1423	1400/1423
Felgen	5,5 J x 13	4,5 J x 13	6 J x 14
Reifen	175/70 HR 13	145 SR 13	185/60 HR 14
Leergewicht (kg)	925	830	920
Zul. Gesamtgewicht	1325	1275	1400
Höchstgeschwindigkeit km/h	180	144	186
Beschleunigung 0-100 km/h (sec)	8,9	17,2	9,6
Verbrauch (Liter/100 km)	8,7 Super	7,1 Super	8,9 Super
Tankinhalt (Liter)	41	48	48
Kofferraumvolumen (Liter)	411	360-1050	360-1050

	Escort 1.4i CLX Dreitürer / 1990	Escort RS 2000 / 1991	Escort RS Turbo / 1986
Typ /Baujahr	Escort 1.4i CLX Dreitürer / 1990	Escort RS 2000 / 1991	Escort RS Turbo / 1986
Zylinder / Bauart	4 / Reihe	4 / Reihe	4 / Reihe CVH
Bohrung x Hub (mm)	77,24 x 74,30	86 x 86	79,96 x 79,52
Hubraum (ccm)	1392	1998	1567
Leistung (kW/PS) bei min^{-1}	52 / 71 bei 5600	110 / 150 bei 6000	97/132 bei 5750
Max. Drehmoment (Nm)/min^{-1}	103 / 4000	190 / 4000	180/2750
Verdichtung	8,5	10,3	8,2
Gemischaufbereitung	Zentral-Einspritzung, G-Kat	Zentral-Einspritzung, G-Kat	Einspritzung, Garrett-Turbolader, Ladeluftkühlung
Ventile / Steuerung	8 / ohc	16 / dohc	8 / ohc
Batterie V/ah	12 / 43	12 / 43	12 / 43
Antrieb	Vorderräder	Vorderräder	Vorderräder
Getriebe	5-Gang	5-Gang	5-Gang
Übersetzungen	3,58 / 2,04 / 1,32 / 0,95 / 0,76 / R 3,62	3,23 / 2,13 / 1,48 / 1,11 / 0,85 / R 3,46	3,15 / 1,91 / 1,28 / 0,95 / 0,76 / R 3,62
Radaufhängung vorn	Federbeine, Querlenker	Federbeine, Querlenker, Querstabilisator	McPherson-Federbeine, Viskose-Sperrdifferenzial
Radaufhängung hinten	Verbundlenker, Schraubenfedern, Stoßdämpfer	Verbundlenker, Schraubenfedern, Stoßdämpfer, Querstabilisator	Längslenker, Querlenker, Gasdruckstoßdämpfer
Lenkung	Zahnstangen	Zahnstangen, servounterstützt	Zahnstangen
Bremsen	Scheiben vorn / Trommeln hinten	Scheiben vorn innenbelüftet, Scheiben hinten, ABS	Scheiben vorn innenbelüftet, Trommeln hinten
Abmessungen (LxBxH mm)	4036 x 1692 x 1395	4040 x 1692 x 1389	4061 x 1640 x 1354
Radstand (mm)	2525	2525	2400
Spur vorn/hinten (mm)	1440/1462	1440/1439	1423/1439
Felgen	5 J x 13	6 J x 15	6 J x 15
Reifen	175/70 R 13	195/50 R 15	195/50 VR 15
Leergewicht (kg)	955	1110	965
Zul. Gesamtgewicht	1400	1550	1400
Höchstgeschwindigkeit km/h	163	208	206
Beschleunigung 0-100 km/h (sec)	14,3	8,4	8,7
Verbrauch (Liter/100 km)	7,6	8,5	8,9
Tankinhalt (Liter)	55	55	48
Kofferraumvolumen (Liter)	380-1130 (dachhoch)	380-1130	360-1030

	Escort RS Cosworth / 1992	**Escort 1.6i Fun Fünftürer / 1995**	**Escort TD Ghia Viertürer / 1995**
Typ /Baujahr	Escort RS Cosworth / 1992	Escort 1.6i Fun Fünftürer / 1995	Escort TD Ghia Viertürer / 1995
Zylinder / Bauart	4 / Reihe	4 / Reihe, Zetec-E	4 / Reihe, Diesel
Bohrung x Hub (mm)	90,82 x 76,95	76 x 88	82,5 x 82
Hubraum (ccm)	1993	1597	1753
Leistung (kW/PS) bei min^{-1}	162 / 220 bei 6250	65 / 88 bei 5500	66 / 90 bei 4500
Max. Drehmoment (Nm)/min^{-1}	290 / 3500	130 / 3000	180 / 2000
Verdichtung	8,0	10,3	10,3
Gemischaufbereitung	Einspritzung, Garrett-Turbolader, Ladeluftkühlung, G-Kat	Einzel-Einspritzung, G-Kat	Diesel-Einspritzung, U-Kat, Turbolader
Ventile / Steuerung	16 / dohc	16 / dohc	8 / ohc
Batterie V/ah	12 / 43	12 / 43	12 / 43
Antrieb	Allradantrieb perm., Zentraldiff., Visco-Sperre	Vorderräder	Vorderräder
Getriebe	5-Gang	5-Gang	5-Gang
Übersetzungen	3,61 / 2,08 / 1,36 / 1,00 / 0,83 / R 3,26	3,15 / 1,91 / 1,28 / 0,95 / 0,76 / R 3,62	3,42 / 2,14 / 1,45 / 1,03 / 0,77 / R 3,56
Radaufhängung vorn	McPherson-Federbeine, Querlenker, Querstabilisator, Viskose-Sperrdifferenzial	McPherson-Federbeine, Querlenker, Querstabilisator	McPherson-Federbeine, Querlenker, Querstabilisator
Radaufhängung hinten	Schräglenker, Schraubenfedern, Gasdruckstoßdämpfer, Querlenker	Verbundlenker, Schraubenfedern, Stoßdämpfer	Verbundlenker, Schraubenfedern, Stoßdämpfer, Querstabilisator
Lenkung	Zahnstangen, servounterstützt	Zahnstangen, servounterstützt	Zahnstangen, servounterstützt
Bremsen	Scheiben innenbelüftet vor, ABS	Scheiben vorn innenbelüftet / Trommeln hinten	Scheiben vorn innenbelüftet / Trommeln hinten
Abmessungen (LxBxH mm)	4211 x 1738 x 1425	4104 x 1691 x 1398	4293 x 1700 x 1394
Radstand (mm)	2552	2525	2525
Spur vorn/hinten (mm)	1467/1490	1441/1455	1440/1462
Felgen	8 J x 16 LM	6 J x 14	5,5 J x 14
Reifen	225/45 ZR 16	185/60 R 14	175/65 R 14
Leergewicht (kg)	1275	1085	1165
Zul. Gesamtgewicht	1725	1600	1625
Höchstgeschwindigkeit km/h	225	177	172
Beschleunigung 0-100 km/h (sec)	6,1	12,3	11,5
Verbrauch (Liter/100 km)	10,3 Normal	7,2 Super	6,3 Diesel
Tankinhalt (Liter)	65	55	55
Kofferraumvolumen (Liter)	267	380-1145 (dachhoch)	490

	Escort Express 55 / 1982	**Escort Express 40 / 1991**	**Escort 1,6i Cabrio / 1983**
Typ /Baujahr	Escort Express 55 / 1982	Escort Express 40 / 1991	Escort 1,6i Cabrio / 1983
Zylinder / Bauart	4 / Reihe CVH	4 / Reihe Diesel	4 / Reihe
Bohrung x Hub (mm)	79,96 x 64,52	82,5 x 82	79,96 x 79,5
Hubraum (ccm)	1271	1753	1597
Leistung (kW/PS) bei min^{-1}	51/69 bei 6000	44/60 bei 4800	77/105 bei 6000
Max. Drehmoment (Nm)/min^{-1}	100 / 3500	110 / 2500	101 / 3500
Verdichtung	9,5	9,5	9,5
Gemischaufbereitung	Gleichdruckvergaser	Gleichdruckvergaser	K-Jetronic
Ventile / Steuerung	8/ohc	8/ohc	8/ohc
Batterie V/ah	12/35	12/68	12/55
Antrieb	Vorderräder	Vorderräder	Vorderräder
Getriebe	4-Gang	5-Gang	5-Gang
Übersetzungen	3,58 / 2,04 / 1,35 / 0,95 / R 3,62	3,58 / 1,91 / 1,28 / 0,95 / 0,76 / R 3,62	3,15 / 1,91 / 1,28 / 0,95 / 0,76 / R 3,62
Radaufhängung vorn	McPherson-Federbeine, Querlenker, Querstabilisator	McPherson-Federbeine, Querlenker, Querstabilisator	McPherson-Federbeine, Querlenker, Stabilisator
Radaufhängung hinten	Starrachse, Blattfedern, Stoßdämpfer	Starrachse, Blattfedern, Stoßdämpfer	Querlenker, Längsstreben, Schraubenfedern
Lenkung	Zahnstangen	Zahnstangen	Zahnstangen
Bremsen	Scheiben vorn, Trommeln hinten	Scheiben vorn, Trommeln hinten	Scheiben vorn, Trommel hinten
Abmessungen (LxBxH mm)	4165 x 1640 x 1538	4257 x 1688 x 1602	4010 x 1640 x 1375
Radstand (mm)	2501	2598	2402
Spur vorn/hinten (mm)	1400/1384	1400/1449	1400/1423
Felgen	5 J x 13	5 J x 13	6 J x 14
Reifen	165 SR 13	165 SR 13	185/60 HR 14
Leergewicht (kg)	940	1150	970
Zul. Gesamtgewicht	1575	1850	1400
Höchstgeschwindigkeit km/h	148	143	186
Beschleunigung 0-100 km/h (sec)	16,1	22,8	9,9
Verbrauch (Liter/100 km)	8,7	6,3	7,9 Super
Tankinhalt (Liter)	50	55	48
Kofferraumvolumen (Liter)	k.A.	k.A.	300

Orion 1,6i Ghia / 1986 — Focus 1,4i 16V Ambiente / 1998 — Focus TDCI Trend Turnier / 2001

	Orion 1,6i Ghia / 1986	Focus 1,4i 16V Ambiente / 1998	Focus TDCI Trend Turnier / 2001
Typ /Baujahr	Orion 1,6i Ghia / 1986	Focus 1,4i 16V Ambiente Dreitürer / 1998	Focus TDCI Trend Turnier / 2001
Zylinder / Bauart	4 / Reihe CVH	4 / Reihe Zetec SE	4 / Reihe Duratorq
Bohrung x Hub (mm)	73,96 x 79,52	76 x 76,5	82,5 x 82
Hubraum (ccm)	1567	1388	1753
Leistung (kW/PS) bei min^{-1}	77/105 bei 6000	55/75 bei 5000	85/115 bei 3800
Max. Drehmoment (Nm)/min^{-1}	138/4800	125/3500	250/1850
Verdichtung	9,5	11,0	18,5
Gemischaufbereitung	K-Jetronic	Mehrpunkt-Einspritzung SEFI	Common-Rail DI, Oxikat, AGR
Ventile / Steuerung	8/ohc	16/dohc	8/ohc
Batterie V/ah	12/43	12/63	12/48
Antrieb	Vorderräder	Vorderräder	Vorderräder
Getriebe	5-Gang	5-Gang	5-Gang
Übersetzungen		3,583 / 1,930 / 1,280 / 0,951 / 0,756 / R 3,620	3,67 / 2,05 / 1,35 / 0,92 / 0,71 / R 3,73
Radaufhängung vorn	McPherson-Federbeine, Querlenker, Querstabilisator	McPherson-Federbeinen, Querlenker, Querstabilisator	McPherson-Federbeinen, Querlenker, Querstabilisator
Radaufhängung hinten	Querlenker, Längslenker, Schraubenfedern, Gasdruckstoßdämpfer, Querstabilisator	Verbundlenker, Schraubenfedern, Gasdruckstoßdämpfer, Querstabilisatorr	Verbundlenker, Schraubenfedern, Gasdruckstoßdämpfer, Querstabilisatorr
Lenkung	Zahnstangen	Zahnstangen, servounterstützt	Zahnstangen, servounterstützt
Bremsen	Scheiben innenbelüftet vorn, Trommeln hinten	Scheiben innenbelüftet vorn, Scheiben hinten, ABS	Scheiben innenbelüftet vorn, Scheiben hinten, ABS
Abmessungen (LxBxH mm)	4213 x 1640 x 1389	4178 x 1702 x 1481	4438 x 1998 x 1532
Radstand (mm)	2400	2615	2615
Spur vorn/hinten (mm)	1404/1427	1484/1477	1484/1477
Felgen	6 J x 14	5,5 J x 14	5,5 J x 14
Reifen	185/60 HR 14	175/65 R 14	185/65 R 14
Leergewicht (kg)	935	1068	1327
Zul. Gesamtgewicht	1375	1570	1760
Höchstgeschwindigkeit km/h	185	171	196
Beschleunigung 0-100 km/h (sec)	10,3	14,4	10,8
Verbrauch (Liter/100 km)	7,6 Super	6,5 Super	5,4 Diesel
Tankinhalt (Liter)	48	55	52,5
Kofferraumvolumen (Liter)	451	350	520

Focus ST 170 / 2001 — Focus RS / 2002 — Taunus Spezial / 1949

	Focus ST 170 / 2001	Focus RS / 2002	Taunus Spezial / 1949
Typ /Baujahr	Focus ST 170 / 2001	Focus RS / 2002	Taunus Spezial / 1949
Zylinder / Bauart	4 / Reihe Duratec	4 / Reihe Duratec	4 / Reihe
Bohrung x Hub (mm)	84,8 x 88	84,8 x 88	63,5 x 92,5
Hubraum (ccm)	1988	1988	1172
Leistung (kW/PS) bei min^{-1}	127/173 bei 7000	158/215 bei 5500	34/4250
Max. Drehmoment (Nm)/min^{-1}	196/5500	310/3500	72,5/2200
Verdichtung	10,2	8,0	6,6
Gemischaufbereitung	Sequentielle elektronische Multipoint-Einspritzung SEFI	SEFI, Garrett-Turbolader GT25, Ladeluftkühlung	Fallstromvergaser Solex
Ventile / Steuerung	16/dohc	16/dohc	8/ohv
Batterie V/ah	12/55	12/55	6/75
Antrieb	Vorderräder	Vorderräder	Hinterräder
Getriebe	6-Gang	5-Gang	3-Gang
Übersetzungen	4,46 / 2,71 / 1,33 / 1,09 / 1,33 / 1,09 / R 2,82	3,42 / 2,04 / 1,48 / 1,11 / 0,85 / R 3,37	3,41 / 1,76 / 1,00 / R
Radaufhängung vorn	McPherson-Federbeine, Querlenker, Querstabilisator	McPherson-Federbeine, Querlenker, Querstabilisator	Starrachse, Blattfeder quer, Stoßdämpfer, Drehstab-Stabilisator
Radaufhängung hinten	Verbundlenker, Schraubenfedern, Gasdruckstoßdämpfer, Querstabilisatorr	Verbundlenker, Schraubenfedern, Gasdruckstoßdämpfer, Querstabilisator	Starrachse, Blattfeder quer, Drehstab-Stabilisator
Lenkung	Zahnstangen, servounterstützt	Zahnstangen, servounterstützt	Schnecken
Bremsen	Scheiben innenbelüftet vorn, ABS, EBD, ESP, ASR	Scheiben innenbelüftet vorn, Scheiben hinten, ABS, EBD	Trommeln
Abmessungen (LxBxH mm)	4174 x 1702 x 1486	4174 x 1702 x 1486	4090 x 1485 x 1600
Radstand (mm)	2615	2615	2387
Spur vorn/hinten (mm)	1494/1490	1514	1180/1230
Felgen	7 J x 17 LM	8 J x 18 LM	3.50 D 15 (4 J x 15)
Reifen	215/45 ZR 17	225/40R 18	5.25-16 (5.90-16)
Leergewicht (kg)	1283-1314	1280	930
Zul. Gesamtgewicht	1670	1725	1250
Höchstgeschwindigkeit km/h	215	232	105
Beschleunigung 0-100 km/h (sec)	8,2	6,7	45
Verbrauch (Liter/100 km)	9,1 Super	10,1 Super	9
Tankinhalt (Liter)	55	55	35
Kofferraumvolumen (Liter)	350	350	k.A.

	Taunus 12 M Zweitürer / 1952	Taunus 12 M 1.5 Zweit. / 1959	Taunus 12 M Zweitürer / 1962
Typ /Baujahr	Taunus 12 M Zweitürer / 1952	Taunus 12 M 1.5 Zweitürer / 1959	Taunus 12 M Zweitürer / 1962
Zylinder / Bauart	4 / Reihe	4 / Reihe	V4, 60 Grad
Bohrung x Hub (mm)	63,5 x 92,5	82 x 70,9	80 x 58,86
Hubraum (ccm)	1172	1498	1183
Leistung (kW/PS) bei min⁻¹	28/38 bei 4250	40/55 bei 4250	29,5/40 bei 4500
Max. Drehmoment (Nm)/min⁻¹	75,6/2200	113/2400	80/2400
Verdichtung	6,8	6,8	7,8
Gemischaufbereitung	Fallstromvergaser Solex	Fallstromvergaser Solex	Vergaser Solex
Ventile / Steuerung	8/ohv	8/ohv	8/ohv
Batterie V/ah	6/75	6/85	6/77
Antrieb	Hinterräder	Hinterräder	Vorderräder
Getriebe	3-Gang	3-Gang	4-Gang
Übersetzungen	3,41 / 1,76 / 1,00 / R 4,14	3,27 / 1,69 / 1,00 / R 3,9	4,03 / 2,33 / 1,48 / 1,00 / R 3,69
Radaufhängung vorn	Doppel-Querlenker, Schraubenfedern, Stoßdämpfer	Doppel-Querlenker, Schraubenfedern, Stabilisator, Stoßdämpfer	Dreieck-Querlenker, Querblattfeder, Stoßdämpfer
Radaufhängung hinten	Starrachse, Längsblattfedern, Stoßdämpfer	Starrachse, Längsblattfedern, Stoßdämpfer	Starrachse, Längsblattfedern, Drehstabilisator, Stoßdämpfer
Lenkung	Schnecken	Schnecken	Kugelumlauf
Bremsen	Trommel vorn/hinten	Trommel vorn/hinten	Trommel vorn/hinten
Abmessungen (LxBxH mm)	4070 x 1580 x 1550	4070 x 1580 x 1550	4248 x 1594 x 1458
Radstand (mm)	2489	2489	2527
Spur vorn/hinten (mm)	1220/1220	1220/1220	1245/1245
Felgen	4 J x 13	4 J x 13	4 J x 13
Reifen	5.60-13	5.60-13	5.60-13
Leergewicht (kg)	850	900	845
Zul. Gesamtgewicht	1215	1280	1245
Höchstgeschwindigkeit km/h	112	128	125
Beschleunigung 0-100 km/h (sec)	38	25	28
Verbrauch (Liter/100 km)	9 Normal	10 Normal	7,5 Normal
Tankinhalt (Liter)	34	34	38
Kofferraumvolumen (Liter)	k.A.	k.A.	560

	Taunus 12 M; 15 M Zweit. / 1966	15 M TS 1500 S, 1700 S / 1968	Taunus / 1970
Typ /Baujahr	Taunus 12 M; 15 M Zweitürer / 1966	15 M TS 1500 S, 1700 S Zweitürer / 1968	Taunus / 1970
Zylinder / Bauart	V4, 60 Grad	V4, 60 Grad	4 / Reihe
Bohrung x Hub (mm)	84 x 58,86; 90 x 58,86	90 x 58,86; 90 x 66,8	79 x 66 / 87,65 x 66,0
Hubraum (ccm)	1305; 1498	1498; 1699	1285 / 1576
Leistung (kW/PS) bei min⁻¹	37/50 bei 5000; 40/55 bei 5000	48/65 bei 5000; 52/70 bei 5000	55 bei 5500 / 72 bei 5500/ 88 bei 5700 /
Max. Drehmoment (Nm)/min⁻¹	95/2500; 107/2500	117/2500; 137/2400	92/3000; 120/2700/127/4000
Verdichtung	8,2; 8,0	8,0	8,0
Gemischaufbereitung	Vergaser Solex	Vergaser Solex	Fallstrom; GT: Weber-Register-Fallstrom
Ventile / Steuerung	8/ohv	8/ohv	8/ohc
Batterie V/ah	6/66; 6/77	6/77; 12/44	12/44
Antrieb	Vorderräder	Vorderräder	Hinterräder
Getriebe	4-Gang	4-Gang	4-Gang
Übersetzungen	4,06 / 2,16 / 1,48 / 1,00 / R 3,69 3,69 / 2,16 / 1,48 / 1,00 / R 3,69	3,69 / 2,16 / 1,48 / 1,00 / R 3,69	3,66 / 2,19 / 1,43 / 1,00 / R 3,44
Radaufhängung vorn	McPherson-Federbeine, Dreieck-Querlenker	McPherson-Federbeine, Dreieck-Querlenker	McPherson, Doppelquerlenker, GT/GXL: Querstabilisator
Radaufhängung hinten	Starrachse, Längsblattfedern, Stoßdämpfer	Starrachse, Längsblattfedern, Stoßdämpfer	Starrachse, Längs-/Schräglenker, Schraubenfedern, ab 1973: Querstabilisator
Lenkung	Zahnstangen	Zahnstangen	Zahnstangen
Bremsen	Scheiben vorn, Trommel hinten	Scheiben vorn, Trommel hinten	Scheiben vorn, Trommel hinten
Abmessungen (LxBxH mm)	4318 x 1603 x 1400	4318 x 1603 x 1400	4267 x 1702 x 1321; Turnier: 4369 x 1701 x 1393; Coupé 4267 x 1708 x 1341
Radstand (mm)	2527	2527	2578
Spur vorn/hinten (mm)	1321/1321	1321/1321	1422/1422
Felgen	4 J x 13	4 J x 13; 4,5 J x 14	4,5 J x 13 / GT: 5,5 J x 13
Reifen	5.60-13	5.60 S 13; 155 SR 14	5.60 x 13 / 6.45 x 13 / 175 SR 13
Leergewicht (kg)	850; 865	870	950-1020; Turnier: 1040-1060; Coupé: 965-1010
Zul. Gesamtgewicht	1280	1280	1005-1070
Höchstgeschwindigkeit km/h	125; 135	145; 155	135-162; Turn: 135-152; Coupé: 135-162
Beschleunigung 0-100 km/h (sec)	26,0; 19,5	16,0; 14,5	22,2-13,6; Turnier: 23,9-17,3; Coupé: 22,2-13,6
Verbrauch (Liter/100 km)	7,8; 8,0 Normal	8,2; 8,3 Normal	9-2-10,3; Turnier: 9,6-10,6; Coupe 9,1-10,1
Tankinhalt (Liter)	45	45	54
Kofferraumvolumen (Liter)	560	560	481

	Taunus Limousine GL 2000 / 1976	Taunus 1300 / 1979	Taunus 2,0; 2,3 / 1982
Typ /Baujahr	Taunus Limousine GL 2000 / 1976	Taunus 1300 / 1979	Taunus 2,0; 2,3 / 1982
Zylinder / Bauart	V6	4 / Reihe	V6
Bohrung x Hub (mm)	84 x 60,1	79 x 66	84,0 x 60,1 ; 90,0 x 60,1
Hubraum (ccm)	1999	1294	1998 / 2294
Leistung (kW/PS) bei min^{-1}	66/90 bei 5000	43/59 bei 5750	66/90 bei 5100; 84/114 bei 5300
Max. Drehmoment (Nm)/min^{-1}	152/3000	92/3500; 113/2700; 117/2700; 153/4000	141/3000; 176/3000
Verdichtung	8,75	8,0; 8,2 ; 9,2; 9,2	8,2; 9,0
Gemischaufbereitung	Solex-Doppelvergaser	Vergaser VV; Weber	Solex Doppelvergaser
Ventile / Steuerung	12/ohv	8/ohc	12/ohv
Batterie V/ah	12/55	12/44; 12/35	12/44
Antrieb	Hinterräder	Hinterräder	Hinterräder
Getriebe	4-Gang	4-Gang	4-Gang
Übersetzungen	3,65 / 1,97 / 1,37 / 1,00 / R 3,44	3,65 / 2,18 / 1,43 / 1,00 / R 4,24	3,65 / 1,97 / 1,37 / 1,00 / R 3,66
Radaufhängung vorn	McPherson-Federbeine, Doppelquerlenker, Querstabilisator	Doppelquerlenker, Zugstreben, Stoßdämpfer, Schraubenfedern, Querstabilisator	Doppelquerlenker, Zugstreben, Stoßdämpfer, Schraubenfedern, Querstabilisator
Radaufhängung hinten	Starrachse, Längs-/Schräglenker, Schraubenfedern, Querstabilisator	Starrachse, Längslenker, Stoßdämpfer, Schraubenfedern, Querstabilisator	Starrachse, Längslenker, Stoßdämpfer, Schraubenfedern, Querstabilisator
Lenkung	Zahnstangen	Zahnstangen	Zahnstangen
Bremsen	Scheiben vorn, Trommel hinten	Scheiben vorn, Trommel hinten	Scheiben vorn, Trommel hinten
Abmessungen (LxBxH mm)	4380 x 1700 x 1362	4340 x 1706 x 1363	4340 x 1706 x 1363
Radstand (mm)	2579	2579	2579
Spur vorn/hinten (mm)	1422/1422	1445/1425	1445/1425
Felgen	5,5 J x 13	4,5 J x 13, ab GL: 5,5 J x 13	4,5 J x 13, ab GL: 5,5 J x 13
Reifen	165 SR 13	165 SR 13; 185/70 SR 13	165 SR 13; 185/70 SR 13
Leergewicht (kg)	1110-1130	Lim: 965-1020	1030-1035
Zul. Gesamtgewicht	1565; 1600	1480-1525	1525-1565
Höchstgeschwindigkeit km/h	163	138-169	163-176
Beschleunigung 0-100 km/h (sec)	14,5	19,2-10,7	12,6-10,3
Verbrauch (Liter/100 km)	10,8 Super	11,3-11,1, Super	12,8-13,5, Super
Tankinhalt (Liter)	54	54	54
Kofferraumvolumen (Liter)	k.A.	483	483

	Sierra 1.8 Ghia Fünftürer / 1984	Sierra XR 4i Dreitürer / 1984	Sierra Cosworth / 1988
Typ /Baujahr	Sierra 1.8 Ghia Fünftürer / 1984	Sierra XR 4i Dreitürer / 1984	Sierra Cosworth / 1988
Zylinder / Bauart	4 / Reihe	V6	4 / Reihe
Bohrung x Hub (mm)	86,2 x 76,95	93,02 x 68,50	90,8 x 77
Hubraum (ccm)	1796	2772	1993
Leistung (kW/PS) bei min^{-1}	66/90 bei 5400	110/150 bei 5700	150/204 bei 6000
Max. Drehmoment (Nm)/min^{-1}	140 / 3500	216 / 3800	276 / 4500
Verdichtung	9,5	9,2	8,0
Gemischaufbereitung	Registervergaser	Einspritzung K-Jetronic	elektr. Einspritzung Weber/Marelli, Garrett-Turbolader T03B
Ventile / Steuerung	8/ohc	12/ohv	16/dohc
Batterie V/ah	12/43	12/43	12/43
Antrieb	Hinterräder	Hinterräder	Hinterräder
Getriebe	5-Gang	5-Gang	5-Gang
Übersetzungen	3,65 / 1,97 / 1,37 / 1,00 / 0,82 / R 3,66	3,36 / 1,81 / 1,26 / 1,00 / 0,82 / 3,37	2,952 / 1,937 / 1,336 / 1,00 / 0,804 / R 2,755
Radaufhängung vorn	McPherson-Federbeine, Querstabilisator	McPherson-Federbeine, Querstabilisator	McPherson-Federbeine, Querlenker, Querstabilisator
Radaufhängung hinten	Schräglenker, Stoßdämpfer, Schraubenfedern	Schräglenker, Stoßdämpfer, Schraubenfedern, Querstabilisator	Schräglenker, Stoßdämpfer, Schraubenfedern
Lenkung	Zahnstangen	Zahnstangen	Zahnstangen, servounterstützt
Bremsen	Scheiben vorn, Trommel hinten	Scheiben innenbelüftet vorn, Trommel hinten	Scheiben vorn/hinten, ABS
Abmessungen (LxBxH mm)	4425 x 1725 x 1408	4459 x 1728 x 1392	4494 x 1698 x 1369
Radstand (mm)	2608	2608	2608
Spur vorn/hinten (mm)	1452/1468	1452/1468	1444/1460
Felgen	5,5 J x 13	5,5 J x 14, LM	7 J x 15, LM
Reifen	165 R 13	195/60 VR 14	205/50 VR 15
Leergewicht (kg)	1065	1175	1250
Zul. Gesamtgewicht	1600	1650	1700
Höchstgeschwindigkeit km/h	178	210	242
Beschleunigung 0-100 km/h (sec)	13,2	8,4	6,5
Verbrauch (Liter/100 km)	7,9 Super	10,8 Super	10,3 Super
Tankinhalt (Liter)	60	60	60
Kofferraumvolumen (Liter)	390	408	420

Sierra 2,0i CLX Turnier / 1990

Typ /Baujahr	Sierra 2,0i CLX Turnier / 1990
Zylinder / Bauart	4 / Reihe
Bohrung x Hub (mm)	86 x 86
Hubraum (ccm)	1998
Leistung (kW/PS) bei min⁻¹	88/120 bei 5500
Max. Drehmoment (Nm)/min⁻¹	171 / 2500
Verdichtung	10,3
Gemischaufbereitung	elektr. Einspritzung G-Kat
Ventile / Steuerung	8/dohc
Batterie V/ah	12/43
Antrieb	Hinterräder
Getriebe	5-Gang
Übersetzungen	3,89 / 2,08 / 1,34 / 1,00 / 0,82 / R 3,51
Radaufhängung vorn	McPherson-Federbeine, Querlenker, Querstabilisator
Radaufhängung hinten	Schräglenker, Stoßdämpfer, Schraubenfedern
Lenkung	Zahnstangen, servounterstützt
Bremsen	Scheiben innenbelüft. vorn, Trommel hinten
Abmessungen (LxBxH mm)	4511 x 1720 x 1428
Radstand (mm)	2608
Spur vorn/hinten (mm)	1455/1460
Felgen	5,5 J x 143
Reifen	185/65 R 14
Leergewicht (kg)	1160
Zul. Gesamtgewicht	1700
Höchstgeschwindigkeit km/h	187
Beschleunigung 0-100 km/h (sec)	10,5
Verbrauch (Liter/100 km)	7,8 Super
Tankinhalt (Liter)	60
Kofferraumvolumen (Liter)	430

Mondeo 1,6i CLX Lim. / 1993

Typ /Baujahr	Mondeo 1,6i CLX Limousine / 1993
Zylinder / Bauart	4 / Reihe
Bohrung x Hub (mm)	76 x 88
Hubraum (ccm)	1597
Leistung (kW/PS) bei min⁻¹	66/90 bei 5250
Max. Drehmoment (Nm)/min⁻¹	138/3500
Verdichtung	10,3
Gemischaufbereitung	Einspritzung EECIV G-Kat
Ventile / Steuerung	16/dohc
Batterie V/ah	12/48
Antrieb	Vorderräder
Getriebe	5-Gang
Übersetzungen	3,417 / 2,136 / 1,448 / 1,028 / 0,767 / R 3,46
Radaufhängung vorn	McPherson-Federbeine, Querlenker, Querstabilisator
Radaufhängung hinten	McPherson-Federbeine, Querlenker, Längslenker, Querstabilisator
Lenkung	Zahnstangen, servounterstützt
Bremsen	Scheiben innenbelüft. vorn, Trommel hinten, ABS
Abmessungen (LxBxH mm)	4481 x 1749 x 1428
Radstand (mm)	2704
Spur vorn/hinten (mm)	1503/1487
Felgen	5,5 J x 14
Reifen	185/65 R 14 T
Leergewicht (kg)	1215
Zul. Gesamtgewicht	1725
Höchstgeschwindigkeit km/h	180
Beschleunigung 0-100 km/h (sec)	13,7
Verbrauch (Liter/100 km)	7,6 Super
Tankinhalt (Liter)	61,5
Kofferraumvolumen (Liter)	480

Mondeo 1,8i GLX Schrägh. / 1993

Typ /Baujahr	Mondeo 1,8i GLX Schrägheck / 1993
Zylinder / Bauart	4 / Reihe
Bohrung x Hub (mm)	80,6 x 88
Hubraum (ccm)	1796
Leistung (kW/PS) bei min⁻¹	100/136 bei 6000
Max. Drehmoment (Nm)/min⁻¹	180/4000
Verdichtung	10,3
Gemischaufbereitung	Einspritzung EECIV G-Kat
Ventile / Steuerung	16/dohc
Batterie V/ah	12/48
Antrieb	Vorderräder
Getriebe	5-Gang
Übersetzungen	3,417 / 2,136 / 1,448 / 1,028 / 0,767 / R 3,46
Radaufhängung vorn	McPherson-Federbeine, Querlenker, Querstabilisator
Radaufhängung hinten	McPherson-Federbeine, Querlenker, Längslenker, Querstabilisator
Lenkung	Zahnstangen, servounterstützt
Bremsen	Scheiben innenbelüft. vorn, Trommel hinten, ABS
Abmessungen (LxBxH mm)	4481 x 1749 x 1424
Radstand (mm)	2704
Spur vorn/hinten (mm)	1503/1487
Felgen	5,5 J x 14
Reifen	185/65 R 14 T
Leergewicht (kg)	1260
Zul. Gesamtgewicht	1775
Höchstgeschwindigkeit km/h	195
Beschleunigung 0-100 km/h (sec)	11,1
Verbrauch (Liter/100 km)	7,7 Super
Tankinhalt (Liter)	61,5
Kofferraumvolumen (Liter)	470-965

Mondeo 24V Ghia Turn. / 1994

Typ /Baujahr	Mondeo 24V Ghia Turnier / 1994
Zylinder / Bauart	V6
Bohrung x Hub (mm)	82,4 x 79,5
Hubraum (ccm)	2544
Leistung (kW/PS) bei min⁻¹	125/170 bei 6250
Max. Drehmoment (Nm)/min⁻¹	220/4250
Verdichtung	9,7
Gemischaufbereitung	Einspritzung EECIV G-Kat
Ventile / Steuerung	24/dohc
Batterie V/ah	12/68
Antrieb	Vorderräder
Getriebe	5-Gang
Übersetzungen	3,42 / 2,14 / 1,45 / 1,03 / 0,77 / R 3,62
Radaufhängung vorn	McPherson-Federbeine, Querlenker, Querstabilisator
Radaufhängung hinten	Querlenker, Längslenker, Stoßdämpfer, Schraubenfedern Querstabilisator, Niveauausgl.
Lenkung	Zahnstangen, servounterstützt
Bremsen	Scheiben vorn/hinten, innenbel., ABS, TCS
Abmessungen (LxBxH mm)	4631 x 1749 x 1442
Radstand (mm)	2704
Spur vorn/hinten (mm)	1503/1504
Felgen	6 J x 15
Reifen	205/55 R 15 V
Leergewicht (kg)	1410
Zul. Gesamtgewicht	2000
Höchstgeschwindigkeit km/h	215
Beschleunigung 0-100 km/h (sec)	8,7
Verbrauch (Liter/100 km)	9,7 Super
Tankinhalt (Liter)	61,5
Kofferraumvolumen (Liter)	650-1650

Mondeo 1.8 TD CLX Turn. / 1997

Typ /Baujahr	Mondeo 1.8 TD CLX Turnier / 1997
Zylinder / Bauart	4 / Reihe
Bohrung x Hub (mm)	82,5 x 82
Hubraum (ccm)	1753
Leistung (kW/PS) bei min⁻¹	66/90 bei 4500
Max. Drehmoment (Nm)/min⁻¹	177/2250
Verdichtung	21,5
Gemischaufbereitung	mech. Einspritzung, Turbolader, Oxi.Kat, AR EECIV G-Kat
Ventile / Steuerung	8/ohc
Batterie V/ah	12/68
Antrieb	Vorderräder
Getriebe	5-Gang
Übersetzungen	3,66 / 2,05 / 1,26 / 0,86 / 0,67 / R 3,45
Radaufhängung vorn	McPherson-Federbeine, Querlenker, Querstabilisator
Radaufhängung hinten	Querlenker, Längslenker, Stoßdämpfer, Schraubenfedern Querstabilisator
Lenkung	Zahnstangen, servounterstützt
Bremsen	Scheiben vorn innenbel., Trommel hinten, ABS
Abmessungen (LxBxH mm)	4671 x 1751 x 1480
Radstand (mm)	2704
Spur vorn/hinten (mm)	1503/1504
Felgen	5,5 J x 14
Reifen	185/65 R 14
Leergewicht (kg)	1416
Zul. Gesamtgewicht	2010
Höchstgeschwindigkeit km/h	176
Beschleunigung 0-100 km/h (sec)	13,9
Verbrauch (Liter/100 km)	6,7 Super
Tankinhalt (Liter)	61,5
Kofferraumvolumen (Liter)	540-880

Mondeo 2.0 DI Turn. Ghia / 2001

Typ /Baujahr	Mondeo 2.0 DI Turnier Ghia / 2001
Zylinder / Bauart	4 / Reihe
Bohrung x Hub (mm)	86 x 86
Hubraum (ccm)	1998
Leistung (kW/PS) bei min⁻¹	85/115 bei 4000
Max. Drehmoment (Nm)/min⁻¹	280/1900
Verdichtung	19
Gemischaufbereitung	Direkteinspritzung
Ventile / Steuerung	16/dohc
Batterie V/ah	12/43
Antrieb	Vorderräder
Getriebe	5-Gang
Übersetzungen	3,80 / 2,05 / 1,26 / 0,92 / 0,71 / R 3,45
Radaufhängung vorn	McPherson-Federbeine, Querlenker, Querstabilisator
Radaufhängung hinten	Querlenker, Längslenker, Schraubenfedern, Stoßdämpfer, Stabilisator hinten
Lenkung	Zahnstangen, servounterstützt
Bremsen	Scheiben innenbelüftet vorn, Scheiben hinten, ABS, EBD
Abmessungen (LxBxH mm)	4804 x 1812 x 1441
Radstand (mm)	2754
Spur vorn/hinten (mm)	1522/1537
Felgen	6,5 J x 16
Reifen	205/55 R 16V
Leergewicht (kg)	1581
Zul. Gesamtgewicht	2140
Höchstgeschwindigkeit km/h	193
Beschleunigung 0-100 km/h (sec)	11,9
Verbrauch (Liter/100 km)	6,0 Diesel
Tankinhalt (Liter)	56
Kofferraumvolumen (Liter)	540-1700

	Mondeo 2.0 16V Schräg. Ghia	Taunus 17 M / 1957	Taunus 17 M 1500 Zweit. / 1961
Typ /Baujahr	Mondeo 2.0 16V Schrägheck Ghia / 2001	Taunus 17 M / 1957	Taunus 17 M 1500 Zweitürer / 1961
Zylinder / Bauart	4 / Reihe	4 / Reihe	4 / Reihe
Bohrung x Hub (mm)	87,5 x 83,1	84 x 76,6	82 x 70,9
Hubraum (ccm)	1999	1698	1498
Leistung (kW/PS) bei min^{-1}	107/145 bei 6000	44/60 bei 4250	40/55 bei 4250
Max. Drehmoment (Nm)/min^{-1}	190/4500	132/2200	113/2400
Verdichtung	10,8	7,1	6,8
Gemischaufbereitung	Multipoint-Einspritzung	Fallstromvergaser Solex	Fallstromvergaser Solex
Ventile / Steuerung	16/dohc	8/ohv	8/ohv
Batterie V/ah	12/43	6/84	6/78
Antrieb	Vorderräder	Hinterräder	Hinterräder
Getriebe	5-Gang	3-Gang	3-Gang
Übersetzungen	3,420 / 2,140 / 1,450 / 1,030 / 0,810 / R 3,460	3,27 / 1,69 / 1,00 / R 3,10	3,29 / 1,61 / 1,00 / R 3,10
Radaufhängung vorn	McPherson-Federbeine, Querlenker, Stabilisator	McPherson-Federbeine, Querlenker, Stabilisator	McPherson-Federbeine, Querlenker, Stabilisator
Radaufhängung hinten	Querlenker, Längslenker, Schraubenfedern, Stoßdämpfer, Stabilisator hinten	Starrachse, Längsblattfedern, Stoßdämpfer	Starrachse, Längsblattfedern, Stoßdämpfer
Lenkung	Zahnstangen, servounterstützt	Schnecken-Rollen	Schnecken-Rollen
Bremsen	Scheiben innenbelüftet vorn, Scheiben hinten, ABS, EBD	Trommel vorn/hinten	Trommel vorn/hinten
Abmessungen (LxBxH mm)	4731 x 1812 x 1429	4375 x 1670 x 1500; Turnier 4375 x 1670 x 1510	4452 x 1670 x 1450; Turnier 4517 x 1670 x 1480
Radstand (mm)	2754	2604	2630
Spur vorn/hinten (mm)	1522/1537	1270/1270	1295/1295; Turnier 1245/1245
Felgen	6,5 J x 16 LM	4 J x 13;	4 J x 13; Turnier 4,5 J x 13
Reifen	205/55 R 16V	5.90-13; Turnier 6.40-13	5.90-13; Turnier 6.40-13
Leergewicht (kg)	1388	1025; Turnier 1090	920; Turnier 1075
Zul. Gesamtgewicht	1865	1400; Turnier 1650	1340; Turnier 1400
Höchstgeschwindigkeit km/h	215	128; Turnier 120	130
Beschleunigung 0-100 km/h (sec)	9,9	23	k.A.
Verbrauch (Liter/100 km)	8,6 Super	11 Normal	7,9; Turnier 8,6 Normal
Tankinhalt (Liter)	58	45	45
Kofferraumvolumen (Liter)	500-1370	k.A.	k.A.

	Taunus 17 M 1800 TS Viert. / 1963	Taunus 17 M 1700 Viert. / 1966	Taunus 20 M TS Zweit. / 1965
Typ /Baujahr	Taunus 17 M 1800 TS Viertürer / 1963	Taunus 17 M 1700 Viertürer / 1966	Taunus 20 M TS Zweitürer / 1965
Zylinder / Bauart	4 / Reihe	V4	V6
Bohrung x Hub (mm)	85,5 x 76,6	90 x 66,8	84 x 60,1
Hubraum (ccm)	1758	1699	1998
Leistung (kW/PS) bei min^{-1}	55/75 bei 4500	48/65 bei 4500	66/90 bei 5000
Max. Drehmoment (Nm)/min^{-1}	147/2300	129/2400	158/3000
Verdichtung	8,6	8,0	9,0
Gemischaufbereitung	Zweistufen-Vergaser Solex	Fallstromvergaser Solex	Doppelfallstrom-Vergaser Solex
Ventile / Steuerung	8/ohv	8/ohv	12/ohv
Batterie V/ah	6/78	6/77	6/77
Antrieb	Hinterräder	Hinterräder	Hinterräder
Getriebe	4-Gang	3-Gang	4-Gang
Übersetzungen	3,43 / 1,97 / 1,37 / 1,00 / R 3,78	3,29 / 1,61 / 1,00 / R 3,10	3,43 / 1,97 / 1,37 / 1,00 / R 3,78
Radaufhängung vorn	McPherson-Federbeine, Querlenker, Stabilisator	McPherson-Federbeine, Querlenker, Stabilisator	McPherson-Federbeine, Querlenker, Stabilisator
Radaufhängung hinten	Starrachse, Längsblattfedern, Stoßdämpfer	Starrachse, Längsblattfedern, Stoßdämpfer	Starrachse, Längsblattfedern, Stoßdämpfer
Lenkung	Schnecken-Rollen	Kugelumlauf	Kugelumlauf
Bremsen	Trommel vorn/hinten	Scheiben vorn/hinten	Scheiben vorn/hinten
Abmessungen (LxBxH mm)	4452 x 1670 x 1450	4585 x 1715 x 1480	4635 x 1715 x 1480
Radstand (mm)	2630	2705	2705
Spur vorn/hinten (mm)	1295/1295	1430/1400	1430/1400
Felgen	4 J x 13	4,5 J x 13	4,5 J x 13
Reifen	5.90 S 13	6.40-13	6,40 S 13
Leergewicht (kg)	950	1000	1030
Zul. Gesamtgewicht	1340	1410	1460
Höchstgeschwindigkeit km/h	146	145	161
Beschleunigung 0-100 km/h (sec)	k.A.	k.A.	12,8
Verbrauch (Liter/100 km)	9,0 Super	10 Super	13,5 Super
Tankinhalt (Liter)	45	45	45
Kofferraumvolumen (Liter)	k.A.	640	640

	17 M 1500/1700 Viert. / 1967	20 M/TS, Zweitürer / 1967	26 M Coupé / 1970
Typ /Baujahr	17 M 1500/1700 Viertürer / 1967	20 M/TS, Zweitürer / 1967	26 M Coupé / 1970
Zylinder / Bauart	V4, 60 Grad	V6; 60 Grad	V6; 60 Grad
Bohrung x Hub (mm)	90 x 58,86 / 90 x 66,8	84 x 60,14	90 x 66,8
Hubraum (ccm)	1488 / 1688	1985	2520
Leistung (kW/PS) bei min⁻¹	44/60 b. 4800 ; 48/65 b. 4800 ; 52/70 b. 5000	62/85 b. 5000; 66/90 b. 5000	92/125 b. 5300
Max. Drehmoment (Nm)/min⁻¹	114/2400; 129/2400; 137/2400	151/3000; 158/3000	205/3000
Verdichtung	8,1 / 9,1	9,1	9,1
Gemischaufbereitung	Fallstromvergaser Solex	Register-Fallstromvergaser Solex	Solex-Doppelfallstrom
Ventile / Steuerung	8 / ohv	12 / ohv	12 / ohv
Batterie V/ah	12/44	12/44	12/55
Antrieb	Hinterräder	Hinterräder	Hinterräder
Getriebe	3-Gang / 4-Gang	3-Gang / 4-Gang	3-Gang Automatik
Übersetzungen	3-Gang: 3,29 / 1,61 / 1,00 / R 3,10 4-Gang: 3,42 / 1,97 / 1,37 / 1,00 / R 3,66	3-Gang: 3,29 / 1,61 / 1,00 / R 3,10 4-Gang: 3,42 / 1,97 / 1,37 / 1,00 / R 3,66	2,46 / 1,46 / 1,00
Radaufhängung vorn	McPherson-Federbeine, Querstabilisator	McPherson-Federbeine, Querstabilisator	McPherson-Federbeine, Querstabilisator
Radaufhängung hinten	Starrachse, Längsblattfedern, Stoßdämpfer	Starrachse, Längslenker, Längsblattfedern, Stoßdämpfer	Starrachse, Längslenker, Längsblattfedern, Stoßdämpfer
Lenkung	Kugelumlauf	Kugelumlauf	Kugelumlauf
Bremsen	Scheiben vorn, Trommel hinten	Scheiben vorn, Trommel hinten	Scheiben vorn, Trommel hinten
Abmessungen (LxBxH mm)	4721 x 1756 x 1478	4721 x 1756 x 1478	4721 x 1756 x 1464
Radstand (mm)	2705	2705	2705
Spur vorn/hinten (mm)	1437 / 1404	1437 / 1404	1451 / 1418
Felgen	4,5 J x 13	4,5 J x 13	5 J x 14
Reifen	6.40 S 13	6.40 s 13	175 SR 14
Leergewicht (kg)	1030-1050	1080 / 1090	1120
Zul. Gesamtgewicht	1480	1520	1520
Höchstgeschwindigkeit km/h	135-150	155 / 160	180
Beschleunigung 0-100 km/h (sec)	19,2-16,0	15,2 / 14,2	10,7
Verbrauch (Liter/100 km)	9,5-8,7 Super	10,1 / 9,2 Super	10,3 Super
Tankinhalt (Liter)	55	55	55
Kofferraumvolumen (Liter)	k.A.	k.A.	k.A.

	Consul 1.7; 2,0 / 1972	Granada 2,3; 3,0 / 1972	Granada 1.7 / 1977
Typ /Baujahr	Consul 1.7; 2,0 / 1972	Granada 2,3; 3,0 / 1972	Granada 1.7 / 1977
Zylinder / Bauart	V4; 4/Reihe	V6	V 4
Bohrung x Hub (mm)	90 x 66,8; 90,82 x 76,95	90 x 60,1; 93,67 x 72,42	90 x 66,8
Hubraum (ccm)	1699; 1993	2293; 2945	1699
Leistung (kW/PS) bei min⁻¹	55/75 bei 5000; 73/99 bei 5500	79/108 bei 5000; 102/138 bei 5000	51/70 bei 5000
Max. Drehmoment (Nm)/min⁻¹	130/2500; 154/4000	180/3000; 240/3000	122/3000
Verdichtung	7,75	8,9	7,75
Gemischaufbereitung	Solex-Weber-Registervergaser	Solex-Doppelvergaser; Weber-Doppelvergaser	Solex-Registervergaser
Ventile / Steuerung	8/ohv; 8/ohc	8/ohv	8/ohv
Batterie V/ah	12/44	12/55	12/35
Antrieb	Hinterräder	Hinterräder	Hinterräder
Getriebe	4-Gang	4-Gang	4-Gang
Übersetzungen	3,65 / 1,96 / 1,36 / 1,00 / R 3,66	3,65 / 1,96 / 1,36 / 1,00 / R 3,66; 3,16 / 1,95 / 1,41 / 1,00 / R 3,34	3,65 / 1,96 / 1,37 / 1,00 / R 3,66
Radaufhängung vorn	Doppelquerlenker, Zugstreben, Schraubenfedern, Stoßdämpfern, Stabilisator	Doppelquerlenker, Zugstreben, Schraubenfedern, Stoßdämpfern, Stabilisator	Doppelquerlenker, Zugstreben, Schraubenfedern, Stoßdämpfern, Stabilisator
Radaufhängung hinten	Schräglenker, Schraubenfedern, Stoßdämpfer	Schräglenker, Schraubenfedern, Stoßdämpfer	Schräglenker, Schraubenfedern, Stoßdämpfer
Lenkung	Zahnstangen	Zahnstangen	Zahnstangen
Bremsen	Scheiben vorn, Trommel hinten	Scheiben (3,0: innenbelüftet) vorn, Trommel hinten	Scheiben vorn, Trommel hinten
Abmessungen (LxBxH mm)	4572 x 1791 x 1413	4572 x 1791 x 1413	4633 x 1791 x 1416
Radstand (mm)	2769	2769	2769
Spur vorn/hinten (mm)	1511/1537	1511/1537	1515/1532
Felgen	5,5 J x 14	5,5 J x 14	5,5 J x 14
Reifen	175 SR 14	175 HR 14	175 SR 14
Leergewicht (kg)	1190-1240	1365-1420	1230
Zul. Gesamtgewicht	1610-1695	1860	1750
Höchstgeschwindigkeit km/h	136; 161	164; 182	144
Beschleunigung 0-100 km/h (sec)	21,7 (Turnier 23,4); 13,7 (Turnier 15,3)	13,7 (Turnier 15,2); 10,9 (Turnier 11,6)	14
Verbrauch (Liter/100 km)	10,5 Normal ; 10,4 Super	11,1 Super; 11,9 Super	13 Normal
Tankinhalt (Liter)	66 (Turnier 62)	66 (Turnier 62)	65
Kofferraumvolumen (Liter)	k.A.	k.A.	k.A.

Granada 2,5 D / 1982 | Scorpio CL 1,8 / 1986 | Scorpio GL Limousine 2,4 / 1990

	Granada 2,5 D / 1982	Scorpio CL 1,8 / 1986	Scorpio GL Limousine 2,4 / 1990
Typ /Baujahr	Granada 2,5 D / 1982	Scorpio CL 1,8 / 1986	Scorpio GL Limousine 2,4 / 1990
Zylinder / Bauart	4 / Reihe	4 / Reihe	V6
Bohrung x Hub (mm)	94 x 90	86,20 x 76,95	84 x 72
Hubraum (ccm)	2499	1796	2394
Leistung (kW/PS) bei min^{-1}	51/69 bei 4200	66 / 90 bei 5400	92 / 125 bei 5800
Max. Drehmoment (Nm)/min^{-1}	151/2000	140 / 3500	182 / 3500
Verdichtung	23	9,5	9,5
Gemischaufbereitung	Diesel-Einspritzpumpe Bosch	Registervergaser	Einspritzung, G-Kat
Ventile / Steuerung	8/ohv	8/ohc	8/ohv
Batterie V/ah	12/88	12/43	12/48
Antrieb	Hinterräder	Hinterräder	Hinterräder
Getriebe	5-Gang	4-Gang	5-Gang
Übersetzungen	3,91 / 2,32 / 1,40 / 1,00 / 0,816 / R 3,66	3,65 / 1,97 / 1,37 / 1,00 / R 3,66	3,89 / 2,08 / 1,34 / 1,00 / 0,82 / R 3,51
Radaufhängung vorn	Doppelquerlenker, Zugstreben, Schraubenfedern, Stoßdämpfern, Stabilisator	McPherson, Querlenker, Querstabilisator	McPherson, Querlenker, Querstabilisator
Radaufhängung hinten	Schräglenker, Schraubenfedern, Stoßdämpfer	Schräglenker, Schraubenfedern, Teleskopstoßdämpfer, Querstabilisator	Schräglenker, Schraubenfedern, Teleskopstoßdämpfer, Querstabilisator
Lenkung	Zahnstangen, servounterstützt	Zahnstangen	Zahnstangen
Bremsen	Scheiben vorn, Trommel hinten	Scheiben vorn innenbelüftet, ABS	Scheiben vorn innenbelüftet, ABS
Abmessungen (LxBxH mm)	4679 x 1800 x 1416	4669 x 1760 x 1440	4744 x 1760 x 1440
Radstand (mm)	2769	2761	2761
Spur vorn/hinten (mm)	1515/1532	1477 / 1476	1477 / 1500
Felgen	6 J x 14	5,5 x 14	6 x 14
Reifen	175 SR 14	175 TR 14	185/70 HR 14
Leergewicht (kg)	1370	1180	1325
Zul. Gesamtgewicht	1925	1700	1850
Höchstgeschwindigkeit km/h	145	179	190
Beschleunigung 0-100 km/h (sec)	22,5	13,1	11,0
Verbrauch (Liter/100 km)	12 Diesel	9,7	10,3
Tankinhalt (Liter)	65	70	70
Kofferraumvolumen (Liter)	k.A.	440-1350	490

Scorpio Turnier Ghia 24V / 1996 | Puma 1.7 / 1997 | OSI 20M/TS Coupé / 1967

	Scorpio Turnier Ghia 24V / 1996	Puma 1.7 / 1997	OSI 20M/TS Coupé / 1967
Typ /Baujahr	Scorpio Turnier Ghia 24V / 1996	Puma 1.7 / 1997	OSI 20 M/TS Coupé / 1967
Zylinder / Bauart	V6	4 / Reihe	V6; 60 Grad
Bohrung x Hub (mm)	93 x 72	80,0 x 83,5	84 x 60,14
Hubraum (ccm)	2935	1679	1998
Leistung (kW/PS) bei min^{-1}	152/207 bei 6000	92/125 bei 6300	66/90 bei 5000
Max. Drehmoment (Nm)/min^{-1}	281/4200	157/4500	158/3000
Verdichtung	9,7	10,3	9,1
Gemischaufbereitung	SEFI-Einspritzung, G-Kat	Multipoint-Einspritzung	Register-Fallstromvergaser Solex
Ventile / Steuerung	24/ohv	16/dohc	12/ohv
Batterie V/ah	12/48	12/45	6/77
Antrieb	Hinterräder	Vorderräder	Hinterräder
Getriebe	4-Gang Automatik	5-Gang	4-Gang
Übersetzungen	2,47 / 1,47 / 1,0 / 0,75 / R 2,11	3,15 / 1,93 / 1,41 / 1,11 / 0,8 / R 3,62	3,42 / 1,97 / 1,37 / 1,00 / R 3,66
Radaufhängung vorn	McPherson, Querlenker, Querstabilisator	McPherson-Federbeine, Querlenker	McPherson-Federbeine, Querstabilisator
Radaufhängung hinten	Schräglenker, Schraubenfedern, Teleskopstoßdämpfer, Querstabilisator. Automat. Niveauregulierung	Verbundlenker, Schraubenfedern	Starrachse, Längslenker, Längsblattfedern, Teleskopstoßdämpfer
Lenkung	Zahnstangen, servounterstützt	Zahnstangen, servounterstützt	Kugelumlauf
Bremsen	Scheiben innenbelüftet, ABS	Scheiben innenbelüft. v., Trommel h.; ABS	Scheiben vorn, Trommel hinten
Abmessungen (LxBxH mm)	4826 x 1760 x 1466	3984 x 1674 x 1344	4670 x 1808 x 1340
Radstand (mm)	2770	2446	2705
Spur vorn/hinten (mm)	1478 / 1495	1450/1411	1475/1439
Felgen		6 J x 15	5,5 J x 15
Reifen		195/50 R 15 v	185 SR 15
Leergewicht (kg)	1680	1108	1150
Zul. Gesamtgewicht	2200	1400	1460
Höchstgeschwindigkeit km/h	215	203	165
Beschleunigung 0-100 km/h (sec)	9,2	9,2	14,5
Verbrauch (Liter/100 km)	10,9 Super	7,4 Super	12,5 Super
Tankinhalt (Liter)	70	42	55
Kofferraumvolumen (Liter)	550-1600	240	k.A.

	Capri 1300 / 1969	Capri 1300 L / 1973	Capri 2000; 2300 / 1969
Typ /Baujahr	Capri 1300 / 1969	Capri 1300 L / 1973	Capri 2000; 2300 / 1969
Zylinder / Bauart	V4, 60 Grad	4 / Reihe	V6, 60 Grad
Bohrung x Hub (mm)	84 x 58,86	80,98 x 62,99	84 x 60,1; 90 x 60,1
Hubraum (ccm)	1288	1297	1998; 2293
Leistung (kW/PS) bei min⁻¹	37/50 bei 5000	37/54 bei 5500	62,5/85 bei 5000;79/108 bei 5100
Max. Drehmoment (Nm)/min⁻¹	95/2500	87/3000	151/3000; 185/3000
Verdichtung	8,2	8,0	8,0; 9,0
Gemischaufbereitung	Vergaser	Vergaser	Vergaser Solex
Ventile / Steuerung	8/ohv	8/ohv	12/ohv
Batterie V/ah	12/44	12/44	12/55
Antrieb	Hinterräder	Hinterräder	Hinterräder
Getriebe	4-Gang	4-Gang	4-Gang
Übersetzungen	3,42 / 1,97 / 1,37 / 1,00 / R 3,66	3,58 / 2,01 / 1,397 / 1,00 / R 3,324	3,42 / 1,97 / 1,37 / 1,00 / R 3,66
Radaufhängung vorn	McPherson-Federbeine, Querlenker, Querstabilisator	McPherson-Federbeine, Querlenker, Querstabilisator	McPherson-Federbeine, Querlenker, Querstabilisator
Radaufhängung hinten	Starrachse, Längslenker, Längsblattfedern, Stoßdämpfer	Starrachse, Querstabilisator, Längsblattfedern, Stoßdämpfer	Starrachse, Längslenker, Längsblattfedern, Stoßdämpfer
Lenkung	Zahnstangen	Zahnstangen	Zahnstangen
Bremsen	Scheiben vorn, Trommel hinten	Scheiben vorn, Trommel hinten	Scheiben vorn, Trommel hinten
Abmessungen (LxBxH mm)	4262 x 1646 x 1330	4313 x 1646 x 1352	4262 x 1646 x 1330
Radstand (mm)	2559	2559	2559
Spur vorn/hinten (mm)	1346/1320	1353/1327	1346/1320
Felgen	4,5 J x 13	5 J x 13	4,5 J x 13; 5 J x 13
Reifen	6.00-13	6.00-13	165 SR 13; 185/70 HR 13
Leergewicht (kg)	975	960	1030; 1040
Zul. Gesamtgewicht	1295	1300	1365; 1375
Höchstgeschwindigkeit km/h	133	140	162; 180
Beschleunigung 0-100 km/h (sec)	22,7	21	12,9; 10,4
Verbrauch (Liter/100 km)	8,6 Normal	10,5 Normal	10,4; 8,6 Normal/Super
Tankinhalt (Liter)	62; von 9/70-8/72: 58	48	62; ab 9/70: 58

	Capri 2600; 3000 / 1972; 1973	Capri II 1600 GT / 1974	Capri II 2000 GL / 1976
Typ /Baujahr	Capri 2600; 3000 / 1972; 1973	Capri II 1600 GT / 1974	Capri II 2000 GL / 1976
Zylinder / Bauart	V6, 60 Grad	4 / Reihe	V6, 60 Grad
Bohrung x Hub (mm)	90 x 66,8; 93,67 x 72,42	87,67 x 66	84 x 60,1
Hubraum (ccm)	2550; 2993	1593	1998
Leistung (kW/PS) bei min⁻¹	92/125 bei 5300; 103/140 bei 5300	65/88 bei 5700	66/90 bei 5000
Max. Drehmoment (Nm)/min⁻¹	205/3000; 240/3000	127/4000	152/3000
Verdichtung	9,0; 8,9	9,0	9,0
Gemischaufbereitung	Vergaser Solex; Vergaser Weber	Vergaser Ford	Vergaser Solex
Ventile / Steuerung	12/ohv	8/ohc	12/ohv
Batterie V/ah	12/55	12/44	12/44
Antrieb	Hinterräder	Hinterräder	Hinterräder
Getriebe	4-Gang	4-Gang	4-Gang
Übersetzungen	3,65 / 1,97 / 1,37 / 1,00 / R 3,66; 3,16 / 1,94 / 1,141 / 1,00 / R 3,346	3,65 / 1,97 / 1,37 / 1,00 / R 3,66	3,65 / 1,97 / 1,37 / 1,00 / R 3,66
Radaufhängung vorn	McPherson-Federbeine, Querlenker, Querstabilisator	McPherson-Federbeine, Querlenker, Querstabilisator	McPherson-Federbeine, Querlenker, Querstabilisator
Radaufhängung hinten	Starrachse, Querstabilisator, Längsblattfedern, Stoßdämpfer	Starrachse, Querstabilisator, Längsblattfedern, Stoßdämpfer	Starrachse, Querstabilisator, Längsblattfedern, Stoßdämpfer
Lenkung	Zahnstangen	Zahnstangen	Zahnstangen
Bremsen	Scheiben vorn, Trommel hinten	Scheiben vorn, Trommel hinten	Scheiben vorn, Trommel hinten
Abmessungen (LxBxH mm)	4313 x 1646 x 1352	4288 x 1698 x 1357	4288 x 1698 x 1357
Radstand (mm)	2559	2559	2559
Spur vorn/hinten (mm)	1353/1327	1353/1384	1353/1384
Felgen	5 J x 13	5 J x 13	5 J x 13
Reifen	185/70 HR 13	165 SR 13	165 SR 13
Leergewicht (kg)	1055; 1100	1050	1120
Zul. Gesamtgewicht	1400; 1430	1325	1460
Höchstgeschwindigkeit km/h	190; 198	168	180
Beschleunigung 0-100 km/h (sec)	9,4; 8,5	13,5	12
Verbrauch (Liter/100 km)	10,5; 10,7 Super	9,2 Normal	13,5 Super
Tankinhalt (Liter)	58	58	58

Capri 2.3 S / 1983 — Capri 2.8 injection / 1985 — Probe GT / 1990

	Capri 2.3 S / 1983	Capri 2.8 injection / 1985	Probe GT / 1990
Typ /Baujahr	Capri 2.3 S / 1983	Capri 2.8 injection / 1985	Probe GT / 1990
Zylinder / Bauart	V6, 60 Grad	V6, 60 Grad	4 / Reihe
Bohrung x Hub (mm)	90,0 x 60,1	90,0 x 68,5	86 x 94
Hubraum (ccm)	2274	2772	2184
Leistung (kW/PS) bei min⁻¹	84/114 bei 5300	118/160 bei 5700	108/147 bei 4300
Max. Drehmoment (Nm)/min⁻¹	176/3000	221/4300	258/3500
Verdichtung	9,2	9,2	7,8
Gemischaufbereitung	Doppelvergaser	Bosch-Einspritzung K-Jetronic	EFI, Turbolader mit Ladeluftkühlung
Ventile / Steuerung	12/ohv	12/ohv	12/ohc
Batterie V/ah	12/44	12/44	12/56
Antrieb	Hinterräder	Hinterräder	Vorderräder
Getriebe	5-Gang	5-Gang	5-Gang
Übersetzungen	3,65 / 1,97 / 1,37 / 1,00 / 0,82 / R 3,66	3,36 / 1,81 / 1,26 / 1,00 / 0,825 / R 3,34	3,25 / 1,77 / 1,19 / 0,93 / 0,71 / R 3,46
Radaufhängung vorn	McPherson-Federbeine, Querlenker, Querstabilisator, Stoßdämpfer	McPherson-Federbeine, Querlenker, Querstabilisator,Gasdruckstoßdämpfer	McPherson, Dreieckslenker, Querstabilisator
Radaufhängung hinten	Starrachse, Querstabilisator, Längsblattfedern, Gasdruckstoßdämpfer	Starrachse, Querstabilisator, Längsblattfedern, Gasdruckstoßdämpfer	McPherson, Doppelquerlenker, Längslenker, Querstabilisator
Lenkung	Zahnstangen	Zahnstangen, servounterstützt	Zahnstangen, servounterstützt
Bremsen	Scheiben vorn, Trommel hinten	Scheiben innenbelüftet vorn, Trommel hinten	Scheiben rundum, vorn innenbelüftet, ABS
Abmessungen (LxBxH mm)	4439 x 1698 x 1323	4439 x 1698 x 1323	4496 x 1735 x 1321
Radstand (mm)	2563	2563	2515
Spur vorn/hinten (mm)	1372/1403	1400/1431	1455/1466
Felgen	6 J x 13 LM	7 J x 13 LM	6 J x 15 LM
Reifen	185/70 HR 13	205/60 VR 13	205/60 R 15
Leergewicht (kg)	1110	1230	1338
Zul. Gesamtgewicht	1460	1550	1732
Höchstgeschwindigkeit km/h	186	210	220
Beschleunigung 0-100 km/h (sec)	10,1	8,3	8,6
Verbrauch (Liter/100 km)	9,6 Super	10,7 Super	8,5 Super
Tankinhalt (Liter)	58	58	57
Kofferraumvolumen (Liter)			396

Probe 24V / 1993 — Cougar / 1998 — Cougar V6 / 1998

	Probe 24V / 1993	Cougar / 1998	Cougar V6 / 1998
Typ /Baujahr	Probe 24V / 1993	Cougar / 1998	Cougar V6 / 1998
Zylinder / Bauart	V6	4 / Reihe (Zetec)	6 / V-Form (Duratec)
Bohrung x Hub (mm)	84,5 x 74,2	84,8 x 88,0	82,4 x 79,5
Hubraum (ccm)	2497	1998	2544
Leistung (kW/PS) bei min⁻¹	120 / 163 bei 5400	96/130 bei 5600/min	125/170 bei 6250/min
Max. Drehmoment (Nm)/min⁻¹	216 / 4850	178/4000	220/4250
Verdichtung	9,1	10,0:1	9,7:1
Gemischaufbereitung	EFI	EFI	EFI
Ventile / Steuerung	16/dohc	16/dohc	16/dohc
Batterie V/ah	12/60	12/48	12/48
Antrieb	Vorderräder	Vorderräder	Vorderräder
Getriebe	5-Gang	5-Gang MTX 75	5-Gang MTX 75
Übersetzungen	3,31 / 1,83 / 1,31 / 1,03 / 0,80 / R 3,17	3,42 / 2,14 / 1,48 / 1,11 / 0,85 / R 3,46	3,42 / 2,14 / 1,48 / 1,11 / 0,85 / R 3,46
Radaufhängung vorn	McPherson, Dreieckslenker, Querstabilisator	McPherson, Dreieckslenker, Querstabilisator	McPherson, Dreieckslenker, Querstabilisator
Radaufhängung hinten	McPherson, Doppelquerlenker, Längslenker, Querstabilisator	Querlenker, Längslenker, Querstabilisator	Querlenker, Längslenker, Querstabilisator
Lenkung	Zahnstangen, servounterstützt	Zahnstangen, servounterstützt	Zahnstangen, servounterstützt
Bremsen	Scheiben rundum, vorn innenbelüftet, ABS	Scheibenbremsen, vorn innenbelüftet, Vierkanal-ABS, EBD	Scheibenbremsen, rundum innenbelüftet, Vierkanal-ABS, EBD
Abmessungen (LxBxH mm)	4544 x 1773 x 1315	4699 x 1780 x 1346	4699 x 1780 x 1346
Radstand (mm)	2614	2704	2704
Spur vorn/hinten (mm)	1510/1510	1506/1491	1506/1491
Felgen	7 J x 16 LM	6 J x 16 LM	6,5 J x 16 LM
Reifen	225/50 R 16	205/60 R 16	215/50 R 16
Leergewicht (kg)	1269	1391	1466
Zul. Gesamtgewicht	1595	1725	1795
Höchstgeschwindigkeit km/h	220	209	225
Beschleunigung 0-100 km/h (sec)	8,0	10,3	8,6
Verbrauch (Liter/100 km)	9,6 Super	8,3 Super	9,5 Super
Tankinhalt (Liter)	59	57	57
Kofferraumvolumen (Liter)	360	428-930	428-930

	Fusion 1.6 16V Trend / 2002	Galaxy CL 1,9 TDI / 1995	Galaxy Trend 2,3 / 2000
Typ /Baujahr	Fusion 1.6 16V Trend / 2002	Galaxy CL 1,9 TDI / 1995	Galaxy Trend 2,3 / 2000
Zylinder / Bauart	4 / Reihe	4 / Reihe	4 / Reihe
Bohrung x Hub (mm)	79 x 81,4	79,5 x 95,5	89,6 x 91
Hubraum (ccm)	1596	1896	2295
Leistung (kW/PS) bei min^{-1}	74/100 bei 6000	66/90 bei 4000	107/145 bei 5500
Max. Drehmoment (Nm)/min^{-1}	146/4000	197/1940	203/2500
Verdichtung	11,0	19,5	10,0
Gemischaufbereitung	elektr. Kraftstoffeinspritzung	Saugrohr-Einspritzung, Ladeluftkühler, Oxikat, AGR	SEFI-Einspritzung, G-Kat
Ventile / Steuerung	16/dohc	8/ohc	16/dohc
Batterie V/ah	12/43	12/92	12/60
Antrieb	Vorderräder	Vorderräder	Vorderräder
Getriebe	5-Gang	5-Gang	5-Gang
Übersetzungen	3,15 / 1,93 / 1,28 / 0,95 / 0,76 / R 3,62	3,58 / 2,14 / 1,34 / 0,92 / 0,67 / R 3,46	3,67 / 2,05 / 1,35 / 0,97 / 0,81 / R 3,72
Radaufhängung vorn	McPherson-Federbeine, Querlenker	McPherson-Federbeine, Querlenker, Querstabilisator	McPherson-Federbeine, Querlenker, Querstabilisator
Radaufhängung hinten	Stoßdämpfer, Schraubenfedern, Verbundlenker	Schrägl., Spiralfedern, Querstab., Stoßdämpfer	Schrägl., Spiralfedern, Querstab., Stoßdämpfer
Lenkung	Zahnstangen, servounterstützt	Zahnstangen, servounterstützt	Zahnstangen, servounterstützt
Bremsen	Scheiben vorn innenbelüftet / Trommel hinten, ABS	Scheiben vorn/hinten	Scheiben vorn innenbelüftet/hinten, ABS
Abmessungen (LxBxH mm)	4018 x 1720 x 1498	4617 x 1798 x 1727	4641 x 1810 x 1732
Radstand (mm)	2486	2835	2835
Spur vorn/hinten (mm)	1474 / 1434	1540 / 1510	1520 / 1506
Felgen	6 J x 15	6 J x 15	6 J x 16
Reifen	195/60 R 15 H	195/65 R 15	205/65 R 16
Leergewicht (kg)	1149	1670	1650
Zul. Gesamtgewicht	1605	2420	2420
Höchstgeschwindigkeit km/h	178	160	196
Beschleunigung 0-100 km/h (sec)	10,8	18,0	12,3
Verbrauch (Liter/100 km)	8,2 Super	6,7 Diesel	10,1 Super
Tankinhalt (Liter)	45	75	70
Kofferraumvolumen (Liter)	337-1175	2029	2029

	Maverick 4 x 4 Dreitürer / 1993	Maverick GLS Fünftürer / 1997	Maverick Fünftürer / 2001
Typ /Baujahr	Maverick 4 x 4 Dreitürer / 1993	Maverick GLS Fünftürer / 1997	Maverick Fünftürer / 2001
Zylinder / Bauart	4 / Reihe	4 / Reihe Diesel	4 / Reihe
Bohrung x Hub (mm)	89,9 x 96	96 x 92	84,8 x 88
Hubraum (ccm)	2389	2663	1989
Leistung (kW/PS) bei min^{-1}	91/124 bei 5200	92/125 bei 3600	91/124 bei 5300
Max. Drehmoment (Nm)/min^{-1}	197/4000	278/2000	175/4500
Verdichtung	8,6	21,9	9,6
Gemischaufbereitung	Einspritzung EFI, G-Kat	Verteiler-Einspritzpumpe, Turbolader mit Ladeluftkühlung	Einspritzung EFI, G-Kat
Ventile / Steuerung	8/ohc	8/ohv	16/dohc
Batterie V/ah	12/60	12/80	12/60
Antrieb	Heckantrieb, Frontantrieb zuschaltbar, Geländereduktion zuschaltbar, Diff.-Sperre hinten, automatische Freilaufnaben vorn	Heckantrieb, Frontantrieb zuschaltbar, Geländereduktion zuschaltbar, Diff.-Sperre hinten, automatische Freilaufnaben vorn	Frontantrieb mit permanent verfügbarem Allradantrieb
Getriebe	5-Gang	5-Gang	4-Gang-Automatik
Übersetzungen	3,59 / 2,25 / 1,42 / 1,00 / 0,82 / R 3,66	3,58 / 2,08 / 1,36 / 1,00 / 0,81 / R 3,64	2,889 / 1,571 / 1,000 / 0,698 / R 2,310
Radaufhängung vorn	Doppel-Dreieck-Querlenker, Drehstabfeder, Stoßdämpfer	Doppel-Dreieck-Querlenker, Drehstabfeder, Querstabilisator, Stoßdämpfer	McPherson-Federbeine, Dreieck-Querlenker, Drehstabilisator
Radaufhängung hinten	Starrachse, Längslenker, Panhardstab, Schraubenfedern, Stoßdämpfer	Starrachse, Längslenker, Panhardstab, Schraubenfedern, Stoßdämpfer	Querlenker, Längslenker, Schraubenfedern, Stoßdämpfer
Lenkung	Kugelumlauf, servounterstützt	Kugelumlauf, servounterstützt	Zahnstangen, servounterstützt
Bremsen	Scheiben (innenbel.) vorn, Trommeln hinten	Scheiben (innenbel.) vorn, Trommeln hinten	Scheiben (innenbel.) vorn, Trommeln hinten; ABS, EBD
Abmessungen (LxBxH mm)	4105 x 1735 x 1805	4665 x 1755 x 1850	4395 x 1825 x 1765
Radstand (mm)	2450	2650	2620
Spur vorn/hinten (mm)	1455/1430	1455/1430	1550/1530
Felgen	6 J x 15	7 J x 15	6 JJ x 15
Reifen	215 R 15	235/75 R 15	215/70 R 15
Leergewicht (kg)	1620	1950	1590
Zul. Gesamtgewicht	2300	2580	2075
Höchstgeschwindigkeit km/h	160	158	163
Beschleunigung 0-100 km/h (sec)	13,2	16,7	12,0
Verbrauch (Liter/100 km)	11,2 Normal	10,5 Diesel	12,8 Super
Tankinhalt (Liter)	72	80	61
Kofferraumvolumen (Liter)	335-1650	115-1900	457-842

	Explorer / 1993	**Explorer / 1995**	**Ranger Doka XLT / 2000**
Typ /Baujahr	Explorer / 1993	Explorer / 1995	Ranger Doka XLT / 2000
Zylinder / Bauart	V6	V6	4/Reihe Diesel
Bohrung x Hub (mm)	100 x 84	100,4 x 84,4	93 x 92
Hubraum (ccm)	3958	4011	2498
Leistung (kW/PS) bei min^{-1}	121 / 165 bei 4400	152 / 205 bei 5000	80/109 bei 3500
Max. Drehmoment (Nm)/min^{-1}	316 bei 2400	339 bei 3000	266/2000
Verdichtung	9,7	9,7	19,8
Gemischaufbereitung	EEC V	EEC V	Verteilereinspritzpumpe
Ventile / Steuerung	12/ohv	12/ohv	12/ohc
Batterie V/ah	12/72	12/72	12/95
Antrieb	Allrad, Vorderräder und Reduktionsgetriebe zuschaltbar, selbstsp. Diff.-Sperre hinten	Allrad permanent, Vorderräder automatisch zuschaltend, Reduktionsgetriebe zuschaltbar, selbstsperrende Diff.-Sperre hinten	Heckantrieb, Frontantrieb im Stand zuschaltbar
Getriebe	4-Gang Automatik	5-Gang Automatik	5-Gang
Übersetzungen	2,47 / 1,47 / 1,00/ 0,75 / R 2,11	2,47 / 1,47 / 1,00/ 0,75 / 0,75 / R 2,11	4,25 / 2,36 / 1,43 / 1,00 / 0,83 / R 3,66
Radaufhängung vorn	Stoßdämpfer, Schraubenfedern, Querstabilisator	Doppelquerlenker, Drehstabfedern, Stoßdämpfer, Querstabilisator	Einzel, Doppel-Dreieck-Querlenker, Drehstabfeder, Stabilisator
Radaufhängung hinten	Starrachse, Längsblattfedern, Stoßdämpfer Querstabilisator	Starrachse, Längsblattfedern, Stoßdämpfer mit Niveauausgleich Querstabilisator	Starrachse, Blattfedern, Stoßdämpfer
Lenkung	Kugelumlauf, servounterstützt	Zahnstangen, servounterstützt	Kugelumlauf, servounterstützt
Bremsen	Scheiben innenbel. vorn, Trommel h., ABS	Scheiben rundum, vorn innenbelüftet, ABS	Scheiben (innenbel.) vorn, Trommeln hinten
Abmessungen (LxBxH mm)	4681 x 1816 x 1796	4789 x 1874 x 1830	4998 x 1750 x 1750
Radstand (mm)	2842	2831	3000
Spur vorn/hinten (mm)	1481 / 1481	1494 / 1488	1450/1440
Felgen	7 J x 17 LM	7 J x 16 verchromt	6 J x 14
Reifen	225/70 R 15	255/70 R 16	205/75 R 14
Leergewicht (kg)	1899	2063	1785
Zul. Gesamtgewicht	2459	2512	2825
Höchstgeschwindigkeit km/h	165	171	158
Beschleunigung 0-100 km/h (sec)	12,5	10,9	15,9
Verbrauch (Liter/100 km)	15,0	13,7	12,5
Tankinhalt (Liter)	72	79,5	70
Kofferraumvolumen (Liter)	k.A.	1136	k.A.

	Transit Connect / 2002	**FK 1000 1.5 Kombi / 1955**	**Transit 1100 Kombi / 1965**
Typ /Baujahr	Transit Connect / 2002	FK 1000 1.5 Kombi / 1955	Transit 1100 Kombi / 1965
Zylinder / Bauart	4 / Reihe	4 / Reihe	V4, 60 Grad
Bohrung x Hub (mm)	82,5 x 82	82 x 70,9	90 x 58,86
Hubraum (ccm)	1753	1498	1498
Leistung (kW/PS) bei min^{-1}	55/75 bei 4000	55 bei 4250	60 bei 4500
Max. Drehmoment (Nm)/min^{-1}	175/1800	113/2000	114/2400
Verdichtung	194	6,8	8,2
Gemischaufbereitung	Diesel-Direkteinspritzung, Ladeluftkühlung	Vergaser	Vergaser
Ventile / Steuerung	8/ohv	8/ohv	8/ohv
Batterie V/ah	12/60	6/77	6/77
Antrieb	Frontantrieb	Hinterräder	Hinterräder
Getriebe	5-Gang	4-Gang, Lenkrad	4-Gang
Übersetzungen	3,667 / 2,048 / 1,258 / 0,921 / 0,705 / R 3,727	4,23 / 2,47 / 1,57 / 1,00 / R 5,14	3,965 / 2,278 / 4,11 / 1,0 / R 4,238
Radaufhängung vorn	McPherson-Federbeine, Stabilisator	Starrachse, Längsblattfedern, Stoßdämpfer	Starrachse, Längsblattfedern, Stoßdämpfer
Radaufhängung hinten	Starrachse, Blattfedern, Stabilisator	Starrachse, Längsblattfedern, Stoßdämpfer	Starrachse, Längsblattfedern, Stoßdämpfer
Lenkung	Zahnstange, servounterstützt	Schnecken	Kugelumlauf
Bremsen	Scheiben vorn innenbel., Trommel hinten	Trommel vorn/hinten	Trommel vorn/hinten
Abmessungen (LxBxH mm)	4278 x 1795 x 1814 (kurz/flach)	4300 x 1740 x 1965	4425 x 1960 x 2040
Radstand (mm)	2664	2300	2692
Spur vorn/hinten (mm)	1505/1552	1340/1360	1638/1588
Felgen	6 J x 15	4,5 K x 15	5 K x 14
Reifen	195/65 R 15	6.70-15	7,50-14
Leergewicht (kg)	1475	1225	1300
Zul. Gesamtgewicht	2025	2150	2400
Höchstgeschwindigkeit km/h	147	100	100
Beschleunigung 0-100 km/h (sec)	17,1		
Verbrauch (Liter/100 km)	6,3	9,0	10,5
Tankinhalt (Liter)	60		42

	Transit FT 100 Kombi / 1978	**Transit FT 100 lang Kasten / 1986**	**Transit FT 100 Kasten kurz / 1998**
Typ /Baujahr	Transit FT 100 Kombi / 1978	Transit FT 100 lang Kasten / 1986	Transit FT 100 Kasten kurz / 1998
Zylinder / Bauart	4 / Reihe	4 / Reihe	4 / Reihe
Bohrung x Hub (mm)	87,67 x 66	93,7 x 90,5	93,7 x 90,5
Hubraum (ccm)	1593	2496	2496
Leistung (kW/PS) bei min^{-1}	48/65 bei 4750	50/68 bei 4000	63/85 bei 4000
Max. Drehmoment (Nm)/min^{-1}	116/2800	143/2700	200/2500
Verdichtung	8,2	19,1	18,3
Gemischaufbereitung	Fallstrom-Vergaser	Diesel-Direkteinspritzung	Diesel-Direkteinspritzung, Turbolader. Ladeluftkühlung
Ventile / Steuerung	8/ohv	8/ohc	8/ohc
Batterie V/ah	12/44	12/75	12
Antrieb	Hinterräder	Hinterräder	Hinterräder
Getriebe	4-Gang	5-Gang	5-Gang
Übersetzungen	3,965 / 2,278 / 1,14 / 1,0 / R 4,238	3,50 / 2,29 / 1,38 / 1,00 / 0,82 / R 3,66	3,89 / 2,08 / 1,34 / 1,00 / 0,82 / R 3,51
Radaufhängung vorn	Starrachse, Längsblattfedern, Stoßdämpfer	McPherson-Federbeine, Querlenker	McPherson-Federbeine, Querlenker
Radaufhängung hinten	Starrachse, Längsblattfedern, Stoßdämpfer	Starrachse, Längsblattfedern, Stoßdämpfer	Starrachse, Längsblattfedern, Stoßdämpfer
Lenkung	Kugelumlauf	Zahnstangen	Zahnstangen
Bremsen	Scheiben vorn, Trommel hinten	Scheiben vorn/hinten	Scheiben vorn/hinten
Abmessungen (LxBxH mm)	4552 x 1980 x 1984	5358 x 1972 x 2213	4616 x 1972 x 2038
Radstand (mm)	2692	3020	2835
Spur vorn/hinten (mm)	1657/1588	1640/1700	1692/1700
Felgen	5,5 J x 14	5,5 J x 14	5,5 J x 14
Reifen	195 R 14 C	195 R 14	195 R 14
Leergewicht (kg)	1360	1692	1676
Zul. Gesamtgewicht	2330	2790	2650
Höchstgeschwindigkeit km/h	115	122	157
Beschleunigung 0-100 km/h (sec)	k.A.	45,8	k.A.
Verbrauch (Liter/100 km)	12	7,3	7,6
Tankinhalt (Liter)	42	68	68

	Transit FT 330 L / 2002
Typ /Baujahr	Transit FT 330 L / 2002
Zylinder / Bauart	4 / Reihe
Bohrung x Hub (mm)	8,9 x 92,6
Hubraum	2402
Leistung (kW/PS) bei min	88/120 bei 4000
Max. Drehmoment (Nm)/min	240/2300
Verdichtung	19,5
Gemischaufbereitung	Diesel-Direkteinspritzung, Turbolader, Ladeluftkühlung
Ventile / Steuerung	16/dohc
Batterie V/ah	12/60
Antrieb	Hinterräder
Getriebe	5-Gang
Übersetzungen	3,87 / 2,08 / 1,36 / 1,00 / 0,76 / R 3,49
Radaufhängung vorn	McPherson-Federbeine, Querlenker
Radaufhängung hinten	Starrachse, Blattfedern, Stoßdämpfer
Lenkung	Zahnstangen, servounterstützt
Bremsen	Scheiben innenbelüftet vorn/ Trommel hinten, ABS
Abmessungen (LxBxH mm)	5794 x 1974 x 2358
Radstand (mm)	3750
Spur vorn/hinten (mm)	1737/1700
Felgen	6,5 J x 16
Reifen	215/75 R 16
Leergewicht (kg)	2160
Zul. Gesamtgewicht	3300
Höchstgeschwindigkeit km/h	151
Beschleunigung 0-100 km/h (sec)	21,5
Verbrauch (Liter/100 km)	9,9 Diesel
Tankinhalt (Liter)	80

Fordson-Schlepper Typ S | Typ »BB« 2,5 t / 1932 - 1939 | Typ »V 8« (Modell 51)

	Fordson-Schlepper Typ S	Typ »BB« 2,5 t / 1932 - 1939	Typ »V 8« (Modell 51)
Baureihe / Bauzeit	Fordson-Schlepper Typ S / 1926 - 1934	Typ »BB« 2,5 t / 1932 - 1939	Typ »V 8« (Modell 51) / 1935 - 1938
Zylinder/Bauart	4, Reihe, Vergasermotor	4, Reihe, Vergasermotor	8 in V-Form, Vergasermotor Typ G 61 T
BohrungxHub (mm)	101,5x127	98,4x108	77,5x95
Hubraum (ccm)	4110	3285	3585
Leistung (kW/PS) bei mm^{-1}	16,2 - 20/22 - 28 bei 1100 - 2800	36,8/50 bei 2200, 152 bei 1200	66,2/90 bei 3800, Dauerleistung 82 PS bei 3000, 245 bei 2000
Verdichtung		4,6 : 1	6,32 : 1
Gemischaufbereitung	Schwerkraftstoffvergaser für Petroleum oder Spezial-Zenith-Vergaser für Benzin	1 Flachstromvergaser, Solex 32 BFL x 32 BFL	1 Doppelfallstromvergaser, Solex 30 FFIK, Solex 30 JFFK
Ventile/Steuerung	stehend, untenliegende Nockenwelle	seitlich stehend	stehend, zentrale Nockenwelle
Kühlung	Thermosyphon kombiniert mit Wasserpumpe	Wasserpumpe	2 Wasserpumpen
Batterie	6 Volt	6 Volt, 75 oder 85 Ah	6 Volt, 96 Ah
Antrieb	über Planetengetriebe in den Hinterradnaben	Kegelradantrieb auf Hinterräder	Kegelradantrieb auf Hinterräder
Getriebe	3-Gang	4-Gang	4-Gang
Übersetzungen		6,40/3,09/1,69/1,00/R 7,82	6,40/3,09/1,69/1,00/R 7,82
Unterbau	Blockbauart	Stahlblech-Leiterrahmen	U-Profil-Rahmen
Radaufhängung vorne	starr	starr, 1 Halbelliptikfeder quer	starr, Halbelliptikfeder quer
Radaufhängung hinten	starr	starr, Halbelliptikfedern längs	starr, Halbelliptikfeder längs
Lenkung		Schnecke, links	Schnecke, links
Bremsen	Bandbremse auf Getriebeausgang, mechanisch	mechanisch (Gestänge) auf alle Räder	mechanisch (Gestänge) auf alle Räder
Radstand (mm)	1600, ab 1928 1620	3988	3988
Spur vorn/hinten (mm)	1130/1255	1435/1435 innen/1720 außen	1422/1430 innen/1870 außen
Felgen	Scheibenräder, Eisenräder oder Eisenräder mit	Tiefbett	Stahlblechscheiben, Ford
Reifen	Gummibandagen v. 700/80, h. 1080/140	6,00- oder 6,50-20 Transport, 7,00-20x2 Transport	6,00 - oder 6,50-20 Transport, 7,25-20 Extra, hinten doppel
Leergewicht (kg)	1450 (mit Greifern auf den Hinterrädern)	2370	2700
Nutzlast		2500	3000
Zul. Gesamtgewicht (kg)		4870	5700
Höchstgeschw. in km/h	10,9 - 14	65 - 75	80 - 90
Verbrauch (Liter/100 km)		23	26
Tankinhalt (Liter)	79,5	105	110
Gesamtmaß (LxBxH/mm)	2590 x 1560 x 1390	6300x2240x2060	k.A.

FK 3500 D / 1951 - 1954 | FK 4500 V 8 / 1953 - 1955 | FK 3500 D / 1956 - 1961

	FK 3500 D / 1951 - 1954	FK 4500 V 8 / 1953 - 1955	FK 3500 D / 1956 - 1961
Baureihe, Bauzeit	FK 3500 D / 1951 - 1954	FK 4500 V 8 / 1953 - 1955	FK 3500 D / 1956 - 1961
Zylinder/Bauart	6, Reihe, Hercules-Viertakt-Wirbelkammer-Dieselmotor Typ DJX-6-D	8 in V-Form, Vergasermotor Typ G 39 T	6 in V-Form, Zweitakt-Wirbelkammer-Diesel-motor mit Roots-Spülluftgebläse Typ AD 6
BohrungxHub (mm)	92,07x101,6	80,9x95,25	92x105
Hubraum (ccm)	4080	3924	4195
Leistung (kW/PS) bei mm^{-1}	66/90 bei 3000 (Dauerleistung 85 PS)	73,5/100 bei 3500	88/120 bei 2800
Max. Drehmoment	245 bei 2000	253 bei 2000	314 bei 1800/2000
Verdichtung	15,5 : 1	6,8 : 1	18,6 : 1
Gemischaufbereitung		1 Fallstromvergaser	
Ventile/Steuerung	hängende Ventile	stehend, zentrale Nockenwelle	
Kühlung	Wasserpumpe	2 Wasserpumpen	Wasserpumpe
Batterie	2x12 Volt, je 94 Ah	12 Volt	2x12 Volt, je 105 Ah
Antrieb	Kegelradantrieb auf Hinterräder	Kegelradantrieb auf Hinterachse	Kegelradantrieb auf Hinterräder
Getriebe	4-Gang, 2. - 4. synchronisiert	4-Gang, 2. - 4. synchronisiert (mit Doppel-schaltachse) oder 5-Gang, 2. - 5. synchronisiert	4- oder 5-Gang, 2. - 4. oder 2. - 5. synchroni-siert
Übersetzungen	6,80/3,09/1,69/1,00/R 8,80	4-Gang: 6,40/3,09/1,69/1,00/R 7,82, 5-Gang: 6,81/4,05/2,44/1,58/1,00/R 8,32	6,40/3,09/1,69/1,00/R 7,82, 6,81/4,05/2,44/1,58/1,00/R 8,32
Unterbau	U-Profil-Rahmen	U-Profil-Rahmen	U-Profil-Rahmen
Radaufhängung vorne	starr, Halbelliptikfedern längs	starr, Halbelliptikfedern längs, mit Stoßdämpfern	starr, Halbelliptikfedern längs, mit Stoßdämpfern
Radaufhängung hinten	starr, Halbelliptikfedern längs, mit Zusatzfedern	starr, Halbelliptikfedern längs, mit Zusatzfedern	starr, Halbelliptikfedern längs, mit Zusatzfedern
Lenkung	ZF-Roßlenkung	ZF-Roßlenkung	ZF-Roßlenkung
Bremsen	hydraulisch, a. W. mit Druckluft-Unterstützung	hydraulisch mit Druckluft-Unterstützung	hydraulisch auf alle Räder
Radstand (mm)	4013 (Version D), 4404 (Version DL)	4393	3912
Spur vorn/hinten (mm)	1640/1652 innen/1880 außen	1626/1721	1685/1727
Felgen	5,20 S-20	5,00 S-20	6,00-20
Reifen	7,50-20 oder 8,25-20, hinten doppel	8,25-20, hinten doppel	7,50-20, hinten doppel
Leergewicht (kg)	2600 (Version D), 2700 (Version DL)	3120	3500
Zul. Gesamtgewicht (kg)	6400 (Version D), 6700 (Version DL)	7800	7000
Höchstgeschw. in km/h	80 - 90 (nach Achsübersetzung)		80
Verbrauch (Liter/100 km)	15		15,6
Tankinhalt (Liter)	100	110	100
Gesamtmaß (LxBxH/mm)	6260 - 6860x2246 - 2260x2720	7110x2300x2280	6485x2260x2225

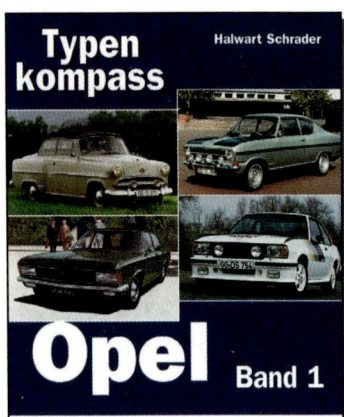